雷电电磁脉冲防护技术

主　编　李祥超　蔡露进　张　静　陈良英

副主编　(按拼音排序)

刘　艳　马骁骐　万治成　汪计昌

王中洋　徐晓培　薛　奇　于月东

U0287309

科学出版社

北京

内 容 简 介

本书系统地介绍了雷电电磁波的辐射、耦合及其抑制方法.

全书共 8 章,第一章讲述了雷电放电的基本特性;第二章讲述了雷电放电通道的辐射和温度特性;第三章讲述了天线耦合雷电电磁脉冲的特性;第四章讲述了雷电波的激励下单导体传输线、双导体传输线和多导体传输线的耦合,以及架空线缆、同轴线、双绞线和埋地线缆耦合雷电电磁脉冲的特性分析;第五章讲述了雷电电磁脉冲在各种线缆中的传输;第六、七章分别讲述了低压输电线路和信号线路雷电电磁脉冲的抑制;第八章讲述了电涌保护器应用中存在的老化、劣化和漏电流、续流等问题.本书具有一定的理论深度、较宽的专业覆盖面,并注重应用性,以提高学生的防雷装置试验理论与实践能力.

本书可作为雷电科学与技术专业教材及防雷技术人员资格考试培训用书.

图书在版编目(CIP)数据

雷电电磁脉冲防护技术/李祥超等主编. —北京:科学出版社,2018.1
ISBN 978-7-03-056170-1

Ⅰ.①雷⋯ Ⅱ.①李⋯ Ⅲ.雷-电磁脉冲 ②闪电-电磁脉冲 ③防雷
Ⅳ.P427.32

中国版本图书馆 CIP 数据核字(2017)第 320298 号

责任编辑:昌 盛 罗 吉 / 责任校对:张怡君
责任印制:赵 博 / 封面设计:迷底书装

科学出版社 出版
北京东黄城根北街 16 号
邮政编码:100717
http://www.sciencep.com

北京富资园科技发展有限公司印刷
科学出版社发行 各地新华书店经销
*
2018 年 1 月第 一 版 开本:787×1092 1/16
2024 年 9 月第三次印刷 印张:22
字数:522 000
定价:79.00元

前　言

　　南京信息工程大学在国内率先开设雷电科学与技术专业，所有问题都是新的探索. 由于该学科建设时间较短、经验不足，许多问题需要我们共同探索和研究.

　　为满足普通全日制高等院校雷电科学与技术专业教学基本建设的需要，我们组织编写了《雷电电磁脉冲防护技术》，供雷电科学与技术专业学生使用，以改善该类教材匮乏的局面.

　　本书是根据雷电科学与技术专业培养计划而撰写的，从而保证了与其他专业课内容的衔接，理论内容和实践内容的配套，体现了专业内容的系统性和完整性. 本书力求深入浅出，将基础知识点与实践能力点紧密结合，注重培养学生的理论分析能力和解决实际问题的能力. 本书适用于雷电科学与技术专业教学及防雷专业技术人员.

　　随着电子设备的大规模普及和人们防雷意识的日益提高，国内外已将雷电电磁脉冲防护技术列为重要的科研领域之一. 本书通过精选内容，以有限的篇幅取得比现有相关教材更大的覆盖面，在不削弱传统较为成熟的雷电电磁脉冲防护基本内容的前提下，更充实了雷电电磁脉冲防护方法的新思路，以及雷电电磁脉冲防护所选用的防护元件的原理和测试方法等，拓宽了知识面，并紧跟高新技术的发展，以适应雷电电磁脉冲防护、应用的需要.

　　鉴于雷电电磁脉冲涉及学科广泛，本书在编写中力求突出对雷电电磁脉冲产生原理的分析及对防护设计方法的介绍，并对雷电电磁脉冲防护的器件进行冲击试验和数据分析，给出了各类防护器件的测试方法和技术参数.

　　本书在编写过程中得到国内知名防雷企业：南京云凯防雷科技股份有限公司的支持，在此表示感谢. 限于编者水平，书中不足之处在所难免，恳请读者批评指正.

李祥超

2017 年 5 月

目　录

第一章　雷电放电特性

1.1　雷电通道放电过程

雷电放电由带电的雷云引起. 雷电指积雨云中的异性电荷之间，或云间的异性电荷之间，或云中电荷和大地之间的放电过程. 发生在电力系统中的通常为最后一种情况，称为云地闪击.

对雷云带电起因的解释很多. 一般认为雷云是在有利的大气和大地条件下，由潮湿的热气不断上升进入稀薄的大气层冷凝的结果. 强烈的上升气流穿过云层，水滴被撞分裂而带电. 轻微的水沫带负电，被风吹得较高，形成大块的带负电的雷云，大滴水珠带正电，凝聚成雨下降，或悬浮在云中，形成局部的带正电的区域. 雷云的底部大多数带负电，它在地面上感应出大量的正电荷. 雷云和大地之间形成高电场，电势差达数兆到数十兆伏，超过大气的游离放电的临界电场强度(约 30kV/cm，有水滴存在时约为 10kV/cm)，形成云间或云对地的火花放电，产生强烈的光和热，使空气急剧膨胀震动，发生霹雳轰鸣，而放电通道中的电流达几十至几百千安，这就是雷电[1].

关于雷暴云内的空间电荷，最经典的研究认为其是一个垂直的偶极性或三极性结构，即雷暴云上部–25～–60℃为正电荷分布区，下部–10～–25℃为负电荷分布区，有时在负电荷层下部 0℃区附近还有一个小的正电荷区. 电荷分布区与温度相对应. 实际的雷暴云电荷结构比垂直分布的偶极性或三极性电荷结构复杂得多. 除了主正电荷区、主负电荷区和底部次正电荷区以外，电荷结构还可能会发生倾斜，呈现多层正负极性电荷层层交叠，甚至反极性的电荷结构，不同极性的电荷也可能出现在同一高度. 除了三极性、偶极性电荷结构，还有准反极性电荷结构，如果偶极性可被视为缺少底部正电荷区的三极性，准反极性则可被视为缺少主正电荷区的三极性结构. 不同季节、地区的雷暴特征不一样. 我国南方地区多为偶极性电荷结构，北方地区多为三极性电荷结构，青藏高原地区多为准反极性电荷结构，但也可能出现正常结构[2].

大多数雷电发生在云间. 对地放电的雷云大多数带负电，因此形成的雷电流极性也为负. 一般认为负极性雷电流占 90%左右. 广东省电力试验研究所根据雷电定位系统得到的结论为：在云地闪击中，大多数为负极性闪击，在 1997 年、1998 年和 1999 年三年中，负极性分别占总闪击次数的 95.6%、95.6%和 95.8%[3]. 根据国内外实测，75%～90%的雷电流是负极性的，因此，电气设备的防雷保护和绝缘配合通常都采取负极性的雷电冲击波进行研究分析.

一次典型的负云地闪击(简称为地闪)所包含的各种物理过程随时间的变化如图 1.1

所示[4]. 如图 1.1 中 t=0ms 对应的图所示，雷云电荷结构分为三层，从上至下依次为主正电荷区 P、主负电荷区 N 和下层次正电荷区 P. 在雷暴云的成熟阶段，主正电荷区总电荷量为 50C 左右，主负电荷区总电荷量大约为 100C，而次正电荷区的电荷量为 10C 以下. 主正电荷区的电荷密度为 0.5~1.0nC/m³，高度为 5~8km，主负电荷区的电荷密度为 1nC/m³ 左右，高度为 3~6km，而次正电荷区的电荷密度小于 0.5nC/m³，高度为 2~4km. 最初 N 和 P 之间会因为某种原因产生放电形成预击穿，即在云层内部形成初始放电，预击穿过程为下行梯级先导形成创造条件. 然后内部放电朝下向云层外部空间发展形成下行先导. 下行先导为梯级先导.

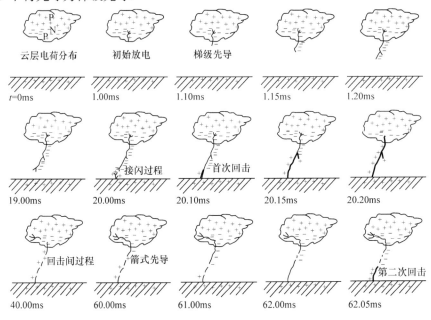

图 1.1　一次典型的负地闪所包含的各种物理过程随时间的变化[4]

当负极性的下行先导靠近地面时，会在地面感应出正电荷，然后从地面产生迎面先导，即上行先导. 当下行先导和上行先导接近时，如果二者头部之间的电场超过空气间隙的击穿场强，则头部之间的空气被击穿而形成接闪过程，即产生末跃过程，接着产生首次回击过程.

在首次回击后，将产生回击间过程，如 J 过程和 K 过程，接着产生箭式先导(也叫直窜先导)，形成第二次回击过程.

梯级先导：在云中的负电荷中心的电场强度达到 10kV/cm 时，雷云内部就会发生放电击穿过程，即发生初始放电，电子获得足够大的动能与气体分子碰撞，使其游离而产生大量离子，游离后的气体变为导电介质，伴随气体发光现象，这部分导电的气体称为流注. 流注沿着电场作用的方向逐级向下延伸，但是由于电子运动的惯性和碰撞的概率，每个电子的运动方向并非垂直向下，诸多随机因素导致导电气体向下发展的方向并不垂直向下. 这一段暗淡的光柱在照片上显示出来的是一条弯曲有分叉的折线段，如图 1.2 所示，称为梯级先导或梯式先导. 梯级先导的平均发展速度为 $1.5×10^5$m/s，变化范围在$(0.1\sim2.6)\times10^6$m/s[5]. 近期的人工引雷试验表明，先导发展过程的速度是非均匀的，从 4 次火箭引雷的上行先导的发展过程得到的二维平均速度为10^5m/s，局部速度在$(0.2\sim1.8)\times10^5$m/s 的范围[6]. 而单个的梯级推进速度达到5×10^7m/s. 单个梯级的平均长度为 50m 左右，其变化范围为 3～200m. 梯级间的间歇时间为 30～125μs，远离地面时平均为 50μs，靠近地面时平均为 10μs. 梯级先导的通道直径在 1～10m 的范围.

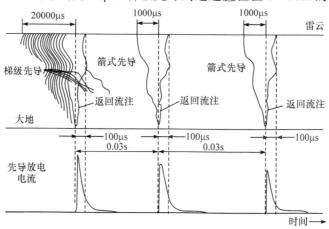

图 1.2 雷电放电的发展过程

带负电荷的雷云向下对地放电的基本过程称为下行负地闪，可用图 1.3 来表示，图下方为对应的放电电流波形.

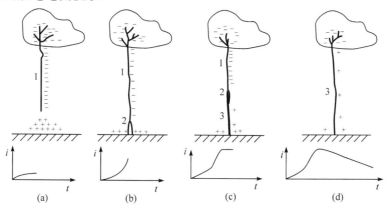

图 1.3 雷电放电的基本过程

1——先导放电通道；2——强游离区；3——主放电通道

先导放电阶段：雷云中的负电荷逐渐集聚，同时在附近地面上感应出正电荷. 当雷云与大地之间局部电场强度超过大气游离临界场强时，就开始有局部放电通道自雷云边缘向大地发展. 这一放电阶段称为先导放电，由于向下发展，该先导为下行先导. 先导放电通道具有导电性，因此雷云中的负电荷沿通道分布，并且继续向地面延伸，地面上的感应正电荷也逐渐增多，如图 1.3(a)所示.

　　主放电阶段：下行先导通道发展到临近地面时，由于局部空间电场强度的增加，常在地面突起处出现正电荷的先导放电向天空发展，这种先导称为迎面先导或上行先导，图 1.4 所示为在一次下行先导发展过程中，从 4 个通信塔顶部产生的迎面先导的照片. 当下行先导到达地面或与迎面先导相遇以后，就在通道端部因大气强烈游离而产生高密度的等离子区，此区域自下而上迅速传播，形成一条高电导率的等离子体通道，使下行先导通道以及雷云中的负电荷与大地的正电荷迅速中和，这就是主放电过程，或回击过程，如图 1.3(c)、(d)所示.

　　图 1.5 所示为日本横山茂教授提供的一次下行先导和迎面先导的发展过程的观测结果[8].

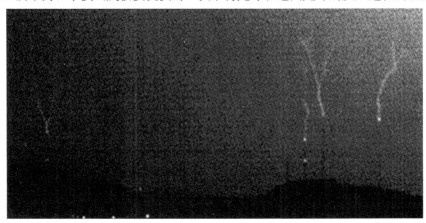

图 1.4　从 4 个通信塔顶部产生的迎面先导的照片[7]

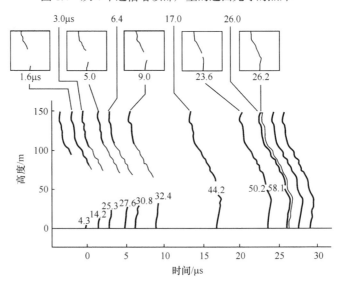

图 1.5　一次下行先导与迎面先导的发展过程的观测结果[9]
(底部的水平横轴和上部小框对应的数字为时间，单位为μs)

　　图 1.6 所示为 Berger 和 Vogelsanger 采用时间分辨的纹影摄影(streak photograph)于 1966 年拍摄的负下行先导击中瑞士 San Salvatore 山顶 55m 高塔的接闪过程，这种照相机

的胶片在固定棱镜后连续移动，快门一直打开[9]. 整个过程大约在300μs内完成. 下行梯级先导从照片的左上角发展到A点处，而正极性上行先导的发光强度由于相对较弱无法拍摄到. 正极性上行先导可能也是梯级发展，其从55m高塔的顶部起始，发展到B点处产生分叉，一条分支向左上部发展，而另一条分支向右与从下行先导端部A点朝下发展的放电通道会合. 末跃过程发生在 A、B 两点之间，从左侧的上行先导判断，末跃大致发生在靠近A点的位置.

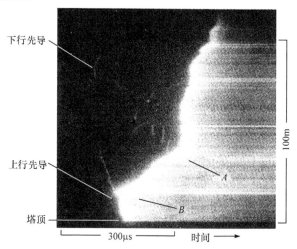

图 1.6　Berger 等拍摄的负下行先导接闪过程[9]

先导放电发展的平均速度较低，回击的发展速度比梯级先导快得多，为$(0.2\sim2)\times10^8$m/s，平均为5×10^7m/s. 回击通道的直径平均为几厘米，在$0.1\sim23$cm. 回击过程是中和云中电荷的主要过程，发热产生高温，形成很亮的通道，回击通道温度可达 10^4K 量级. 地闪所中和的云中负电荷，绝大部分在先导放电过程中储存在先导的主放电通道和分支中，在回击过程中，地面的正电荷不断将这些负电荷中和，称为主放电或主回击.

与先导放电和主放电阶段对应的电流变化也表示在图1.3中. 先导发展过程产生的电流不大，约为数百安，而主放电的发展速度很快，产生的脉冲电流达几十甚至几百千安.

箭式先导：云中分布的电荷被绝缘地相互分隔. 由梯级先导到回击完成地闪的第一次放电闪击过程，经过几十毫秒后又出现了第二次放电闪击. 电荷的迁移聚集需要时间，待迁移到负电荷中心后，可以沿着已有离子的原先通道再次放电. 这时云中发出的流注不再像梯级先导那样逐级缓慢发展，而是快速发展，称为箭式先导或直窜先导，平均发展速度为 2×10^6m/s，变化范围为$(0.1\sim2.1)\times10^7$m/s. 当到达地面上空一定距离后，再次引发地面窜起的回击，形成第二次完整的放电回击，如图1.1所示.

在某些地区，一次地闪包含一次放电闪击，称为单闪击地闪. 多闪击地闪的各闪击间隔平均为 50ms，在$3\sim380$ms. 一次地闪的平均持续时间在 0.2s 左右，其变化范围为$0.01\sim2$s.

　　回击间过程[10]：包括发生于地闪回击间或回击后电场变化较慢的连续电流过程，如 C 和 J 过程，以及叠加于其上的小而快速变化的 M 分量和 K 过程. 云地闪络的连续电流过程是雷云中的电荷在回击之后沿闪电热电离通道对地的持续放电过程，该过程可引起慢而大幅度的地面电场的变化，且云下的闪电通道持续发光. 负地闪中的回击沿先导通道从地面到云间的传播一般在 100μs 量级的时间内完成. 在这期间，先导通道底部的电流增加到峰值后又衰减到峰值电流的 1/10 左右. 在回击传播阶段之后，回击通道底部仍有约 1kA 的电流流动，持续时间为 1ms 左右，该电流称为中间电流. 有时中间电流过程后还有 100A 的电流流动，称为连续电流. J 过程是在回击之间发生在云内的过程，以相对稳定的电场变化为特征，持续时间为几十毫秒，该过程不伴随有云地之间先导通道亮度的突然增加. J 过程产生的电场变化通常与连续电流产生的电场变化有明显的差别，而且较连续电流产生的电场变化要小. M 分量指在回击过程之后通道微弱发光阶段通道亮度的突然增加，并伴随有电场的快速变化. 有人认为 M 过程实际上是一个没有明显回击的先导过程，一次完整的 M 过程称为小型后续回击. K 过程指在地闪回击之间或最后一个回击之后以及云闪后期相对小的快电场变化过程，其叠加在回击之间及云闪后期的慢电场变化及 J 过程上. 在几十千米的距离上测得的云闪和地闪的 K 过程波形呈梯级状或者斜坡状. 一般认为，K 过程不伴随有云地之间明显的通道发光，原因是 K 过程中没有先导到达地面，而只在云内产生电荷的微小调整.

　　两次回击之间的时间间隔约为几十毫秒，但如果主放电通道在回击之后有连续电流流过，时间间隔可能会增加到 0.1s. 连续电流在 100A 左右，是云中电荷直接向地面的转移. 由连续电流产生的电场变化比较缓慢，持续时间约为 100ms，一次可将几十库仑的电荷从雷云输送到地面. 有 25%～50% 的地闪过程包含有连续电流过程. 在连续电流阶段的脉冲性电场变化称为 M 分量. 图 1.7 所示为发生在 20km 处(图 1.7(b)实际为 19km 处)

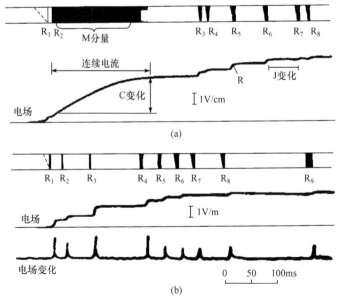

图 1.7　二次多回击地闪过程的毫秒级光学和电场变化过程示意图[11]

的二次多回击地闪过程的毫秒级光学和电场变化过程示意图[11]. 图 1.7(a)表示该过程包含了前面所述的所有回击间过程. 该次地闪包含了 8 次回击过程(标记为 $R_1 \sim R_8$), 有明显的连续电流过程. 图中上部为光学观测, 中间为慢电场变化, 下部为快电场变化. 并非所有的地闪过程都包含了所有云间过程, 在图 1.7(b)所示的另一次包含了 9 次回击的地闪过程中就没有连续电流过程发生.

1.2 雷电放电的电磁脉冲特性

根据 IEC61312-1 标准的定义, 雷电电磁脉冲(lighting electromagnetic pulse, LEMP)包括非直击雷产生的电磁场和电流瞬变. 以此为依据, LEMP 可以划分为 3 种形式: 静电脉冲、地电流瞬变和电磁场辐射. 以往防雷工程中强调的 LEMP 通常是指地电流瞬变和架空输电线的传导浪涌, 而现在电磁脉冲辐射场的危害越来越严重了.

1.2.1 静电脉冲

大气电离层带正电荷, 与大地之间形成了大气静电场, 通常情况下, 平原地区地面附近电场强度约为 150V/m. 雷雨云的下部净电荷较为集中, 其电势较高, 因此其下方地面局部静电场强远高于平时的大气静电场强, 雷雨降临之前, 该区域地面场强可达 $10 \sim 30kV/m$.

雷雨云形成的电场, 在地面物体表面感应出异号电荷, 其电荷密度和电势随附近大气场强而变化. 例如, 地面上10m处的架空线, 可感应出 $100 \sim 300kV$ 的对地电压. 落雷的瞬间, 雷雨云电荷被释放, 大气静电场急剧减小, 地面物体的感应电荷失去束缚, 会沿接地通路流向大地, 由于电流流经的通道存在电阻, 因而出现电压, 这种瞬时高电压称为静电脉冲(electrostatic pulse), 也称天电瞬变(atmospheric transients), 如图 1.8 所示. 对于接地良好的导体而言, 静电脉冲极小, 可以忽略. 但静电接地电阻较大的孤立导体, 其放电时间常数大于雷电持续时间, 静电脉冲的危害尤为明显.

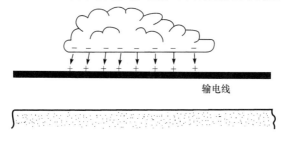

输电线

图 1.8 静电脉冲的形成原理

静电放电脉冲的危害形式主要表现为以下两种:

(1) 电压(流)浪涌. 输电线路上的静电高压脉冲会沿导线向两边传播, 形成高压浪涌, 对相连的电气设备造成危害.

(2) 高压电击. 垂直安放的导体, 如果接地电阻较大, 会在尖端出现火花放电, 能点燃易燃易爆物品；如果人、畜在闪电过后的短暂时间内触摸或接近这类物体，可能遭电击身亡.

1.2.2　地电流瞬变

地电流瞬变是由落雷点附近区域的地面电荷中和过程形成的. 以常见的负地闪为例，如图 1.9 所示，主放电通道建立后，产生回击电流，即雷雨云中的负电荷会流向大地. 同时地面的感应正电荷也流向落雷点与负电荷中和，形成瞬变地电流. 地电流流过的地方会出现瞬态高电势；不同位置之间也会有瞬时高电压，即跨步电压，如图 1.9 中 A、B 两点.

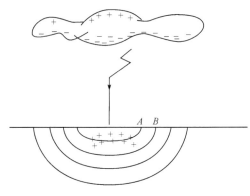

图 1.9　地电流瞬变

地电流瞬变的危害形式包括以下三种：

(1) 地电势反击. 地电势的瞬时高压会使接地的仪器金属外壳与不接地的电路板之间出现火花放电.

(2) 跨步电压电击. 附近的直击雷可能造成站在地面上的人、畜被跨步电压电击致死.

(3) 传导和感应浪涌电压. 埋于地下的金属管道、电缆或其他导体，构成电荷流动的低阻通道，其表面有瞬变电流流过，造成导体两端出现电压浪涌；对屏蔽线而言，地电流虽只流经屏蔽层表面，但由于存在互感，在内芯导线上会感应出瞬变电压，其数值正比于屏蔽层电流的一阶导数. 由于地电流上升沿很陡，上升时间仅数百纳秒，故感应电压峰值极大，不但会干扰信息传输，还可能造成电路硬损伤.

1.2.3　电磁场辐射

主放电通道一旦建立，云层电荷迅速与大地或云层异号感应电荷中和，回击电流急剧上升，受电荷电量、电势和通道阻抗影响，其上升速率最大可达 500kA/μs. 此时，放电通道构成等效天线，产生强烈的瞬态电磁辐射. 无论是闪电在空间的先导通道或回击通道中闪电产生的瞬变电磁场，还是闪电流进入地上建筑的避雷针系统以后所产生的瞬变电磁场，都会在一定范围产生电磁作用，对三维空间内的各种电子设备产生干扰和破坏作用. 图 1.10 是雷电放电各个阶段辐射电场强度波形，可见从雷雨云起电、预放电、阶跃先导到回击、后续回击等所有过程都伴随着电磁辐射.

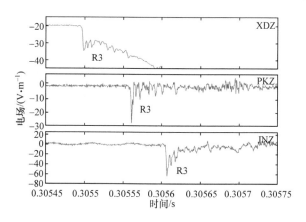

图 1.10 雷电辐射电场强度波形

图 1.11 是首次回击产生的电场强度频谱；图 1.12 则是云内负闪电电场强度频谱. 两图比较，地闪和云闪的电磁场的频带相近，主要成分都是分布在极低频(ELF, DC～3000Hz)和甚低频(VLF, 3～30kHz)段，以长波干扰为主.

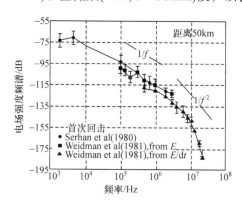

图 1.11 首次回击产生的电场强度频谱

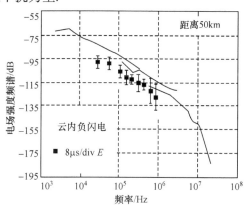

图 1.12 云内负闪电电场强度频谱

目前观测到的最大雷电感应电压为 400kV，感应电流峰值为 110kA；其中，产生感应电压的落雷中，首次回击占 30%，二次回击占 33%，三次以后的回击占 37%. 对通信线路的实际观测证明，雷电电磁感应浪涌的波头平均值为$(25\pm2.5)\mu s$($10\sim50\mu s$ 内的占 90%)，半峰值时间平均值为$(55\pm15)\mu s$($25\sim110\mu s$ 的占 90%). 而且，大地电导率越低，感应雷电浪涌越大.

1971 年，美国通用研究公司的 R.D.Hill 用类闪电(like lightning)模型进行仿真实验证明；磁场强度达到 0.07Gs 时($1Gs=10^{-4}T$)，无屏蔽的计算机会产生误动作，而 2.40Gs 的脉冲磁场能使计算机永久损伤，虽然该模型与目前的雷电流模型有较大差别，但都基本反映了当时计算机的电磁敏感度.

进入 20 世纪 80 年代，随着超大规模集成电路、计算机技术和计算机网络系统的发展，对电磁脉冲的敏感程度有所提高，由于对电磁脉冲的防护相对较为薄弱，因此雷暴日虽未增加，但雷电灾害却呈逐年上升之势. 1984 年，D.Jaeger 研究了 LEMP 对军用电子设备的危害，提出能量耦合通道主要包括机壳、天线、馈线和穿壳导线，并且分析了各种典型元件的损伤阈值. 1988 年，美国第 26 届航空科学年会上发表的研究报告指出，雷电对导弹的危害包括直击雷和电磁脉冲两个方面，其作用机理主要包括大电流直接注入以及壳体电流与内部电路之间的能量耦合. 该报告参照美军标 MIL-STD-1757 中规定的雷电标准波形，建议用冲击电流发生器对导弹电弧放电模拟直击过程，而用脉冲高压发生器对地放电模拟 LEMP.

在 LEMP 敏感度测试方面，美军标 MIL-STD-464《系统电磁环境效应要求》，全面系统地提出了对武器系统全寿命过程中的电磁环境效应的一般要求，它所考虑的电磁环境效应包括雷电. 该标准中明确规定了用于雷电直接效应和间接效应的电流波形，规定 10m 处云地闪电的磁场变化率为 $2.2 \times 10^9 A \cdot (m \cdot s)^{-1}$，电场变化率为 $6.8 \times 10^{11} V \cdot (m \cdot s)^{-1}$，该标准要求军械在暴露和储存条件下先经历雷电的直接打击和近距离打击后应保持安全并且满足其工作性能要求.

总的来说，目前对 LEMP 的研究主要集中在建立雷电流数理模型、研究 LEMP 电磁场、雷电电磁脉冲辐射场对架空电力线的耦合等方面. 但是，因为闪电的种类多，过程也比较复杂，并且由于使用的脉冲源和电磁环境不同，各国对用于电路测试的 LEMP 标准波形的规定也存在较大差异，尤其是对模拟方式，还没有形成规范. 有关 LEMP 对电子线路的效应和防护研究较少，而国内的 LEMP 危害研究大多借鉴国外研究经验，且研究主要集中于雷电对电力传输线、变压器、通信线路等方面的影响.

参 考 文 献

[1] 张纬钹, 高玉明. 电力系统过电压与绝缘配合[M]. 北京: 清华大学出版社, 1988.

[2] 张廷龙, 郄秀书, 袁铁, 等. 中国内陆高原地区典型雷暴过程的地闪特征及电荷结构反演[J]. 大气科学, 2008, 32(05): 1221-1228.

[3] Chen S M, Du Y, Fan L M, et al. A lightning location system in China: Its performances and applications [J]. IEEE Transaction on Electromagnetic Compatibility, 2002, 44(4): 555-560.

[4] Uman M A. The Lightning Discharge [M]. New York: Academic Press Inc., 1987.

[5] 虞昊. 现代防雷技术基础[M]. 北京: 清华大学出版社, 1995.

[6] Jiang R B, Qie X S, Wang C X, et al. Propagation features of upward positive leaders in the initial stage of rocket-triggered lightning[J]. Atmospheric Research, 2012, 129-130: 90-96.

[7] Warner T A. Observations of simultaneous upward lighting leaders from multiple tall structures [J]. Atmospheric Research, 2012, 117: 45-54.

[8] Cooray V. The Lightning Flash [M]. London: The Institution of Electrical Engineers, 2003.

[9] Uman M A. The Art and Science of Lightning Protection [M]. Cambridge: Cambridge University Press, 2008.

[10] 王道洪, 郄秀书. 雷电与人工引雷[M]. 上海: 上海交通大学出版社, 2000.

[11] Kitagawa N, Brook M, Workman E J. Continuing currents in cloud-to-ground lightning discharges [J]. Journal of Geophysical Research, 1967, 67(2): 637-647.

第二章　雷电放电通道的辐射

2.1　雷电放电瞬态辐射理论

2.1.1　瞬变电偶极子的辐射场

2.1.1.1　瞬变电偶极子的辐射

设在真空中由相距 $2l$ 的正负两个点电荷构成一电偶极子，其电量为 q，在坐标系中的位置如图 2.1 所示.

从 $t=-l/v$ 开始，电荷 $+q$ 突然以速度 v 匀速向电荷 $-q$ 运动；在 $t=-l/v$ 时刻到达电荷 $-q$ 所在位置而突然停止. 这种情况相当于在一段时间内出现一个突然产生又突然消失的电流元，该电流的电流密度可表示为

$$J(r,t)=\begin{cases}-\hat{z}q\delta(x)\delta(y)\delta\left(t+\dfrac{z}{v}\right), & |t|<\dfrac{l}{v} \\[2mm] 0, & |t|>\dfrac{l}{v}\end{cases} \qquad (2\text{-}1)$$

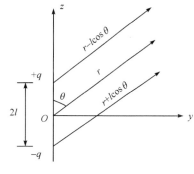

图 2.1　电偶极子

这是因为 $J=\rho v$，$\rho=q\delta(x)\delta(y)\delta(z+vt)$，而且

$$\delta(z+vt)=\delta\left[v\left(t+\frac{z}{v}\right)\right]=\frac{1}{v}\delta\left(t+\frac{z}{v}\right)$$

在频域电流元的密度为

$$\hat{J}(r,\omega)=\begin{cases}-\hat{z}\delta(x)\delta(y)\mathrm{e}^{-\mathrm{i}\omega z/v}, & |z|<l \\[2mm] 0, & |z|>l\end{cases} \qquad (2\text{-}2)$$

相应的电流强度则是

$$\hat{I}(r,\omega)=\int \hat{J}(r,\omega)\mathrm{d}x\mathrm{d}y=\begin{cases}-q\mathrm{e}^{-\mathrm{i}\omega z/v}, & |z|<l \\[2mm] 0, & |z|>l\end{cases} \qquad (2\text{-}3)$$

在远区，即 $r\gg l$ 时，电流元的辐射场可视为球面波，在球坐标系 (r,θ,φ) 中，仅有 E_θ 和 E_φ 分量，而且 $E_\varphi=\eta H_\varphi$，$\eta=(\mu_0/\varepsilon_0)^{1/2}$，对于 z 轴上的一个微电流源 $I(z')\mathrm{d}z'$，其在 (r,θ,φ) 处对电场的贡献为

$$d\hat{E}_\theta(r,\omega) = -i\omega\mu_0 \frac{e^{ik_0 r}}{4\pi r}\sin\theta e^{-ik_0\cos\theta z'}\hat{I}(z',\omega)dz' \tag{2-4}$$

于是，总的电场为

$$\hat{E}_\theta(r,\omega) = i\omega\mu_0 q\frac{e^{ikr}}{4\pi r}\sin\theta\int_{-l}^{l} e^{-i\frac{\omega}{c}(\cos\theta+\xi)z'}dz'$$

$$= \eta q\frac{\sin\theta}{4\pi r}\frac{e^{ikr}}{\cos\theta+\xi}\left[e^{i\frac{\omega}{c}(\cos\theta+\xi)l} - e^{-i\frac{\omega}{c}(\cos\theta+\xi)l}\right] \tag{2-5}$$

其中，$\xi = c/v$.

再对上式进行傅里叶逆变换，就得到远区场的时域形式

$$E_\theta(r,t) = -\frac{\eta q}{4\pi r}\frac{\sin\theta}{\cos\theta+\xi}\left[\delta\left(t+\frac{l}{v}-\frac{r-l\cos\theta}{c}\right) - \delta\left(t-\frac{l}{v}-\frac{r+l\cos\theta}{c}\right)\right] \tag{2-6}$$

由这一结果可知，所述电偶极子的时域辐射场由两个符号相反的冲击脉冲组成. 其中的一个在时刻 $t=-l/v$ 发出，到达 (r,θ) 处的延迟时间为 $(r-l\cos\theta)/c$，从时间和距离上看，这一脉冲正是电荷在开始运动的一刻于 $z=l$ 处发出的；同样的分析可知，第二个脉冲式电荷是于 $z=-l$ 处突然停止的时刻 $t=l/v$ 时发出的. 这说明辐射是在做加速运动时产生的，而在做匀速运动时不会产生.

其次还可以看出，由于延迟的时间与 θ 有关，故合成的时域波形与 θ 角有关. 由于辐射场的幅度与 θ 有关，所以辐射图是有方向性的，但方向性与 φ 无关.

2.1.1.2 瞬变磁偶极子的辐射

现在考虑真空中半径为 a 的一个电流圆环，当 a 比所涉及的波长小很多时，可视作磁偶极子. 设所取直角坐标系的原点置于圆环的中心，z 轴与圆环面垂直，如图 2.2 所示.

如果圆环上的瞬态电流是宽度为 2τ 的矩形脉冲，如下式所示：

$$I(t) = I_0\left[u(t+\tau) - u(t-\tau)\right] \tag{2-7}$$

求偶极子的瞬态辐射场. 求解方法和以前类似，先求解频域解，然后求其傅里叶逆变换.

不难理解，该偶极子的场与 φ 无关，故场点只需取在 yOz 平面上. 对这类场点而言，对 y 轴对称的两个微电流元的 y 分量对场的贡献将互相抵消，而其 x 分量的贡献相同. 若取 $dl=ad\varphi'$，则任一电流微

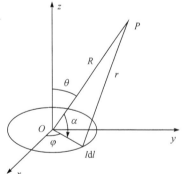

图 2.2　磁偶极子

元 $\hat{I}dl$ 的 x 分量均为 $-\hat{I}dl\sin\varphi'$. 在频域，该电流元的矢量位可由式 $\nabla^2\hat{A} + k^2\hat{A} = -\mu\hat{J}$，$G(r,r') = \dfrac{e^{ik|r-r'|}}{4\pi|r,r'|}$ 和 $\hat{u}(r') = \displaystyle\int_V G(r,r')\hat{S}(r)dV$ 得到

$$\mathrm{d}\hat{A}_z = -\mu_0 \frac{\mathrm{e}^{\mathrm{i}k_0 r}}{4\pi r} \hat{I} a \sin\varphi' \mathrm{d}\varphi' \tag{2-8}$$

若只考虑远区，则可把 $\mathrm{e}^{\mathrm{i}k_0 r}$ 中的 r 近似表示为 $r \approx R - a\cos\alpha$，再考虑到 $\cos\alpha = \sin\theta\sin\varphi'$，则整个电流环对矢量位的贡献为

$$\hat{A}_\varphi = -\hat{A}_x = \frac{\mu_0 \hat{I} a}{4\pi R} \mathrm{e}^{\mathrm{i}k_0 R} \int_{-\pi}^{\pi} \mathrm{e}^{\mathrm{i}k_0 a \sin\theta\sin\varphi'} \sin\varphi' \mathrm{d}\varphi' \tag{2-9}$$

利用 $\sin\varphi' = \frac{1}{2\mathrm{i}}(\mathrm{e}^{\mathrm{i}\varphi'} - \mathrm{e}^{-\mathrm{i}\varphi'})$ 和贝塞尔函数的积分式

$$\mathrm{J}_n(x) = \frac{1}{2\pi} \int_{-\pi}^{\pi} \mathrm{e}^{\mathrm{i}(x\sin\varphi - n\varphi)} \mathrm{d}\varphi$$

以及 $\mathrm{J}_{-1}(x) = -\mathrm{J}_{-1}(x)$，便可得到

$$\hat{A}_\varphi = -\frac{\mu_0 \hat{I} a}{\mathrm{i}2R} \mathrm{J}_1(ka\sin\theta) \mathrm{e}^{\mathrm{i}k_0 R} \tag{2-10}$$

远区电磁场仅有 $\hat{E}_\varphi$ 和 $\hat{H}_\theta$，且 $\hat{E}_\varphi = -\eta\hat{H}_\theta$，故只需求出 $\hat{H}_\theta$，由 $\hat{H} = \frac{1}{\mu_0}\nabla\times\hat{A}$，可在球坐标系中得到

$$\hat{H}_\theta = -\frac{1}{\mu_0}\frac{1}{R}\frac{\partial}{\partial R}(RA_\varphi) = -\frac{\hat{I}ak_0}{2R}\mathrm{J}_1(k_0 a\sin\theta)\mathrm{e}^{\mathrm{i}k_0 R} \tag{2-11}$$

利用关系

$$\int_{-\infty}^{\infty} u(t-\tau)\mathrm{e}^{\mathrm{i}\omega t}\mathrm{d}t = -\frac{1}{\mathrm{i}\omega} + \pi\delta(\omega)$$

可求得

$$\hat{I}(\omega) = 2I_0 \frac{\sin(\omega\tau)}{\omega} \tag{2-12}$$

故有

$$\hat{H}_\theta = -\frac{I_0 a}{Rc}\sin(\omega\tau)\mathrm{e}^{\mathrm{i}k_0 R}\mathrm{J}_1\left(\omega\frac{a}{c}\sin\theta\right) \tag{2-13}$$

为了求得该式的傅里叶逆变换，需要解决贝塞尔函数的逆变换问题. 为此，需考虑可以借助的关系，它就是如下定义的函数 $f(t)$：

$$f(t) = \begin{cases} \dfrac{1}{\sqrt{b^2 - t^2}}, & |t| \leqslant b \\ 0, & |t| > b \end{cases} \tag{2-14}$$

其傅里叶变换为

$$\hat{f}(\omega) = \int_{-b}^{b} \frac{1}{\sqrt{b^2 - t^2}} \mathrm{e}^{\mathrm{i}\omega t}\mathrm{d}t$$

令 $t = -b\sin\varphi$，则可得

$$\hat{f}(\omega) = \int_{-\frac{\pi}{2}}^{\frac{\pi}{2}} \mathrm{e}^{-\mathrm{i}\omega b \sin\varphi} \mathrm{d}\varphi = \int_{-\frac{\pi}{2}}^{\frac{\pi}{2}} \cos(\omega b \sin\varphi) \mathrm{d}\varphi = \pi \mathrm{J}_0(b\omega) \tag{2-15}$$

令

$$G(\omega) = \frac{\mathrm{d}}{\mathrm{d}\omega} \mathrm{J}_0(b\omega) \tag{2-16}$$

利用关系

$$\frac{1}{2\pi} \int_{-\infty}^{\infty} \left[\frac{\mathrm{d}}{\mathrm{d}\omega} \hat{f}(\omega) \right] \mathrm{e}^{-\mathrm{i}\omega t} \mathrm{d}\omega = \mathrm{i}t f(t)$$

可得

$$g(t) = \frac{1}{2\pi} \int_{-\infty}^{\infty} G(\omega) \mathrm{e}^{-\mathrm{i}\omega t} \mathrm{d}\omega = \begin{cases} \dfrac{\mathrm{i}t}{\pi\sqrt{b^2 - t^2}}, & |t| \leqslant b \\ 0, & |t| > b \end{cases} \tag{2-17}$$

由于

$$\mathrm{J}_1\left(\omega \frac{a}{c} \sin\theta\right) = -\frac{c}{a\sin\theta} \frac{\mathrm{d}}{\mathrm{d}\omega}\left[\mathrm{J}_0\left(\omega \frac{a}{c} \sin\theta\right)\right] \quad (0 < \theta < \pi)$$

故有

$$\frac{1}{2\pi} \int_{-\infty}^{\infty} \mathrm{J}_1\left(\omega \frac{a}{c} \sin\theta\right) \mathrm{e}^{-\mathrm{i}\omega t} \mathrm{d}\omega = \begin{cases} -\dfrac{\mathrm{i}tc}{\pi a\sin\theta} \dfrac{1}{\sqrt{\left(\dfrac{a}{c}\sin\theta\right)^2 - t^2}}, & |t| \leqslant \dfrac{a}{c}\sin\theta \\ 0, & |t| > \dfrac{a}{c}\sin\theta \end{cases} \tag{2-18}$$

考虑到 $\sin\omega\tau = \dfrac{1}{2\mathrm{i}}(\mathrm{e}^{\mathrm{i}\omega t} - \mathrm{e}^{-\mathrm{i}\omega t})$ 和关系式

$$\frac{1}{2\pi} \int_{-\infty}^{\infty} \mathrm{e}^{\mathrm{i}\omega\alpha} \hat{f}(\omega) \mathrm{e}^{-\mathrm{i}\omega t} \mathrm{d}\omega = f(t-\alpha)$$

再利用式(2-18)所示结果，可以求得式(2-13)的傅里叶逆变换

$$H_\theta(r,\theta,t) = -\frac{I_0}{2\pi R\sin\theta}\left[H_\theta^+(t') - H_\theta^-(t')\right], \quad 0 < \theta < \pi \tag{2-19}$$

其中

$$H^\pm(t') = \begin{cases} \dfrac{t' \pm \tau}{\sqrt{\left(\dfrac{a}{c}\sin\theta\right)^2 - (t' \pm \tau)^2}}, & |t' \pm \tau| \leqslant \dfrac{a}{c}\sin\theta \\ 0, & |t' \pm \tau| > \dfrac{a}{c}\sin\theta \end{cases} \tag{2-20}$$

且 $t' = t - \dfrac{R}{c}$.

由式(2-19)和式(2-20)可以看出，在 $t'=\pm\tau\pm\dfrac{a}{c}\sin\theta$ 时可观察到辐射的奇异性，由 $t-\left(\dfrac{R}{c}\pm\dfrac{a}{c}\sin\theta\right)=\pm\tau$ 可以推断，奇异性是由于 $t=\pm\tau$ 时电流的突变引起的，而且其贡献来自由观察点与 z 轴所决定的平面和电流环相交的两处电流元.

2.1.2 对称线天线的瞬态辐射

对称线天线是线天线的一种基本形式，其辐射特性决定于天线上的电流分布和随时间的变化形式. 现在分析当天线上的电流非时谐变化时所产生的辐射场，主要分析的基本形态是行波电流.

设有一置于真空中长度为 $2L$ 的对称线天线，其坐标表示如图 2.3 所示.

对称中心有一激励，使线上产生如下的线电流分布：

$$I(z,t)=I_0(t-|z|/c) \tag{2-21}$$

显然，这种行波分布在 $t\leqslant l/c$，$l<L$ 的时间段内是正确的，我们首先限定在这个时段内考察该线天线的辐射场分布.

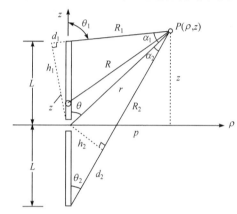

图 2.3　对称线天线的坐标表示

仍然采用经典的方法，即先求得频域解，然后再变换到时域，为此先求得电流 $I(z,t)$ 的傅氏变换

$$\hat{I}(z,\omega)=\int_{-\infty}^{\infty}I(z,t)\mathrm{e}^{\mathrm{i}\omega t}\mathrm{d}t=\hat{I}_0(\omega)\mathrm{e}^{\mathrm{i}k|z|} \tag{2-22}$$

其中

$$\hat{I}_0(\omega)=\int_{-\infty}^{\infty}I(z,t)\Big|_{z=0}\mathrm{e}^{\mathrm{i}\omega t}\mathrm{d}t=\int_{-\infty}^{\infty}I_0(t)\mathrm{e}^{\mathrm{i}\omega t}\mathrm{d}t$$

由 $\hat{u}(r')=\int_V G(r,r')\hat{S}(r)\mathrm{d}V$ 可知，该电流在观察点 P 的矢量位函数为

$$\hat{A}(r,\omega)=\hat{z}\hat{A}_z(r,\omega)=\hat{z}\frac{\mu_0}{4\pi}\int_{-l}^{l}\frac{\hat{I}(z',\omega)}{R}\mathrm{e}^{\mathrm{i}kR}\mathrm{d}z'$$

$$=\hat{z}\frac{\mu_0}{4\pi}\hat{I}_0(\omega)\left[\int_{-l}^{0}\frac{\mathrm{e}^{\mathrm{i}k(R-z')}}{R}\mathrm{d}z'+\int_{0}^{l}\frac{\mathrm{e}^{\mathrm{i}k(R+z')}}{R}\mathrm{d}z'\right] \tag{2-23}$$

其中，$R=[l^2+(z-z')^2]^{1/2}$. 根据电流分布的特点可知，天线所激发的磁场在圆柱坐标系中只有 φ 方向分量，而且

$$\hat{H}_\varphi=\frac{1}{\mu_0}(\nabla\times\hat{A})_\varphi=-\frac{1}{\mu_0}\frac{\partial}{\partial\rho}\hat{A}_z \tag{2-24}$$

把式(2-23)代入上式，可得

$$\hat{H}_\varphi(r,\omega) = -\frac{\hat{I}_0(\omega)}{4\pi}\rho\left\{\int_{-l}^0 \frac{\mathrm{e}^{\mathrm{i}k(R-z')}}{R}\left[\frac{\mathrm{i}k}{R^2}-\frac{1}{R^3}\right]\mathrm{d}z' + \int_0^l \mathrm{e}^{\mathrm{i}k(R+z')}\left[\frac{\mathrm{i}k}{R^2}-\frac{1}{R^3}\right]\mathrm{d}z'\right\}$$

$$= \frac{\hat{I}_0(\omega)}{4\pi}\rho\left\{\int_{-l}^0 \frac{\mathrm{d}}{\mathrm{d}z'}\left[\frac{\mathrm{e}^{\mathrm{i}k(R-z')}}{R(R+z-z')}\right]\mathrm{d}z' - \int_0^l \frac{\mathrm{d}}{\mathrm{d}z'}\left[\frac{\mathrm{e}^{\mathrm{i}k(R+z')}}{R(R-z+z')}\right]\mathrm{d}z'\right\}$$

$$= \frac{\hat{I}_0(\omega)}{4\pi\rho}\left[\frac{r-z}{r}\mathrm{e}^{\mathrm{i}kr} - \frac{R_2-(z+l)}{R_2}\mathrm{e}^{\mathrm{i}k(R_2+l)}\right] - \frac{\hat{I}_0(\omega)}{4\pi\rho}\left[\frac{R_1+(z-l)}{R_1}\mathrm{e}^{\mathrm{i}k(R_1+l)} - \frac{r+z}{r}\mathrm{e}^{\mathrm{i}kr}\right]$$

$$= \frac{\hat{I}_0(\omega)}{4\pi\rho}\left[2\mathrm{e}^{\mathrm{i}kr} - (1+\cos\theta_1)\mathrm{e}^{\mathrm{i}k(R_1+l)} - (1-\cos\theta_2)\mathrm{e}^{\mathrm{i}k(R_2+l)}\right] \tag{2-25}$$

其中，$R_1 = \left[\rho^2+(z-l)^2\right]^{\frac{1}{2}}$，$R_2 = \left[\rho^2+(z+l)^2\right]^{\frac{1}{2}}$，$\cos\theta_1 = (z-l)/R_1$，$\cos\theta_2 = (z+l)/R_2$.

利用无源区域的麦克斯韦方程 $\nabla\times\hat{\boldsymbol{H}} = -\mathrm{i}\omega\varepsilon_0\hat{\boldsymbol{E}}$，可求得在圆柱坐标系中的电场分量为

$$\hat{E}_\rho = \frac{1}{\mathrm{i}\omega\varepsilon_0}\frac{\partial\hat{H}_\varphi}{\partial z}, \quad \hat{E}_z = -\frac{1}{\mathrm{i}\omega\varepsilon_0}\frac{1}{\rho}\frac{\partial}{\partial\rho}(\rho\hat{H}_\varphi)$$

于是可由式(2-25)求得

$$\hat{E}_\rho(r,\omega) = \frac{\eta_0\hat{I}_0(\omega)}{4\pi\rho}\left[2\cos\theta\,\mathrm{e}^{\mathrm{i}kr} - (1+\cos\theta_1)\cos\theta_1\mathrm{e}^{\mathrm{i}k(R_1+l)} - (1-\cos\theta_2)\cos\theta_2\mathrm{e}^{\mathrm{i}k(R_2+l)}\right]$$

$$- \frac{\hat{I}_0(\omega)}{\mathrm{i}\omega\varepsilon_0 4\pi}\left[\frac{\sin\theta_1}{R_1^2}\mathrm{e}^{\mathrm{i}k(R_1+l)} - \frac{\sin\theta_2}{R_2^2}\mathrm{e}^{\mathrm{i}k(R_2+l)}\right] \tag{2-26}$$

$$\hat{E}_z(r,\omega) = -\frac{\eta_0\hat{I}_0(\omega)}{4\pi\rho}\left[2\sin\theta\,\mathrm{e}^{\mathrm{i}kr} - (1+\cos\theta_1)\sin\theta_1\mathrm{e}^{\mathrm{i}k(R_1+l)} - (1-\cos\theta_2)\sin\theta_2\mathrm{e}^{\mathrm{i}k(R_2+l)}\right]$$

$$- \frac{\hat{I}_0(\omega)}{\mathrm{i}\omega\varepsilon_0 4\pi}\left[\frac{\cos\theta_1}{R_1^2}\mathrm{e}^{\mathrm{i}k(R_1+l)} - \frac{\cos\theta_2}{R_2^2}\mathrm{e}^{\mathrm{i}k(R_2+l)}\right] \tag{2-27}$$

其中 $\eta_0 = (\mu_0/\varepsilon_0)^{\frac{1}{2}}$.

把电场投影到球坐标系中，可得

$$\hat{E}_r = \hat{E}_\rho\sin\theta + \hat{E}_z\cos\theta$$

$$\hat{E}_\theta = \hat{E}_\rho\cos\theta - \hat{E}_z\sin\theta$$

为了简化，将结果通过图 2.3 中所示的 α_1 和 α_2 表示，最后可得

$$\hat{E}_r(r,\omega) = \frac{\eta_0\hat{I}(\omega)}{4\pi}\left[\frac{\sin\alpha_1}{R_1}\cot\frac{\theta_1}{2}\mathrm{e}^{\mathrm{i}k(R_1+l)} - \frac{\sin\alpha_2}{R_2}\tan\frac{\theta_2}{2}\mathrm{e}^{\mathrm{i}k(R_2+l)}\right]$$

$$- \frac{\hat{I}_0(\omega)}{\mathrm{i}\omega\varepsilon_0 4\pi}\left[\frac{\cos\alpha_1}{R_1^2}\mathrm{e}^{\mathrm{i}k(R_1+l)} - \frac{\cos\alpha_2}{R_2^2}\mathrm{e}^{\mathrm{i}k(R_2+l)}\right] \tag{2-28}$$

$$\hat{E}_\theta(r, \omega) = \frac{\eta_0 \hat{I}(\omega)}{4\pi}\left[\frac{2}{\rho}e^{ikr} - \frac{\cos\alpha_1}{R_1}\cot\frac{\theta_1}{2}e^{ik(R_1+l)} - \frac{\cos\theta_2}{R_2}\tan\frac{\theta_2}{2}e^{ik(R_2+l)}\right]$$

$$- \frac{\hat{I}_0(\omega)}{i\omega\varepsilon_0 4\pi}\left[\frac{\sin\alpha_1}{R_1^2}e^{ik(R_1+l)} - \frac{\sin\alpha_2}{R_2^2}e^{ik(R_2+l)}\right] \tag{2-29}$$

对式(2-25)，式(2-28)和式(2-29)进行傅里叶逆变换，便得到在球坐标系中表示的辐射场的时域结果

$$H_\varphi(r, t) = \frac{1}{4\pi}\left[\frac{2}{\rho}I_0\left(t - \frac{r}{c}\right) - \frac{\cot\frac{\theta_1}{2}}{R_1}I_0\left(t - \frac{R_1+l}{c}\right) - \frac{\tan\frac{\theta_2}{2}}{R_2}I_0\left(t - \frac{R_2+l}{c}\right)\right] \tag{2-30}$$

$$E_\theta(r, t) = \frac{\eta_0}{4\pi}\left[\frac{2}{\rho}I_0\left(t - \frac{r}{c}\right) - \frac{\cos\alpha_1}{R_1}\cot\frac{\theta_1}{2}I_0\left(t - \frac{R_1+l}{c}\right) - \frac{\cos\alpha_2}{R_2}\tan\frac{\theta_2}{2}I_0\left(t - \frac{R_2+l}{c}\right)\right]$$

$$+ \frac{1}{4\pi\varepsilon_0}\left[\frac{\sin\alpha_1}{R_1^2}Q\left(t - \frac{R_1+l}{c}\right) - \frac{\sin\alpha_2}{R_2^2}Q\left(t - \frac{R_2+l}{c}\right)\right] \tag{2-31}$$

$$E_r(r, t) = \frac{\eta_0}{4\pi}\left[\frac{\sin\alpha_1}{R_1}\cot\frac{\theta_1}{2}I_0\left(t - \frac{R_1+l}{c}\right) - \frac{\sin\alpha_2}{R_2}\tan\frac{\theta_2}{2}I_0\left(t - \frac{R_2+l}{c}\right)\right]$$

$$+ \frac{1}{4\pi\varepsilon_0}\left[\frac{\cos\alpha_1}{R_1^2}Q\left(t - \frac{R_1+l}{c}\right) - \frac{\cos\alpha_2}{R_2^2}Q\left(t - \frac{R_2+l}{c}\right)\right] \tag{2-32}$$

其中 $Q(t) = \int_{-\infty}^{t}I_0(t')dt'$，它是在时间 t 内的积累电荷.

现在我们对所得结果进行简单分析，以便了解瞬态辐射的一些基本特性. 首先，H_φ 的表达式(2-30)由三部分组成：由到达观察点的时间可以看出，其中第一项表示由天线中心电流产生的辐射；由于 $I_0/(t-l/c)$ 表示 t 时刻 $z=l$ 处的电流，所以第二项表示天线上臂电流所达到的最上端 $z=l$ 处所产生的辐射；由类似的道理可知，第三项则表示天线下臂电流所达到的最下端 $z=l$ 处产生的辐射. 以上结果在图 2.4 中得到表达.

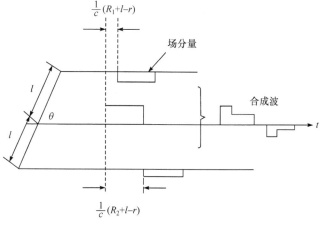

图 2.4　瞬态辐射场

　　由式(2-30)可以直接看出，电流端点产生的辐射场的大小与端点到观察点的距离 r 成反比，这与时谐场的远区场相似. 我们在分析过程中并没有作远区近似，所得结果对远区和近区都是成立的，这反映出稳态辐射与瞬态辐射的差别. 观察的 E_0 表达式(2-30)即可发现，除了与 H_φ 一样有 3 个辐射点外，还有由电流的两个端点处电荷所产生的辐射，它们的强度与端点到观察点距离的平方成反比，这与似稳场相似. E_γ 的特点是，它不包含中心电流所产生的辐射，或者说中心电流的辐射场没有 E_γ 分量. 纵观以上结果可以发现，所设置的脉冲电流在天线上传播的过程中不产生辐射，这是因为在这段时间内电荷做匀速直线运动.

　　由图 2.4 不难看出，中心电流的辐射场最先到达观察点，所以在电流端点辐射场尚未到达观察点而只有中心辐射场的这段时间，观察点处的辐射场为

$$\begin{cases} H_\varphi = \dfrac{1}{2\pi\rho} I_0 \left(r - \dfrac{r}{c} \right) \\ E_\theta = \eta_0 H_\varphi \\ E_r = 0 \end{cases} \tag{2-33}$$

这表明，在这一段时间内，辐射波的波前为球面，其幅度按 $1/\rho$ 的规律衰减. 而且电场与磁场相互垂直，其比值等于波阻抗，这与时谐场的远区场相似. 但是，对瞬态辐射场而言，这一时段辐射场的以上特性并不分远场或是近场.

　　以上讨论的辐射特性只在 $t < L/c$ 时是正确的，因为此后电流将在天线的终点产生反射，天线上的电流不再是行波. 考虑反射电流存在时的天线辐射，也可用类似的方法进行讨论，其特性与行波状态相比将发生明显的变化. 要想不受限制地维持行波状态，条件是要么天线为无限长，要么终端接全吸收负载，而这在实际中是不可能实现的.

2.2　雷电放电通道电磁辐射

　　雷电放电过程如图 2.5 所示[1]，带负电荷的雷云向地面产生先导放电，到达地面附近时，与地面产生的带正电荷的迎面先导突然结合，发生雷云负电荷的中和，形成主放电，主放电通道从地面以速度 v 向雷云发展. 主放电的速度为光速的 1/20～1/2. 雷击线路附近地面时，雷电通道周围空间电磁场急剧变化，会在附近线路的导线上产生感应过电压. 在雷电放电的先导阶段，线路处于雷云及先导通道与大地构成的电场之中. 由于静电感应，导线轴向上的电场强度将正电荷(与雷云电荷异号)吸引到最靠近先导通道的一段导线上，形成束缚电荷，导线上的负电荷被排斥而向两侧运动，经由线路泄漏电导和系统中性点进入大地. 由于先导放电的平均速度较慢，导线束缚电荷的聚集过程也比较缓慢，由此而呈现出的导线电流很小，一般不考虑先导阶段形成的空间电磁场.

　　正雷电放电过程如图 2.5(b)所示[1]，带正电荷的主放电向上发展，但没有负雷电放电的中和过程发生.

　　如图 2.5(a)所示的负雷电放电过程，主放电通道的雷电流将产生矢量位 A，同时，先导通道的残余电荷由于快速变化也将产生标量位 ϕ，二者产生的总空间入射电场为

$$\boldsymbol{E}^i = \boldsymbol{E}_e^i + \boldsymbol{E}_m^i = -\nabla\phi - \frac{\partial\boldsymbol{A}}{\partial t} \tag{2-34}$$

而对于如图 2.5(b)所示的正雷电放电过程，主放电通道的雷电流将产生矢量位 $\boldsymbol{A}$，同时，主放电通道的电荷产生标量位 ϕ.

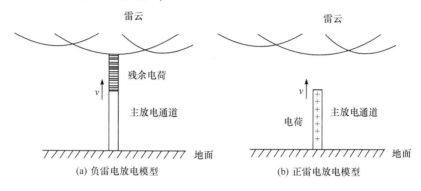

图 2.5　雷电放电过程[1]

2.3　雷电放电通道电磁辐射等效模型

为研究雷电及电磁脉冲的时空分布规律，人们在雷电多发地区进行了许多实验测试. 但由于自然雷电的不可预测性，进行这种实验相当困难，因此，人们采用人工引雷的方法，使云层对地放电. 尽管人工引雷与自然放电不完全相同，但可获得大量实验数据，为研究自然雷电提供了资料. 由于引雷成本高、成功率低，因此，必须从理论角度研究雷电电磁脉冲场的时空分布规律，为实验室模拟和防护研究提供理论依据.

雷电电磁场理论研究的一个重要方法是将理论推导与数值计算相结合，计算雷电电磁场时空分布. 雷电电磁场的计算有数值方法和解析方法. 用于电磁场计算的数值方法有矩量法、有限差分法、有限元法和边界元法等；解析方法有分离变量法、保角变换法、单极子法、偶极子法等. 偶极子法被广泛地用于天线理论，包括雷电产生的电磁场，它仅要求知道电流密度的时空分布，用于计算推迟势非常有效，适合于计算雷电辐射的电磁场.

云对地的雷电放电是一个非常复杂的物理过程，它包括预击穿、先导、回击、后续回击等过程，其中影响最大的是回击电流产生的电磁脉冲. 真实的回击通道表现出一定的分形结构. 国外学者基于各种工程模型计算雷电回击电磁场时，把大地作为良导电平面近似($\sigma \to \infty$)，且不考虑云内电荷的影响，认为通道周围为无穷空间. 把回击通道简化为垂直于地面的直线通道，而回击过程可以看作是回击电流沿该通道向上的传播过程. 边界条件通过添加通道在地面下的镜像来满足，这就是雷电回击过程的天线模型，如图 2.6 所示.

在均匀、线性、各向同性介质中，麦克斯韦方程组为

$$\nabla \cdot \varepsilon \boldsymbol{E} = \rho \qquad\qquad (2\text{-}35)$$

$$\nabla \cdot \boldsymbol{B} = 0 \qquad\qquad (2\text{-}36)$$

$$\nabla \times \boldsymbol{E} = -\frac{\partial \boldsymbol{B}}{\partial t} \qquad\qquad (2\text{-}37)$$

$$\nabla \times \boldsymbol{H} = \boldsymbol{J} + \frac{\partial \varepsilon \boldsymbol{E}}{\partial t} \qquad\qquad (2\text{-}38)$$

式中，$\boldsymbol{E}$——电场强度；

$\quad\ \boldsymbol{B}$——磁场强度；

$\quad\ \boldsymbol{J}$——电流密度；

$\quad\ \rho$——电荷密度；

$\quad\ \varepsilon$——介质的介电常量.

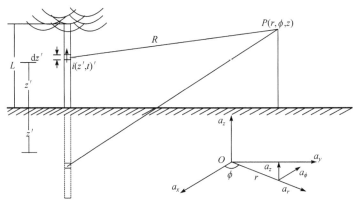

图 2.6　雷电回击的天线模型

为简化麦克斯韦方程组的求解过程，定义矢势 $\boldsymbol{A}$ 和标势 φ，将电场 $\boldsymbol{E}$、磁场 $\boldsymbol{B}$ 用 $\boldsymbol{A}$ 和 φ 表示为

$$\boldsymbol{E} = -\nabla \phi - \frac{\partial \boldsymbol{A}}{\partial t} \qquad\qquad (2\text{-}39)$$

$$\boldsymbol{B} = \nabla \times \boldsymbol{A} \qquad\qquad (2\text{-}40)$$

矢势 $\boldsymbol{A}$ 和标势 φ 满足洛伦兹条件

$$\nabla \cdot \boldsymbol{A} + \mu \varepsilon \frac{\partial \phi}{\partial t} = 0 \qquad\qquad (2\text{-}41)$$

式中，μ 为磁导率. 这样，麦克斯韦方程组减少为两个方程，也就是达朗贝尔方程

$$\nabla^2 \boldsymbol{A} - \mu \varepsilon \frac{\partial^2 \boldsymbol{A}}{\partial t^2} = -\mu \boldsymbol{J}, \quad \nabla^2 \varPhi - \mu \varepsilon \frac{\partial^2 \varPhi}{\partial t^2} = -\rho / \varepsilon \qquad\qquad (2\text{-}42)$$

其非齐次解为

$$\boldsymbol{A}(r_s, t) = \frac{\mu}{4\pi} \int_v \frac{\rho(r_s', t - R / c)}{R} \mathrm{d}V \qquad\qquad (2\text{-}43)$$

$$\Phi(r_s,t) = \frac{1}{4\pi\varepsilon} \int_v \frac{\rho(r_s', t - R/c)}{R} dV \tag{2-44}$$

式中，c——光速，$c = 1/\sqrt{\mu \cdot \varepsilon}$；

　　r_s'——源点的矢量；

　　r_s——观测点的矢量；

　　R——观测点到源点(图 2.7)的距离，$R = |\boldsymbol{R}| = |r_s - r_s'|$.

　　另外，J 和 ρ 满足连续方程

$$\nabla \cdot J + \frac{\partial \rho}{\partial t} = 0 \tag{2-45}$$

常用于求解以上方程的方法有偶极子法和单极子法两种，这两种方法没有本质区别，计算结果相同. 偶极子法的优点在于它只需要知道电流的分布，而不必知道电荷的分布. 其计算结果将电场分为静电分量、感应分量和辐射分量，将磁场分为感应分量和辐射分量，因而应用较广.

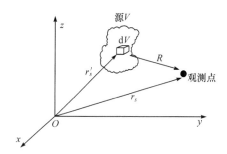

图 2.7　源点和观测点关系

　　下面用偶极子法求解洛伦兹条件，得到用 A 表示的 ϕ 表达式

$$\nabla \cdot d\boldsymbol{A} = \frac{\partial A_z}{\partial z} dz' = \frac{\mu_0}{4\pi} \frac{\partial}{\partial z}\left(\frac{i(z', t - R/c)}{R}\right) dz'$$

$$= \frac{\mu_0}{4\pi}\left[\frac{1}{R}\frac{\partial i(z', t - R/c)}{\partial z} - \frac{z - z'}{R^3} i(z', t - R/c)\right] dz' \tag{2-46}$$

此式与 ϕ 无关，因此梯度算符变为

$$\nabla = \boldsymbol{a}_r \frac{\partial}{\partial r} + \boldsymbol{a}_z \frac{\partial}{\partial z}$$

因此

$$\nabla(\nabla \cdot d\boldsymbol{A}) = \boldsymbol{a}_r \frac{\mu_0}{4\pi}\left[\frac{\partial}{\partial r}\left(\frac{1}{R}\frac{\partial i(z', t - R/c)}{\partial z}\right) - \frac{\partial}{\partial r}\left(\frac{z - z'}{R^3} i(z', t - R/c)\right)\right] dz'$$

$$+ \boldsymbol{a}_z \frac{\mu_0}{4\pi}\left[\frac{\partial}{\partial z}\left(\frac{1}{R}\frac{\partial i(z', t - R/c)}{\partial z}\right) - \frac{\partial}{\partial z}\left(\frac{z - z'}{R^3} i(z', t - R/c)\right)\right] dz' \tag{2-47}$$

将上式展开

$$\frac{\nabla(\nabla \cdot d\boldsymbol{A})}{\mu_0/4\pi} = \boldsymbol{a}_r \begin{bmatrix} \dfrac{1}{R}\dfrac{\partial^2 i(z', t - R/c)}{\partial r \partial z} + \left(-\dfrac{r}{R^3}\right)\dfrac{\partial i(z', t - R/c)}{\partial z} \\ + (z - z')\left(\dfrac{3r}{R^5}\right) i(z', t - R/c) - \left(\dfrac{z - z'}{R^3}\right)\dfrac{\partial i(z', t - R/c)}{\partial r} r \end{bmatrix} dz'$$

$$+\boldsymbol{a}_z\left[\begin{array}{l}\dfrac{1}{R}\dfrac{\partial^2 i(z',t-R/c)}{\partial z^2}-\left(\dfrac{z-z'}{R^3}\right)\dfrac{\partial i(z',t-R/c)}{\partial z}-\dfrac{1}{R^3}i(z',t-R/c)\\[3mm]-(z-z')\left(-\dfrac{3(z-z')}{R^5}\right)i(z',t-R/c)-\dfrac{z-z'}{R^3}\dfrac{\partial i(z',t-R/c)}{\partial r}\end{array}\right]\mathrm{d}z' \quad (2\text{-}48)$$

类似可以得到

$$\frac{\partial i(z',t-R/c)}{\partial z}=-\frac{z-z'}{cR}\frac{\partial i(z',t-R/c)}{\partial t} \quad (2\text{-}49)$$

$$\begin{aligned}
\frac{\partial^2 i(z',t-R/c)}{\partial z^2}&=\frac{\partial}{\partial z}\left(-\frac{z-z'}{cR}\frac{\partial i(z',t-R/c)}{\partial t}\right)\\[2mm]
&=-\left[\frac{1}{cR}\frac{\partial i(z',t-R/c)}{\partial t}-\frac{z-z'}{cR^3}\frac{\partial i(z',t-R/c)}{\partial t}+\frac{z-z'}{cR}\frac{\partial^2 i(z',t-R/c)}{\partial z\partial t}\right]\\[2mm]
&=-\frac{1}{cR}\frac{\partial i(z',t-R/c)}{\partial t}+\frac{z-z'}{cR^3}\frac{\partial i(z',t-R/c)}{\partial t}\\[2mm]
&\quad+\left(\frac{z-z'}{cR}\right)^2\frac{\partial^2 i(z',t-R/c)}{\partial t^2}\frac{\partial^2 i(z',t-R/c)}{\partial r\partial z}\\[2mm]
&=\frac{(z-z')r}{cR^3}\frac{\partial i(z',t-R/c)}{\partial t}+\frac{z-z'}{c^2R^2}\frac{\partial^2 i(z',t-R/c)}{\partial t^2} \quad (2\text{-}50)
\end{aligned}$$

$$\frac{\nabla(\nabla\cdot\mathrm{d}\boldsymbol{A})}{\mu_0/4\pi}=\boldsymbol{a}_r\left[\begin{array}{l}\dfrac{1}{R}\left(\dfrac{(z-z')r}{cR^3}\dfrac{\partial i(z',t-R/c)}{\partial t}+\dfrac{(z-z')^2}{c^2R^2}\dfrac{\partial^2 i(z',t-R/c)}{\partial t^2}\right)\\[3mm]+\dfrac{r}{R^3}\left(-\dfrac{z-z'}{cR}\dfrac{\partial i(z',t-R/c)}{\partial t}\right)-\dfrac{z-z'}{R^3}\left(-\dfrac{r}{cR}\dfrac{\partial i(z',t-R/c)}{\partial t}\right)\\[3mm]+\dfrac{3(z-z')r}{R^5}i(z',t-R/c)\end{array}\right]\mathrm{d}z'$$

$$+\boldsymbol{a}_z\left\{\dfrac{1}{R}\left[\begin{array}{l}\left[\left(-\dfrac{1}{cR}+\dfrac{(z-z')^2}{cR^2}\right)\times\dfrac{\partial i(z',t-R/c)}{\partial t}+\left(\dfrac{z-z'}{cR}\right)^2\dfrac{\partial^2 i(z',t-R/c)}{\partial t^2}\right]\\[3mm]-\dfrac{z-z'}{R^3}\left(-\dfrac{z-z'}{cR}\dfrac{\partial i(z,t-R/c)}{\partial t}\right)-\dfrac{1}{R^3}i(z',t-R/c)\\[3mm]+\dfrac{3(z-z')^2}{R^5}i(z',t-R/c)+\dfrac{z-z'}{R^3}\left(\dfrac{z}{cR}\dfrac{\partial i(z',t-R/c)}{\partial t}\right)\end{array}\right]\right\}\mathrm{d}z' \quad (2\text{-}51)$$

化简得到

$$\frac{\nabla(\nabla\cdot\mathrm{d}\boldsymbol{A})}{\mu_0/4\pi}=\boldsymbol{a}_r\left[\begin{array}{l}\dfrac{3r(z-z')}{R^5}i(z',t-R/c)+\dfrac{3r(z-z')}{cR^4}\dfrac{\partial i(z',t-R/c)}{\partial t}\\[3mm]+\dfrac{r(z-z')}{c^2R^3}\dfrac{\partial^2 i(z',t-R/c)}{\partial t^2}\end{array}\right]\mathrm{d}z'$$

$$+ \boldsymbol{a}_z \begin{bmatrix} \left(\dfrac{3(z-z')^2}{R^5} - \dfrac{1}{R^3}\right) i(z', t-R/c) + \left(\dfrac{3(z-z')^2}{cR^4} - \dfrac{1}{cR^2}\right) \\ \dfrac{\partial i(z', t-R/c)}{\partial t} + \dfrac{(z-z')^2}{c^2 R^3} \dfrac{\partial^2 i(z', t-R/c)}{\partial t^2} \end{bmatrix} dz'$$

$$c^2 \int_{-\infty}^{t} \nabla(\nabla \cdot d\boldsymbol{A}) dt' = \frac{dz'}{4\pi\varepsilon_0} \left\{ \left[\frac{3r(z-z')}{R^5} \int_{-\infty}^{t} i(z', \tau-R/c) d\tau + \frac{3(z-z')r}{cR^4} i(z', t-R/c) \right. \right.$$

$$+ \frac{(z-z')r}{c^2 R^3} \frac{\partial i(z', t-R/c)}{\partial t} \right] \boldsymbol{a}_r + \left[\left(\frac{3(z-z')^2}{R^5} - \frac{1}{R^3} \right) \int_{-\infty}^{t} i(z', \tau-R/c) d\tau \right.$$

$$\left. \left. + \left(\frac{3(z-z')^2}{cR^4} - \frac{1}{cR^2} \right) \times i(z', t-R/c) + \frac{(z-z')^2}{c^2 R^3} \frac{\partial i(z', t-R/c)}{\partial t} \right] \boldsymbol{a}_z \right\}$$

而

$$-\frac{\partial d\boldsymbol{A}}{\partial t} = -\boldsymbol{a}_z \frac{1}{4\pi\varepsilon_0 c^2} \left(\frac{1}{R} \frac{\partial i(z', t-R/c)}{\partial t} \right) dz'$$

令 $dE = dE_r \boldsymbol{a}_r + dE_z \boldsymbol{a}_z$，得到径向电场和垂直电场分别为

$$dE_r = \frac{1}{4\pi\varepsilon_0} \left[\frac{3r(z-z')}{R^5} \int_{-\infty}^{t} i(z', \tau-R/c) d\tau \right.$$
$$\left. + \frac{3r(z-z')}{cR^4} i(z', t-R/c) + \frac{r(z-z')}{c^2 R^3} \frac{\partial i(z', t-R/c)}{\partial t} \right] dz' \tag{2-52}$$

$$dE_z = \frac{1}{4\pi\varepsilon_0} \left[\frac{2R^2 - 3r^2}{R^5} \int_{-\infty}^{t} i(z', \tau-R/c) d\tau \right.$$
$$\left. + \frac{2R^2 - 3r^2}{R^5} i(z', t-R/c) - \frac{r^2}{c^2 R^3} \frac{\partial t(z', t-R/c)}{\partial t} \right] dz' \tag{2-53}$$

令 $dB(r,\phi,z,t) = dB_\phi(r,\phi,z,t)\boldsymbol{a}_\phi$，则

$$dB_\phi = \frac{\mu_0}{4\pi} \left[\frac{r}{R^3} i(z', t-R/c) + \frac{r}{cR^2} \frac{\partial i(z', t-R/c)}{\partial t} \right] \tag{2-54}$$

$$dE_\phi = dB_r = dB_z = 0 \tag{2-55}$$

式中，E_r 和 E_z 的第一项为静电场分量，第二项为感应电场分量，第三项为辐射电场分量；B_ϕ 的第一项为感应磁场分量，第二项为辐射磁场分量.

式(2-52)~式(2-55)表示的是位于 z' 处的无穷小偶极子产生的电磁场. 要求得放电电流通过整个放电通道时产生的电磁场，对 z' 在整个通道及其镜像中进行积分. 在任意时刻，并不是通道的任何一段中都有电流. 电流从通道底部向上传播有一个过程，这样位于 P 点的观测者在 t 时刻看到的高度就有一个时间上的延迟，如图 2.8 所示，看到的延迟高度 $h_+(t)$ 由下式确定(v 为回击速度，H 为通道总高度)：

$$t = \frac{h_+(t)}{v} + \frac{R[h_+(t)]}{c} \tag{2-56}$$

$$h_+(t) = \begin{cases} 0, & t \leqslant t_a \\ \dfrac{\beta}{1-\beta^2}(ct - \beta z - \sqrt{(ct\beta - z)^2 + (1-\beta^2)r^2}), & t_a < t \leqslant t_b \\ H, & t > t_b \end{cases} \tag{2-57}$$

其中，$\beta = v/c$.

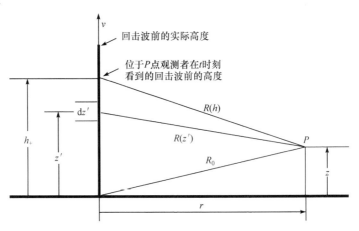

图 2.8　观测者在 t 时刻看到的通道中电流的高度

设 $R_0 = \sqrt{r^2 + z^2}$，则 $t_a = R_0/c$ 为电流在通道底部出发时小偶极子产生的电磁场到达观察点的时间，$t_b = H/v + R(H)/c$ 为电流到达通道顶端时小偶极子产生的电磁场到达观察点的时间.

以上讨论的是电流向上传播的情况. 对于镜像电流，由于镜像小偶极子到观测点的距离与实际小偶极子的距离不同，在观测点"看到"的镜像通道中镜像电流的高度也不相同，此时的 $h_-(t)$ 满足

$$t = \frac{-h_-(t)}{v} + \frac{R|-h_-(t)|}{c}$$

实际上 $h_-(t)$ 的解可以由在式(2-57)中取 z 的相反数求出. 在远区场 $h_-(t)$ 将趋近于 $h_+(t)$，地面上两者相等，令两者等于 h.

可以推导出 P 点雷电回击水平磁场 B_ϕ、垂直电场 E_z 和水平电场 E_r 如下：

$$B_\phi = \frac{\mu_0}{4\pi} \int_{-h_-}^{h_+} \left[\frac{r}{R^3} i(t - R/c) + \frac{r}{cR^2} \frac{\partial i(t - R/c)}{\partial t} \right] \mathrm{d}z' \tag{2-58}$$

$$E_z = \frac{1}{4\pi\varepsilon_0} \int_{-h_-}^{h_+} \left\{ \left[\frac{2(z-z')^2 - r^2}{R^5} \int_{-\infty}^{t} i(t - R/c)\mathrm{d}t \right.\right.$$
$$\left.\left. + \frac{2(z-z')^2 - r^2}{cR^4} i(t - R/c) - \frac{r^2}{c^2 R^3} \frac{\partial i(t - R/c)}{\partial t} \right] \right\} \mathrm{d}z' \tag{2-59}$$

$$E_r = \frac{1}{4\pi\varepsilon_0} \int_{-h_-}^{h_+} \left\{ \left[\frac{3r(z-z')}{R^5} \int_{-\infty}^{t} i(t-R/c)\mathrm{d}t + \frac{3r(z-z')}{cR^4} i(t-R/c) \right. \right.$$
$$\left. \left. + \frac{r(z-z')}{c^2 R^3} \frac{\partial i(t-R/c)}{\partial t} \right] \right\} \mathrm{d}z' \tag{2-60}$$

如果观测点 P 在地面上，即 $z=0$，则 $R = \sqrt{z'^2 + r^2}$. 可得地面上水平电场 $E_r=0$，垂直电场 E_z 和水平磁场 B_ϕ，公式相应简化为

$$E_z = \frac{1}{2\pi\varepsilon_0} \int_0^h \mathrm{d}z' \left[\frac{2z'^2 - r^2}{R^5} \int_{-\infty}^{t} i(z', \tau - R/c)\mathrm{d}\tau + \frac{2z'^2 - r^2}{cR^4} i(t-R/c) - \frac{r^2}{c^2 R^3} \frac{\partial i(z', t-R/c)}{\partial t} \right]$$
$$\tag{2-61}$$

$$B_\phi = \frac{\mu_0}{2\pi} \int_0^h \mathrm{d}z' \left[\frac{r}{R^3} i(z', t-R/c) + \frac{r}{cR^2} \frac{\partial i(z', t-R/c)}{\partial t} \right] \tag{2-62}$$

2.4 雷电放电通道的温度特性

闪电光谱是研究闪电通道内部物理信息的重要途径之一. 雷电过程具有非常大的瞬间峰值能量[2-4]，在 μs 量级的瞬间可释放出约 55kW·h 的能量，闪电放电产生的瞬态强电流使得峰值温度高达数万摄氏度的闪电通道中聚集大量的等离子体，其特性与闪电通道的形成及发展的物理过程密切相关，故在雷电物理研究领域一直是热门课题[5-7]. 由于自然界的闪电过程发生的时间和空间尺度上的随机性，以及闪电过程在 μs 量级的高速瞬间变化特征，对闪电通道的探测手段难以实现，而光谱观测可以在一定的距离内获取闪电通道的内部物理特征的相关信息[8, 9].

早期，闪电光谱的研究工作仅限于利用常规的摄谱仪对闪电光谱谱线进行识别，从而了解闪电通道中等离子体的成分，但是由于过去缺少准确的原子能级和跃迁概率等参数信息，对一些谱线的认知并不明了[10]. 目前，无狭缝摄谱仪已普遍应用于对单次回击光谱的观测，光谱所反映的闪电通道特征以及闪电物理过程的研究也越来越成熟[11].

2.4.1 理论分析

在绝对温度不为零的气体中都会存在一定数量的原子电离，即除中性粒子外，还存在其他带电粒子. 但只有当粒子的密度达到其建立的空间电荷并限制着自身运动时，带电粒子才会显著地影响气体性质，这个限制随着粒子密度的增大而变得越来越重要. 当粒子密度足够大时，正负带电粒子之间的相互作用使与气体体积限度可以相比拟的体积内维持宏观电中性的特性，宏观电中性的破坏作用将会引起强电场，从而加速其恢复电中性的时间. 气体放电是使普通气体转化成等离子体的一种方式，但放电后的气体并非都能表现出等离子体的性质，只有电离度足够高的气体，电离后才具有等离子体的性质. 闪电在瞬间可达几十到几百千安的电流，如此大的回击电流可瞬间将整个闪电通道温度加热至几万度，常温下大气中的各种分子原子将在此高温环境中被瞬间分解电离，使得

闪电通道中气体成分以各种元素的原子及各级电离的离子形式存在，同时产生大量的电子，整个闪电通道呈现等离子状态.

对闪电光谱的定量分析主要是为了通过光谱特性研究闪电通道内部的物理状态. 由于闪电放电过程的复杂性及瞬时变化的特点，对通道物理参量的研究具有一定的困难. 闪电光谱的定量分析主要是对电子密度及闪电通道温度的研究，且这方面的定量研究一般基于以下几个理论假设：

(1) 闪电通道对所研究的谱线是光薄的；

(2) 闪电通道处于局部热力学平衡(LTE).

2.4.1.1 局部热力学平衡模型

局部热力学平衡是等离子体诊断的前提条件，等离子体只有满足局部热力学平衡才能保证等离子体粒子速度满足麦克斯韦分布、各带电离子和原子之间满足 Saha 分布及各能级服从玻尔兹曼统计分布，从而在辐射量和等离子体各状态参量之间建立起具有明确物理意义的定量关系.

为了使局部热力学平衡条件成立，电子-原子和电子-离子的碰撞过程必须在瞬间完成，并在等离子体速率方程中起主导作用. 在这种情况下，只有电子密度 N_e 足够大，系统才能达到局部热力学平衡条件，等离子体满足 LTE 的必要条件是

$$N_e \geqslant 1.6 \times 10^{12} \times T_e^{1/2} (\Delta E)^3 \tag{2-63}$$

式中，N_e——闪电通道等离子体的电子密度；

ΔE——所涉及能态间能量差(eV)；

T_e——电子温度. 为保证各能级均满足上述条件，通常采用第一激发态和基态之间的能级差作为衡量标准.

在闪电通道等离子体中，NII 的低激发态占主要地位，温度通常在 $2 \times 10^4 \sim 3 \times 10^4 K$ 范围内，ΔE 在 $10 \sim 30 eV$ 范围内. 由式(2-63)可得：闪电通道等离子体满足 LTE 的条件是电子密度一般在 $10^{17} \sim 10^{18} cm^{-3}$ 的范围内. 对于闪电通道内的等离子体，采用 Stark 加宽法获得的等离子体的电子密度，其值一般在 $10^{17} cm^{-3}$ 左右，由此判断闪电通道内等离子体基本上满足 LTE 条件.

根据光谱的特性，确定回击通道的电子密度必须要知道通道是否光薄. 如果闪电通道是光薄的，则辐射吸收的平均自由路径大于回击通道的尺度. Uman 和 Orville 等通过对时间积累和时间分辨的闪电光谱的分析，初步得出：对于 NII 离子通道是光薄的.

2.4.1.2 测温原理

由原子光谱理论可得，原子或离子受热时，处于低能态的原子将会被激发到高能态. 此时受激原子是很不稳定的，在激发 $10^{-8}s$ 后将恢复到低能态，受激原子从高能态向低能态跃迁时，以光的形式辐射出的能量值为

$$E_m - E_n = h\nu_{mn} \tag{2-64}$$

式中，E_m——高能级的能量；

E_n——低能级的能量;

v_{mn}——跃迁所产生的辐射光谱的频率;

h——普朗克常量.

再考虑在某一温度下,假设等离子体中某一元素的中性原子处于受激状态,则在 TE 或 LTE 的条件下,由玻尔兹曼公式所决定分配在各激发态的原子浓度为

$$N_i = N_0 \frac{g_i}{g_0} \exp\left(-\frac{E_i}{kT}\right) \tag{2-65}$$

式中,N_i——单位体积内处于激发态的原子数;

N_0——单位体积内处于基态的原子数;

g_i 和 g_0——激发态和基态的统计权重,统计权重是与这个能级的简并度有关的常数;

E_i——激发态 i 的能级(激发电势);

k——玻尔兹曼常量;

T——激发温度.

由公式(2-65)可得,等离子体所受的激发温度越高,则越容易将原子激发到高能级,处于激发的原子也就越多. 由以上可得到,处于激发态的原子是十分不稳定的,它将迅速回到基态,从而辐射出光谱. 由于处于激发态的原子回到基态的方式各不相同,因此发射的谱线有各种可能性. 假设有一个原子被激发到 i 能级,当回到低能级而产生辐射时,这一激发原子在能级之间的跃迁将有各种可能性;不同能级之间的跃迁的可能性的大小,被称为跃迁概率(或发射概率). 令 i 与 m 能级之间的跃迁概率为 A_{im},那么在 i 与 m 两能级间能量差为

$$E_i - E_m = hv_{im} \tag{2-66}$$

跃迁产生的谱线强度(I_{im})为

$$I_{im} = N_i A_{im} hv_{im} \tag{2-67}$$

总结以上公式,可得到谱线强度公式为

$$I_{im} = N_0 \frac{g_i}{g_0} \exp\left(-\frac{E_i}{kT}\right) A_{im} hv_{im} \tag{2-68}$$

式中,I_{im}——能级 i 与 m 之间的跃迁产生的谱线强度;

N_0——单位体积内处于基态的原子数;

A_{im}——i 与 m 两能级之间的跃迁概率;

v_{im}——跃迁产生的谱线的频率.

对于同种原子的两条谱线而言,两条谱线的强度比应满足下式:

$$\frac{I_{\lambda_1}}{I_{\lambda_2}} = \frac{A_1 g_1 \lambda_2}{A_2 g_2 \lambda_1} \exp\left(-\frac{E_1 - E_2}{kT}\right) \tag{2-69}$$

式中,I_{λ_1} 和 I_{λ_2}——两条波长分别为 λ_1 和 λ_2 的光谱线的强度;

A_1 和 A_2——两条谱线的跃迁概率;

g_1 和 g_2——两条谱线激发态的统计权重；

E_1 和 E_2——两条谱线的激发态能量；

k——玻尔兹曼常量；

T——激发温度.

由式(2-69)得

$$T = \frac{1}{k} \cdot \frac{E_2 - E_1}{\ln\left(\dfrac{I_{\lambda_1}}{I_{\lambda_2}}\right) - \ln\left(\dfrac{A_1 g_1 \lambda_2}{A_2 g_2 \lambda_1}\right)} \tag{2-70}$$

对于已知的两条谱线 I_{λ_1}，I_{λ_2}，A_1，A_2，g_1，g_2，E_1，E_2 和 k 均为已知的光谱常数，所以只要测得两条谱线的谱线强度 I_{λ_1} 和 I_{λ_2}，即可由式(2-70)求得等离子体温度 T.

该公式提供了光强和温度之间的直接关系，为原子发射光谱测温的基本理论，由此建立了相对强度光谱测温技术.

2.4.2 实验模型建立及数据分析

2.4.2.1 实验模型建立

实验中选取可见光范围内波长为648.2nm的谱线及红外光谱波段波长为930nm的谱线作为观测对象，因为闪电在红外波段和可见光波段相比，同样具有较强的光辐射，且在红外波段的连续辐射较弱，分子散射比可见光范围弱，故红外光谱波段是研究闪电通道光薄条件的最佳选择. 并且此两波长谱线所属粒子都为 NII，满足闪电通道是光薄的条件，光谱线的激发能、跃迁概率等参数如表 2.1 所示.

表 2.1　实验选用波长谱线的特征

波长/nm	谱线所属粒子	激发能 E/eV	统计权重 g	跃迁概率 A/($\times10^8 s^{-1}$)
$\lambda_1=930$	NII	21.8	3	13.2
$\lambda_2=648.2$	NII	20.4	1	1.21

试验采用 ICGS 雷电冲击平台模拟雷电波，如图 2.9(a)所示，在球隙 G 之间形成雷电通道，其中：C 为多个电容器并联后的电容总值，电感 L 及电阻 R 为包括电容器、回路连接线、分流器、整流器、球隙及试品上火花在内的电感及电阻的总值. G 为点火球间隙，D 为硅堆，r 为保护电阻，T 为充电变压器，O 为试品，S 为分流器，C_1、C_2 为分压器，CRO 为示波器. 通过改变电容 C 的充电电压值，来实现球隙间形成不同电流值的雷电通道. 如图 2.9(b)所示，在距离球隙1m的位置，放置闪电光谱的接收装置，首先闪电光线由凸透镜1和凸透镜2聚焦，分别经 930nm 的滤光片和 648.2nm 的滤光片，照射在光电管1和光电管2上，光电管与 Tektronix TDS 2022B 型示波器连接，用来记录光电管接收到的光谱电压图. 通过分析光谱电压图，从而得到波长为 930nm 与 648.2nm 谱线的发光强度与谱线强度比值.

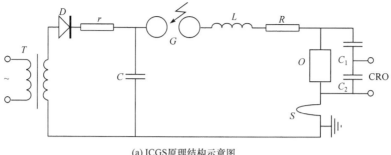

(a) ICGS原理结构示意图

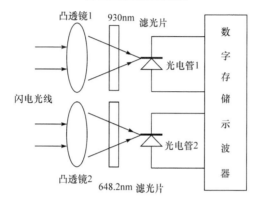

(b) 实验接收装置原理示意图

图 2.9 闪电通道温度测试原理图

2.4.2.2 实验数据分析

根据光谱信息，由公式(2-70)计算出模拟闪电通道的温度如表2.2所示，表中第二列和第三列分别表示两条谱线在通道电流大小不同时所对应的发光强度的峰值，第四列表示两条谱线的强度 I_{λ_1} 和 I_{λ_2} 的比值取对数. 由表 2.2 可得：闪电通道电流为 $5\sim50$kA 时，所选两条谱线的发光强度峰值变化范围分别为 $380\sim760$mV 及 $220\sim540$mV，闪电通道温度变化范围为 $6140.8\sim10424.0$K. 将谱线发光强度与闪电通道电流值作关系图，如图 2.10 所示，将闪电通道温度与闪电通道电流作关系图，如图 2.11 所示.

表 2.2 模拟闪电通道实验数据

通道电流/kA	λ_1峰值/mV	λ_2峰值/mV	$\ln(I_{\lambda_1}/I_{\lambda_2})$	闪电通道温度 T/K
5	380	220	0.507	6140.8
10	520	280	1.054	7760.7
15	580	320	1.101	7938.7
20	600	360	1.282	8718.4
25	620	380	1.330	8950.4
30	660	400	1.426	9453.1
35	680	440	1.479	9755.5
40	720	480	1.497	9861.9
45	740	520	1.533	10088.8
50	760	540	1.585	10424.0

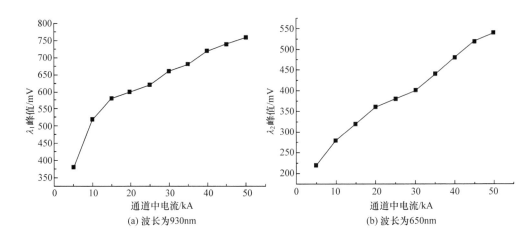

(a) 波长为930nm　　　　　　　　　　(b) 波长为650nm

图 2.10　谱线发光强度与闪电通道电流值关系图

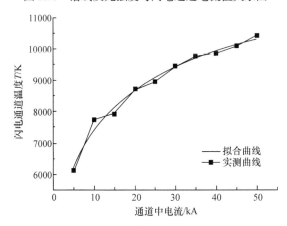

图 2.11　闪电通道中温度与电流关系图

从图 2.10 可得：红外波段的谱线发光强度比可见光波段谱线的发光强度大，且随着闪电通道电流的增大，红外波段与可见光波段的谱线发光强度逐渐增大，即谱线发光强度与闪电通道电流呈正相关. 如图 2.12 所示为红外波段谱线的发光强度电压波形图，图 2.12(a)为闪电通道电流为 5kA 时，红外波段谱线发光强度电压典型波形图，图 2.12(b)为闪电通道电流为 50kA 时，红外波段谱线发光强度电压典型波形图. 从图可知，随着闪电通道电流的增大，不仅红外波段谱线发光强度的峰值在逐渐增加，谱线光强的能量也在增加，即电压波形图的面积在增加，对于可见光波段谱线同样如此.

从图 2.11 可得，闪电通道电流与闪电通道温度呈正相关，即随着闪电通道电流的增大，闪电通道的温度也上升. 且对其进行拟合可得，闪电通道电流与闪电通道温度呈较好的对数关系，公式如下：

$$T=1782.8\ln(I)+3347.2 \tag{2-71}$$

其相关指数 R^2 为 98.72%，式中，T 表示闪电通道的温度(K)，I 表示闪电通道的电流(kA)，拟合曲线的相关指数非常接近于 1，故为合理的.

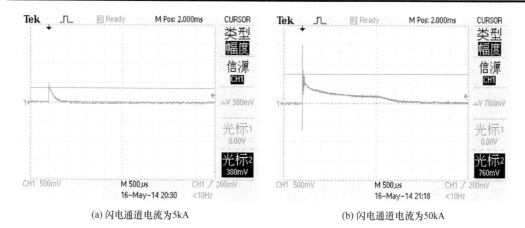

(a) 闪电通道电流为5kA　　　　　　　　(b) 闪电通道电流为50kA

图 2.12　实验典型电压波形图

Orville 通过对 OI 谱线 777.4/794.7nm、844.7/794.7nm 研究计算，得出闪电通道温度为 13000～17000K；袁萍通过对山东地区闪电放电过程 760～970nm 范围红外光谱研究，发现在此范围的谱线，无论谱线所属粒子为 NI 或是 OI，闪电通道的温度都为 15500～17200K；Plooster 通过研究得出：从中性原子谱线相对强度得出的闪电通道温度几乎不依赖于闪电通道的最初条件，当闪电通道温度在 15000～18000K 时，中性原子的辐射强度达到最大值. 通过 ICGS 雷电冲击平台对模拟闪电通道温度的测试，得出在通道电流为 5～50kA 时闪电通道温度为 6140.8～10424K，拟合得闪电通道电流与闪电通道温度的关系式(2-71)，将自然界中闪电通道电流值代入公式(2-71)，得闪电通道温度大约在 14000K，这与以上研究者的研究成果具有较好的一致性.

2.4.3　结论

(1) 红外波段光谱(930nm)的发光强度峰值比可见光波段光谱(648.2nm)的发光强度峰值大，且红外波段与可见光波段谱线的发光强度峰值与闪电通道电流呈正相关，即随着闪电通道电流的增大，所选谱线发光强度峰值增大.

(2) 当闪电通道电流为 5～50kA 时，闪电通道温度在 6140.8～10424K 变化范围内，且闪电通道电流与闪电通道温度具有较好的指数函数关系，即 $T=1782.8\ln(I)+3347.2$，其相关性系数为 98.72%，故所得公式合理.

(3) 通过 ICGS 雷电冲击平台模拟闪电通道，对 NII 谱线：红外光谱波长为 930nm 与可见光光谱波长为 648.2nm 进行研究，计算得出的闪电通道电流和闪电通道温度关系与自然界中闪电通道电流和闪电通道温度关系具有较好的一致性，为雷电物理的研究分析及闪电的光电相关特性的研究提供了参考数据.

参 考 文 献

[1] Schonland B J F. Progressive lightning IV - The discharge mechanism [J]. Proc. R. London, Series A, 1938, 164: 132-159.

[2] Uman M A. The peak temperature of lightning[J]. Journal of Atmospheric and Terrestrial Physics, 1964,

　　　　26(1): 123-128.

[3] 张华明, 袁萍, 张义军, 等. 闪电放电通道的等离子体特性[J]. 高电压技术, 2013, 39(10): 2452-2458.

[4] 蔡力, 王建国, 周蜜, 等. 一次近距离自然闪电输电线路感应电压观测[J]. 高电压技术, 2013, 39(4): 1000-1008.

[5] 袁萍, 刘欣生, 张义军, 等. 高原地区云对地闪电首次回击的光谱研究[J]. 地球物理学报, 2004, 47(1): 42-46.

[6] Orville R E. Daylight spectra of individual flashes in the 370 to 690 nm region [J]. Journal of Applied Meteorology, 1980, 23(19): 470-473.

[7] 袁萍, 刘欣生, 张义军, 等. 与闪电过程有关的 NII 离子能级寿命的理论计算[J]. 物理学报, 2002, 51(11): 2495-2502.

[8] 张义军, 吕伟涛, 郑栋, 等. 负地闪先导—回击过程的光学观测和分析[J]. 高电压技术, 2008, 34(10): 2022-2029.

[9] Fritzsche S, Fischer C F, Dong C Z. A revised program for transition probability calculation including relativistic, correlation, and relaxation effects [J]. Communication in Computational Physics, 2000, 124(12): 340-352.

[10] 张义军, 董万胜, 张广庶, 等. 空中引发雷电先导的物理过程研究[J]. 地球物理报, 2003, 46(4): 446-449.

[11] 张华明, 袁萍, 杨世刚, 等. 闪电放电通道的辐射演化特性[J]. 光子学报, 2010, 39(6): 998-1002.

第三章　天线耦合雷电电磁脉冲

天线由于具有质量轻便、构造简单、频带宽泛等多种优点而被广泛应用于现代通信技术中，但在发生雷击时，天线会接收雷电电磁脉冲并耦合过大的脉冲信号能量而造成内部电路部件的损坏.

3.1　天线瞬态场响应理论

3.1.1　半空间上方线源的瞬态响应

考虑均匀无耗无界介质空间中一无限长线电流源，把它沿直角坐标系的 z 轴放置，位于 $x=0$, $y=0$ 处. 该源所产生的电场只有 z 向分量，用 g 来表示. 一冲击脉冲所产生的场满足下列波动方程：

$$\left(\frac{\partial^2}{\partial x^2} + \frac{\partial^2}{\partial y^2} - \frac{1}{v^2}\frac{\partial^2}{\partial t^2}\right)g(x,y,t) = -\delta(x)\delta(y)\delta(t) \tag{3-1}$$

其中 $v^2=1/\varepsilon\mu$, ε, μ 为介质的介电常量和磁导率.

对上式作傅里叶变换，并考虑到 $\delta(\tau)$ 的傅里叶变换为 1，从而得到

$$\left(\frac{\partial^2}{\partial x^2} + \frac{\partial^2}{\partial y^2} + k^2\right)\hat{g}(x,y,\omega) = -\delta(x)\delta(y) \tag{3-2}$$

其中 $k^2 = k_x^2 + k_y^2 = \omega^2/v^2$. 为了再隐去一个变量 x，再进行一次如下变换：

$$\hat{g}(x,y,\omega) = -\frac{1}{2\pi}\int_{-\infty}^{\infty}\hat{g}(k_x,y,\omega)\mathrm{e}^{\mathrm{i}k_x x}\mathrm{d}k_x$$

$$\delta(x) = \frac{1}{2\pi}\int_{-\infty}^{\infty}\mathrm{e}^{\mathrm{i}k_x x}\mathrm{d}k_x$$

则式(3-2)成为

$$\left(\frac{\partial^2}{\partial y^2} + k^2 - k_x^2\right)\hat{g}(k_x,y,\omega) = -\delta(y) \tag{3-3}$$

该方程已经很容易求解，在 $|y| \neq 0$ 时它的解为 $\mathrm{e}^{\pm \mathrm{i}k_y y}$. 若只取外行波，则根据所采用的傅里叶变换，得知

$$\hat{g}(k_x,y,\omega) = A\mathrm{e}^{\mathrm{i}k_y|y|} \tag{3-4}$$

其中 $k_y^2 = k_2 - k_x^2$，为了确定系数 A，把式(3-4)代入式(3-3)，匹配 $y=0$ 点的奇异性，结

果是

$$\hat{g}(k_x, y, \omega) = \frac{\mathrm{i}\mathrm{e}^{\mathrm{i}k_y|y|}}{2k_y} \tag{3-5}$$

再对 k_x 求其反变换，可得

$$\hat{g}(x, y, \omega) = -\frac{\mathrm{i}}{4\pi} \int_{-\infty}^{\infty} \frac{\mathrm{e}^{\mathrm{i}k_x x + \mathrm{i}k_y|y|}}{k_y} \, \mathrm{d}k_x \tag{3-6}$$

但是，这一结果尚存在问题. 由于 $k_y = \sqrt{k^2 - k_x^2}$，故 k_y 在 $k_x = \pm k$ 处为零，使上式中被积函数存在奇异性，且该奇异性正处于积分路径上，使得该积分是不确定的. 为了克服这一困难，可假定介质有一小的损耗，使 k 成为复数并使其虚部为正，以便使解对应的是外行衰减波. 在此假定下，奇异性发生的位置已离开实轴，积分(3-6)也就确定了. 另一种解决问题的方法是让积分路径有所偏移，以便绕开奇异性出现的位置，在 k_x 的负实轴的下沿，这一路径称为索末菲(Sommerfeld)积分路径，简记为 SIP.

考虑由无限大平面分开的两个半空间，它们的无耗介质的特性分别用 ε_1，μ_1 和 ε_2，μ_2 表征，坐标选取如图 3.1 所示.

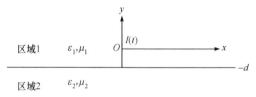

图 3.1 半空间上方的线源

z 轴与区域分界面平行，一无限长线电流源沿 z 轴放置，强度为 $I(t)$，分解面在 $y = -d$ 处. 这样的源所产生的电场只有 E_z，故该源所激励的电磁场对 y 轴而言属于横电波，用 TE 表示. 现在求解该线源所产生的电磁场在区域 1 中的响应，该响应场为源的辐射场与反射场的叠加. 区域 1 中的电场用 E_{1z} 表示；当不存在分界面而只有 ε_1，μ_1 介质时，源所产生的电场为入射电场，用 E_{1z}^i 表示，源电流密度为 $J = \hat{z}I(t)\delta(x)\delta(y)$. 根据以前的分析，$E_{1z}^i$ 所满足的时域方程为

$$\left(\frac{\partial^2}{\partial x^2} + \frac{\partial^2}{\partial y^2} - \varepsilon_1 \mu_1 \frac{\partial^2}{\partial t^2}\right) E_{1z}^i(x, y, t) = \mu_1 \frac{\partial I(t)}{\partial t}\delta(x)\delta(y) \tag{3-7}$$

在频域所对应的方程便是

$$\left(\frac{\partial^2}{\partial x^2} + \frac{\partial^2}{\partial y^2} + k_1^2\right) \hat{E}_{1z}^i(x, y, \omega) - \mathrm{i}\omega\mu_1 \hat{I}(\omega)\delta(x)\delta(y) \tag{3-8}$$

其中 $k_1^2 = \omega^2 \varepsilon_1 \mu_1$. 将方程(3-8)与方程(3-2)相比，可知两式的差别仅在电流的强度上，故方程(3-8)的解可表示成式(3-6)的形式

$$\hat{E}_{1z}^i(x,y,\omega) = -\frac{\omega\mu_1\hat{I}(\omega)}{4\pi}\int_{-\infty}^{\infty}\frac{\mathrm{e}^{\mathrm{i}k_x x+\mathrm{i}k_{1y}|y|}}{k_{1y}}\mathrm{d}k_x \tag{3-9}$$

其中，$k_{1y} = \left(k_1^2 - k_x^2\right)^{\frac{1}{2}}$.

由式(3-9)可知，入射场 E_{1z}^i 已表示成平面波的叠加，故在求反射场时可利用平面波的反射规律. 若在区域 1 中的反射电场用 $\hat{E}_{1z}^R$ 表示，则可以表示成

$$\hat{E}_{1z}^R(x,y,\omega) = -\frac{\omega\mu_1\hat{I}(\omega)}{4\pi}\int_{-\infty}^{\infty}\frac{R_{12}^{\mathrm{TE}}}{k_{1y}}\mathrm{e}^{\mathrm{i}k_x x+\mathrm{i}k_{1y}(y+2d)}\mathrm{d}k_x \tag{3-10}$$

其中，R_{12}^{TE} 表示 TE 波由区域 1 入射到区域 2 的电场反射系数，而且

$$R_{12}^{\mathrm{TE}} = \frac{\mu_2 k_{1y} - \mu_1 k_{2y}}{\mu_2 k_{1y} + \mu_1 k_{2y}} \tag{3-11}$$

其中，$k_{iy} = \left(k_i^2 - k_x^2\right)$，$k_i = \omega\sqrt{\varepsilon_i\mu_i}$，$i$=1, 2.

式(3-9)的积分部分已在前面求出，若令 $F(t)$ 表示方程(3-1)的解 $g(\rho,t) = \dfrac{1}{2\pi(t^2 - s_0^2\rho^2)^{\frac{1}{2}}}u(t - s_0\rho)$，则 $\hat{E}_{1z}^i$ 可以表示为

$$\hat{E}_{1z}^i(x,y,\omega) = \mathrm{i}\omega\mu\hat{I}(\omega)\int_{-\infty}^{\infty}F(t)\mathrm{e}^{\mathrm{i}\omega t}\mathrm{d}\omega \tag{3-12}$$

求其反变换，即得

$$\hat{E}_{1z}^i(x,y,\omega) = -\mu_1\frac{\partial}{\partial t}I(t)*F(t) = -\frac{\mu_1\dfrac{\partial}{\partial t}I(t)}{2\pi\left(t^2 - \rho^2/v^2\right)}u(t-\rho/v) \tag{3-13}$$

其中，$v = 1\big/\sqrt{\varepsilon_1\mu_1}$.

为了求 E_{1z}^R，我们仍采用卡尼亚尔-德胡普方法，为此令 $k_x=\omega s_x$，$k_i=\omega s_i$，则 $s_i = \dfrac{1}{v_i} = \sqrt{\varepsilon_i\mu_i}$ 且 $s_{iy} = \left(s_i^2 - s_x^2\right)^{\frac{1}{2}}$，则式(3-10)可表示成

$$\hat{E}_{1z}^R(x,y,\omega) = -\frac{\omega\mu_1\hat{I}(\omega)}{4\pi}\int_{-\infty}^{\infty}\frac{R_{12}^{\mathrm{TE}}}{s_{1y}}\mathrm{e}^{\mathrm{i}\omega\left[s_x x+s_{1y}(y+2d)\right]}\mathrm{d}s_x \tag{3-14}$$

同时 R_{12}^{TE} 成为

$$R_{12}^{\mathrm{TE}} = \frac{\mu_2 s_{1y} - \mu_1 s_{2y}}{\mu_2 s_{1y} + \mu_1 s_{2y}}$$

它已是与频率无关的量. 和无界空间线源问题不同的是，式(3-14)中的被积函数存在以下支点：

$$s_x = \pm s_1，\qquad s_x = \pm s_2 \tag{3-15}$$

这使得问题变得更复杂，和以前的方法类似，也作变换

$$t = s_x x + s_{1y}(y + 2d) \tag{3-16}$$

解出 s_x，则表示为

$$s_x = \frac{t}{\rho_{\mathrm{I}}}\cos\phi_{\mathrm{I}} \pm \mathrm{i}\left(\frac{t^2}{\rho_L^2} - s_1^2\right)^{1/2}\sin\phi_{\mathrm{I}} \tag{3-17}$$

其中，$\rho_{\mathrm{I}} = [x^2 + (y + 2d)^2]^{1/2}$ 为源的镜像点到观察点的距离，$\phi_{\mathrm{I}} = \arccos(x/\rho_{\mathrm{I}})$. 经分析可知，在 s_x 复平面上，式(3-17)代表双曲线，如图 3.2 所示.

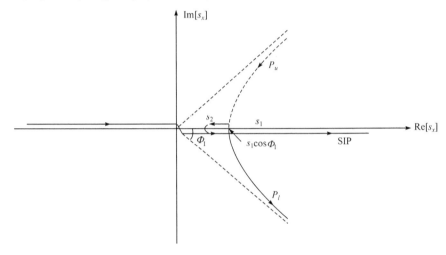

图 3.2　复 s_x 平面上的积分路径

若 $s_2 < s_1$，且 $s_1\cos\phi_{\mathrm{I}} > s_2$，则积分路径由 SIP 变到双曲线上的过程中将跨过支点 s_2，从而产生与无界空间中不同的结果. 这时的 P_u 和 P_l 不能只从 $s_1\cos\phi_{\mathrm{I}}$ 开始，而是要从 s_2 开始. s_2 点所对应的 t 为

$$t = s_2 x + \sqrt{s_1^2 - s_2^2}(y + 2d) = \tau \tag{3-18}$$

如此可得到与 $\hat{g} = \dfrac{\mathrm{i}}{4\pi}\displaystyle\int_{P_u + P_l}\dfrac{\mathrm{e}^{\mathrm{i}\omega\left(s_x x + \sqrt{s_0^2 - s_x^2}|y|\right)}}{\sqrt{s_0^2 - s_x^2}}\mathrm{d}s_x$ 类似的结果

$$\hat{E}_{12}^{\mathrm{R}}(x, y, \omega) = -\frac{\omega\mu_1\hat{I}(\omega)}{4\pi}\int_{\tau}^{\infty}\left[\left(\frac{\mathrm{d}s_x}{\mathrm{d}t}\frac{R_{12}^{\mathrm{TE}}}{s_{1y}}\right)_l - \left(\frac{\mathrm{d}s_x}{\mathrm{d}t}\frac{R_{12}^{\mathrm{TE}}}{s_{1y}}\right)_u\right]\mathrm{e}^{\mathrm{i}\omega t}\mathrm{d}t \tag{3-19}$$

根据同样的理由和计算，与 $\dfrac{\mathrm{d}s_x}{\mathrm{d}t} = \pm\mathrm{i}\dfrac{\sqrt{s_0^2 - s_x^2}}{\sqrt{t^2 - s_0^2\rho^2}}$ 相类比，可得

$$\frac{1}{s_{1y}}\frac{\mathrm{d}s_x}{\mathrm{d}t}=\pm\frac{\mathrm{i}}{\left(t^2-s_1^2\rho_\mathrm{I}^2\right)^{\frac{1}{2}}} \tag{3-20}$$

由此可以看出，当 $t<s_1\rho_\mathrm{I}$ 或 $s_x<s_1\cos\phi_\mathrm{I}$ 时，$\dfrac{1}{s_{1y}}\dfrac{\mathrm{d}s_x}{\mathrm{d}t}$ 应为纯实数. 在这一段上 $s_x<s_1$，s_{1y} 也

取实值. 对 s_{2y} 而言，$(s_{2y})_u$ 与 $(s_{2y})_l$ 是在两个不同的黎曼(Riemann)面上，但它们是纯虚数并互为反号，R_{12}^TE 在 s_x 的实轴的上下沿互为共轭. 因此有

$$\left(\frac{\mathrm{d}s_x}{\mathrm{d}t}\frac{R_{12}^\mathrm{TE}}{s_{1y}}\right)_l-\left(\frac{\mathrm{d}s_x}{\mathrm{d}t}\frac{R_{12}^\mathrm{TE}}{s_{1y}}\right)_u=\frac{2\mathrm{i}}{\left(s_1^2\rho_\mathrm{I}^2-t^2\right)^{\frac{1}{2}}}\mathrm{Im}\left[R_{12}^\mathrm{TE}\right]_l,\quad t<s_1\rho_\mathrm{I} \tag{3-21}$$

但当 $t>s_1\rho_\mathrm{I}$ 时，$\dfrac{1}{s_{1y}}\dfrac{\mathrm{d}s_x}{\mathrm{d}t}$ 却为纯虚数；此外，因 $(s_{1y})_u=(s_{1y})_l$，有 $s_2^2<s_x^2$，s_{2y} 为虚数，仍保持 R_{12}^TE 在 P_u 和 P_l 上互为共轭，因此，

$$\left(\frac{\mathrm{d}s_x}{\mathrm{d}t}\frac{R_{12}^\mathrm{TE}}{s_{1y}}\right)_l-\left(\frac{\mathrm{d}s_x}{\mathrm{d}t}\frac{R_{12}^\mathrm{TE}}{s_{1y}}\right)_u=\frac{-2\mathrm{i}}{\left(t^2-s_1^2\rho_\mathrm{I}^2\right)^{\frac{1}{2}}}\mathrm{Re}\left[R_{12}^\mathrm{TE}\right]_l,\quad t>s_1\rho_\mathrm{I} \tag{3-22}$$

由于 s_x 通过式(3-17)与 t 相关联，R_{12}^TE 已是 t 的函数，若令

$$f(t)=\frac{\mu_1}{2\pi}\frac{\mathrm{Im}\left[R_{12}^\mathrm{TE}\right]_l}{\left(s_1^2\rho_\mathrm{I}^2-t^2\right)^{\frac{1}{2}}}\left[u(t-\tau)-u(t-s_1\rho_\mathrm{I})\right]+\frac{\mu_1}{2\pi}\frac{\mathrm{Re}\left[R_{12}^\mathrm{TE}\right]_l}{\left(t^2-s_1^2\rho_\mathrm{I}^2\right)^{\frac{1}{2}}}u(t-s_1\rho_\mathrm{I}) \tag{3-23}$$

则式(3-19)可以写成

$$\hat{E}_{1z}^\mathrm{R}(x,y,\omega)=\mathrm{i}\omega\hat{I}(\omega)\int_{-\infty}^{\infty}f(t)\mathrm{e}^{\mathrm{i}\omega t}\mathrm{d}t=\mathrm{i}\omega\hat{I}(\omega)\cdot\hat{f}(\omega) \tag{3-24}$$

根据傅里叶变换的性质，可得到

$$E_{1z}^\mathrm{R}(x,y,t)=-\frac{\partial}{\partial t}I(t)*f(t) \tag{3-25}$$

由式(3-23)可以看出，区域 1 的反射波由两部分组成，其第一项称为横波或首波，第二项称为直接反射波. 该解是在条件 $s_2<s_1$ 下获得的，如果该条件不出现，则首波不会出现. 这是由于 $s_2<s_1$，波在区域 2 中比在区域 1 中传播得要快，从而使得沿交界面折射路径传播的首波比直接反射波更早到达观察点. 分析式(3-23)的第一项，可知它只在 $\tau<s_1\rho_\mathrm{I}$ 的情况下才存在；而当 $\tau>s_1\rho_\mathrm{I}$ 时，只有代表直接反射波的第二项存在.

3.1.2 半空间上方偶极子的瞬态响应

偶极子的辐射是电磁场理论的基本问题之一，前面所讨论的电源问题是解决该问题的基础. 对于半空间上方偶极子的瞬态场的求解，也要首先解决入射场的计算问题，全部响应场的求解问题与 3.1.1 节基本类似.

3.1.2.1 任意电流源场的计算

在均匀无损耗各向同性介质的无界空间中，场的矢势和标势在频域满足方程 $\nabla^2 \hat{A} + k^2 \hat{A} = -\mu \hat{J}$ 和 $\nabla^2 \hat{\phi} + k^2 \hat{\phi} = -\dfrac{\hat{\rho}}{\varepsilon}$，矢势的任一分量和标势的解由方程 $\hat{u}(\boldsymbol{r}, \omega) = \int_V G(\boldsymbol{r}, \boldsymbol{r}') \hat{S}(\boldsymbol{r}', \omega) \mathrm{d}V'$ 给出. 把矢势的分量叠加，就可得到解的表达形式

$$\hat{A}(r, \omega) = \mu \int_V G(r, r') \hat{J}(r, \omega) \mathrm{d}V' \tag{3-26}$$

$$\hat{\phi}(r, \omega) = \frac{1}{\varepsilon} \int_V G(r, r') \hat{\rho}(r, \omega) \mathrm{d}V' \tag{3-27}$$

其中 $G(r, r') = \dfrac{\mathrm{e}^{\mathrm{i}k|r-r'|}}{4\pi |r - r'|}$，$V$ 为源的所在空间.

利用 $\hat{E} = -\nabla \hat{\phi} + \mathrm{i}\omega \hat{A}$，可求得电场

$$\hat{E}(r, \omega) = \mathrm{i}\omega \hat{A}(r, \omega) - \nabla \hat{\varphi}(r, \omega)$$

$$= \mathrm{i}\omega\mu \int_V G(r, r') \hat{J}(r, \omega) \mathrm{d}V' - \frac{\nabla}{\varepsilon} \int_V G(r, r') \hat{\rho}(r, \omega) \mathrm{d}V' \tag{3-28}$$

利用连续性方程

$$\nabla \cdot \hat{J}(r, \omega) = \mathrm{i}\omega \hat{\rho}(r, \omega) \tag{3-29}$$

式(3-28)又可表示为

$$\hat{E}(r, \omega) = \mathrm{i}\omega\mu \int_V G(r, r') \hat{J}(r', \omega) \mathrm{d}V' - \frac{\nabla}{\mathrm{i}\omega\varepsilon} \int_V G(r, r') \nabla' \cdot \hat{J}(r', \omega) \mathrm{d}V' \tag{3-30}$$

根据矢量恒等式 $\nabla \cdot (\varphi F) = \varphi \nabla \cdot F + F \cdot \nabla \varphi$，可知

$$\nabla' \cdot \left[G(r, r') \hat{J}(r', \omega) \right] = G(r, r') \nabla' \cdot \hat{J}(r', \omega) + \hat{J}(r', \omega) \cdot \nabla' G(r, r')$$

故有

$$\int_V G(r, r') \nabla' \cdot \hat{J}(r', \omega) \mathrm{d}V' = \int_V \nabla' \cdot \left[G(r, r') \hat{J}(r', \omega) \right] \mathrm{d}V' - \int_V \hat{J}(r', \omega) \cdot \nabla' G(r, r') \mathrm{d}V'$$

$$\tag{3-31}$$

由高斯(Gauss)定理可知

$$\int_V \nabla' \cdot \left[G(r, r') \hat{J}(r', \omega) \right] \mathrm{d}V' = \oint_S G(r, r') \hat{J}(r', \omega) \cdot n \mathrm{d}S' = 0$$

再考虑到 $\nabla' G(r, r') = -\nabla G(r, r')$，则式(3-30)成为

$$\hat{E}(r, \omega) = \mathrm{i}\omega\mu \int_V G(r, r') \hat{J}(r', \omega) \mathrm{d}V' - \frac{\nabla}{\mathrm{i}\omega\varepsilon} \int_V \nabla G(r, r') \nabla' \cdot \hat{J}(r', \omega) \mathrm{d}V' \tag{3-32}$$

交换上式中第二项中微分与积分的顺序，最后就可得到

$$\hat{E}(r,\omega) = i\omega\mu \int_V \left[G(r,r')\hat{J}(r',\omega) + \frac{\nabla\nabla}{k^2} G(r,r') \cdot \hat{J}(r',\omega) \right] dV'$$

$$= i\omega\mu \int \left[\overline{\overline{I}} + \frac{\nabla\nabla}{k^2} \right] G(r,r') \cdot \hat{J}(r',\omega) dV'$$

$$= i\omega\mu \int_V \overline{\overline{G}}(r,r')\hat{J}(r',\omega) dV' \tag{3-33}$$

其中 $\overline{\overline{I}}$ 为单位并矢.

$$\overline{\overline{G}}(r,r') = \left[\overline{\overline{I}} + \frac{\nabla\nabla}{k^2} \right] G(r,r') \tag{3-34}$$

称为并矢格林函数.

3.1.2.2 电偶极子的场

设均匀无耗介质空间中有一取向为 a 的电偶极子 $J = a\hat{I}(\omega)l\delta(r)$,其中 $\hat{I}(\omega)$ 为电流强度,l 为其长度.该电流在空间所产生的电场由式(3-33)给出.由于 J 为电源,故电场可以写成

$$\hat{E}(r,\omega) = i\omega\mu \left(\overline{\overline{I}} + \frac{\nabla\nabla}{k^2} \right) \cdot a\hat{I}(\omega)lG(r,r') \tag{3-35}$$

如果取 $r' = 0$,则 $G(r,r') = \dfrac{e^{ikr}}{4\pi r}$,于是

$$\hat{E}(r,\omega) = i\omega\mu \left(\overline{\overline{I}} + \frac{\nabla\nabla}{k^2} \right) \cdot a\hat{I}(\omega)l \frac{e^{ikr}}{4\pi r} \tag{3-36}$$

为了求出磁场,可利用关系

$$\nabla \times \hat{E}(r,\omega) = i\omega\mu\hat{H}(r,\omega)$$

由此可得到

$$\hat{H}(r,\omega) = \nabla \times a\hat{I}(\omega)l \left(\frac{e^{ikr}}{4\pi r} \right) \tag{3-37}$$

如果在所选的直角坐标系中 $\hat{a} = \hat{z}$,则由上式可知 $\hat{H}_z(r,\omega) = 0$,这说明该电偶极子的场对坐标 z 轴而言属于横磁波,用 TM 表示,它的电场为

$$\hat{E}(r,\omega) = i\omega\mu \left(\overline{\overline{I}} + \frac{\nabla\nabla}{k^2} \right) \cdot \hat{z}\hat{I}(\omega)l \frac{e^{ikr}}{4\pi r}$$

写出并矢算符 $\nabla\nabla$ 的分量,然后与 $\hat{z}$ 点乘,可得

$$\hat{E}(r,\omega) = i\omega\mu \left[\hat{z} + \frac{1}{k^2} \left(\hat{x}\frac{\partial}{\partial x}\frac{\partial}{\partial z} + \hat{y}\frac{\partial}{\partial y}\frac{\partial}{\partial z} + \hat{z}\frac{\partial^2}{\partial z^2} \right) \right] \hat{I}(\omega)l \frac{e^{ikr}}{4\pi r}$$

对于 TM 波,我们特别关注 E_z 分量.由上式得出

$$\hat{E}_z\left(r,\omega\right)=\frac{\mathrm{i}\omega\hat{I}\left(\omega\right)l}{4\pi k^2}\left(k^2+\frac{\partial}{\partial z^2}\right)\frac{\mathrm{e}^{\mathrm{i}kr}}{r} \tag{3-38}$$

3.2　雷电放电通道电磁辐射试验

3.2.1　雷电电磁脉冲辐射特性理论分析

3.2.1.1 Sommerfeld 水平电偶极子场

设电偶极子处于空气中，观测点处于大地上方，为两层介质的半无穷空间，见图 3.3. 若水平电偶极子平行 x 轴在其上方 h 处，场对 xOz 平面对称，但对 xOy 平面不对称，这时 $\Pi_y=0$，$\Pi_z\neq0$，$\Pi_z\neq0$.

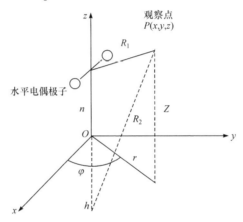

图 3.3　水平电偶极子与观察点相互位置

将式 $B=-\dfrac{k^2}{\mathrm{j}\omega}\nabla\times\Pi$ 和式 $E=k^2\Pi+\nabla\left(\nabla\cdot\Pi\right)$ 展开为直角坐标系的 x，y，z 分量

$$\begin{cases}E_x=k^2\Pi_x+\dfrac{\partial}{\partial x}\left(\dfrac{\partial\Pi_x}{\partial x}+\dfrac{\partial\Pi_y}{\partial y}+\dfrac{\partial\Pi_z}{\partial z}\right)\\[2mm]E_y=k^2\Pi_y+\dfrac{\partial}{\partial y}\left(\dfrac{\partial\Pi_x}{\partial x}+\dfrac{\partial\Pi_y}{\partial y}+\dfrac{\partial\Pi_z}{\partial z}\right),\\[2mm]E_z=k^2\Pi_z+\dfrac{\partial}{\partial z}\left(\dfrac{\partial\Pi_x}{\partial x}+\dfrac{\partial\Pi_y}{\partial y}+\dfrac{\partial\Pi_z}{\partial z}\right)\end{cases}\begin{cases}H_x=\dfrac{\mathrm{j}k^2}{\omega\mu}\left(\dfrac{\partial\Pi_z}{\partial y}-\dfrac{\partial\Pi_y}{\partial z}\right)\\[2mm]H_y=\dfrac{\mathrm{j}k^2}{\omega\mu}\left(\dfrac{\partial\Pi_x}{\partial z}-\dfrac{\partial\Pi_z}{\partial x}\right)\\[2mm]H_z=\dfrac{\mathrm{j}k^2}{\omega\mu}\left(\dfrac{\partial\Pi_y}{\partial x}-\dfrac{\partial\Pi_x}{\partial y}\right)\end{cases}$$

假定 $\mu_0=\mu_1=\mu$，由于介质交界面电场强度、磁场强度切向分量相等，即 $E_{0y}=E_{1y}$，所以

$$\frac{\partial\Pi_{0x}}{\partial x}+\frac{\partial\Pi_{0z}}{\partial z}=\frac{\partial\Pi_{1x}}{\partial x}+\frac{\partial\Pi_{1z}}{\partial z} \tag{3-39}$$

$E_{0x}=E_{1x}$，则

$$k_0^2\Pi_{0x}=k_1^2\Pi_{1x} \tag{3-40}$$

$H_{0x}=H_{1x}$，则

$$k_0^2 \Pi_{0z} = k_1^2 \Pi_{1z} \tag{3-41}$$

$H_{0y}=H_{1y}$，则

$$k_0^2 \frac{\partial \Pi_{0x}}{\partial z} = k_1^2 \frac{\partial \Pi_{1x}}{\partial z} \tag{3-42}$$

式(3-39)～式(3-42)为两层介质交界面场强的边值条件.

若观测点 P 在空气中$(0 \leqslant z < \infty)$，电偶极子的合成场 x 分量为一次场 x 分量和二次场 x 分量的叠加，即

$$\Pi_{0x} = -\frac{\mathrm{j}\omega\mu I\mathrm{d}x}{4\pi k_0^2} \int_0^\infty \left[\frac{u}{\beta_0} \mathrm{e}^{-\beta_0|h-z|} + g_0(u)\mathrm{e}^{-\beta_0|h+z|} \right] \mathrm{J}_0(ru)\mathrm{d}u \tag{3-43}$$

若观测点 P 在大地中$(0 \geqslant z > -\infty)$，电偶极子只有二次场，通过数学计算，可得空气中场

$$\Pi_{0x} = -\frac{\mathrm{j}\omega\mu I\mathrm{d}x}{4\pi k_0^2} \left[\frac{\mathrm{e}^{jk_0 R_1}}{R_1} - \frac{\mathrm{e}^{jk_0 R_2}}{R_2} + 2\int_0^\infty \frac{u}{\beta_0 + \beta_1} \mathrm{e}^{-\beta_0(z+h)} \mathrm{J}_0(ru)\mathrm{d}u \right] \tag{3-44}$$

$$r = \sqrt{x^2 + y^2}$$
$$R_1 = \sqrt{x^2 + y^2 + (h-z)^2}$$
$$R_2 = \sqrt{x^2 + y^2 + (h+z)^2}$$

式中，h——偶极子离地面的高度；

　　　z——观测点离地面高度；

　　　x——沿 x 轴方向从坐标原点到偶极子的水平距离；

　　　y——沿 y 轴方向偶极子到观测点的水平距离；

　　　r——偶极子到观测点的水平距离；

　　　R_1——偶极子与观测点的距离；

　　　R_2——偶极子镜像与观测点的距离.

及大地中 Hertz 电矢量 x 分量

$$\Pi_{1x} = -\frac{\mathrm{j}\omega\mu I\mathrm{d}x}{4\pi k_0^2} \left[2\frac{k_0^2}{k_1^2} \int_0^\infty \frac{u}{\beta_0 + \beta_1} \mathrm{e}^{-\beta_0 h - \beta_1|z|} \mathrm{J}_0(ru)\mathrm{d}u \right] \tag{3-45}$$

现求 Hertz 电矢量 z 分量，因在式(3-42)有 Π_x 的偏导数，Π_z 应含 $\mathrm{J}_1(ru)$ 第 1 类 1 阶 Bessel 函数，既与 r 有关，又应含 x 与 r 夹角 φ 的余弦，用边界条件求待定函数. 则

$$\Pi_{0z} = \frac{\mathrm{j}\omega\mu I\mathrm{d}x}{4\pi k_0^2} \cos\varphi \int_0^\infty \frac{2u^2(\beta_0 - \beta_1)}{k_0^2\left(\dfrac{k_1^2}{k_0^2}\beta_0 + \beta_1\right)} \mathrm{e}^{-\beta_0(h+z)} \mathrm{J}_1(ru)\mathrm{d}u \tag{3-46}$$

$$\Pi_{1z} = \frac{\mathrm{j}\omega\mu I\mathrm{d}x}{4\pi k_0^2}\cos\varphi\int_0^\infty \frac{2u^2\left(\beta_0-\beta_1\right)}{k_1^2\left(\dfrac{k_1^2}{k_0^2}\beta_0+\beta_1\right)}\mathrm{e}^{-\beta_0 h-\beta_1|z|}\mathrm{J}_1\left(ru\right)\mathrm{d}u \tag{3-47}$$

如果只考虑电场强度的感性部分，即得空气、大地介质中观测点处的电场强度 x 分量分别为

$$E_{0x} = -\frac{\mathrm{j}\omega\mu I\mathrm{d}x}{4\pi}\left[\frac{\mathrm{e}^{\mathrm{j}k_0 R_1}}{R_1} - \frac{\mathrm{e}^{\mathrm{j}k_0 R_2}}{R_2} + 2\int_0^\infty \frac{u}{\beta_0+\beta_1}\mathrm{e}^{-\beta_0(z+h)}\mathrm{J}_0\left(ru\right)\mathrm{d}u\right] \tag{3-48}$$

$$E_{1x} = -\frac{\mathrm{j}\omega\mu I\mathrm{d}x}{4\pi}\left[2\int_0^\infty \frac{u}{\beta_0+\beta_1}\mathrm{e}^{-\beta_0 h-\beta_1|z|}\mathrm{J}_0\left(ru\right)\mathrm{d}u\right] \tag{3-49}$$

得空气、大地介质中观测点处的电场强度 z 分量为

$$E_{0z} = -\frac{\mathrm{j}\omega\mu I\mathrm{d}x}{4\pi}\cos\varphi\int_0^\infty \frac{2u^2\left(\beta_0-\beta_1\right)}{k_0^2\left(\beta_0\dfrac{k_1^2}{k_0^2}+\beta_1\right)}\mathrm{e}^{-\beta_0(h+z)}\mathrm{J}_1\left(ru\right)\mathrm{d}u \tag{3-50}$$

$$E_{1z} = -\frac{\mathrm{j}\omega\mu I\mathrm{d}x}{4\pi}\cos\varphi\int_0^\infty \frac{2u^2\left(\beta_0-\beta_1\right)}{k_1^2\left(\beta_0\dfrac{k_1^2}{k_0^2}+\beta_1\right)}\mathrm{e}^{-\beta_0 h-\beta_1|z|}\mathrm{J}_1\left(ru\right)\mathrm{d}u \tag{3-51}$$

3.2.1.2 Sommerfeld 垂直电偶极子场

垂直电偶极子位于均匀有限电导率大地的上方 h 处，见图 3.4.

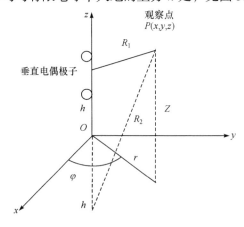

图 3.4　垂直电偶极子与观察点相互位置

垂直电偶极子主要产生 z 方向的电场，在空气中合成场为直接激励的一次场和大地产生的二次场的叠加，即

$$\Pi_{0z} = \Pi_{0p} + \Pi_{1s}, \quad z > 0$$

在大地中的合成场为大地产生的二次场

$$\Pi_{1z} = \Pi_{1s} , \quad z < 0$$

其中 z 方向的 Hertz 电矢量 Π_z 为

$$\Pi_{0z} = -\frac{\mathrm{j}\omega\mu I \mathrm{d}x}{4\pi k_0^2} \int_0^\infty \left[\frac{u}{\beta_0} \mathrm{e}^{-\beta_0(h-z)} + f_0 \mathrm{e}^{-\beta_0(h+z)} \right] \mathrm{J}_0(ru)\mathrm{d}u , \quad 0 \leqslant z < \infty \quad (3\text{-}52)$$

$$\Pi_{1z} = -\frac{\mathrm{j}\omega\mu I \mathrm{d}x}{4\pi k_0^2} \int_0^\infty f_1 \mathrm{e}^{-\beta_0 h + \beta_1 z} \mathrm{J}_0(ru)\mathrm{d}u , \quad -\infty < z \leqslant 0 \quad (3\text{-}53)$$

通过一系列数学运算，可有

$$\Pi_{0z} = -\frac{\mathrm{j}\omega\mu I \mathrm{d}x}{4\pi k_0^2} \left[\frac{\mathrm{e}^{\mathrm{j}k_0 R_1}}{R_1} + \frac{\mathrm{e}^{\mathrm{j}k_0 R_2}}{R_2} - 2\int_0^\infty \frac{k_0^2 \beta_1}{k_0^2 \beta_1 + k_1^2 \beta_0} \frac{u}{\beta_0} \mathrm{e}^{-\beta_0(h+z)} \mathrm{J}_0(ru)\mathrm{d}u \right], \quad z \geqslant 0 \quad (3\text{-}54)$$

$$\Pi_{1z} = -\frac{\mathrm{j}\omega\mu I \mathrm{d}x}{4\pi k_0^2} \int_0^\infty \frac{2k_0^2 u}{k_0^2 \beta_1 + k_1^2 \beta_0} \mathrm{e}^{-\beta_0 h - \beta_1|z|} \mathrm{J}_0(ru)\mathrm{d}u , \quad z \leqslant 0 \quad (3\text{-}55)$$

将式(3-54)代入 $E = k^2 \Pi + \nabla(\nabla \cdot \Pi)$ 的第一项中，得在空气介质中观测点处电场强度的 z 分量为

$$E_{0z} = -\frac{\mathrm{j}\omega\mu I \mathrm{d}x}{4\pi} \left[\frac{\mathrm{e}^{\mathrm{j}k_0 R_1}}{R_1} + \frac{\mathrm{e}^{\mathrm{j}k_0 R_2}}{R_2} - 2k_0^2 \int_0^\infty \frac{\beta_1 u}{k_0^2 \beta_1 + k_1^2 \beta_0} \frac{\mathrm{e}^{-\beta_0(h+z)}}{\beta_0} \mathrm{J}_0(ru)\mathrm{d}u \right] \quad (3\text{-}56)$$

再将式(3-55)代入 $E = k^2 \Pi + \nabla(\nabla \cdot \Pi)$ 的第一项中，得在大地介质中观测点处电场强度的 z 分量为

$$E_{1z} = -\frac{\mathrm{j}\omega\mu I \mathrm{d}x}{2\pi} k_0^2 \int_0^\infty \frac{u}{k_0^2 \beta_1 + k_1^2 \beta_0} \mathrm{e}^{-\beta_0 h - \beta_1|z|} \mathrm{J}_0(ru)\mathrm{d}u \quad (3\text{-}57)$$

3.2.1.3 天线接收理论

天线接收电磁能量的物理过程是：天线在外场作用下激励起感应电动势，并在导体表面产生电流，该电流流进天线负载 Z_L(接收机)，使接收机回路中产生电流。所以，接收天线是一个把空间电磁波能量转换为高频电流能量的能量转换装置。其工作过程恰好是发射天线的逆过程，如图 3.5 所示。

一般情况下，接收天线一般位于发射天线的远区，发射天线在远区辐射横电磁球面波[1,2]，在小范围内，可视作均为平面波，因而认为接收天线处于均匀平面波场中。设来波方向与振子轴夹角为 θ，来波电场 E' 可分解为 E_1' 和 E_2' 两个分量，其中 E_2' 垂直于振子轴不起作用，只有 $E_1' = E_z' = E' \sin\theta$ 才使振子上产生感应流 I，这个感应电流将产生散射场 $E_s(I)$，它是以感应电流 I 为未知数的函数。

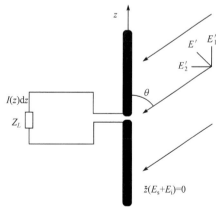

图 3.5 天线接收示意图

天线在这种外场作用下激励起感应电动势，并在导体表面产生电流，该电流流进天线负载 Z_L，使接收机回路中产生电流. 因此，接收天线等同电压源的作用，可用一等效电压发生器代替. 等效发生器由电压源和内阻组成，电压源的电压值等于开路电压 U，内阻是当电压源短路，对应于无来波电场时，由外电路看进去的阻抗. 这个阻抗称为接收天线的阻抗，并用 $Z_{in}=R_{in}+jX_{in}$ 表示. 接收天线的馈电端未并联保护器件的等效电路如图 3.6(a)所示，图中 Z_L 是负载阻抗，表示为 $Z_L=R_L+jX_L$. E' 为入射电场在该天线作发射时的极化方向上的分量. 当 Z_L 和 Z_{in} 共轭匹配时，即

$$Z_L = Z_{in}, \quad \begin{cases} R_L = R_{in} \\ X_L = -X_{in} \end{cases} \tag{3-58}$$

天线输出端电流为

$$I_{in} = \frac{U}{Z_{in}+Z_L} = \frac{L_e E' F(\theta,\varphi)}{Z_{in}+Z_L} = \frac{L_e E' F(\theta,\varphi)}{2R_{in}} \tag{3-59}$$

接收功率为

$$P_{re}(\theta,\varphi) = \frac{1}{2}|I|^2 R_L = \frac{1}{2}\frac{(L_e E')^2}{4R_{in}}F^2(\theta,\varphi) \tag{3-60}$$

图 3.6(b)为在天线的馈电端并联保护器件的等效电路，图 3.6(c)为当保护器件未动作时的等效电路，电容 C 为保护器件的分布电容. 图 3.6(d)为当保护器件动作时的等效电路，电阻 R 为保护器件动作时的等效电阻，R 为非线性电阻.

在共轭匹配的情况下，若接收天线的主要最大方向与来波方向一致($F(\theta,\phi)=1$)，且极化也一致(即 $E'=E_i$)，接收机可获得最大接收功率：

$$P_{remax} = \frac{1}{2}\frac{(L_e E')^2}{4R_{in}} \tag{3-61}$$

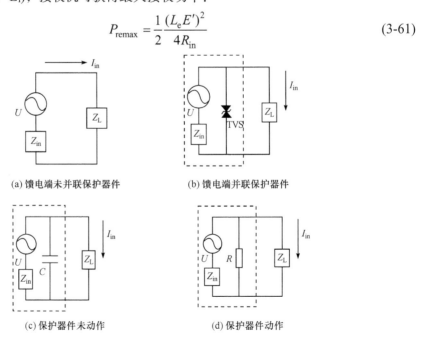

(a) 馈电端未并联保护器件 (b) 馈电端并联保护器件

(c) 保护器件未动作 (d) 保护器件动作

图 3.6 接收天线的等效电路

3.2.2　试验结果与数据分析

3.2.2.1　试验模型的建立

假设大地是一个良导体, 将整个试验装置放在一个导电平面上. 将铜导线缠绕在一根绝缘棒上来模拟回击通道, 铜导线和绝缘棒的直径分别为 0.7mm 和 25.4mm, 缠绕匝数为 323 圈/m, 回击通道高 12m. 用这种方式, 沿这个通道的电流传输速度相当于自由空间闪电速度的 11%. 回击通道模型的浪涌阻抗值为 2.2kΩ, 为消除反射, 将一个 2.2kΩ 的无感电阻连接在回击通道模型(return stroke channel model, RSM)的顶部和导电网格之间, 此导电网格的间隔大约为 1m, 用来提供电流的返回路径, 如图 3.7 所示. 因此, 沿回击通道模型的电流将在此区域产生空间电磁场[3].

对于这个模型, 模拟的回击电流的波前时间必须在 60ns 左右, 为确保 SPD 的研究效果, 电流幅值至少为几个安培. 因此, 用一根长 280m 由直流电压源充电的高压电缆来产生此电流. 一旦达到理想电压, 就通过一个高速开关将电缆连接到回击通道. 由于电路阻抗主要为电阻性的, 所以能够产生相对较短波头时间的电流.

组合波由 1.2/50μs 开路电压波和 8/20μs 短路电流波组成, 其虚拟阻抗为 2Ω. 用组合波发生器(combination wave generator, CWG)产生 8/20μs 电流, 并将其注入回击通道, 在地面处, 用与放大器相连的电流探针测量电流. 在距离回击通道 5m、10m 和 15m 处用天线耦合模拟的雷电电磁波, 用数字存储示波器(digital storage oscilloscope, DSO)采集感应电压波信号, 试验装置的原理图如图 3.7 所示. 最后将采集到的天线馈电端的电压波信号与天线馈电端并联各种抑制器件时的信号分别进行处理, 得出天线耦合雷电电磁波电压幅值及能量. 试验前先用 E5071C 型网络分析仪测量各天线的 S_{11} 曲线.

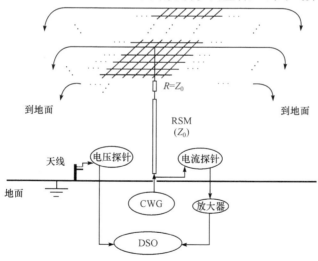

图 3.7　试验装置原理图

3.2.2.2　测量天线的回波损耗

S_{11} 表示输入反向系数, 也就是输入回波损耗(return loss, RL), 二者的关系为 RL= $-S_{11}$,

所以可以通过天线的 S_{11} 参数来反映回波损耗. 本次试验一共用到五种不同的天线，分别是 315MHz、433MHz、0.8GHz、2.4GHz 和 4GHz 天线，采用 E5071C 网络分析仪测量各天线及其馈电端的 S_{11} 曲线，参数如表 3.1 所示.

表 3.1　天线的 S_{11} 参数表

类别	中心频率/GHz	带宽/MHz
315MHz	0.313	16.5
433 MHz	0.425	25.2
0.8GHz	0.886	124.8
2.4GHz	2.430	266.9
4GHz	4.126	317.3

具体实验数据及波形将在 3.3 节中，与接入抑制器件后的数据及波形对比给出.

3.3　接收天线耦合雷电电磁脉冲的抑制

本节中所提到的接收天线是指接收机内部的天线. 接收机是由天线、滤波器、放大器和 A/D 转换器组成的一个电路系统. 由于雷电电磁脉冲的能量较大，接收机耦合的雷电电磁脉冲信号将导致接收机内部天线放大电路器件的损坏.

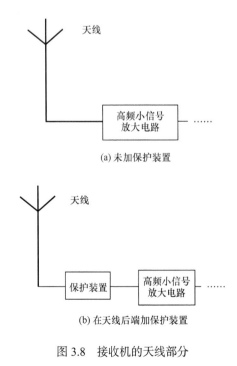

(a) 未加保护装置

(b) 在天线后端加保护装置

图 3.8　接收机的天线部分

3.3.1　接收机内部天线

接收机的工作过程是发射机的逆过程，它的基本任务是将空中传来的带有信息的电磁波接收下来，并把它还原为原来的信号，它具有放大和匹配滤波功能.

我们只讨论从接收机的天线部分到低噪声放大电路部分，接收机的工作过程如图 3.8(a) 所示. 将保护装置焊接在放大电路板上，然后焊在天线的馈电端，以此来保护天线后续设备，其示意图如图 3.8(b) 所示. 将天线与保护装置视为一个整体，必须保证安装保护装置后不影响天线所接收信号的正常传输.

保护装置内部的电路结构如图 3.9 所示，虚线框内为保护器件. 图 3.9(a) 中的保护器件为 TVS，采用整流桥结构，因为整流桥可以减小 TVS 的分布电容，TVS 分别使用 P6KE6.8A 和 P6KE12A，动作电压分别为 6.8V 和 12V；

图 3.9(b)中的保护器件为 SR05，动作电压为 5V；图 3.9(c)中的保护器件为瞬态抑制二极管 slvu2.8-4 阵列，动作电压为 2.8V，一共有四对引脚，分别为 1，2；3，4；5，6；7，8. 四对引脚之间相互独立，接其中任意一对即可.

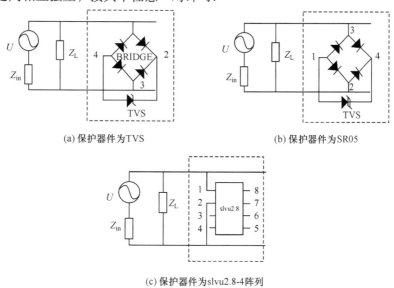

(a) 保护器件为TVS　　　　　　　　　(b) 保护器件为SR05

(c) 保护器件为slvu2.8-4阵列

图 3.9　保护装置内部的电路结构图

3.3.2　测量接收机内部天线的回波损耗

接收机内部天线并联 TVS 后的 S_{11} 参数如表 3.2 所示，与表 3.1 对比可以看到，并联 TVS 后接收机内部天线的中心频率和带宽都略有减小.

表 3.2　天线并联 TVS 后的 S_{11} 参数表

类别	中心频率/GHz	带宽/MHz
315MHz 并联 TVS	0.310	13.3
433 MHz 并联 TVS	0.413	19.5
0.8GHz 并联 TVS	0.881	113.2
2.4GHz 并联 TVS	2.412	231.1
4GHz 并联 TVS	4.096	278.6

并联 TVS 前后天线的 S_{11} 曲线如图 3.10 所示. 从图中可以看到，并联 TVS 后接收机内部天线的 S_{11} 曲线并未发生较大变化，只是天线的中心频率和带宽略有减小. 由此说明接收机内部天线馈电端并联 TVS 之后其各项参数变化较小，对天线的性能影响不大.

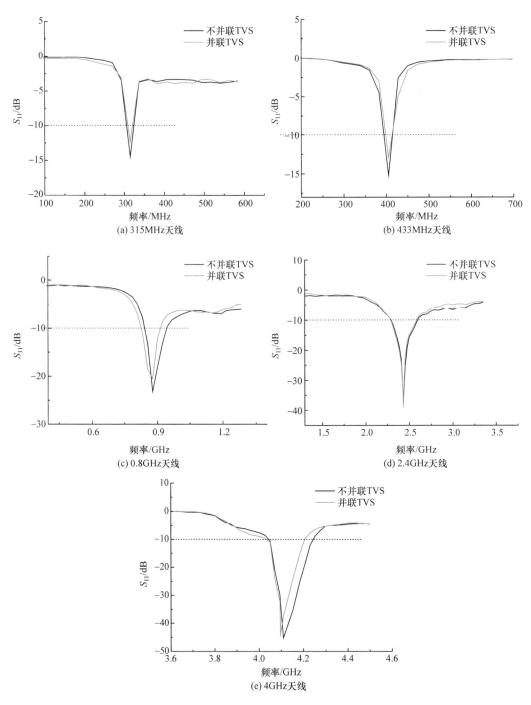

图 3.10　天线的 S_{11} 曲线图

3.3.3 接收机在不同条件下耦合雷电电磁脉冲特性的分析

3.3.3.1 315MHz 天线并联 slvu2.8-4 前后接收机耦合的雷电电磁脉冲特性

图 3.11(a)、(b)分别为 315MHz 天线并联 slvu2.8-4 前后电压峰值和能量的对比图. 图 3.11(a)是距离辐射源 15m 处的电压峰值比较图, 从图中的变化趋势可以得到, 随着冲击电流的增大, 该接收机耦合雷电电磁波的电压峰值也在增大, 且大致呈线性增大, 其抑制效果也随之增强. 图 3.11(b)是距离辐射源 10m 处的能量比较图, 其纵坐标表示的是接收机耦合雷电电磁波的能量. 从图中不难看出, 冲击电流从 5kA 增加到 40kA, 接收机耦合模拟雷电电磁波的能量也在逐渐增大, 不加保护器件时, 大致呈现为指数增长趋势, 加上 slvu2.8-4 之后, 其能量几乎不发生变化, 近似一条直线, 由此说明加上保护器件后能起到很好的保护作用.

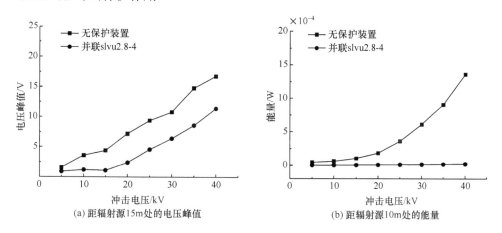

(a) 距辐射源15m处的电压峰值　　　(b) 距辐射源10m处的能量

图 3.11　315MHz 天线并联 slvu2.8-4 前后接收机耦合到的雷电电磁波特性

表 3.3 为 315MHz 天线并联 slvu2.8-4 前后的电压峰值和能量的对比, 无保护器件时, 电压峰值范围为 1.6～16.8V, 并联 slvu2.8-4 后电压峰值范围为 0.9～11.4V, 能量降低了 1～2 个数量级, 抑制效果比较明显.

表 3.3　315MHz 天线并联 slvu2.8-4 前后的电压峰值和能量对比

冲击电流/kA	峰值/V		能量/J	
	无保护器件	slvu2.8-4	无保护器件	slvu2.8-4
5	1.6	0.9	4.64×10^{-5}	7.27×10^{-7}
10	3.6	1.2	6.26×10^{-5}	1.84×10^{-6}
15	4.4	1.1	1.04×10^{-4}	3.80×10^{-6}
20	7.2	2.4	1.82×10^{-4}	6.43×10^{-6}
25	9.4	4.6	3.61×10^{-4}	9.27×10^{-6}
30	10.8	6.4	6.12×10^{-4}	1.26×10^{-5}
35	14.8	8.6	9.06×10^{-4}	1.65×10^{-5}
40	16.8	11.4	1.36×10^{-3}	2.20×10^{-5}

下面以超外差式接收机为例来说明安装保护器件后天线后续设备的工作情况.

以接收机内部天线的中心频率为 315MHz 为例, 放大电路芯片分别采用 XN255、CLC425 和 ATR4251. XN255 是低噪声卫星信号放大器芯片, 工作电压的范围为 2.7～3.3V, 当供电电压为 3.3V 时, 绝缘耐压为 7V; CLC425 是一种超低噪声宽带运算放大器, 工作电压的范围为–5～+5V, 当供电电压为 5V 时, 绝缘耐压为 11V; ATR4251 是一种低噪声集成 AM/FM 天线放大器, 工作电压的范围为 8～11V, 当供电电压为 8V 时, 绝缘耐压 16.8V. 在离辐射源不同距离处, 接收机第一级放大电路芯片在不同冲击电流下的工作情况如表 3.4 所示.

表 3.4　放大电路芯片在不同冲击电流下的工作情况

冲击电流/kA	距辐射源 5m 处			距辐射源 10m 处			距辐射源 15m 处		
	XN255	CLC425	ATR4251	XN255	CLC425	ATR4251	XN255	CLC425	ATR4251
6	正常	正常	正常	正常	正常	正常	正常	正常	正常
9	正常	正常	正常	正常	正常	正常	正常	正常	正常
12	正常	正常	正常	正常	正常	正常	正常	正常	正常
15	正常	正常	正常	正常	正常	正常	正常	正常	正常
17	损坏	正常	正常	正常	正常	正常	正常	正常	正常
18.5	—	正常	正常	损坏	正常	正常	正常	正常	正常
19.8	—	正常	正常	—	正常	正常	损坏	正常	正常
24	—	损坏	正常	—	正常	正常	—	正常	正常
27	—	—	正常	—	损坏	正常	—	正常	正常
33	—	—	正常	—	—	正常	—	损坏	正常
35.6	—	—	损坏	—	—	正常	—	—	正常
37	—	—	—	—	—	损坏	—	—	正常
40	—	—	—	—	—	—	—	—	损坏

注: — 表示芯片已经损坏.

在表 3.4 中, 随着冲击电流的增加, 接收机耦合雷电电磁波的感应电压也随之增加, 当感应电压值超过接收机第一级放大电路芯片的绝缘耐压时, 芯片损坏. 由于接收机耦合雷电电磁波的感应电压很高, 很容易就超出芯片的绝缘耐压水平, 而在接收机内部天线与第一级放大电路之间加上保护器件后, 能将接收机耦合到的感应电压抑制到很低的水平, 芯片在之前的冲击电流下能正常工作, 从而保护了接收机后续设备. 由此说明在接收机内部天线与后续设备之间加上防雷保护器件能很好地保护接收机内部天线后续设备.

3.3.3.2　同型号天线并联同种保护器件在不同距离处接收机耦合雷电电磁脉冲的特性

图 3.12(a)、(b)分别为接收机内部天线并联保护器件后在距离辐射源 5m、10m 和

15m处耦合到的电压峰值和能量的变化图. 图3.12(a)为接收机内部 0.8GHz 天线馈电端并联 slvu2.8-4 后的电压峰值比较图, 由其曲线趋势可以看出, 随着冲击电流的增大, 接收机耦合模拟雷电电磁波的电压峰值也增大, 离辐射源距离不同, 耦合到的电压值也不同, 离辐射源越近, 耦合到的电压值越大, 离辐射源越远, 耦合到的电压值越小, 且随着冲击电流的增大越明显. 比较图 3.11(a)和图 3.12(a)可以看出, 接收机内部天线的中心频率越小时, 接收机耦合雷电电磁波的电压峰值越大, 而天线的中心频率越大时, 接收机耦合雷电电磁波的电压峰值越小.

图 3.12(b)为接收机内部 433MHz 天线馈电端并联 SR05 后的能量比较图. 从图可以看出, 随着冲击电流的增大, 接收机耦合雷电电磁波的能量值也在增大, 离辐射源距离不同, 耦合到的能量值也不同. 当距离辐射源 15m 时, 耦合到的能量很少, 且随着冲击电流的增大能量变化也很小.

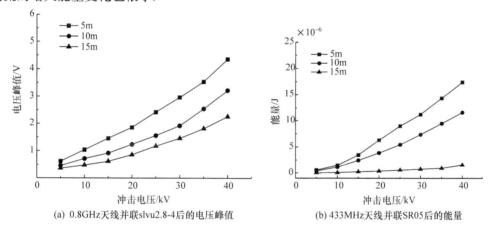

(a) 0.8GHz天线并联slvu2.8-4后的电压峰值　　(b) 433MHz天线并联SR05后的能量

图 3.12　天线并联保护器件后在距离辐射源 5m、10m 和 15m 处接收机耦合到的雷电电磁波特性

表 3.5 为接收机内部 0.8GHz 天线并联 slvu2.8-4 和 SR05 后在不同距离处的峰值和能量, 从表中可以明显看到, 在同一冲击电流下, 离辐射源越远, 电压幅值和能量越小; 离辐射源距离相同时, 随着冲击电流的增大, 接收机耦合到的电压幅值和能量越大.

表 3.5　0.8GHz 天线并联 slvu2.8-4 和 SR05 后在不同距离处的峰值和能量

冲击电流/kA	0.8GHz 天线加 slvu2.8-4 后的峰值/V			0.8GHz 天线加 SR05 后的能量/J		
	5m	10m	15m	5m	10m	15m
5	0.62	0.46	0.36	5.78×10^{-7}	3.84×10^{-7}	4.25×10^{-8}
10	1.04	0.72	0.48	1.48×10^{-6}	1.16×10^{-6}	9.64×10^{-8}
15	1.46	0.92	0.62	3.49×10^{-6}	2.46×10^{-6}	2.48×10^{-7}
20	1.86	1.24	0.86	6.28×10^{-6}	3.87×10^{-6}	3.86×10^{-7}
25	2.42	1.56	1.18	9.01×10^{-6}	5.46×10^{-6}	5.68×10^{-7}
30	2.96	1.92	1.46	1.12×10^{-5}	7.36×10^{-6}	7.66×10^{-7}
35	3.54	2.54	1.82	1.43×10^{-5}	9.48×10^{-6}	9.35×10^{-7}
40	4.36	3.22	2.26	1.74×10^{-5}	1.16×10^{-5}	1.56×10^{-6}

3.3.3.3 不同型号天线并联同种保护器件在相同距离处接收机耦合雷电电磁脉冲的特性

在距离辐射源10m处，不同型号的接收机天线并联保护器件时电压峰值和能量的比较图如图 3.13 所示，图 3.13(a)是不同型号的接收机天线并联 slvu2.8-4 时的电压峰值比较图，图 3.13(b)是不同型号的接收机天线并联 SR05 时的能量比较图，由其曲线趋势可以看出，随着冲击电压的增大，接收机耦合雷电电磁波的电压峰值和能量也增大，接收机天线的中心频率越小，接收机耦合到的电压峰值和能量越大，而接收机天线的中心频率越大，接收机耦合的电压峰值和能量越小. 这是因为雷电流主要分布在低频部分，且随频率的升高而递减.

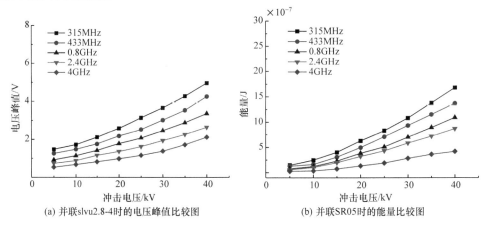

(a) 并联slvu2.8-4时的电压峰值比较图 　　(b) 并联SR05时的能量比较图

图 3.13　不同型号的天线在距离辐射源 10m 处耦合到的雷电电磁波特性

表 3.6 为不同型号的接收机天线并联 slvu2.8-4 后在 10m 处的电压峰值，表 3.7 为不同型号的接收机天线并联 SR05 后在 10m 处的能量. 从表 3.6 和表 3.7 可以得出：当冲击电流一定时，接收机天线的中心频率越高，接收机耦合到的电压峰值和能量越小；当接收机天线的中心频率不变时，随着冲击电流的增大，接收机耦合到的电压峰值和能量也越大.

表 3.6　不同型号的接收机天线并联 slvu2.8-4 后在 10m 处的电压峰值　　　(单位：V)

冲击电流/kA	315MHz	433MHz	0.8GHz	2.4GHz	4.0GHz
5	1.48	1.26	0.92	0.74	0.54
10	1.72	1.48	1.14	0.88	0.68
15	2.12	1.76	1.42	1.16	0.82
20	2.58	2.18	1.78	1.36	0.98
25	3.14	2.52	2.08	1.62	1.16
30	3.66	3.02	2.46	1.94	1.38
35	4.28	3.54	2.88	2.26	1.72
40	4.96	4.26	3.36	2.64	2.12

表 3.7　不同型号的接收机天线并联 SR05 后在 10m 处的能量　　（单位：J）

冲击电流/kA	315MHz	433MHz	0.8GHz	2.4GHz	4.0GHz
5	1.46×10^{-7}	1.28×10^{-7}	7.70×10^{-8}	5.78×10^{-8}	2.48×10^{-8}
10	2.47×10^{-7}	1.63×10^{-7}	1.22×10^{-7}	1.02×10^{-7}	3.48×10^{-8}
15	4.00×10^{-7}	3.07×10^{-7}	2.26×10^{-7}	1.95×10^{-7}	7.36×10^{-8}
20	6.28×10^{-7}	4.95×10^{-7}	3.82×10^{-7}	3.21×10^{-7}	1.32×10^{-7}
25	8.29×10^{-7}	7.11×10^{-7}	5.09×10^{-7}	4.32×10^{-7}	1.90×10^{-7}
30	1.08×10^{-6}	9.32×10^{-7}	7.02×10^{-7}	5.85×10^{-7}	2.83×10^{-7}
35	1.38×10^{-6}	1.15×10^{-6}	8.93×10^{-7}	7.19×10^{-7}	3.61×10^{-7}
40	1.68×10^{-6}	1.37×10^{-6}	1.09×10^{-6}	8.69×10^{-7}	4.19×10^{-7}

3.3.3.4 同型号的接收机天线并联不同保护器件在相同距离处接收机耦合雷电电磁脉冲的特性

在距离辐射源 10m 处，接收机内部中心频率为 2.4GHz 的天线并联各种保护器件前后的电压峰值如图 3.14(a)所示. 由图可得，没有并联任何保护器件时，接收机在 10m 处耦合到的电压峰值在 1.12～5.7V，而并联保护器件后电压峰值基本都低于 2V. 相比其他几种保护器件，P6KE12A 能将电压抑制到更低的水平.

在距离辐射源 15m 处，接收机内部中心频率为 4GHz 的天线并联各种保护器件前后的能量如图 3.14(b)所示，由图可得，没有并联任何保护器件时，接收机在 15m 处耦合到的能量范围为 2.78×10^{-6}～1.26×10^{-4}J. 图 3.14(c)和(d)分别为图 3.14(a)和(b)中并联各种保护器件后的放大图，此图更清楚地显示了添加各保护器件后的抑制效果. 添加保护器件后能将能量降低 2～3 个数量级，其中 P6KE12A 的抑制效果更明显.

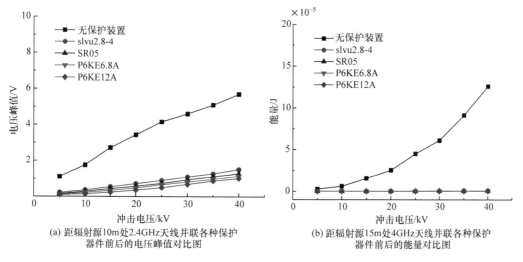

(a) 距辐射源10m处2.4GHz天线并联各种保护器件前后的电压峰值对比图

(b) 距辐射源15m处4GHz天线并联各种保护器件前后的能量对比图

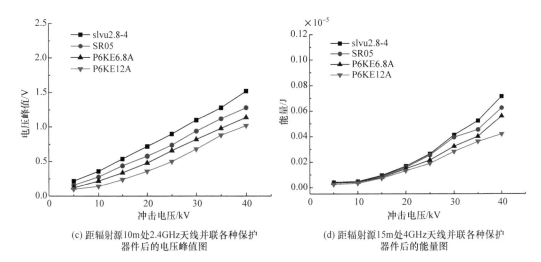

(c) 距辐射源10m处2.4GHz天线并联各种保护
器件后的电压峰值图

(d) 距辐射源15m处4GHz天线并联各种保护
器件后的能量图

图 3.14　两天线并联不同保护器件在 10m 和 15m 处耦合雷电电磁波的特性

表 3.8 和表 3.9 分别为接收机内部中心频率为 2.4GHz 的天线和 4GHz 的天线并联各种保护器件后在 10m 处的电压峰值和能量. 从表中可以看出: 当冲击电流不变时, 接收机天线馈电端并联各种保护器件后, 接收机耦合到的电压峰值和能量均变小, 这说明加上保护器件后都能起到很好的抑制效果. 在本次试验的四种保护器件中, 后两种 TVS 的抑制效果最好, 且 P6KE12A 比 P6KE6.8A 的抑制效果好, 这说明 TVS 的动作电压越大, 抑制效果越好.

表 3.8　2.4GHz 天线并联各种保护器件前后在 10m 处的电压峰值　　（单位：V）

冲击电流/kA	无保护器件	slvu2.8-4	SR05	P6KE6.8A	P6KE12A
5	1.12	0.26	0.22	0.12	0.10
10	1.76	0.46	0.36	0.22	0.14
15	2.72	0.62	0.54	0.34	0.24
20	3.44	0.84	0.72	0.48	0.36
25	4.16	1.04	0.90	0.66	0.50
30	4.60	1.22	1.10	0.82	0.68
35	5.10	1.44	1.28	0.98	0.88
40	5.70	1.70	1.52	1.14	1.02

表 3.9　4GHz 天线并联各种保护器件前后在 10m 处的能量　　（单位：J）

冲击电流/kA	无保护器件	slvu2.8-4	SR05	P6KE6.8A	P6KE12A
5	2.78×10^{-6}	4.98×10^{-8}	4.21×10^{-8}	3.60×10^{-8}	2.48×10^{-8}
10	6.06×10^{-6}	6.02×10^{-8}	4.95×10^{-8}	4.40×10^{-8}	3.48×10^{-8}
15	1.55×10^{-5}	1.21×10^{-7}	9.64×10^{-8}	8.20×10^{-8}	7.36×10^{-8}
20	2.54×10^{-5}	2.36×10^{-7}	1.69×10^{-7}	1.48×10^{-7}	1.32×10^{-7}

续表

冲击电流/kA	无保护器件	slvu2.8-4	SR05	P6KE6.8A	P6KE12A
25	4.52×10^{-5}	3.18×10^{-7}	2.65×10^{-7}	2.16×10^{-7}	1.90×10^{-7}
30	6.12×10^{-5}	5.01×10^{-7}	4.12×10^{-7}	3.24×10^{-7}	2.83×10^{-7}
35	9.13×10^{-5}	6.15×10^{-7}	5.24×10^{-7}	4.01×10^{-7}	3.61×10^{-7}
40	1.26×10^{-4}	8.64×10^{-7}	7.15×10^{-7}	5.61×10^{-7}	4.19×10^{-7}

综上所述，接收机耦合雷电电磁波电压峰值及能量的大小对接收机内部天线后端放大电路造成一定的危害，通过保护器件对天线后续设备进行保护，可以有效地抑制接收机耦合雷电电磁波电压峰值及能量. 在实际应用中，考虑到天线馈电端并联保护器件后，其中心频率、带宽等参数也会发生相应的变化，故在设计天线时，需将保护器件的分布参数考虑在内，将保护器件与天线设计为一个整体.

参 考 文 献

[1] Trainotti V, Dorado L A. Short low-and medium-frequency antenna performance[J]. IEEE Antennas and Propagation Magazine, 2005, (5): 66-90.

[2] Loyka S L. The influence of electromagnetic environment on operation of active array antennas: analysis and simulation techniques[J]. IEEE Antennas and Propagation Magazine, 1999, (6): 23-39.

[3] Piantini A, Janiszewski J M, Borghetti A, et al. A scale model for the study of the LEMP response of complex power distribution networks[J]. IEEE Transactions on Power Delivery, 2007, 22: 710-720.

4.1 雷电电磁脉冲瞬态场耦合模型[1]

4.1.1 Taylor 耦合模型

图 4.1 是外部电磁场照射时两线传输线微元示意图. 为了简化问题, 做如下假设:

(1) 组成传输线的半径为 a 的两根导体为理想导体;

(2) 导体之间的介质为理想无损电介质;

(3) 导体之间的距离 d 远大于导体半径 a, 同时 d 远小于入射场电磁波的波长 λ, 即 $d \gg a$ 和 $d \ll \lambda$;

(4) 忽略传输线的辐射, 即两根导体中电流均为 I, 但方向相反.

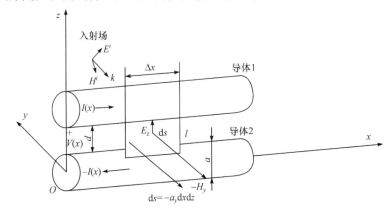

图 4.1 两线传输线微元示意图

在本节中, 以垂直极化场为例推导电报方程, 对于水平极化场, 有类似结果.

4.1.1.1 第一电报方程

根据散射定理, 总场可以分解为入射场和散射场的叠加, 即

$$\begin{cases} E = E^i + E^s \\ H = H^i + H^s \end{cases} \tag{4-1}$$

其中, 入射场为外界施加电磁场, 是已知量. 散射场是传输线感应电流和电荷所产生的二次场, 为待解量.

根据 Maxwell 方程组积分形式第一方程:

$$\oint_l E\mathrm{d}l = -\mathrm{j}\omega\mu_0\int_S H\mathrm{d}s \tag{4-2}$$

在图 4.1 中选择围线 l 所确定的面积元 $\mathrm{d}s$,考虑图示坐标系,则有

$$\int_0^d [E_z(x+\Delta x,z)-E_z(x,z)]\mathrm{d}z - \int_x^{x+\Delta x}[E_x(x,d)-E_x(x,0)]\mathrm{d}x$$

$$= \mathrm{j}\omega\mu_0\int_0^d\int_x^{x+\Delta x}-H_y(x,z)\mathrm{d}x\mathrm{d}z \tag{4-3}$$

式(4-3)中场量为总场,由于 $d \ll \lambda$,x 处线间电压可表示为

$$V(x) = -\int_0^d E_z(x,z)\mathrm{d}z \tag{4-4}$$

式(4-4)中负号是由于规定图 4.1 中 $z = d$ 处导体的参考点位为正. 假设传输线为理想导体,根据理想导体和电介质分界面的边界条件,有

$$E_x(x,d) = E_x(x,0) = 0 \tag{4-5}$$

根据式(4-4)和式(4-5),对式(4-3)两端除以 Δx 并取极限 $\Delta x \to 0$,就有

$$\frac{\mathrm{d}V(x)}{\mathrm{d}x} = -\mathrm{j}\omega\mu_0\int_0^d -H_y(x,z)\mathrm{d}z = -\mathrm{j}\omega\mu_0\int_0^d -H_y^i(x,z)\mathrm{d}z - \mathrm{j}\omega\mu_0\int_0^d -H_y^s(x,z)\mathrm{d}z \tag{4-6}$$

式(4-6)中已经将 H 分解为入射场和散射场的叠加. 注意到 $H_y^s(x,z)$ 为传输线中感应电流 $I(x)$ 产生,考虑 d 为电小尺寸,则有

$$\mu_0\int_0^d -H_y^s(x,z)\mathrm{d}z = L'I(x) \tag{4-7}$$

式中,L' 为单位长度导体的电感. 将式(4-7)代入(4-6)中,有

$$\frac{\mathrm{d}V(x)}{\mathrm{d}x} = \mathrm{j}\omega L'I(x) = V_{s1}'(x) \tag{4-8}$$

式中,$V_{s1}'(x)$ 为分布式电压源,即两导体之间的时变磁通产生的感应电动势,其表达式为

$$V_{s1}'(x) = -\mathrm{j}\omega\mu_0\int_0^d -H_y^i(x,z)\mathrm{d}z \tag{4-9}$$

显然,如果 $V_{s1}'(x) = 0$,则式(4-8)退化为频域齐次电报方程.

4.1.1.2 第二电报方程

根据 Maxwell 方程组积分形式第 2 个方程

$$\oint_l \boldsymbol{H}\mathrm{d}l = \int_s\left(J+\frac{\partial\boldsymbol{D}}{\partial t}\right)\mathrm{d}s \tag{4-10}$$

根据假设,两导体之间为无损理想介质,式(4-10)可简化为

$$\oint_l \boldsymbol{H}\mathrm{d}l = \mathrm{j}\omega\varepsilon\int_s \boldsymbol{E}\mathrm{d}s \tag{4-11}$$

选择图 4.2 所示的闭合面 s_1 作面积分,则有

$$I(x+\Delta x)-I(x)+\mathrm{j}\omega\varepsilon\iint_{s1}E_r r\mathrm{d}\phi\mathrm{d}x = 0 \tag{4-12}$$

式中，E_r 为导体表面外法向分量. E_r 为入射场和散射场之和，将式(4-12)两端同时除以Δx 并取极限$\Delta x\to 0$ 与 $r\to a$，则有

$$\frac{\mathrm{d}I(x)}{\mathrm{d}x}+\mathrm{j}\omega\varepsilon\int_0^{2\pi}E_r^s a\mathrm{d}\phi+\mathrm{j}\omega\varepsilon\int_0^{2\pi}E_r^i a\mathrm{d}\phi = 0 \tag{4-13}$$

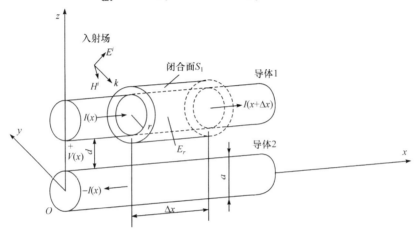

图 4.2　闭合面积元微分

注意，本节只讨论垂直极化场的情况，故 $E_r^i = 0$. 由于 $a\ll d$，可近似认为E_r^s 与角度无关，即

$$\mathrm{j}\omega\varepsilon\int_0^{2\pi}E_r^s a\mathrm{d}\phi = \mathrm{j}\omega\varepsilon 2\pi a E_r^s = \mathrm{j}\omega q'(x) \tag{4-14}$$

式中，$q'(x)$ 为导体线电荷密度，按照准静场的观点，有

$$q'(x) = C'V^s(x) \tag{4-15}$$

导体线间电压为入射场电压和散射场电压的叠加，即

$$V(x) = V^i(x)+V^s(x) = -\int_0^d E_z^i(x,z)\mathrm{d}z+V^s(x) \tag{4-16}$$

将式(4-15)和式(4-16)代入式(4-13)中，则有

$$\frac{\mathrm{d}I(x)}{\mathrm{d}x}+\mathrm{j}\omega C'V(x) = I_{s1}'(x) \tag{4-17}$$

式中

$$I_{s1}'(x) = \mathrm{j}\omega C'\int_0^d E_z^i(x,z)\mathrm{d}z \tag{4-18}$$

式中，$I_{s1}'(x)$ 为导体单位长度的分布激励的电流源. 式(4-8)和式(4-17)构成了场线耦合传输线的基本电报方程. 由此构成的 Taylor 模型如图 4.3 所示.

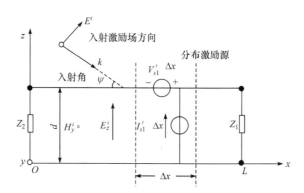

图 4.3 场线耦合的 Taylor 模型

以上推导假设导体即周围介质为无损情况. 对于有损介质和非理想导体情况，严格来讲，横电磁波(TEM)模式已经不存在，此时不能采用传输线方法求解. 不过，对于有损情况，依然可以假设 TEM 模式近似成立，式(4-8)和式(4-17)则需要修正为

$$\frac{\mathrm{d}V(x)}{\mathrm{d}x} + Z'I(x) = V'_{s1}(x) \tag{4-19}$$

$$\frac{\mathrm{d}I(x)}{\mathrm{d}x} + Y'V(x) = I'_{s1}(x) \tag{4-20}$$

以上两式中 Z' 和 Y' 分别为传输线的串联阻抗和并联导纳.

4.1.1.3 Taylor 模型的时域模型

Taylor 模型式(4-19)和式(4-20)是传输线的频域模型，若不考虑传输线参数的频率特性，对方程两边同时做 Laplace 反变换，可得传输线的时域模型

$$\frac{\partial v(x,t)}{\partial x} + R'i(x,t) + L'\frac{\partial i(x,t)}{\partial t} = v'_{s1}(x,t) \tag{4-21}$$

$$\frac{\partial v(x,t)}{\partial x} + G'v(x,t) + C'\frac{\partial v(x,t)}{\partial t} = i'_{s1}(x,t) \tag{4-22}$$

式中，R'、L'、G'、C' 分别为传输线单位长度的电阻、电感、电容和电导；$v'_{s1}(x,t)$、$i'_{s1}(x,t)$ 分别为外界电磁场在单位长度传输线上产生的电压源和电流源

$$v'_{s1}(x,t) = -\frac{\partial}{\partial t}\int_0^h B_y^i(x,z,t)\mathrm{d}z, \quad i'_{s1}(x,t) = -C\frac{\partial}{\partial t}\int_0^h E_z^i(x,z,t)\mathrm{d}z$$

等值微分耦合电路如图 4.4 所示.

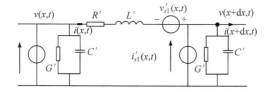

图 4.4 Taylor 模型等值微分耦合电路

在 Taylor 模型中，入射垂直电场(电流源)和入射水平(横向)磁感应场(电压源)为方程的激励函数. Taylor 模型广泛用于电磁兼容问题的分析，特别适用于仿真核电磁脉冲(NEMP)和传输线相互作用的分析.

如果考虑传输线参数的频率特性，以式(4-19)为例，可将 Z' 做如下处理：

$$Z'(x,s) = R'(x) + sL'(x) + \sum_{i=1}^{n} \frac{K_i(x)}{s - p_i} \tag{4-23}$$

式中，s 为 Laplace 变换参数变量；$R'(x)$ 和 $L'(x)$ 为传输线直流电阻和电感；部分分式之和表示参数的频变部分的贡献. 将式(4-23)代入式(4-19)并做 Laplace 逆变换，则有

$$\frac{\partial v(x,t)}{\partial x} + R'i(x,t) + L'\frac{\partial i(x,t)}{\partial t} + \sum_{i=1}^{n} K_i(x) \int_0^t e^{p_i(t-\tau)} i(x,\tau) \mathrm{d}\tau = v'_{s1}(x,t) \tag{4-24}$$

由式(4-24)可以看到，在时域方程中，如果考虑参数的频变效应，往往要涉及时域卷积积分运算，这通常是非常耗时的. 虽然目前递归卷积技术极大地提高了计算效率，但传输线计算中的卷积积分的处理仍然是这类问题的瓶颈，这也是时域传输线问题的一个研究热点.

可以看出，频域的传输线模型对于频变参数的处理简单而直接，如果需要得到暂态响应，只需要做傅里叶变换(FT)和傅里叶逆变换(IFFT)即可，但是频域模型不能处理传输线系统的非线性问题，涉及非线性问题时只能采用时域模型. 式(4-21)和式(4-22)是在两线传输线情况下导出的，对于多导体传输线系统，只要将响应的参数和变量改换为矩阵形式即可.

4.1.2 Agrawal 方法

在 Agrawal 模型中，选择沿线入射电场的水平分量和垂直线路端点处入射垂直电场作为激励函数，这些激励函数在线路上产生散射电压，它们可用图 4.5 中的电压源表示.

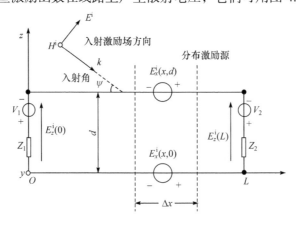

图 4.5 场线耦合的 Agrawal 模型

对于两线传输线，在 Agrawal 模型中，传输线的散射电压为未知量，类似 Taylor 方法的推导，有如下结果：

$$\frac{\mathrm{d}V^{\mathrm{s}}(x)}{\mathrm{d}x} + Z'I(x) = V'_{s2}(x) \tag{4-25}$$

$$\frac{\mathrm{d}I(x)}{\mathrm{d}x} + Y'V^{\mathrm{s}}(x) = 0 \tag{4-26}$$

$$V'_{s2}(x) = E_x^{\mathrm{i}}(x,d) - E_x^{\mathrm{i}}(x,0) \tag{4-27}$$

总的感应电压为

$$V(x) = V^{\mathrm{s}}(x) + V^{\mathrm{i}}(x) = V^{\mathrm{s}}(x) - \int_0^h E_z^{\mathrm{i}}(x,z)\mathrm{d}z \tag{4-28}$$

式中，积分上限 h 为导线距地面的高度. 式(4-28)为齐次微分方程，这是与 Taylor 模型的重要差别，导致这一差别的原因是 Agrawal 模型中外界电场沿传输线的切向分量是激励源，其等值分布激励源如图 4.5 所示. 积分限 h 表示导体的高度.

Agrawal 模型的时域方程为

$$\begin{cases} \dfrac{\partial v^{\mathrm{s}}(x,t)}{\partial x} + L'\dfrac{\partial i(x,t)}{\partial t} + R'i(x,t) = V'_{s2}(x,t) \\[2mm] \dfrac{\partial i(x,t)}{\partial x} + C'\dfrac{\partial v^{\mathrm{s}}(x,t)}{\partial t} = 0 \\[2mm] V'_{s2}(x,t) = E_x^{\mathrm{i}}(x,d,t) - E_x^{\mathrm{i}}(x,0,t) \end{cases} \tag{4-29}$$

对应的时域微分等值耦合电路如图 4.6 所示. 求解该方程还需要给定边界条件. 设线路的两端连接两个电阻 R_0 和 R_L，如图 4.6 所示，则散射电压的边界条件为

$$\begin{cases} v^{\mathrm{s}}(0,t) = -R_0 i(0,t) - v^{\mathrm{i}}(0,t) \\[2mm] v^{\mathrm{s}}(L,t) = R_L i(L,t) - v^{\mathrm{i}}(L,t) \end{cases} \tag{4-30}$$

联立式(4-29)和式(4-30)就可以求得双线在外场作用下沿线各点的感应电压.

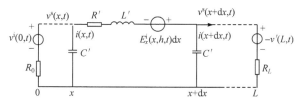

图 4.6　Agrawal 模型的微分等值耦合电路

4.1.3　Rachidi 方法

Rachidi 推导了等值于 Agrawal 模型和 Taylor 模型的另一种耦合方程形式，仅用水平磁场作为激励函数，即

$$\begin{cases} \dfrac{\partial u(x,t)}{\partial x} + L'\dfrac{\partial i^{\mathrm{s}}(x,t)}{\partial t} = 0 \\[2mm] \dfrac{\partial i^{\mathrm{s}}(x,t)}{\partial x} + C'\dfrac{\partial u(x,t)}{\partial t} = -\dfrac{1}{L'}\int_0^h \dfrac{\partial B_x^{\mathrm{i}}(z,x)}{\partial y}\mathrm{d}z \end{cases} \tag{4-31}$$

式中, $i^s(x,t)$ 为散射电流.

散射电流与总电流的关系是

$$i(x,t) = i^s(x,t) + i^i(x,t) = i^s(x,t) - \frac{1}{L'}\int_0^h B_y^i(z,x)\mathrm{d}z \tag{4-32}$$

式中, $i^i(x,t)$ 为入射电流. 边界条件是

$$\begin{cases} i^s(0,t) = -\frac{u(0,t)}{R_0} + \frac{1}{L'}\int_0^h B_y^i(z,0,t)\mathrm{d}z \\ i^s(L,t) = \frac{u(L,t)}{R_L} + \frac{1}{L'}\int_0^h B_y^i(z,L,t)\mathrm{d}z \end{cases} \tag{4-33}$$

Rachidi 模型的微分等值耦合电路如图 4.7 所示.

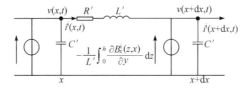

图 4.7　Rachidi 模型的微分等值耦合电路

4.1.4　Rusck 模型

Agrawal 模型可用于非理想地面上架空线路和电磁场的耦合计算. 在研究这一问题的初始阶段, 人们大多假设大地是理想导体, 以达到简化目的. 这方面主要有 Rusck 提出的模型和 Chowdhuri、Gross 提出的模型.

假设整个场由入射场 E^i、B^i 和散射场 E^s、B^s 之和给出, 散射场表示线路对入射场的响应. 入射场和入射标量电势 ϕ^i 与入射矢量电势 A^i 的关系如下:

$$E^i = -\left(\nabla\phi^i + \frac{\partial A^i}{\partial t}\right) \tag{4-34}$$

$$B^i = \nabla \times A^i \tag{4-35}$$

Rusck 从导体表面入射电场和向量、标量电势的表达式出发, 得到的耦合方程是

$$\begin{cases} \dfrac{\partial\phi(x,t)}{\partial x} + L'\dfrac{\partial i(x,t)}{\partial t} = 0 \\ \dfrac{\partial i(x,t)}{\partial x} + C'\dfrac{\partial}{\partial t}\big[\phi(x,t) - \phi^i(x,t)\big] = 0 \end{cases} \tag{4-36}$$

式中, L' 和 C' 分别是单位长度线路的电感和电容; $i(x,t)$ 为总线路电流; ϕ 为总入射标量电势. 总的感应电压为

$$u(x,t) = \phi(x,t) + \int_0^h \frac{\partial A_z^i(x,z,t)}{\partial t}\mathrm{d}z \tag{4-37}$$

式中, h 为导体高度; A_z^i 为入射向量电势垂直分量. 式(4-37)的边界条件为

$$\begin{cases} \phi(0,t) = -R_0 i(0,t) - \int_0^h \dfrac{\partial A_z^i(0,z,t)}{\partial t}\mathrm{d}z \\ \phi(L,t) = R_L i(\mathrm{L},t) - \int_0^h \dfrac{\partial A_z^i(\mathrm{L},z,t)}{\partial t}\mathrm{d}z \end{cases} \tag{4-38}$$

4.2　雷电波激励单导体传输线耦合

4.2.1　理想导体平面上单导体传输线耦合

前面的分析都没有考虑导线对地镜像的作用. 对于高频情况下场线耦合问题, 大地通常可以处理成理想金属导体平面, 此时, 可采用镜像导体等值理想大地平面的作用, 如图 4.8 所示. 导体及其镜像导体组成了两线传输线系统, 但应注意, 以下两个方面与上面各节中介绍的两线传输线系统不同:

(1) 由于理想导体平面的存在, 外加场及其反射场共同构成了传输线系统的激励源, 如图 4.9 所示. 在理想导体平面上, 根据电磁场边界条件, 仅有电场强度 E_x 存在, 而 $E_x = E_y = 0$. 在导体 $z = h$ 处, $E_x \neq 0$, 但其量值很小. 同理, 在理想导体平面上, 磁场强度 $H_z = 0$, 而 H_x 和 H_y 不为零;

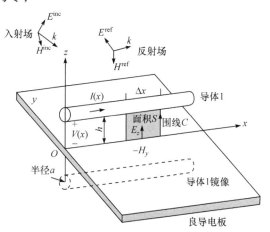

图 4.8　理想导体平面单根导体及其镜像

(图中上标 inc 表示入射, ref 表示反射. 全书同)

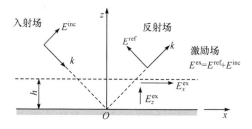

图 4.9　入射场与反射场

(2) 对于单位场传输线，两线传输线和导体-镜像传输线是不同的，这是在实际应用中要特别注意的问题. 导体-镜像传输线单位场的外电感 L' 为两线传输线电感量的 $1/2$，单位长导线的电容 C' 为两线传输线电容量的 2 倍.

以 Taylor 模型为例，考虑激励源的不同，则纵向分步电压源应修改为

$$V_{s1}'(x) = -\mathrm{j}\omega\mu_0 \int_0^d H_y^{\mathrm{ex}}(x,z)\mathrm{d}z = -\mathrm{j}\omega\mu_0 \int_0^d H_y^{\mathrm{inc}}(x,z)\mathrm{d}z - \mathrm{j}\omega\mu_0 \int_0^d H_y^{\mathrm{ref}}(x,z)\mathrm{d}z \quad (4\text{-}39)$$

横向的电流源修改为

$$I_{s1}'(x) = -\mathrm{j}\omega C' \int_0^d E_z^{\mathrm{ex}}(x,z)\mathrm{d}z = -\mathrm{j}wC' \int_0^d H_z^{\mathrm{inc}}(x,z)\mathrm{d}z - \mathrm{j}wC' \int_0^d H_z^{\mathrm{ref}}(x,z)\mathrm{d}z \quad (4\text{-}40)$$

4.2.2 有限导电地面上的传输线电磁耦合方程

为简单起见，只考虑推导有限导电地面上的传输线方程，相关线路布置如图 4.10 所示. 这里只对 Agrawal 模型进行推导.

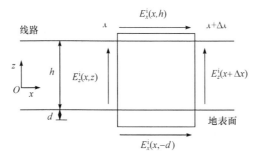

图 4.10 有限导电地面上的线路布置图

频域内与法拉定律对应的 Maxwell 方程可以写成

$$\nabla \times \boldsymbol{E} = -\mathrm{j}\omega\boldsymbol{B} \quad (4\text{-}41)$$

将式(4-41)写成积分形式，对图 4.10 中显示的回路进行积分可得到

$$\int_{-d}^h [E_z(x+\Delta x,z) - E_z(x,z)]\mathrm{d}z - \int_x^{x+\Delta x} [E_x(x,h) - E_x(x,-d)]\mathrm{d}x$$

$$= -\int_x^{x+\Delta x} \int_{-d}^h B_y(x,z)\mathrm{d}x\mathrm{d}z \quad (4\text{-}42)$$

式中，d 是土壤的复透入深度，一般来说 d 的数量级为考虑频率下的集肤深度. 对雷电电磁场的大多数频率，垂直电场的积分下限可以用零代替. 原因是：首先，大地内部的垂直电场比空气中的小ε倍；第二，对电导率等于 0.001S/m 和相对介电常量等于 5 的大地的松弛时间约为 45ns，并且松弛时间随大地电导率增加而减小. 因此，对 50ns 以后发生的电场变化，大地的垂直电场可以忽略. 对大多数在海平面上传播的雷电电磁场，上升时间大约为 50ns. 电磁场上升时间随有限导电地面上传播距离的增加而增加. 因此，对雷电电磁场中遇到的频率和典型的大地电导率，忽略大地的垂直电场是合理的. 现在将式(4-42)中的每一项除以Δx，再令Δx趋向于零，则有

$$\frac{\partial}{\partial x}\int_0^h E_x(x,z)\mathrm{d}z - E_x(x,h) = -\mathrm{j}\omega\int_{-d}^h -B_y(x,z)\mathrm{d}z \tag{4-43}$$

将每一场值分解为入射(incident)分量和散射(scattered)分量

$$E_z = E_z^{\mathrm{i}} + E_z^{\mathrm{s}}, \quad E_x = E_x^{\mathrm{i}} + E_x^{\mathrm{s}}, \quad B_y = B_y^{\mathrm{i}} + B_y^{\mathrm{s}} \tag{4-44}$$

将式(4-44)代入式(4-43)得

$$\frac{\partial}{\partial x}\int_0^h E_z^{\mathrm{s}}(x,z)\mathrm{d}z - \mathrm{j}\omega\int_{-d}^h B_y^{\mathrm{s}}(x,z)\mathrm{d}z - E_x(x,h)$$

$$= -\frac{\partial}{\partial x}\int_0^h E_z^{\mathrm{i}}(x,z)\mathrm{d}z - \mathrm{j}\omega\int_{-d}^h B_y^{\mathrm{i}}(x,z)\mathrm{d}z \tag{4-45}$$

假设散射场是横向磁场,线路散射电压可以定义为

$$V^{\mathrm{s}}(x) = -\int_0^h E_z^{\mathrm{s}}(x,z)\mathrm{d}z \tag{4-46}$$

散射磁场的积分与线路单位长度电感 L' 和导体电流的关系是

$$\mathrm{j}\omega\int_{-d}^h B_y^{\mathrm{s}}(x,z)\mathrm{d}z = \mathrm{j}\omega L'I(X) \tag{4-47}$$

把式(4-46)和式(4-47)代入式(4-45)得

$$\frac{\partial V^{\mathrm{s}}(x)}{\partial x} + \mathrm{j}\omega L'I(x) + Ex(x,h) = \frac{\partial}{\partial x}\int_0^h E_z^{\mathrm{i}}(x,z)\mathrm{d}z - \mathrm{j}\omega\int_{-d}^h B_y^{\mathrm{i}}(x,z)\mathrm{d}z \tag{4-48}$$

式(4-48)的右边可以表示线路高度处于导体方向的入射水平场分量

$$\frac{\partial}{\partial x}\int_0^h E_z^{\mathrm{i}}(x,z)\mathrm{d}z - \mathrm{j}\omega\int_{-d}^h B_y^{\mathrm{i}}(x,z)\mathrm{d}z = E_x'(x,h) \tag{4-49}$$

将式(4-49)代入式(4-48)得

$$\frac{\partial V^{\mathrm{s}}(x)}{\partial x} + \mathrm{j}\omega L'I(x) + E_x(x,h) = E_x'(x,h) \tag{4-50}$$

而

$$E_x'(x,h) = RI(x) \tag{4-51}$$

式中,R 是线路单位长度串联电阻,最后将式(4-51)代入式(4-50)得到第一个传输方程

$$\frac{\partial V^{\mathrm{s}}(x)}{\partial x} + \mathrm{j}\omega L'I(x) + RI(x) = E_x'(x,h) \tag{4-52}$$

在多数情况下,常数电阻与 $\mathrm{j}\omega L'$ 相比可以忽略,这个传输线方程可写为

$$\frac{\partial V^{\mathrm{s}}(x)}{\partial x} + \mathrm{j}\omega L'I(x) = E_x'(x,h) \tag{4-53}$$

与安培定律相关的 Maxwell 方程在频域内可写成

$$\nabla\times\boldsymbol{H} = \boldsymbol{J} + \mathrm{j}\omega\boldsymbol{D} \tag{4-54}$$

式中,J 为电流密度(矢量). 然而, $\nabla\cdot(\nabla\times\boldsymbol{H})=0$,因此有

$$\int_s \boldsymbol{J}\mathrm{d}s + \mathrm{j}\omega\int_s \boldsymbol{D}\mathrm{d}s = 0 \tag{4-55}$$

将式(4-54)应用于导体附近处的空间，导体端部及导体圆柱体周围的电流密度积分分别为

$$\int_{s_{\text{ends}}} \boldsymbol{J} \mathrm{d}s = I(x + \Delta x) - I(x) \tag{4-56}$$

$$\int_{s_{\text{cylinder}}} \boldsymbol{J}(\mathrm{j}\omega) \mathrm{d}s = 0 \tag{4-57}$$

式中，S_{ends} 和 S_{cylinder} 分别为端部和圆柱的表面积，将(4-57)、式(4-56)代入式(4-55)得

$$I(x + \Delta x) - I(x) + \mathrm{j}\omega \int_S D \mathrm{d}s = 0 \tag{4-58}$$

将式(4-58)中的每一项除以 Δx，再令 Δx 趋于零，得到

$$\frac{\partial I(x)}{\partial x} + \mathrm{j}\omega Q = 0 \tag{4-59}$$

单位长度线路电荷与单位长度电容和散射电压的关系是

$$Q = \int_S D \mathrm{d}s = C V^{\text{s}}(x) \tag{4-60}$$

将式(4-60)代入式(4-59)得到第 2 个传输方程

$$\frac{\partial I(x)}{\partial x} + \mathrm{j}\omega C V^{\text{s}}(x) = 0 \tag{4-61}$$

线路上的总电压等于入射电压和散射电压之和，即

$$V(x) = V^{\text{s}}(x) + \int_0^h E_z^{\text{i}}(x, z) \mathrm{d}z \tag{4-62}$$

将传输方程(4-53)和(4-61)直接变到时域可以写成

$$\begin{cases} \dfrac{\partial \upsilon^{\text{s}}(x,t)}{\partial x} + \dfrac{\partial}{\partial t} L' i(x,t) + \displaystyle\int_0^t R_g(t-x) i(x-\tau) \mathrm{d}\tau = E_x^{\text{i}}(x,h,t) \\[3mm] \dfrac{\partial i(x,t)}{\partial x} + \dfrac{\partial}{\partial t} C' \upsilon^{\text{s}}(x,t) = 0 \end{cases} \tag{4-63}$$

式中，R_g 是 $\mathrm{j}\omega\Delta L(\omega)$ 的傅里叶反变换. 如果 $\mathrm{j}\omega\Delta L(\omega)$ 可以用恒定电阻 R' 代入，传输方程 (4-63)可简化为

$$\begin{cases} \dfrac{\partial \upsilon^{\text{s}}(x,t)}{\partial x} + L' \dfrac{\partial i(x,t)}{\partial x} + R' i(x,t) = E_x^{\text{i}}(x,h,t) \\[3mm] \dfrac{\partial i(x,t)}{\partial x} + C' \dfrac{\partial \upsilon^{\text{s}}(x,t)}{\partial t} = 0 \end{cases} \tag{4-64}$$

如果 $\mathrm{j}\omega\Delta L(\omega)$ 和 $\mathrm{j}\omega L$ 相比可以忽略，那么式(4-64)可简化为

$$\begin{cases} \dfrac{\partial \upsilon^{\text{s}}(x,t)}{\partial x} + L' \dfrac{\partial i(x,t)}{\partial x} = E_x^{\text{i}}(x,h,t) \\[3mm] \dfrac{\partial i(x,t)}{\partial x} + C' \dfrac{\partial \upsilon^{\text{s}}(x,t)}{\partial t} = 0 \end{cases} \tag{4-65}$$

　　方程(4-65)左边和理想地面的传输线方程相同，但激励线路的水平电场出现在有限导电地面上. 这在配电线路较短时是一个很好的近似，这意味着忽略了大地对过渡过程沿线传播的效应.

　　上面推导传输线方程时忽略了导体的集肤电阻，这对雷电电磁场中遇到的频率范围来说是合理的近似，因为雷电电磁场的频率一般小于 1MHz.

　　有限导电大地条件下的线路电感 $L(\omega)$ 表达式可以采用复镜像计算得到. 在复镜像理论中有限导电地面被认为是位于地表面下一定复杂深度的理想导电平面. 使用这一理论推导的线路电感表达式为

$$L'(\omega) = L + \Delta L(\omega) = \frac{\mu_0}{2\pi} \lg \frac{2h}{r_c} + \frac{\mu_0}{2\pi} \lg \frac{1 + \sqrt{j\omega\mu_0\sigma}h}{\sqrt{j\omega\mu_0\sigma}h} \tag{4-66}$$

式中，r_c 是导体半径.

　　忽略线路集肤效应电阻，有限导电地面上单根导体的传播常数可表示为

$$\gamma = \alpha + \beta = \sqrt{j\omega L'(\omega)(j\omega C)}$$

$$= \sqrt{\left[j\omega \frac{\mu_0}{2\pi} \left(\lg \frac{2h}{r_c} + \lg \frac{1 + \sqrt{j\omega\tau_h}}{\sqrt{j\omega\tau_h}} \right) \right] \left[j\omega \frac{2\pi\varepsilon_0}{\lg \frac{2h}{r_c}} \right]} \tag{4-67}$$

式中，$\tau_h = \mu_0\sigma h^2$.

　　考虑位于线路 x_0 处的一小单元 dx，入射电磁场在这一小单元上感应的电压为

$$dV^s(x_0) = E_x^i(x_0, h) dx e^{j\omega t} \tag{4-68}$$

式中，$E_x^i(x_0, h)$ 是架空线路方向的水平分量. 这个电压在线路中产生传播方向相反的两个行波. 因此，这个小单元对线路上点 x 的总散射电压的贡献是

$$dV^s(x_0) = \frac{E_x^i(x_0, h) dx}{2} e^{-\gamma d} e^{j\omega[t-(d/c)]} \tag{4-69}$$

式中，$d = |x - x_0|$；c 是自由空间光速. 单元 dx 在线路上某点在时域内产生的散射电压为

$$dv^s(x, t) = \int_0^t S(\tau) dv(x_0, h, t - \tau) d\tau \tag{4-70}$$

$$S(\tau) = \frac{1}{2\pi} \int_{-\infty}^{+\infty} e^{-\gamma d} e^{j\omega(t-d/c)} d\tau \tag{4-71}$$

$$dv(x_0, h, t - \tau) = \frac{1}{2\pi} \int_{-\infty}^{+\infty} \frac{E_x^i(x_0, h) dx}{2} e^{j\omega t} d\omega = \frac{E_x^i(x_0, h, t) dx}{2} \tag{4-72}$$

式中，$S(\tau)$ 是线路的冲击响应. 将线路上所有单元的贡献加起来就可以得到待求点的散射电压. 将入射垂直电场在待求点的线路高度处的积分加上总的散射电压，就可以得到总的感应电压

$$v^t(x, t) = v^s(x, t) + v^i(x, t) = v^s(x, t) - \int_0^h E_z^i(x, z, t) dz \tag{4-73}$$

4.3　雷电波激励双导体传输线耦合[2,3]

本节讨论入射电磁场激励的双导体传输线耦合方程. 对于双导体传输线, 本节将介绍一种简单的传输线方程的推导过程, 一旦导出传输线方程并求出它们的通解, 结合终端约束条件, 就可以计算出终端电压和电流.

一个外部入射电磁场激励传输线的过程, 可以通过如下方式实现: 入射场在传输线导体上感应出电荷和电流, 相应的, 这些感应电荷和感应电流将产生散射场, 该散射场和入射场结合共同满足传输线导体表面条件.

沿着如图 4.11(a)所示的两导体间平坦表面的围线, 法拉第定律可写为

$$\int_a^{a'} \boldsymbol{\xi} \cdot \mathrm{d}\boldsymbol{l} + \int_{a'}^{b'} \boldsymbol{\xi} \cdot \mathrm{d}\boldsymbol{l} + \int_{b'}^{b} \boldsymbol{\xi} \cdot \mathrm{d}\boldsymbol{l} + \int_b^a \boldsymbol{\xi} \cdot \mathrm{d}\boldsymbol{l} = \frac{\mathrm{d}}{\mathrm{d}t} \psi_n \tag{4-74}$$

穿过此平坦表面的总磁通为

$$\psi_n = \int_s B_n \mathrm{d}s = \int_s \boldsymbol{B} \cdot \boldsymbol{a}_n \mathrm{d}s \tag{4-75}$$

式中, $\boldsymbol{B}$ 为磁通密度, 它在平坦表面法线方向上的分量为 B_n, 方向指向纸外. 注意到在图 4.11(b)中, 平面的单位法向量 $\boldsymbol{a}_n$ 也指向纸外. 因此, 由于围线 c 的方向和它所包围的表面 s 的法线方向符合右手螺旋定则, 通常法拉第等式右侧的负号将被取消, 如式(4-74)所示. 对于入射场激励形式, 磁通密度有两个分量: 一个分量称为散射场, 用 $\boldsymbol{B}^{\mathrm{scat}}$ 表示; 另一个分量由入射场决定, 表示为 $\boldsymbol{B}^{\mathrm{inc}}$. 总场是这二者之和, 即

$$\boldsymbol{B} = \boldsymbol{B}^{\mathrm{scat}} + \boldsymbol{B}^{\mathrm{inc}} \tag{4-76}$$

因此, 穿过表面的总磁通是这两个分量的磁通之和

$$\psi_n = \int_s \boldsymbol{B} \cdot \boldsymbol{a}_n \mathrm{d}s = \int_s \boldsymbol{B}^{\mathrm{scat}} \cdot \boldsymbol{a}_n \mathrm{d}s + \int_s \boldsymbol{B}^{\mathrm{inc}} \cdot \boldsymbol{a}_n \mathrm{d}s \tag{4-77}$$

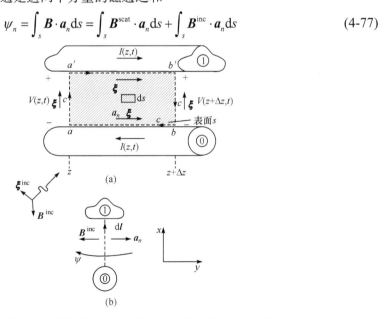

图 4.11　推导入射场激励的传输线第 1 个方程时所用围线的定义

传输线的电压定义为

$$V(z,t) = -\int_a^{a'} \boldsymbol{\xi}(x,y,z,t) \cdot \mathrm{d}\boldsymbol{l}$$

$$V(z+\Delta z,t) = -\int_b^{b'} \boldsymbol{\xi}(x,y,z+\Delta z,t) \cdot \mathrm{d}\boldsymbol{l} \tag{4-78}$$

为了包含非理想导体的情形，同样定义每个导体单位长度电阻分别为 r_1 和 r_0（单位为 Ω/m），这样

$$-\int_{a'}^{b'} \boldsymbol{\xi} \cdot \mathrm{d}\boldsymbol{l} = -\int_{a'}^{b'} \boldsymbol{\xi} \cdot \mathrm{d}z = -r_1 \Delta z I(z,t) \tag{4-79a}$$

$$-\int_b^a \boldsymbol{\xi} \cdot \mathrm{d}\boldsymbol{l} = -\int_b^a \boldsymbol{\xi} \cdot \mathrm{d}z = -r_0 \Delta z I(z,t) \tag{4-79b}$$

其中，沿着导体有 $\boldsymbol{\xi} = \xi_z \boldsymbol{a}_z$，并且 $\mathrm{d}\boldsymbol{l} = \mathrm{d}z\boldsymbol{a}_z$. 导体上的电流同样定义为

$$I(z,t) = \int_{c'} H \cdot \mathrm{d}\boldsymbol{l} \tag{4-80}$$

其中 $\boldsymbol{B} = \mu\boldsymbol{H}$，$\boldsymbol{H}$ 是磁场强度. 围线 c 是横向平面上紧贴着上部导体表面的闭合围线，如图 4.12 所示. 因此，式(4-74)变为

$$-V(z,t) + r_1\Delta z I(z,t) + V(z+\Delta z,t) + r_0\Delta z I(z,t) = \frac{\mathrm{d}}{\mathrm{d}t}\int_s \boldsymbol{B}^{\mathrm{scat}} \cdot \boldsymbol{a}_n \mathrm{d}s + \frac{\mathrm{d}}{\mathrm{d}t}\int_s \boldsymbol{B}^{\mathrm{inc}} \cdot \boldsymbol{a}_n \mathrm{d}s \tag{4-81}$$

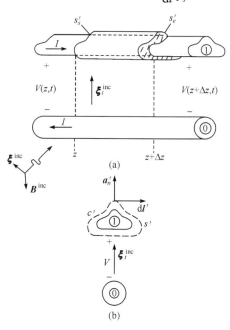

图 4.12　推导入射场激励的传输线第 2 个方程时所用表面的定义

式(4-81)两边除以Δz并整理，得到

$$\frac{V(z+\Delta z,t)-V(z,t)}{\Delta z}+r_1\Delta zI(z,t)+r_0\Delta zI(z,t)-\frac{1}{\Delta z}\frac{\mathrm{d}}{\mathrm{d}t}\int_s \boldsymbol{B}^{\mathrm{scat}}\cdot\boldsymbol{a}_n\mathrm{d}s$$

$$=\frac{1}{\Delta z}\frac{\mathrm{d}}{\mathrm{d}t}\int_s \boldsymbol{B}^{\mathrm{inc}}\cdot\boldsymbol{a}_n\mathrm{d}s \tag{4-82}$$

导体上电流产生的穿过平坦表面的单位长度磁通与传输线单位长度电感的关系为

$$\psi=\lim_{\Delta z\to 0}\frac{1}{\Delta z}\int_s \boldsymbol{B}^{\mathrm{scat}}\cdot\boldsymbol{a}_n\mathrm{d}s=-\int_a^{a'}\boldsymbol{B}^{\mathrm{scat}}\cdot\boldsymbol{a}_n\mathrm{d}l=lI(z,t) \tag{4-83}$$

取式(4-82)$\Delta z\to 0$时的极限，并将式(4-83)代入，可以得到传输线的第1个方程

$$\frac{\partial V(z,t)}{\partial z}+rI(z,t)+l\frac{\partial I(z,t)}{\partial t}=\frac{\partial}{\partial t}\int_a^{a'}\boldsymbol{B}^{\mathrm{inc}}\cdot\boldsymbol{a}_n\mathrm{d}l \tag{4-84}$$

其中，传输线单位长度总电阻为$r=r_0+r_1$.

为了导出第2个传输线方程，考虑围绕着上部导体设置一个闭合表面s'，该表面紧贴着上部导体，如图 4.12 所示. 它与式(4-80)定义电流时的表面相同，表面的端部记为s_e，平行于导体的部分记为s_s. 由连续性方程或电荷守恒方程

$$\oiint_{s'}\boldsymbol{\varphi}\cdot\mathrm{d}\boldsymbol{s}'=-\frac{\partial}{\partial t}Q_{\mathrm{enc}} \tag{4-85}$$

在表面的端部，有

$$\iint_{s'_e}\boldsymbol{\varphi}\cdot\mathrm{d}\boldsymbol{s}'=I(z+\Delta z,t)-I(z,t) \tag{4-86}$$

同样，总的电场是散射场分量(记为$\boldsymbol{\xi}^{\mathrm{scat}}$)与入射场分量(记为$\boldsymbol{\xi}^{\mathrm{inc}}$)之和，即

$$\boldsymbol{\xi}=\boldsymbol{\xi}^{\mathrm{scat}}+\boldsymbol{\xi}^{\mathrm{inc}} \tag{4-87}$$

电压由总电场定义为

$$V(z,t)=-\int_a^{a'}\boldsymbol{\xi}\cdot\mathrm{d}\boldsymbol{l}=-\int_a^{a'}\boldsymbol{\xi}^{\mathrm{scat}}\cdot\mathrm{d}\boldsymbol{l}-\int_a^{a'}\boldsymbol{\xi}^{\mathrm{inc}}\cdot\mathrm{d}\boldsymbol{l} \tag{4-88}$$

在某些文献的推导中，采用散射场定义散射电压. 然而，散射电压不是由终端关系所确定的总电压. 这在过去引起了相当程度的混乱. 当结合传输线的终端约束条件时，必须使用式(4-88)给出的总电压. 同样，我们定义两个导体间的单位长度电导g(单位为 S/m)为横截面上两导体间单位长度流过的电流I_t与两导体间的电压之比. 因此

$$I(z,t)=\lim_{z\to 0}\frac{1}{\Delta z}\iint_{s'_s}\boldsymbol{\varphi}\cdot\mathrm{d}\boldsymbol{s}'=-g\int_a^{a'}\boldsymbol{\xi}^{\mathrm{scat}}\cdot\mathrm{d}\boldsymbol{l}=gV(z,t)+g\int_a^{a'}\boldsymbol{\xi}^{\mathrm{inc}}\cdot\mathrm{d}\boldsymbol{l} \tag{4-89}$$

类似地，单位长度电容定义为

$$\lim_{\Delta z\to 0}\frac{Q_{\mathrm{enc}}}{\Delta z}=-c\int_a^{a'}\boldsymbol{\xi}^{\mathrm{scat}}\cdot\mathrm{d}\boldsymbol{l}=cV(z,t)+c\int_a^{a'}\boldsymbol{\xi}^{\mathrm{inc}}\cdot\mathrm{d}\boldsymbol{l} \tag{4-90}$$

将式(4-86)、式(4-89)和式(4-90)代入式(4-85)，得到

$$I(z+\Delta z)-I(z)+g\Delta zV(z,t)+c\Delta z\frac{\partial V(z,t)}{\partial t}=-g\Delta z\int_a^{a'}\boldsymbol{\xi}^{\mathrm{inc}}\cdot\mathrm{d}\boldsymbol{l}-c\Delta z\frac{\partial}{\partial t}\int_a^{a'}\boldsymbol{\xi}^{\mathrm{inc}}\cdot\mathrm{d}\boldsymbol{l} \tag{4-91}$$

将式(4-91)两边除以Δz，并取$\Delta z \to 0$时的极限，可得到传输线第2个方程

$$\frac{\partial I(z,t)}{\partial t} + gV(z,t) + c\frac{\partial V(z,t)}{\partial t} = -g\int_a^{a'}\boldsymbol{\xi}^{\text{inc}}\cdot\mathrm{d}\boldsymbol{l} - c\frac{\partial}{\partial t}\int_a^{a'}\boldsymbol{\xi}^{\text{inc}}\cdot\mathrm{d}\boldsymbol{l} \tag{4-92}$$

这些传输线方程也能根据图 4.13 所示的单位长度等值电路导出

$$\frac{\partial V(z,t)}{\partial z} + rI(z,t) + l\frac{\partial I(z,t)}{\partial t} = V_F(z,t) \tag{4-93a}$$

$$\frac{\partial I(z,t)}{\partial z} + gV(z,t) + c\frac{\partial V(z,t)}{\partial t} = I_F(z,t) \tag{4-93b}$$

其中，由于入射场产生的单位长度分布电源$V_F(z,t)$和$I_F(z,t)$分别为

$$V_F(z,t) = \frac{\partial}{\partial t}\int_a^{a'}\boldsymbol{B}^{\text{inc}}\cdot\boldsymbol{a}_n\mathrm{d}l \tag{4-94a}$$

$$I_F(z,t) = -g\int_a^{a'}\boldsymbol{\xi}^{\text{inc}}\mathrm{d}\boldsymbol{l} - c\frac{\partial}{\partial t}\int_a^{a'}\boldsymbol{\xi}^{\text{inc}}\mathrm{d}\boldsymbol{l} \tag{4-94b}$$

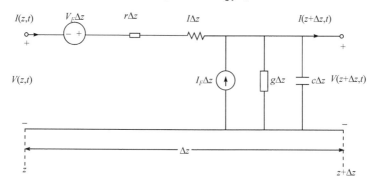

图 4.13　入射场激励的传输线单位长度等值电路

因此，电源分别为入射场在导体间环路的法向磁场分量和传输线横向平面上的电场分量之和.

电源的等值形式

注意到等值单位长度电压源式(4-94a)是入射场的磁场部分，而等值单位长度电源式(4-94b)是入射场的电场部分. 利用法拉第电磁感应定律，可以得到它们之间的关系，并且给出等值形式，沿着图 4.11 所示平坦表面围线，写出法拉第定律. 当$\Delta z \to 0$时，可得

$$-\frac{\partial}{\partial z}\int_a^{a'}\boldsymbol{\xi}^{\text{inc}}\mathrm{d}\boldsymbol{l} + \left[\xi_{z,1}^{\text{inc}}(z,t) - \xi_{z,\text{ref}}^{\text{inc}}(z,t)\right] = \frac{\partial}{\partial t}\int_a^{a'}\boldsymbol{B}^{\text{inc}}\cdot\boldsymbol{a}_n\mathrm{d}l \tag{4-95}$$

设$\xi_{z,1}^{\text{inc}}(z,t)$、$\xi_{z,\text{ref}}^{\text{inc}}(z,t)$和$\xi_{z,\text{mth}}^{\text{inc}}(z,t)$分别为纵向或$z$方向上沿第 1 个导体、参考导体和第$m$个导体(在其被移去后)相应位置上的入射场. 于是，根据入射场的电场部分，式(4-94a)中的单位长度等值电源能够等值地写为

$$V(z,t) = -\frac{\partial}{\partial z}\int_a^{a'} \boldsymbol{\xi}^{\mathrm{inc}}\mathrm{d}\boldsymbol{l} + \left[\xi_{z,1}^{\mathrm{inc}}(z,t) - \xi_{z,\mathrm{ref}}^{\mathrm{inc}}(z,t)\right] \tag{4-96}$$

因此，我们仅需要知道入射场电场部分的分量：①沿着导体表面的分量 $\xi_{z,1}^{\mathrm{inc}}(z,t)$；②传输线横向平面(正交于传输线)上两个导体之间的分量，给出 $\int_a^{a'}\boldsymbol{\xi}^{\mathrm{inc}}\mathrm{d}\boldsymbol{l}$.

4.4　雷电波激励多导体传输线耦合[3]

4.3 节分析了具有均匀平面波形式的入射电磁场激励下的双导体传输线，本节继续 4.3 节的讨论，将其扩大到多导体传输线(MTL). 实际上，利用矩阵表达形式，前述有关双导体传输线的结论可以直接应用于多导体传输线形式.

$n+1$ 个导体构成的均匀多导体传输线如图 4.14 所示，其中各导体与 z 轴平行. 为了导出多导体传输线的第 1 个方程，我们仍然根据法拉第定律在围线 c_i 上作积分，该围线位于参考导体和第 i 个导体之间，以顺时针方向围绕着表面 s_i，其表达式为

$$\oint_{c_i} \boldsymbol{\xi}\cdot\mathrm{d}\boldsymbol{l} = \frac{\mathrm{d}}{\mathrm{d}t}\int_{s_i} \boldsymbol{B}\cdot\mathrm{d}\boldsymbol{s} \tag{4-97}$$

或

$$\int_a^{a'}\boldsymbol{\xi}_t\cdot\mathrm{d}\boldsymbol{l} + \int_{a'}^{b'}\boldsymbol{\xi}_1\cdot\mathrm{d}\boldsymbol{l} + \int_{b'}^b\boldsymbol{\xi}_t\cdot\mathrm{d}\boldsymbol{l} + \int_b^a\boldsymbol{\xi}_1\cdot\mathrm{d}\boldsymbol{l} = \frac{\mathrm{d}}{\mathrm{d}t}\int_{s_i}\boldsymbol{B}\cdot\boldsymbol{a}_n\mathrm{d}s \tag{4-98}$$

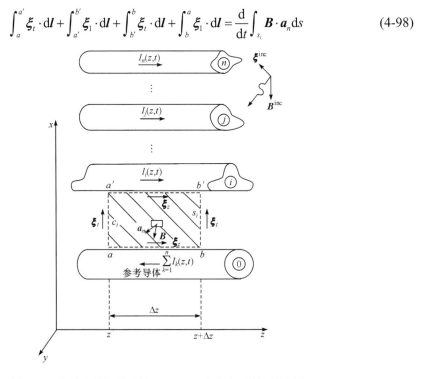

图 4.14　推导入射场激励的 MTL 第 1 个方程时所用的围线

这里，ξ_t 是 $x-y$ 横向平面上的横向电场，而 s_i 为沿导体表面的纵向或 z 方向的电场. 同样，注意到选择的围线 c_i 的方向与闭合表面 s_i 的法向分量 $\boldsymbol{a}_n$ 的方向一致，法拉第定律中等式右侧的负号在上式中不存在. 这里，我们仍需区分入射场和散射场. 入射场由不存在传输导体时远方或邻近的激励源产生. 散射场则由传输导体上感应的电流和电荷产生. 总的场等于散射分量和入射分量之和，如

$$\begin{cases} \boldsymbol{\xi}_t(x,y,z,t) = \boldsymbol{\xi}_t^{\text{inc}}(x,y,z,t) + \boldsymbol{\xi}_t^{\text{scat}}(x,y,z,t) \\ \boldsymbol{\xi}_1(x,y,z,t) = \boldsymbol{\xi}_1^{\text{inc}}(x,y,z,t) + \boldsymbol{\xi}_1^{\text{scat}}(x,y,z,t) \\ \boldsymbol{B}(x,y,z,t) = \boldsymbol{B}^{\text{inc}}(x,y,z,t) + \boldsymbol{B}^{\text{scat}}(x,y,z,t) \end{cases} \tag{4-99}$$

其中，上标 inc 表示入射场，scat 表示散射场. 这里需要说明几个重要的假设. 首先，假设导体上的电流沿着 z 方向流动，因此，散射场完全存在于横截面上. 由于 z 方向上的 $\boldsymbol{B}^{\text{scat}}$ 场，法拉第定表明可以唯一地定义散射电压，该电压作用于第 i 个导体和参考导体之间，与横向平面上的路径无关

$$V_i^{\text{scat}}(z,t) = -\int_a^{a'} \boldsymbol{\xi}_t^{\text{scat}} \cdot \mathrm{d}\boldsymbol{l} \tag{4-100a}$$

$$V_i^{\text{scat}}(z+\Delta z,t) = -\int_b^{b'} \boldsymbol{\xi}_t^{\text{scat}} \cdot \mathrm{d}\boldsymbol{l} \tag{4-100b}$$

其次，根据散射场的横向性质，散射磁场可由产生该磁场的电流与通常的单位长度电感表示为

$$\lim_{\Delta z \to 0} \frac{1}{\Delta z} \int_{s_i} \boldsymbol{B}^{\text{scat}} \cdot \boldsymbol{a}_n \mathrm{d}s = -\begin{bmatrix} l_{i1} \cdots l_{ii} \cdots l_{in} \end{bmatrix} \begin{bmatrix} I_1(z,t) \\ \vdots \\ I_i(z,t) \\ \vdots \\ I_n(z,t) \end{bmatrix} \tag{4-101}$$

这里，再次用单位长度电阻 r_1 来表示非理想导体，尽管由于集肤效应，电阻的阻值是频率的函数，但此时假设为常数，因为传输线方程的频域解可以很好地处理这个频率相关问题. 那么，总的纵向场与导体上电流的关系为

$$-\int_{a'}^{b'} \boldsymbol{\xi}_1 \cdot \mathrm{d}\boldsymbol{l} = -\int_{a'}^{b'} \xi_z \mathrm{d}z = -r_i \Delta z I_i(z,t) \tag{4-102a}$$

$$-\int_b^a \boldsymbol{\xi}_1 \cdot \mathrm{d}\boldsymbol{l} = -\int_b^a \xi_z \mathrm{d}z = -r_0 \Delta z \sum_{k=i}^n I_k(z,t) \tag{4-102b}$$

将式(4-99)～式(4-102)代入式(4-98)，两边除以 Δz，并取 $\Delta z \to 0$ 时的极限，得到

$$\frac{\partial}{\partial z} V_i^{\text{scat}}(z,t) + \begin{bmatrix} r_0 \cdots r_i + r_0 \cdots r_0 \end{bmatrix} \begin{bmatrix} I_1(z,t) \\ \vdots \\ I_i(z,t) \\ \vdots \\ I_n(z,t) \end{bmatrix} + \frac{\partial}{\partial t} \begin{bmatrix} l_{i1} \cdots l_{ii} \cdots l_{in} \end{bmatrix} \begin{bmatrix} I_1(z,t) \\ \vdots \\ I_i(z,t) \\ \vdots \\ I_n(z,t) \end{bmatrix}$$

$$= \frac{\partial}{\partial z} \int_a^{a'} \boldsymbol{\xi}_t^{\text{inc}} \cdot \mathrm{d}\boldsymbol{l} + \frac{\partial}{\partial t} \int_a^{a'} \boldsymbol{B}^{\text{inc}} \cdot \boldsymbol{a}_n \mathrm{d}l \tag{4-103}$$

对其他导体重复上述步骤，并整理成矩阵形式，可得

$$\frac{\partial}{\partial z} \boldsymbol{V}^{\text{scat}}(z,t) + \boldsymbol{R}\boldsymbol{I}(z,t) + \boldsymbol{L}\frac{\partial}{\partial t}\boldsymbol{I}(z,t) = \begin{bmatrix} \vdots \\ \dfrac{\partial}{\partial z} \int_a^{a'} \boldsymbol{\xi}^{\text{inc}} \cdot \mathrm{d}\boldsymbol{l} + \dfrac{\partial}{\partial z} \int_a^{a'} \boldsymbol{B}^{\text{inc}} \cdot \boldsymbol{a}_n \mathrm{d}l \\ \vdots \end{bmatrix} \tag{4-104}$$

注意，上述表达式中的电压为散射电压而非总电压.

多导体传输线的第 2 个方程，对第 i 个导体设置一个闭合表面，如图 4.15 所示，应用连续性方程，即

$$\oiint_{s_e'} \boldsymbol{\varphi} \cdot \mathrm{d}\boldsymbol{s}' = -\frac{\partial}{\partial t} Q_{\text{enc}} \tag{4-105}$$

在表面顶部有

$$\oiint_{s_e'} \boldsymbol{\varphi} \cdot \mathrm{d}\boldsymbol{s}' = I_i(z+\Delta z,t) - I_i(z,t) \tag{4-106}$$

其中，s_e' 表示闭合表面的顶部部分，虽然存在一些细微的差别，但我们仍然用散射电压定义单位长度电导矩阵和电容矩阵

$$I_{ti}(z,t) = \lim_{\Delta z \to 0} \frac{1}{\Delta z} \iint_{s_s'} \boldsymbol{\varphi} \cdot \mathrm{d}\boldsymbol{s}' = \begin{bmatrix} -g_{i1} \cdots \displaystyle\sum_{k=1}^n g_k \cdots -g_{in} \end{bmatrix} \begin{bmatrix} V_1^{\text{scat}}(z,t) \\ \vdots \\ V_i^{\text{scat}}(z,t) \\ \vdots \\ V_n^{\text{scat}}(z,t) \end{bmatrix} \tag{4-107}$$

这里，$I_{ti}(z,t)$ 为第 i 个导体和所有其他导体之间的横向传导电流，s_s' 为闭合表面的侧面部分，且

$$\lim_{\Delta z \to 0} \frac{Q_{\text{enc}}}{\Delta z} = \begin{bmatrix} -c_{i1} \cdots \displaystyle\sum_{k=1}^n c_k \cdots -c_{in} \end{bmatrix} \begin{bmatrix} V_1^{\text{scat}}(z,t) \\ \vdots \\ V_i^{\text{scat}}(z,t) \\ \vdots \\ V_n^{\text{scat}}(z,t) \end{bmatrix} \tag{4-108}$$

将式(4-106)～式(4-108)代入式(4-105)，两边除以 Δz，并取 $\Delta z \to 0$ 时的极限，得到矩阵形式的多导体传输线的第 2 个方程

$$\frac{\partial}{\partial z} \boldsymbol{I}(z,t) + \boldsymbol{G}\boldsymbol{V}^{\text{scat}}(z,t) + \boldsymbol{C}\frac{\partial}{\partial t}\boldsymbol{V}^{\text{scat}}(z,t) = \boldsymbol{0} \tag{4-109}$$

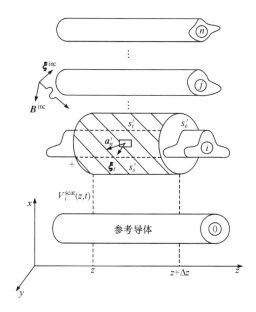

图 4.15　推导入射电磁波的 MTL 第 2 个方程时所用的表面

上面得到了用散射电压表示的结果. 若用总电压表示上述结果, 可以把总电压表示为总电场的形式

$$V_i(z,t) = -\int_a^{a'} \boldsymbol{\xi}_t \cdot \mathrm{d}\boldsymbol{l} = V_i^{\mathrm{scat}}(z,t) - \int_a^{a'} \boldsymbol{\xi}_t^{\mathrm{inc}} \cdot \mathrm{d}\boldsymbol{l} \tag{4-110}$$

将式(4-110)代入式(4-104)和式(4-109), 可得总电压表示的 MTL 方程

$$\frac{\partial}{\partial z}\boldsymbol{V}(z,t) + \boldsymbol{R}\boldsymbol{I}(z,t) + \boldsymbol{L}\frac{\partial}{\partial t}\boldsymbol{I}(z,t) = \frac{\partial}{\partial t}\left[\begin{array}{c} \vdots \\ \int_a^{a'} \boldsymbol{B}^{\mathrm{inc}} \cdot \boldsymbol{a}_n \mathrm{d}l \\ \vdots \end{array}\right] \tag{4-111a}$$

$$\frac{\partial}{\partial z}\boldsymbol{I}(z,t) + \boldsymbol{G}\boldsymbol{V}(z,t) + \boldsymbol{C}\frac{\partial}{\partial t}\boldsymbol{V}(z,t) = -\boldsymbol{G}\left[\begin{array}{c} \vdots \\ \int_a^{a'} \boldsymbol{\xi}_t^{\mathrm{inc}} \cdot \mathrm{d}\boldsymbol{l} \\ \vdots \end{array}\right] - \boldsymbol{C}\frac{\partial}{\partial t}\left[\begin{array}{c} \vdots \\ \int_a^{a'} \boldsymbol{\xi}_t^{\mathrm{inc}} \cdot \mathrm{d}\boldsymbol{l} \\ \vdots \end{array}\right] \tag{4-111b}$$

其中, n 个导体上的电压和电流用 $n\times 1$ 向量表示

$$\boldsymbol{V}(z,t) = \left[\begin{array}{c} V_1(z,t) \\ \vdots \\ V_i(z,t) \\ \vdots \\ V_n(z,t) \end{array}\right] \tag{4-112a}$$

$$\boldsymbol{I}(z,t) = \begin{bmatrix} I_1(z,t) \\ \vdots \\ I_i(z,t) \\ \vdots \\ I_n(z,t) \end{bmatrix} \tag{4-112b}$$

激励源的等效形式

显然，式(4-111)再次表明了入射电磁场对 MTL 方程的影响：通常的 MTL 方程中增加了额外的激励源. 式(4-111)的 MTL 方程可以根据总电压写为

$$\frac{\partial}{\partial z}\boldsymbol{V}(z,t) + \boldsymbol{RI}(z,t) + \boldsymbol{L}\frac{\partial}{\partial t}\boldsymbol{I}(z,t) = \boldsymbol{V}_{\mathrm{F}}(z,t) \tag{4-113a}$$

$$\frac{\partial}{\partial z}\boldsymbol{I}(z,t) + \boldsymbol{GV}(z,t) + \boldsymbol{C}\frac{\partial}{\partial t}\boldsymbol{V}(z,t) = \boldsymbol{I}_{\mathrm{F}}(z,t) \tag{4-113b}$$

这里

$$\boldsymbol{V}_{\mathrm{F}}(z,t) = \frac{\partial}{\partial t}\begin{bmatrix} \vdots \\ \int_a^{a'} \boldsymbol{B}^{\mathrm{inc}} \cdot \boldsymbol{a}_n \mathrm{d}l \\ \vdots \end{bmatrix} \tag{4-114a}$$

$$\boldsymbol{I}_{\mathrm{F}}(z,t) = -\boldsymbol{G}\begin{bmatrix} \vdots \\ \int_a^{a'} \boldsymbol{\xi}_t^{\mathrm{inc}} \cdot \mathrm{d}\boldsymbol{l} \\ \vdots \end{bmatrix} - \boldsymbol{C}\frac{\partial}{\partial t}\begin{bmatrix} \vdots \\ \int_a^{a'} \boldsymbol{\xi}_t^{\mathrm{inc}} \cdot \mathrm{d}\boldsymbol{l} \\ \vdots \end{bmatrix} \tag{4-114b}$$

这样，这些源可看作式(4-114a)表示的第 i 个回路入射磁场的法向分量，以及式(4-114b)表示的第 i 个回路的入射电场分量. 第 i 个回路是指由第 i 个导体、参考导体以及 z 和 $z+\Delta z$ 限定的表面. 这些 MTL 方程也可由图 4.16 所示的单位长度等值电路推导得出.

式(4-114)中的单位长度等值源不但取决于入射的电场，还取决于入射的磁场. 注意到横向和纵向电场与方向磁场间的关系遵循法拉第定律，这些方程可以仅仅写成入射电场的形式. 围绕着围线根据法拉第定律写出入射场的形式，方程两边同时除以 Δz，取 $\Delta z \to 0$ 时的极限，得到

$$-\frac{\partial}{\partial z}\int_a^{a'} \boldsymbol{\xi}_t^{\mathrm{inc}} \cdot \mathrm{d}\boldsymbol{l} + \boldsymbol{\xi}_{z,\mathrm{ith}}^{\mathrm{inc}}(z,t) - \boldsymbol{\xi}_{z,\mathrm{ref}}^{\mathrm{inc}}(z,t) = \frac{\partial}{\partial t}\int_a^{a'} \boldsymbol{B}^{\mathrm{inc}} \cdot \boldsymbol{a}_n \mathrm{d}l \tag{4-115}$$

设 $\boldsymbol{\xi}_{z,i}^{\mathrm{inc}}(z,t)$、$\boldsymbol{\xi}_{z,\mathrm{ref}}^{\mathrm{inc}}(z,t)$ 和 $\boldsymbol{\xi}_{z,\mathrm{mth}}^{\mathrm{inc}}(z,t)$ 分别为纵向或 z 方向上沿第 i 个导体、参考导体第 m 个导体(在其被移去后)相应位置上的入射电场. 将式(4-115)代入式(4-114)，得到另一种形式的源电压为

$$V_{\mathrm{F}}(z,t)=-\frac{\partial}{\partial z}\left[\int_a^{a'}\begin{matrix}\vdots\\\boldsymbol{\xi}_t^{\mathrm{inc}}\cdot\mathrm{d}\boldsymbol{l}\\\vdots\end{matrix}\right]+\left[\begin{matrix}\vdots\\\boldsymbol{\xi}_{z,\mathrm{ith}}^{\mathrm{inc}}(z,t)-\boldsymbol{\xi}_{z,\mathrm{ref}}^{\mathrm{inc}}(z,t)\\\vdots\end{matrix}\right]=-\frac{\partial}{\partial z}\boldsymbol{E}_{\mathrm{T}}(z,t)+\boldsymbol{E}_{\mathrm{L}}(z,t)\quad(4\text{-}116)$$

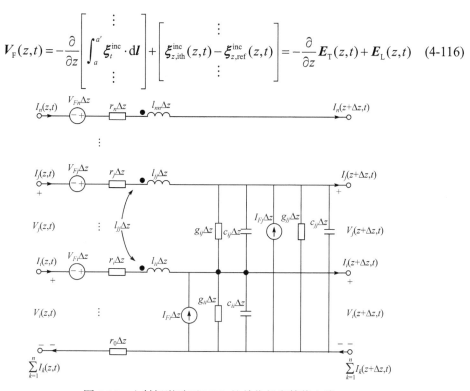

图 4.16 入射场激励下 MTL 的单位长度等值电路

4.5 架空线缆耦合雷电电磁脉冲特性分析

4.5.1 电磁波的传播

电磁波以近似于 $3\times10^8\,\mathrm{m/s}$ 的速度在自由空间传播. 一般波动所具有的规律电磁波也都服从. 电磁波是横波, 在电磁波传播方向上的任一点, 场强和磁感应强度都随时间变化, 场强与传播方向垂直, 磁感应强度也与传播方向垂直. 几乎在所有的实际问题中, 入射波都要受到电缆周围环境的影响而发生一定变化. 例如, 电力线和地下通信电缆周围附近的场就受大地的影响, 结果作用到电缆上的场就不仅仅是入射场而是某个合成场. 对架空传输线来讲, 合成场是入射电场与地面反射场之和, 通过地面时, 一部分入射电磁波被反射, 另一部分继续向土壤中传播. 地面以上的导体受合成电场的作用, 地下导体则只受进入土壤的场的作用. 为了求得架空及地下导体上所受的影响, 就必须首先确定空气与土壤分界处的入射场、反射场及进入土壤中的场.

无穷多个频率变化的简谐波动可以合成雷电波. 对双指数函数进行傅里叶变换可得雷电波频谱的复数形式, 其表达式如下:

$$I(\mathrm{i}\omega)=k\int_0^\infty\left(\mathrm{e}^{-\alpha1}-\mathrm{e}^{-\beta1}\right)\mathrm{e}^{-\mathrm{i}\omega}\mathrm{d}t=k\left[\left(\frac{\alpha}{\alpha^2+\omega^2}-\frac{\beta}{\beta^2+\omega^2}\right)+\mathrm{i}\left(\frac{-\omega}{\alpha^2+\omega^2}+\frac{\omega}{\beta^2+\omega^2}\right)\right]\quad(4\text{-}117)$$

原雷电波函数 $I(t)$ 的振幅频谱就是其模.

对雷电波频谱函数式从 0 到指定频率 ω 进行积分, 可得雷电波振幅的累积频谱为

$$H(i\omega) = \int_0^\omega I(i\omega)\mathrm{d}\omega \tag{4-118}$$

雷电波能量频谱与振幅频谱类似, 若一电阻为 R 的纯电阻负载, 在相同时间下, R 上的能量与电流 I 的平方成正比. 令 $W(\omega)$ 为雷电波能量的累积频谱

$$W(\omega) = \int_0^\omega \frac{R}{\pi}|I(\omega)|^2\,\mathrm{d}\omega = \frac{U^2}{R\pi}\frac{\beta-\alpha}{(\alpha+\beta)\alpha\beta}\left[\beta\arctan\frac{\omega}{\alpha} - \alpha\arctan\frac{\omega}{\beta}\right]_0^k \tag{4-119}$$

通常把整个雷电波的能量规定为 W_0, 从 0 到 ∞ 积分可得

$$W_0 = \int_0^\omega \frac{R}{\pi}|I(\omega)|^2\,\mathrm{d}\omega = \frac{Rk^2}{\pi}\frac{\beta-\alpha}{\beta+\alpha}\left[\frac{1}{\alpha}\cdot\frac{\pi}{2} - \frac{1}{\beta}\cdot\frac{\pi}{2}\right] = \frac{Rk^2(\beta-\alpha)^2}{2(\beta+\alpha)\alpha\beta} \tag{4-120}$$

由此可得到能量比率积累的频率分布为

$$\frac{W(\omega)}{W_0} = \frac{2}{\pi(\beta-\alpha)}\left[\beta\arctan\frac{\omega}{\alpha} - \alpha\arctan\frac{\omega}{\beta}\right]_0^k \tag{4-121}$$

雷电电磁干扰主要有两种传输方式: 传导耦合和辐射耦合. 当干扰源与被干扰对象之间具有完整通道时, 干扰信号沿着导体通路传递到被干扰对象. 也就是说, 雷电电磁脉冲可以通过各种导线、金属体耦合至电子设备的输入端, 也可以通过电阻和电感以及电容等阻抗耦合至电子设备的输入端, 最后与之形成电阻性、电容性、电感性耦合进入设备, 除此之外, 雷电电磁脉冲还可以通过耦合公共接地阻抗和公共电源进入电子设备造成影响或损伤.

传输电磁干扰信号要以导体为载体, 导体电阻为 R_t, 干扰电压 U_s (内阻为 R_s) 传输到被干扰对象, 形成电阻性耦合. 被干扰对象就收到的电阻性耦合干扰电压 U 的表达式为

$$U = \frac{R_L}{Rs + 2R_t + R_L}\cdot U_s \tag{4-122}$$

式中, R_L 为被干扰对象的输入阻抗.

雷电电磁脉冲通过空间介质以电磁波形式向周围空间进行辐射, 遇到导体就形成了辐射耦合.

空间暂态雷电电磁场在线缆中感应出暂态过电压, 雷电流在电缆的金属外皮上流过, 能通过磁耦合在金属护套与芯线间及芯线与芯线间产生暂态耦合过电压, 金属护套与芯线间的暂态耦合过电压能够损坏与电缆连接的电子设备输入、输出端的对地绝缘, 芯线与芯线间的暂态耦合过电压则可以损坏电子设备的输入、输出端电路.

4.5.2 传输线方程的推导

以土壤为回流线的电缆架设在地上 h 高度处, 半径为 a 的架空电缆的特性阻抗和传输参数为

$$Z_0 = \sqrt{\frac{L}{C}} \left\{ 1 + \frac{1}{2\log\left(\frac{2h}{a}\right)} \left[\log\frac{1+\sqrt{j\omega\tau_h}}{\sqrt{j\omega\tau_h}} + \frac{1}{\sqrt{j\omega\tau_0}} \right] \right\} \tag{4-123}$$

$$\gamma \approx j\omega\sqrt{LC} \left\{ 1 + \frac{1}{2\log\left(\frac{2h}{a}\right)} \left[\log\frac{1+\sqrt{j\omega\tau_h}}{\sqrt{j\omega\tau_h}} + \frac{1}{\sqrt{j\omega\tau_0}} \right] \right\} \tag{4-124}$$

式中，$\sqrt{\dfrac{L}{C}} = 60\log\left(\dfrac{2h}{a}\right)$；$\sqrt{LC} = \dfrac{1}{C}$；$\tau_h = \mu_0\sigma h^2$；$\tau_0 = \mu_0\sigma_0 a^2$. σ 为土壤电导率；

$\mu_0 = 4\pi\times10^{-7}\mathrm{H/m}$；$\sigma_0$ 为电缆屏蔽层电导率；$C = 3\times10^8\mathrm{m/s}$.

在多数架空金属电缆的情况中，$\dfrac{1}{\sqrt{j\omega\tau_0}}$ 可以忽略. 此外，当 $\sqrt{\omega\tau_h} \gg 1$ 时，式(4-123)、式(4-124)方括号中的项都变得很小，于是得

$$Z_0 \approx 60\log\left(\frac{2h}{a}\right) \tag{4-125}$$

$$\gamma = j\omega/C = jk$$

横向导纳通常主要由电缆和地面间的容抗来决定. 只有当电缆非常接近土壤表面时(或者频率很高时)，土壤的导纳才由次要变得重要起来. 对大多数架空电缆来说，单位长度的横向导纳可用下式计算：

$$j\omega C = j\omega\frac{2\pi\varepsilon_0}{\mathrm{arc}\cosh\left(\frac{h}{a}\right)} \approx j\omega\frac{2\pi\varepsilon_0}{\log\left(\frac{2h}{a}\right)} \quad (h \gg a) \tag{4-126}$$

如果土壤导纳也成了重要因素，则可用下式估算其值：

$$Y_q \approx \frac{\gamma_s^2}{Z_q} \tag{4-127}$$

其中，$\gamma_s = \sqrt{j\omega\mu_0(\sigma + j\omega\varepsilon)}$，$Z_q$ 是单位长度内阻抗.

实际上传输线并不是长度无限的，考虑一根从 $x=0$ 到 $x=L$ 的有限长传输线，传输线的终端阻抗为 Z_L，是由负载上的电压和电流决定的复数量. 传输波沿着正向传播到负载时会产生沿着负载传播的反射波. 由于反射，在线上的任何一点都存在正向和反向的波分量. 通常将反射波和入射波的电压比定义为反射系数，即

$$\rho(x) = \frac{V^-}{V^+} = \frac{be^{\gamma x}}{ae^{-\gamma x}} \tag{4-128}$$

在传输线上任一点电压和电流都可以通过反射系数表示

$$V(x) = ae^{-\gamma x} + be^{\gamma x} = ae^{-\gamma x} + \rho(x)ae^{-\gamma x} = ae^{-\gamma x}\left[1 + \rho(x)\right] \tag{4-129}$$

$$I(x) = Y_c(ae^{-\gamma x} - be^{\gamma x}) = Y_c[ae^{-\gamma x} - \rho(x)ae^{-\gamma x}] = Y_c ae^{-\gamma x}\left[1 - \rho(x)\right] \tag{4-130}$$

将各点的电压和电流的比率定义为阻抗值，它表示的是从 x 点向负载看过去的传输线的输入阻抗，可以表示为

$$Z_{\text{in}}(x) = \frac{V(x)}{I(x)} \tag{4-131}$$

$$Z_{\text{in}}(x) = Z_C \frac{1+\rho(x)}{1-\rho(x)} \tag{4-132}$$

在负载处，输入阻抗就是负载阻抗

$$Z_{\text{in}}(L) = Z_L = Z_C \frac{1+\rho(L)}{1-\rho(L)} \tag{4-133}$$

通过这个式子，可以求出负载处的反射系数为

$$\rho(L) = \frac{Z_L - Z_C}{Z_L + Z_C} \tag{4-134}$$

对于线路匹配的特殊情况 $Z_L = Z_C$，并且，$\rho(L)=0$，则负反射波为 0.

4.5.3　有限长的负载传输线上的响应

在很多情况下，要求的仅仅是传输线负载上的响应，此时，假设式中的 $x=0$ 或 $x=L$，在两个负载上的传输线电流和电压就可以求出. 在 $x=0$ 处，

$$V(0) = \frac{(1+\rho_1)\mathrm{e}^{-\gamma x}}{2(1-\rho_1\rho_2\mathrm{e}^{-2\gamma x})}\left\{-\left[\mathrm{e}^{\gamma(L-x_s)} - \rho_2\mathrm{e}^{-\gamma(L-x_s)}\right]V_0 + \left[\mathrm{e}^{\gamma(L-x_s)} + \rho_2\mathrm{e}^{-\gamma(L-x_s)}\right]Z_C I_0\right\}$$

$$I(0) = \frac{(1-\rho_1)\mathrm{e}^{-\gamma x}}{2Z_C(1-\rho_1\rho_2\mathrm{e}^{-2\gamma x})}\left\{-\left[\mathrm{e}^{\gamma(L-x_s)} - \rho_2\mathrm{e}^{-\gamma(L-x_s)}\right]V_0 + \left[\mathrm{e}^{\gamma(L-x_s)} + \rho_2\mathrm{e}^{-\gamma(L-x_s)}\right]Z_C I_0\right\}$$

在 $x=L$ 处，

$$V(L) = \frac{(1+\rho_2)\mathrm{e}^{-\gamma L}}{2(1-\rho_1\rho_2\mathrm{e}^{-2\gamma L})}\left\{\left[\mathrm{e}^{\gamma x_s} - \rho_1\mathrm{e}^{-\gamma x_s}\right]V_0 + \left[\mathrm{e}^{\gamma x_s} + \rho_1\mathrm{e}^{-\gamma x_s}\right]Z_C I_0\right\}$$

$$I(L) = \frac{(1-\rho_2)\mathrm{e}^{-\gamma L}}{2Z_C(1-\rho_1\rho_2\mathrm{e}^{-2\gamma L})}\left\{\left[\mathrm{e}^{\gamma x_s} - \rho_1\mathrm{e}^{-\gamma x_s}\right]V_0 + \left[\mathrm{e}^{\gamma x_s} + \rho_1\mathrm{e}^{-\gamma x_s}\right]Z_C I_0\right\}$$

注意，这些响应都是传输线上的耦合电流和电压，在 $x=0$ 处，传输线电流与负载电流的方向是相反的；在 $x=L$ 处，传输线电流等于负载电流.

电子设备必须符合监管限制辐射排放，为了确保运行可靠，必须对其他设备不产生干扰，在很多情况下，电子设备的内部电路可以建模为多芯输电线路. 外部因素引起的电压场 E 在传输线的终端可以用来估计耦合性. 外部事件区域在 E 可能形成由远距离辐射体产生的均匀的平面波和由近距离辐射体产生的非均匀波. 外部来源的影响可以作为分布式资源沿线纳入传输线方程. 考虑多导体输电线路由 $n+1$ 同一导体与 z 轴线平行组成，如它遵循麦克斯韦方程和 Stokes 定理

$$\int_{s_i} \nabla \times E \cdot u_n \mathrm{d}S = \int_{L_i} E \cdot u_i \mathrm{d}l = -\frac{\partial}{\partial t}\int_{s_i} B \cdot u_n \mathrm{d}S$$

其中，u_i 是单位向量沿着 L_i 逆时针方向的切向量，u_n 是指向书本外面的单位向量. 上述方程可以写成

$$\int_{ab} E \cdot u_i \mathrm{d}l + \int_{bc} E \cdot u_i \mathrm{d}l + \int_{cd} E \cdot u_i \mathrm{d}l + \int_{da} E \cdot u_i \mathrm{d}l = -\frac{\partial}{\partial t}\int_{S_i} B \cdot u_n \mathrm{d}S_0 \quad (i = 1, 2, \cdots, n)$$

总场可以分解为入射场和散射场的总和

$$E = E_{\mathrm{in}} + E_s, \quad B = B_{\mathrm{in}} + B_s$$

散射场 E_s 是由导线上的感应电流和电荷产生的，如果我们假设导线上的电流是沿 z 方向，散射磁场 B_s 将会被横向分散到 z 方向. 因此，电压在导体 i 和参照导体之间对于散射场可能是独立的定义

$$V_{si}(z, t) = -\int_{ad} E_s \cdot u_i \mathrm{d}l, \quad V_{si}(z + \Delta z, t) = -\int_{bc} E_s \cdot u_i \mathrm{d}l$$

横向传导电流 $I_{ti}(z,t)$ 在 i 和其他导线之间传播

$$\begin{aligned}
I_{ti(z,t)} &= \lim_{\Delta s \to 0} \frac{1}{\Delta z}\int_s J \cdot u_n \mathrm{d}S \\
&= g_{i1}(V_{si} - V_{s1}) + \cdots + g_{ii}V_{si} + \cdots + g_{in}(V_{si} - V_{sn}) \\
&= -g_{i1}V_{si} - \cdots + V_{si}\sum_{j-1}^{n} gi_j - \cdots - g_{in}V_{sn}
\end{aligned}$$

单位长度电荷能够被表示为

$$\begin{aligned}
\lim_{\Delta z \to 0}\frac{Q_i}{\Delta z} &= c_{i1}(V_{si} - V_{s1}) + \cdots + c_{ii}V_{si} + \cdots + c_{in}(V_{si} - V_{sn}) \\
&= -c_{i1}V_{s1} - \cdots + V_{si}\sum_{j-1}^{n} c_{ij} - \cdots - c_{in}V_{sn}
\end{aligned}$$

有时，场-线耦合方程的时域表征更为适合，它可以对非线性现象和线缆拓扑结构的变化直接进行处理. 但另一方面，对于地阻抗等频变参数，则需要进行卷积积分以变换到时域.

把场-线耦合方程变换到时域，可以得到下述表达式：

$$\frac{\partial}{\partial x}\left[v_i^s(x, t)\right] + \left[L'_{ij}\right]\frac{\partial}{\partial t}\left[i_i(x, t)\right] + \left[\xi'_{gij}\right] \otimes \frac{\partial}{\partial t}\left[i_i(x, t)\right] = \left[E_x^e(x, h_i, t)\right]$$

$$\frac{\partial}{\partial x}\left[i_i(x, t)\right] + \left[G'_{ij}\right]\left[v_i^s(x, t)\right] + \left[C'_{ij}\right]\frac{\partial}{\partial t}\left[v_i^s(x, t)\right] = [0]$$

式中，$\otimes$ 为卷积相乘符号；$\left[\xi_{g_{ij}}\right]$ 是瞬态地电阻矩阵，其元素定义为

$$\left[\xi'_{g_{ij}}\right] = f^{-1}\left\{\frac{Z'_{g_{ij}}}{\mathrm{j}\omega}\right\}$$

为了简单起见，对于阻性负载，其边界条件的傅里叶变换为

$$\left[v_i\left(0,t\right)\right] = -\left[R_A\right]\left[i_i\left(0,t\right)\right] + \left[\int_0^{h_i} E_z^e\left(0,z,t\right)\mathrm{d}z\right]$$

$$\left[v_i\left(L,t\right)\right] = \left[R_B\right]\left[i_i\left(0,t\right)\right] + \left[\int_0^{h_i} E_z^e\left(L,z,t\right)\mathrm{d}z\right]$$

式中，$\left[R_A\right]$ 和 $\left[R_B\right]$ 分别为导线两端的阻性负载矩阵.

在时域求解耦合方程可以有多种途径，这里针对无耗线给出一种简单的解析形式解，它包含无穷项求和. 在无耗假定条件下，可以得到外部电磁场激励下传输线瞬态响应的解析解. 无耗线的传播常数为纯虚数 $\gamma = \mathrm{j}\omega/c$，特性阻抗为纯实数 $Z_C = \sqrt{L'/C'}$. 如果进一步假定负载阻抗为纯电阻，则反射系数 ρ_1 和 ρ_2 也是实数. 由于 $\left|\rho_1\rho_2\mathrm{e}^{-2\gamma L}\right| < 1$，格林函数式可以展开为

$$\frac{1}{1 - \rho_1\rho_2\mathrm{e}^{-2\gamma L}} = \sum_{n=0}^{\infty}\left(\rho_1\rho_2\mathrm{e}^{-\mathrm{j}\omega 2L/c}\right)^n$$

这个方程对于反射系数均为 1 的情况是不成立的，因为在许多谐振频率点上会有 $\left|\rho_1\rho_2\mathrm{e}^{-2\gamma L}\right| = 1$，从而解无界.

根据以上变换，可以看出式中频率大致相关的项具有 $\mathrm{e}^{-\mathrm{j}\omega\tau}$ 的形式，τ 是常数. 因此，可以用解析方法从频域变换到时域，得到下述负载电压瞬态响应：

$$v(0,t) = (1 + \rho_1)\sum_{n=0}^{\infty}(\rho_1\rho_2)^n\frac{1}{2}\left(\rho_2 v_s\left(t - \frac{2(n+1)L - x_s}{c}\right) - v_s\left(t - \frac{2nL + x_s}{c}\right)\right)$$

$$v(L,t) = (1 + \rho_2)\sum_{n=0}^{\infty}(\rho_1\rho_2)^n\frac{1}{2}\left(v_s\left(t - \frac{2(n+1)L - x_s}{c}\right) - \rho_1 v_s\left(t - \frac{2(L+1) + x_s}{c}\right)\right)$$

$$v_s(t) = \int_0^L E_x^e(x_s,h,t)\mathrm{d}x_s + \int_0^h E_z^e(0,z,t)\mathrm{d}z - \int_0^h E_z^e(L,z,t)\mathrm{d}z$$

注意 $E_x^e(x_s,h,t)$，$E_z^e(0,z,t)$ 和 $E_z^e(L,z,t)$ 都是激励场的时域分量.

4.5.4　试验

4.5.4.1　试验总体布设

试验使用 8/20μs 冲击电流发生器模拟雷电脉冲，地点比较空旷的草地一面有相对较高建筑，两面环低矮建筑，一面场地开阔，土壤上有适量植被覆盖，试验搭设示意图如图 4.17 所示. 试验时天气晴朗，在架空试验时为雨后，空气湿度较大，经过试验后在室外搭建一个高度达到 30m 的辐射平台，模拟雷电在建筑附近室外相对开阔环境下的发生，有较好效果. 辐射平台以多铜芯绞合线两端连接冲击电流发生器，对称悬挂到教学楼顶模拟闪电通道的发生. 受感应的传输线起点布置在离辐射平台 20m 位置处，且通常情况下垂直于其平面，长度为 15m. 因为设置了多组变量，也会有传输线平行辐射面以及传输线长度为 10m 的情况. 之后也尝试改变传输线类型，换用网线和同轴线试验，并针对这两种线缆类型的特点以不同连接方式变量进行试验. 在传输线两端 0.5m 处各设

有一处接地坑, 深 0.3m, 将铜绞线一端去除外皮埋入, 另一端焊接导电夹. 在需要以接地来模拟无限长传输线效果时, 将导电夹夹住传输线端子. 传输线耦合此脉冲感应产生的过电压在靠近脉冲一端(下文简称近端, 相对地称远离冲击平台的另一端为远端)使用示波器采集并记录数据及波形.

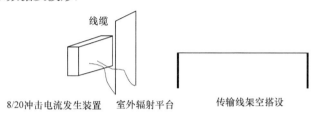

图 4.17 试验搭设示意图

电源线缆选用多股绞合铜导线. 架空电缆感应试验采用可伸缩钢结构支架绑扎电缆支撑到 3m、2.5m、2m、1.5m、1m、0.5m 等多个高度进行. 在 1m 高度时, 也将传输线横置平行于辐射平台的面, 在距其 10m 和 15m 处分别进行试验. 在 1m 高度时, 将电缆的架空长度减少, 多余电缆于测量端收起, 使其感应面积减小. 在进行这些改变时, 我们采用相同的电缆, 支架支撑间隔保持不变, 也尽量保持电缆与土壤平行, 并与辐射平台相对位置保持对称均匀, 被测电缆位于两根辐射平台中央.

试验中以在电缆两端接入电阻来模拟电缆负载的情景. 考虑电缆两端连接的终端阻值对感应电压的影响, 在一组高度的试验时改变附加在线缆终端的阻值大小, 进行连续多次测量. 在更换不同电阻进行试验过后, 最终采用电压变化较为明显的 680kΩ、300kΩ 和 510Ω 三项阻值进行试验. 试验中, 每一组在电缆两端同时接入相同大小电阻, 测得结果后更换阻值进行连续测量. 另外, 增加一次电缆近端不接电阻直接接地, 远端断路的试验来模拟电缆一段空置, 另一端接入设备的情况.

4.5.4.2 试验结果分析

图 4.18(a)中展示的是将电源电缆架空 3m 高度时, 两端加 680kΩ 电阻情况下的雷电脉冲耦合电缆产生的感应过电压波形, 此时 8/20μs 冲击电流发生器施加的是 40kV 的电压. 图 4.18(b)取到了几个峰值所在的时间区间, 放大了图像. 观察波形曲线, 在冲击发生后, 首先出现一个负极性的波谷, 随后突变为正极性的波峰, 之后突变为负极性的次波谷, 随后缓升到正极, 最后趋向 0 电平缓降. 各峰值大小一般是: 第一个负极性峰值最大, 第二个负极性峰值次之, 而后分别为两个正极性峰值. 因此, 后文在无特别说明的情况下, 称第一个负极性波谷值为波头值, 第二个负极性波谷值为次峰值. 但在一些情境下, 也出现两个负极性峰值大小相差不多、第一个正极性峰值大于负极性峰值的情况. 从冲击开始到电压值到达一个较平稳的值, 整个过程历时大约 0.0003μs.

对图 4.18 结果作快速傅里叶变换(fast Fourier transform, FFT), 可以得到如图 4.19 所示的波形.

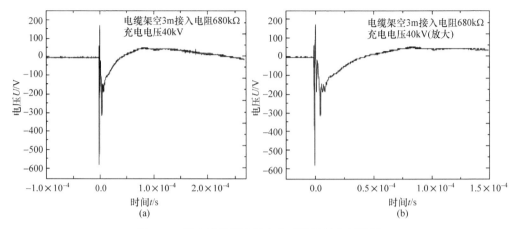

图 4.18 架空线缆耦合雷电电磁脉冲的典型波形

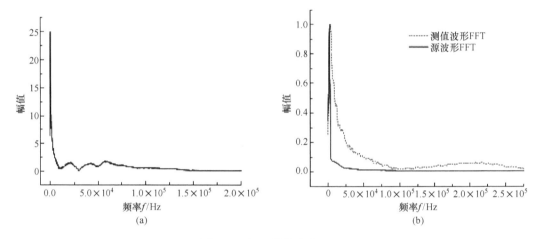

图 4.19 架空线缆波形 FFT

由图可以看出，信号集中在一个低频区间内，在频率小于 750kHz 出现了几个很小的响应，在频率大于 750kHz 之后基本没有出现响应. 将电缆上与冲击平台的源波形分别经过傅里叶变换后的曲线进行对比，绘图见图 4.19(b)，可以发现响应的频率要比激励宽一些，且在较高的频率会出现些许波动. 在同一情景下，对冲击平台施加不同大小的充电电压值，即改变脉冲强度时，感应电压的峰值关于充电电压成正相关. 以 3m 高度、电缆两端接 680kΩ 情景为例，测量值如表 4.1 所示.

表 4.1 改变充电电压对测量值的影响

充电电压 U_P/kV	测得的峰值电压 U_0/V	测得的次峰值电压 U_1/V
5	56	26
10	104	44
15	120	50
20	160	72

续表

充电电压 U_P /kV	测得的峰值电压 U_0 /V	测得的次峰值电压 U_1 /V
25	208	104
30	280	144
35	376	216
40	464	248

将表 4.1 数据绘制成图像，如图 4.20 所示，可以观察到测量值随充电电压的升高大致呈指数上升；波头值始终高于次峰值，且上升陡度大于次峰值.

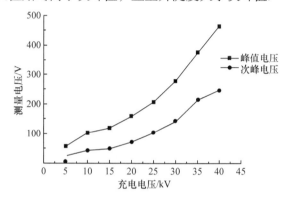

图 4.20 改变充电电压对测量值的影响

4.5.4.3 架空电缆感应过电压的特征

1) 线缆架空高度对架空线缆感应雷电脉冲的影响

取电缆两端接入 680kΩ 电阻，冲击平台施加 40kV 电压情景，架空高度依次取平铺、0.5m、1m、1.5m、2m、2.5m、3m. 测量值如表 4.2 所示.

表 4.2 改变高度对测量值的影响

架空高度 h /m	测得的峰值电压 U_0 /V	测得的次峰电压 U_1 /V
0	252	184
0.5	250	146
1.0	212	92
1.5	408	224
2.0	520	264
2.5	576	296
3.0	576	312

根据所测数据作图，如图 4.21 所示. 由图可知，当电缆架空在 0.5～1m 时，波头值和次峰值都有一个最小值；当电缆平铺在地面时，测得的电压值相对较大；当架空高度

在 1m 以上时，测量值大致呈对数曲线上升，且最终值大于平铺时的测值. 其他情景下改变架空高度的对比也能验证这种特征具有代表性，取其中差异最大的一组进行展示.

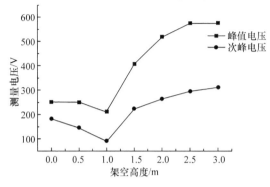

图 4.21　架空高度对测量值的影响

2) 线缆两端接电阻对架空线缆感应雷电脉冲的影响

取架空高度为 3m、冲击发生器充电电压为 40kV，电缆两端接入电阻值分别为 510Ω、300kΩ、680kΩ 以及远端断路近端短路四组，测得的数值见表 4.3.

表 4.3　改变终端电阻对测量值的影响

接入电阻值/Ω	测得的峰值电压 U_0/V	测得的次峰电压 U_1/V
远端断路近端短路	552	272
510	228	100
300k	586	288
680k	576	312

从表 4.3 可以看出，远端断路近端短路、两端接入 680kΩ、两端接入 300kΩ 时测得的数值明显大于两端接入 510Ω 时的数值. 通过对多组情景的对比得到，远端断路时测得的数值与两端接入 300kΩ 时的数值在架空高度较高时十分接近，有前者大于后者的情形，也有后者大于前者的情形. 两端接入 680kΩ 时数值与两端接入 300kΩ 数值也同样如此. 在每组高度之间，包含的是对冲击平台施加 20kV、25kV、30kV、35kV、40kV 这 5 组不同电压时的测量值，并非随高度递减. 可以看出，在架空 3～2.5m 以及 1m 时，两组差值都不大，三组测量值大小十分接近. 而架空高度在 2～1m 时，三组测量值的差值很大，总体上接入 680kΩ 时测量值大于另外两组，而远端断路与接入 300kΩ 时的测量值不好区分.

3) 电缆横置及与辐射源距离对架空线缆感应雷电脉冲的影响

将架空电缆在 1m 高度横置，并在距离辐射源 15m 和 10m 两处进行试验，在距离辐射源 15m 处各情景下测量值大于距离辐射源 10m 处测量值. 在横置测量值中次峰值比波头值更具代表性，如表 4.4 所示.

表 4.4 架空线缆横置及与辐射源距离不同时的次峰测量值 (单位：V)

充电电压 /kV	远端断路近端短路		510Ω		300kΩ		680kΩ	
	距离辐射源 10m	距离辐射源 15m	距离辐射源 10m	距离辐射源 15m	距离辐射源 10m	距离辐射源 15m	距离辐射源 10m	距离辐射源 15m
20	52.2	76.0	12.8	56.8	46.0	76.6	56.4	64.4
30	88.4	116.4	26.8	98.0	104.0	124.2	86.4	108.0
40	154.2	146.2	50.4	188.2	152.2	176.0	168.2	188.0

当接入 510Ω 时，两组测量值的差异最大，距离的影响较大；接入阻值增大或者远端断路时，距离对测量值影响较小. 与纵置时对比，摆放位置与距离的差别都很大，仅能得出横置情况下测得的过电压比纵向放置要大一些，原因应该与电缆上各部分距离辐射源距离以及辐射体与电缆的角度关系较紧密.

4) 架空线缆长度对架空线缆感应雷电脉冲的影响

将电缆架空在 1m 高度，远端放下一段电缆，使架空长度从 18m 变为 10m. 将测得电压数值与未减小长度时测得的次峰值列于表 4.5 中.

表 4.5 架空长度不同时的次峰电压测量值 (单位：V)

充电电压 /kV	远端断路近端短路		510Ω		300kΩ		680kΩ	
	10m	18m	10m	18m	10m	18m	10m	18m
20	50.4	50.0	64.0	17.6	52.0	36.0	64.2	38.0
30	1244	90.4	128.2	28.8	124.4	84.0	116.0	88.2
40	168.0	96.0	152.4	34.4	176.6	100.2	164.0	92.6

由表可以得出，架空长度较短时，测得感应过电压更大. 两端接入 510Ω 时，架空长度 10m 的测量值是架空长度 18m 时的 5～6 倍，而其他几组情景下差值最大也不到 2 倍. 因此，可以得出两端接入电阻较小时，架空长度对测量值影响更大.

通过本节试验分析可知：在其他条件相同的情况下，架空线在某一高度测得的感应过电压有一个最小值；当高度减小或者增大时，测得的电压幅值都会升高. 架设角度是这种现象发生的主要原因，冲击发生器的位置与由电缆组成的冲击平台布置的起始高度极有可能形成一个脉冲放射的死角，导致在这个高度附近架设的电缆耦合脉冲效果较差.

试验中，在横置架空电缆时，可以发现距离辐射源 10m 的测量值比距离辐射源更远的 15m 处的测量值更小，这种状况为上述设想增添了可信度. 并且可以推测脉冲影响的死角是一个球状，在一个高度上距中心点越远，其值越大；在同一位置上，离死角水平高度越远，其值越大.

改变架空电缆两端接入电阻，测得的阻值很容易受环境以及不可抗拒的搭接方式变化影响，假如针对这种状况设计专用的屏蔽器件，使电阻和线缆能以更加契合的状态保持同样的连接，会有更好的效果. 当其他条件不变时，测得电压值随接入电阻值增大而增大. 在阻值较小时，测值变化很明显；但当阻值到达某一值(本节试验为 105Ω 时)，测量值会十分相似；在远端断路时，其效果与接入大电阻相似，测量值比接入大电阻时的测量值略小.

4.6 同轴线耦合雷电电磁脉冲特性分析[4]

科技的发展让我们的生活方便而快捷，信息技术的革新让我们加快进入智能时代的脚步. 电缆作为电力和信号传输的主要组成部分在生活中随处可见，在电力系统和信号系统中也占有重要地位. 因此自然界中高强度的雷电电磁脉冲通过耦合电缆造成电磁干扰，甚至产生过电压浪涌，使与电缆相连的设备受损等问题引起人们的重视. 同轴电缆是常见的屏蔽电缆，屏蔽层和芯线均为铜质材料. 本节通过对雷电电磁脉冲与电缆长度、接地、屏蔽等方面的动态配合试验，研究雷电电磁脉冲的传播机理和耦合原理，减小过电压和耦合带来的损失，以满足保护设备及安全的需求.

根据实测，采取改变电缆的长度、接地等相应量化措施，可以使雷电电磁脉冲耦合电缆产生的过电压发生变化，适当的量化配合能有效地降低损失、保障安全，因此有必要对空间耦合雷电电磁脉冲的特性以及抑制方法进行研究. 本节采用冲击控制系统冲击金属棒产生的 8/20μs 模拟雷电流，对同轴电缆进行耦合试验，研究其主要技术参数随着冲击电压的变化趋势，对同轴电缆的电压幅值、能量和频谱图做出分析，总结出同轴电缆的量化配合在冲击过程中电压幅值及能量吸收的变化规律.

4.6.1 耦合理论

外部电磁场照射屏蔽电缆后，将在外部屏蔽体(外皮)上激起电流分布. 因屏蔽体并非完好导体，这一电流将穿透屏蔽体并沿电缆内部产生电压分布. 这一电压分布又将在内部负载阻抗中产生电流. 屏蔽电缆的几何图形见图 4.22.

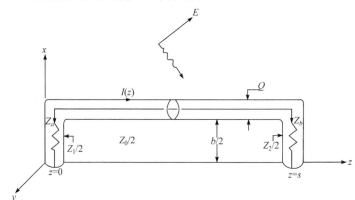

图 4.22 屏蔽电缆的几何图形

此处，E——照射电缆的电场；

$I(z)$——外皮电流分布；

S——电缆长度，米；

$b/2$——电缆在地面上的高度，米；

Q——电缆的外直径，米；

$Z_1/2$、$Z_2/2$——将电缆屏蔽体当作地面上的单线传输线时的终端阻抗；

$Z_0/2$——将电缆屏蔽体当作地面上的单线传输时的特性阻抗；

Z_a、Z_b——内部负载阻抗；

Z_c——电缆内部的特性阻抗；

I_L——内部负载阻抗 Z_b 中的电流.

在图 4.13 中取电缆的长度远大于其离地面的高度($S \gg b$),于是 $I(Z)$ 成为唯一重要的电流，否则就必须考虑 $I(x)$ 的影响.

外部的外皮电流与沿电缆内侧感生的电压可通过表面转移阻抗联系起来，其关系式为

$$\mathrm{d}V(z) = Z_t I(z)\mathrm{d}z \tag{4-135}$$

式中，Z_t——表面转移阻抗；

V——沿电缆内侧感生的电压.

在内部负载阻抗 Z_b 中的电流谱 $I_L(\omega)$,可利用式(4-135)对电缆全长进行积分求得. 由类比法可知，其合用的传输线方程为

$$\begin{aligned}
I(s,\omega) = &\frac{1}{D}\int_0^s K(z,\omega)\big[Z_0\cos\beta z + \mathrm{j}Z_1\sin\beta z\big]\mathrm{d}z \\
&+ \frac{Z_0}{D}\int_0^b E_x^{\mathrm{i}}(x,o,\omega)\mathrm{d}x \\
&- \frac{1}{D}\big[Z_0\cos\beta s + \mathrm{j}Z_1\sin\beta s\big]\int_0^b E_x^{\mathrm{i}}(x,o,\omega)\mathrm{d}x
\end{aligned}$$

这里

$$D = (Z_0 Z_1 + Z_0 Z_2)\cos\beta s + \mathrm{j}(Z_0^2 + Z_1 Z_2)\sin\beta s$$

$$Z_0 = 120\ln\left(\frac{2b}{a}\right)$$

此时 $K(z) = Z_t I(z,\omega)$ 及 $E_x = 0$ ，故

$$I_L(\omega) = \frac{Z_t}{P}\int_0^s I(z,\omega)\big[Z_c\cos\beta_i z + \mathrm{j}Z_a\sin\beta_i z\big]\mathrm{d}z \tag{4-136}$$

式中

$$P = (Z_c Z_a + Z_c Z_b)\cos\beta_i s + \mathrm{j}(Z_c^2 + Z_a Z_b)\sin\beta_i s$$

角频率

$$\omega = 2\pi f$$

$$\beta_i = \frac{2\pi}{\lambda_i} \text{ 波数 }\quad (\text{电缆内部})$$

如电缆与波长相比甚短($\beta_i S \ll 1$)，且平均电流分布定义为

$$\overline{I(\omega)} = \int_0^s I(z, \omega)\mathrm{d}z$$

则式(4-136)变为

$$I_L(\omega) = \frac{Z_t s \overline{I(\omega)}}{Z_0 + Z_b} \tag{4-137}$$

当作架空单线传输线的电缆屏蔽体见图 4.23，这里有四个电磁场照射电缆屏蔽体. 现推导屏蔽体的电流分布.

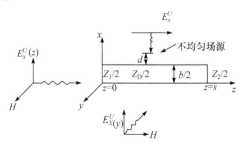

图 4.23　地面上的电缆屏蔽体及照射场

两个 E_x 场（一个沿 z 方向行进，另一个沿 y 方向行进）是平面波电场，可用以垂直极化的调幅电台电场. 这两个电场激励屏蔽体的终端（垂直降落部分）.

电场 E_x 也是平面波，它均匀地照射电缆全长，可代表水平极化的电场及调频场.

在电缆中部的不均匀源，与屏蔽体相距 d，它仅照射一小部分电缆，可代表邻近的或局域的电磁干扰源激励电缆的情况.

1) 沿 z 方向行进的电场 E_x

这种情况的电流分布可由两端以电压发生器激励的双线传输线的解来推导. 另沿 z 方向行进的场强为

$$E_x(z, \omega) = E_x^U(\omega)\mathrm{e}^{-\mathrm{j}\beta z} \tag{4-138}$$

如取 $z=0$ 处作为相位参考点，则图 4.14 中激励左端及右端的场强分别为

$$E_x(o, \omega) = E_x^U(\omega)$$
$$E_x(s, \omega) = E_x^U(\omega)\mathrm{e}^{-\mathrm{j}\beta z} \tag{4-139}$$

而线路终端的电压发生器为

$$\begin{cases} \dfrac{b}{2} E_x^U(\omega) \\ \dfrac{b}{2} E_x^U(\omega) \cdot \mathrm{e}^{-\mathrm{j}\beta z} \end{cases} \tag{4-140}$$

根据电压发生器在两端激励的传输线的解，可以推导出如下的外皮电流分布：

$$I(z,\omega) = \frac{bE_x^U}{D}\{(Z_0 - Z_1)\sin\beta s\sin\beta z + \mathrm{j}(Z_0 + Z_2)\sin\beta s\cos\beta z$$
$$- \mathrm{j}(Z_1 + Z_2)\cos\beta s\sin\beta z\} \tag{4-141}$$

式中

$$Z_0 = 120\ln\left(\frac{2b}{a}\right) = 276\log_{10}\left(\frac{2b}{a}\right)$$

$$D = \left(Z_0 Z_1 + Z_0 Z_2\right)\cos\beta s + \mathrm{j}\left(Z_0^2 + Z_1 Z_2\right)\sin\beta s$$

我们把外皮电流分布转移函数 T_1 定义为式(4-141)的外皮电流分布与电场之比，即

$$T_1 = \frac{I(z,\omega)}{E_x^U} \tag{4-142}$$

用分贝表示时，则得

$$T_1(\mathrm{dB}) = 20\log_{10}|T_1| \tag{4-143}$$

那么，在场强及 T_1 后，就可由下式求出电流分布：

$$I(z,\omega)(\mathrm{dB\mu}A) = E_x^U(\mathrm{dB\mu}V) + T_1(\mathrm{dB}) \tag{4-144}$$

沿 y 方向行进的电场 E_x. 因为这个场同时到达两个终端，所以可根据大小为 $\left(\dfrac{b}{2}\right)E_x^U$ 的同相电压发生器在两端激励的双线传线的解去推导外皮电流分布. 结果为

$$I(z,\omega) = \frac{bE_x^U(\omega)}{D}\{Z_0[\cos\beta(s-z) - \cos\beta z]$$
$$+ \mathrm{j}[Z_2\sin\beta(s-z) - \mathrm{j}Z_1\sin\beta z]\} \tag{4-145}$$

式中

$$Z_0 = 120\ln\left(\frac{2b}{a}\right) = 276\log_{10}\left(\frac{2b}{a}\right)$$

$$D = \left(Z_0 Z_1 + Z_0 Z_2\right)\cos\beta s + \mathrm{j}\left(Z_0^2 + Z_1 Z_2\right)\sin\beta s$$

与以前一样，这种情况下外皮电流分布的转移函数定义为

$$T_2 = \frac{I(z,\omega)}{E_x^U} \tag{4-146}$$

用分贝表示时，则为

$$T_2(\mathrm{dB}) = 20\log_{10}|T_2| \tag{4-147}$$

2) 均匀场 E_z

图 4.23 中，由 z 方向的任意(非均匀)场于电缆上任一点 z^*引起的外皮电流，可令

$$K(z) = E_x^U(z) \ \text{及} \ E_x = 0$$

由架空单线的无损耗线的电流分布，可得

$$I(z^*) = \frac{Z_0 \cos \beta(s - z^*) + jZ_2 \sin \beta(s - z^*)}{Z_0 D}$$

$$\times \int_0^{z^*} 2E_x^U(z)[Z_0 \cos \beta z + jZ_1 \sin \beta z] dz$$

$$+ \frac{Z_0 \cos \beta z^* + jZ_1 \sin \beta z^*}{Z_0 D}$$

$$\times \int_{z^*}^s 2E_x^U(z)[Z_0 \cos \beta(s - z) + jZ_2 \sin \beta(s - z)] dz \tag{4-148}$$

对平行于电缆长度的平面波而言，z 方程的场为常数，即

$$E_x^U(z) = E_x^U$$

而式(4-148)的外皮电流分布为(把变量 z^* 变为 z)

$$I(z, \omega) = \frac{-j2E_x^U(\omega)}{Z_0 \beta}$$

$$\times \left\{ 1 - \frac{[Z_0 Z_2 \cos \beta z + Z_0 Z_1 \cos \beta(s - z)]}{D} \right.$$

$$\left. + \frac{j[Z_1 Z_2 \sin \beta z + Z_1 Z_2 \sin \beta(s - z)]}{D} \right\} \tag{4-149}$$

此处 D 及 Z_0 与以前定义相同.

在这种情况下外皮电流分布的转移系数为

$$T_3 = \frac{I(z, \omega)}{E_x^U(\omega)} \tag{4-150}$$

及

$$T_3(\text{dB}) = 20 \log_{10} |T_3| \tag{4-151}$$

3) 非均匀场 E_z

我们选一个位于电缆平面的小环作为非均匀场源. 小环产生的唯一电场分量是横向场，它具有 $\frac{1}{r^2}$ 的感应场衰减及 $\frac{1}{r}$ 的辐射场衰减率，此处 r 为电缆中心至小环的径向距离. 小环位于 $z = W$ 处，距电缆 d 米. 假定小环紧靠电缆，以致地面反射场与直射场相比可以忽略. 详情见图 4.24，在 z 方向照射电缆的真实场分布，近似地用一个大小为 $E_z(d)$、宽度为 L 的矩形分布代替.

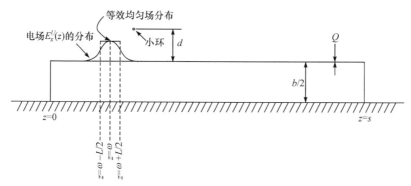

图 4.24　非均匀场照射电缆

取

$$
E_x^U(z) = \begin{cases} E_z(d), & W - \dfrac{L}{2} < Z < W + \dfrac{L}{2} \\ 0, & \text{其他} \end{cases}
$$

将式(4-149)进行积分即可得出外皮电流分布，结果为

$$
I(z,\omega) = \frac{4E(d,\omega)\sin\dfrac{\beta L}{2}}{Z_0 \beta D}[Z_0 \cos\beta(s-z) + \mathrm{j}Z_2 \sin\beta(s-z)]
$$

$$
\times[Z_0 \cos\beta z + \mathrm{j}Z_1 \sin\beta z], \quad z > W + \frac{L}{2} \tag{4-152}
$$

式中

$$
L = \begin{cases} 2d, & \beta d < 1\text{(感应场)} \\ 3.14d, & \beta d > 1\text{(辐射场)} \end{cases}
$$

外皮电流分布的转移函数是

$$
T_4 = \frac{I(z,\omega)}{E_x^u(\omega)} \tag{4-153}
$$

及

$$
T_4(\mathrm{dB}) = 20\log_{10}|T_4| \tag{4-154}
$$

4.6.2　试验方案及试验数据的分析

4.6.2.1　试验方案

试验原理图如图 4.25 所示. 试验采用冲击电流发生器(impulse current generator，ICG)模拟雷电流，将 8/20μs 模拟雷电脉冲通过垂直悬挂空中高 24m，总长 48m 的传输线，在距传输线 10m 的位置架设长 13m，高度分别为 1m、2m、3m 的同轴线，使之与传输线垂直，即传输线在 8/20μs 模拟雷电脉冲作用下产生的磁感线能垂直通过同轴线与地面所形成的平面. 我们将架空同轴线靠近传输线的一端称为近端，远离传输线的一端称

为远端. 远端在屏蔽层和芯线之间接入 51Ω 高压电阻(作为匹配负载)、开路和短路，近端屏蔽层接地并配合使用 Tektronix TDS 2022B 型示波器对远端耦合电压进行采集. 再通过不同电压模拟雷电电磁脉冲进行耦合试验，施加冲击电流的范围为 20～141kA.

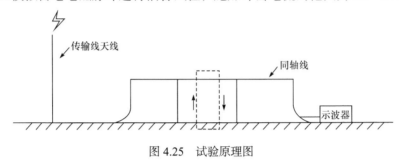

图 4.25　试验原理图

4.6.2.2　试验数据分析

1) 波形图的分析

本节以模拟 8/20μs 雷电电磁脉冲作为激励源，可得同轴线耦合模拟雷电电磁脉冲信号的近端电压波形图. 图 4.26(a)、(b)、(c)分别是架空高度为 1m、2m、3m 的同轴线，在 15kV 冲击电压下，远端接 51Ω 匹配负载时耦合的电压波形，峰峰值依次为 2.2V、3.4V、4.0V，波形大致相同，均是在瞬态雷电电磁脉冲作用下呈阻尼振荡.

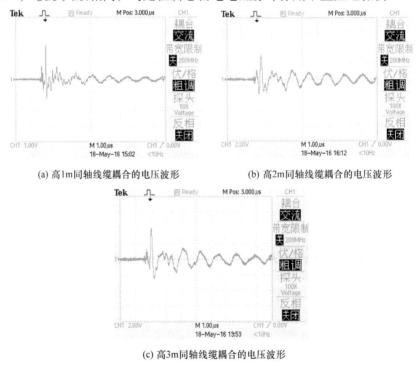

图 4.26　耦合电压波形图

2) 峰峰值的分析

如图 4.27 所示，架空高度分别为 1m、2m、3m 及不同连接方式在依次增大的冲击电压下耦合电压的峰峰值. 由图可看出，在屏蔽层接地的情况下，同轴线缆开路时的耦合电压最大，负载 51Ω 电阻的耦合电压最小，短路连接方式的耦合电压居中. 根据图 4.27(a)、(b)、(c)对比可看出，架空高度为 3m 时的同轴线缆任意连接方式下，耦合电压相较于其他高度耦合到的电压较大. 开路时同轴线缆与大地形成环路，能减少外界干扰，为信号传输创造了良好条件.

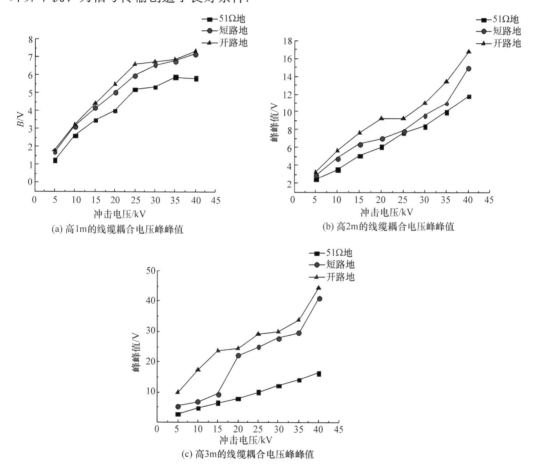

(a) 高1m的线缆耦合电压峰峰值　　　　(b) 高2m的线缆耦合电压峰峰值

(c) 高3m的线缆耦合电压峰峰值

图 4.27　不同架空高度的同轴线缆耦合电压峰峰值

3) 傅里叶图形的分析

图 4.28 为频谱图，(a)、(b)、(c)为将不同高度和不同连接方式的同轴线在 20kV 的冲击电压下的电压波形进行傅里叶级数变换，得到的频谱图. 由图可看出，当冲击电压为 20kV 时，幅值随高度的增高而增大，且最高幅值均集中在 1MHz 左右，在 1MHz 以后的突起可能是高次谐波引起的，中心频率大概在 1MHz.

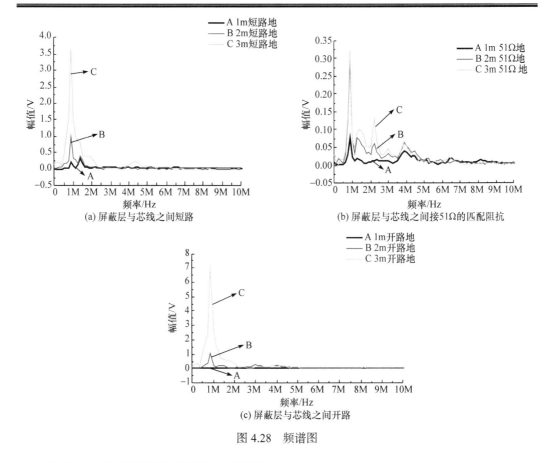

图 4.28　频谱图

4) 接 51Ω 的匹配阻抗对耦合电压的影响

图 4.29 将不同高度的同轴线缆远端的屏蔽层和芯线之间接 51Ω 的匹配阻抗，近端芯线和屏蔽层与示波器相连接，采集数据并求出每个波形的峰峰值. 图 4.29(a)为连接图，是实物图的物理等效模拟，以便展示远端和近端的实际连接. 下文中类似图同理，不再赘述. 接入匹配阻抗能使电压衰减率减小，随着冲击电流的增大，电磁环境会发生变化，架空同轴线高度越高，有效耦合面积就越大，耦合雷电电磁脉冲的电压与架空同轴线的高度成正比，高 3m 时耦合电压最大，其他依次减小. 随着架空同轴线高度的增加，架空同轴线通过耦合雷电电磁脉冲产生的耦合电压波形的能量也随之增加，且增幅与同轴线长呈正比. 在此条件下，高 3m 同轴线在不同冲击电流下的耦合电压峰峰值取值范围是：2.56～12.4V，高 2m 的耦合电压峰峰值取值范围是：2.08～10.8V，高 1m 的耦合电压峰峰值取值范围是：1.08～5.84V.

图 4.30 将不同高度的同轴线缆远端的屏蔽层和芯线之间接 51Ω 的匹配阻抗，近端屏蔽层接地再和芯线与示波器相连接，采集数据并求出每个波形的峰峰值. 从图可看出，随着冲击电流的增大，在架空同轴线缆上耦合的电压峰峰值也随之增大，并且基本上呈线性关系. 由于同轴电缆屏蔽层接地以后在屏蔽层产生的耦合电压迅速通过地线向大地释放，大幅减小了屏蔽层通过耦合雷电电磁脉冲产生的耦合电压发射电磁

波在导线中的折射和反射的强度，导致峰峰值比较小. 耦合电压与同轴线高度成正比，高 3m 同轴线在不同冲击电流下的耦合电压峰峰值取值范围是：2.76～16.4V，高 2m 的耦合电压峰峰值取值范围是：2.4～11.8V，高 1m 的耦合电压峰峰值取值范围是：1.24～5.84V.

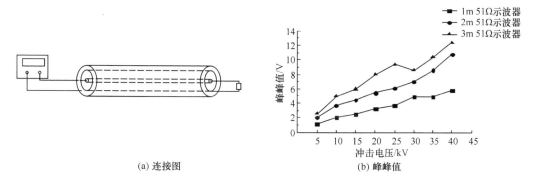

图 4.29　不同高度同轴线近端屏蔽层不接地时的连接图和峰峰值

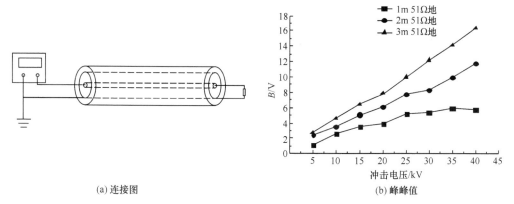

图 4.30　不同高度同轴线近端屏蔽层接地时的连接图和峰峰值

据表 4.6 可看出，在远端连接方式相同的条件下，近端接地时的耦合电压总是大于不接地时的耦合电压，因为同轴线一般用作信号传输线，屏蔽层作为信号参考地通常有两种连接方式，一是直接与大地相接(高电压大型设备、雷达等)；二是与大地悬浮(小型设备、手机等)，信号参考地是零电位没有信号的，这样就避免了自身信号向外辐射，也防止了外部辐射对同轴线的耦合干扰，在试验中表示为接地电压峰峰值大于不接地电压峰峰值，所以当屏蔽层接地时可以避免耦合干扰使信号加强.

表 4.6　不同高度下负载 51Ω 电阻时耦合电压的峰峰值

冲击电压/kV	近端接地			近端不接地		
	1m	2m	3m	1m	2m	3m
5	1.24	2.40	2.76	1.08	2.08	2.56
10	2.60	3.52	4.96	2.08	3.68	4.96
15	3.48	5.12	6.48	2.48	4.48	6.00

续表

冲击电压/kV	近端接地			近端不接地		
	1m	2m	3m	1m	2m	3m
20	4.00	6.08	7.84	3.20	5.44	8.00
25	5.20	7.76	10.00	3.75	6.08	9.44
30	5.36	8.40	12.2	4.88	7.00	8.6
35	5.92	10.0	14.2	4.88	8.60	10.4
40	5.84	11.8	16.4	5.84	10.8	12.4

5) 开路对耦合电压的影响

图 4.31 对不同高度的同轴线缆远端的屏蔽层和芯线之间不作处理，近端芯线和屏蔽层与示波器相连接，采集数据并求出每个波形的峰峰值. 从图可看出，随着冲击电流的增大，在架空同轴线缆上耦合的电压峰峰值也随之增大，并且基本上呈线性关系. 远端不作处理会导致激励源对屏蔽层形成耦合电容，屏蔽层对芯线也有耦合电容，还有屏蔽层对地的耦合电容，当感应过电压通过此连接方式的同轴线时，过电压会通过激励源对屏蔽层的耦合电容耦合到屏蔽层上，再通过屏蔽层对芯线的耦合电容耦合到芯线上，对信号造成干扰甚至对设备造成毁坏. 耦合电压与同轴线高度成正比，高 3m 同轴线在不同冲击电流下的耦合电压峰峰值取值范围是：6.60~30.2V，高 2m 的耦合电压峰峰值取值范围是：2.48~10.2V，高 1m 的耦合电压峰峰值取值范围是：0.101~0.696V.

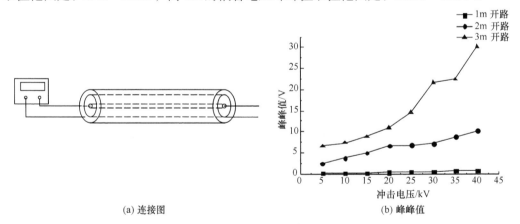

(a) 连接图　　　　　　　　　　　　(b) 峰峰值

图 4.31　不同高度同轴线近端屏蔽层不接地时的连接图和峰峰值

图 4.32 对不同高度的同轴线缆远端的屏蔽层和芯线之间不作处理，近端屏蔽层接地再和芯线与示波器相连接，采集数据并求出每个波形的峰峰值. 从图可看出，随着冲击电流的增大，在架空同轴线缆上耦合的电压峰峰值也随之增大，并且基本上呈线性关系. 远端不作处理会使信号和设备受损，但是当近端屏蔽层接地时，屏蔽层被短路至地，致使屏蔽层对芯线的耦合电容不能将过电压耦合到芯线上，直接导入大地中，使信号能

完整的传输，也起到了电场屏蔽的作用. 耦合电压与同轴线高度成正比，高 3m 同轴线在不同冲击电流下的耦合电压峰峰值取值范围是：9.80～31.4V，高 2m 的耦合电压峰峰值取值范围是：2.88～15.0V，高 1m 的耦合电压峰峰值取值范围是：0.112～7.360V.

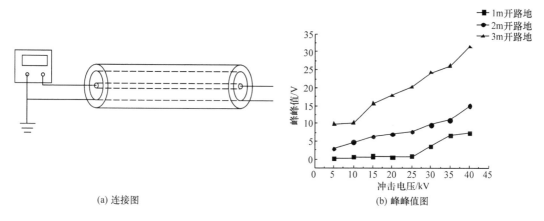

(a) 连接图　　　　　　　　　　　　　(b) 峰峰值图

图 4.32　不同高度同轴线近端屏蔽层接地时的连接图和峰峰值

据表 4.7 可看出，在远端连接方式相同的条件下，近端屏蔽层接地时的耦合电压仍大于不接地时的耦合电压，由理论可知同轴线接地时，线缆所受到的外界干扰耦合可由屏蔽层与大地之间形成的回路消减，进一步验证了同轴线的良好屏蔽作用.

表 4.7　不同高度下远端开路时耦合电压的峰峰值

冲击电压/kV	近端接地			近端不接地		
	1m	2m	3m	1m	2m	3m
5	0.112	2.88	9.80	0.101	2.48	6.60
10	0.228	4.80	10.2	0.208	3.76	7.40
15	0.412	6.40	15.5	0.256	5.04	8.86
20	0.472	7.04	17.8	0.344	6.64	10.8
25	0.616	7.68	20.2	0.472	6.80	14.6
30	0.728	9.60	24.2	0.478	7.20	21.6
35	6.720	11.0	26.0	0.760	8.80	22.4
40	7.360	15.0	31.4	0.696	10.2	30.2

6) 短路对耦合电压的影响

图 4.33 将不同高度的同轴线缆远端的屏蔽层和芯线相连接，近端芯线和屏蔽层与示波器相连接，采集数据并求出每个波形的峰峰值. 从图可看出，随着冲击电流的增大，在架空同轴线缆上耦合的电压峰峰值也随之增大，并且基本上呈线性关系. 同轴线的屏蔽层一般作为信号参考地而存在，当屏蔽层与芯线相连即屏蔽层不再单纯的用作信号参

考地时，同轴线传输的信号会受到干扰. 耦合电压与同轴线高度成正比，高 3m 同轴线在不同冲击电流下的耦合电压峰峰值取值范围是：6.21～22.6V，高 2m 的耦合电压峰峰值取值范围是：2.48～10.2V，高 1m 的耦合电压峰峰值取值范围是：1.15～5.28V.

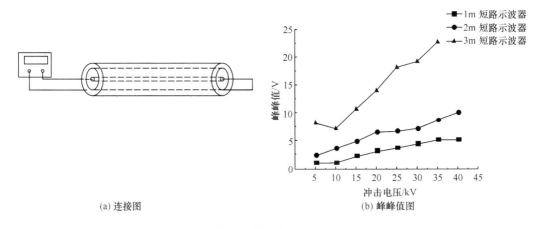

(a) 连接图　　　　　　　　　(b) 峰峰值图

图 4.33　不同高度同轴线近端屏蔽层接地时的连接图和峰峰值

　　图 4.34 将不同高度的同轴线缆远端的屏蔽层和芯线相连接，近端屏蔽层接地再和芯线与示波器相连接，采集数据并求出每个波形的峰峰值. 从图可看出，随着冲击电流的增大，在架空同轴线缆上耦合的电压峰峰值也随之增大，并且基本上呈线性关系. 耦合电压与同轴线高度成正比，高 3m 同轴线在不同冲击电流下的耦合电压峰峰值取值范围是：5.44～44.0V，高 2m 的耦合电压峰峰值取值范围是：2.88～15.0V，高 1m 的耦合电压峰峰值取值范围是：1.68～7.20V.

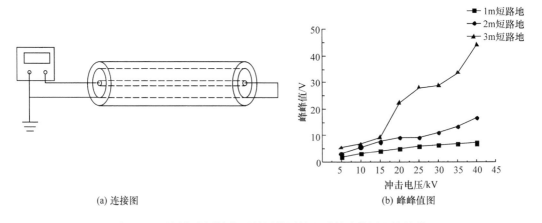

(a) 连接图　　　　　　　　　(b) 峰峰值图

图 4.34　不同高度同轴线近端屏蔽层接地时的连接图和峰峰值

　　由表 4.8 可看出，在远端连接方式相同的条件下，近端屏蔽层接地时的耦合电压仍大于不接地时的耦合电压，屏蔽层接地可以避免耦合干扰使信号加强.

表 4.8　不同高度下远端短路时耦合电压的峰峰值

冲击电压/kV	近端接地			近端不接地		
	1m	2m	3m	1m	2m	3m
5	1.68	2.88	5.44	1.15	2.48	6.21
10	3.12	4.80	6.80	1.18	3.76	7.16
15	4.16	6.40	9.40	2.38	5.04	8.16
20	5.04	7.04	22.2	3.28	6.64	10.72
25	6.00	7.68	28.0	3.80	6.80	14.0
30	6.56	9.60	28.8	4.56	7.20	18.2
35	6.80	11.0	33.6	5.28	8.80	19.2
40	7.20	15.0	44.0	5.28	10.2	22.6

由对同轴线在 8/20μs 冲击电压作用下试验结果得出以下结论: 架空电缆耦合雷电电磁脉冲产生的感应过电压随着架空电缆与落雷距离的增加而减小, 随着雷电电流的增加而增加; 架空电缆耦合雷电电磁脉冲产生的耦合电压大小与架空电缆的高度有关. 在一定长度范围以内的架空电缆, 由于架空电缆的高度越高, 有效接收雷电电磁脉冲的面积越大, 耦合电压随高度的增加而增加; 同轴电缆屏蔽层接地以后可以大幅减小其耦合雷电电磁脉冲产生的过电压. 架空电缆耦合雷电电磁脉冲产生的耦合电压大小与架空电缆的长度也有关. 在一定长度范围以内的架空电缆, 由于架空电缆的长度越长, 有效接收雷电电磁脉冲的长度越长, 耦合电压随长度的增加而增加. 但超过一定范围后, 耦合电压在架空电缆内不断衰减, 架空电缆越长则会导致耦合电压衰减得越小; 将架空线缆耦合到的波形图进行频域分析, 幅值会随高度的增高而变大. 冲击电压为 20kV, 最高幅值集中在 1MHz 左右, 即最大幅值在中心频率处取得.

4.7　双绞线耦合雷电电磁脉冲特性分析[5,6]

4.7.1　双导体耦合雷电电磁波信号的理论分析

考虑到由 $n+1$ 根平行于 z 轴的导线组成的多芯传输线, 如图 4.35 所示. 画一个矩形区域 S_i, 以参考导线 L_i 和导线 i 为边界. 它遵循从麦克斯韦方程和 Stokes 定理

$$\int_{S_i} \nabla \times E \cdot u_n \mathrm{d}S = \int_{L_i} E \cdot u_l \mathrm{d}l = -\frac{\partial}{\partial t} \int_{S_i} B \cdot u_n \mathrm{d}S \tag{4-155}$$

u_l 是沿着 L_i 逆时针方向的单位切向量, u_b 是单位向量所指的面. 式(4-135)可以写为

$$\int_{ab} E \cdot u_l \mathrm{d}l + \int_{bc} E \cdot u_l \mathrm{d}l + \int_{cd} E \cdot u_l \mathrm{d}l + \int_{da} E \cdot u_l \mathrm{d}l = -\frac{\partial}{\partial t} \int_{S_i} B \cdot u_b \mathrm{d}S \quad (i=1,2,\cdots,n) \tag{4-156}$$

总场可以分解为入射场和散射场的总和

$$E = E_{\mathrm{in}} + E_{\mathrm{s}}, \quad B = B_{\mathrm{in}} + B_{\mathrm{s}} \tag{4-157}$$

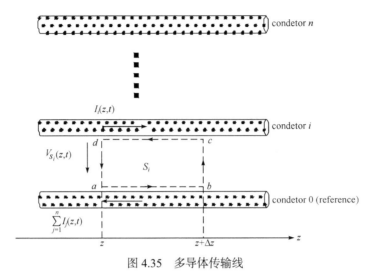

图 4.35　多导体传输线

感应场由感生电流和导线上的电荷产生. 如果假设导线的电流为 Z 方向，则散射磁场的方向为 Z 方向的横向方向. 其结果是，散射场电压可以唯一地定义在导线 i 与参考导线 L_i 之间

$$V_{S_i}(z,t) = -\int_{ad} E_s \cdot u_l \mathrm{d}l, \quad V_{S_i}(z+\Delta z,t) = -\int_{bc} E_s \cdot u_l \mathrm{d}l \tag{4-158}$$

如图 4.36 所示，导线 i 的电流被定义为表面电流的线积分 $J_s = u_n \times H$，有如下关系：

$$I_i(z,t) = \int_{\Gamma_i} J_s \cdot u_z \mathrm{d}\Gamma = \int_{\Gamma_i} H \cdot u_\Gamma \mathrm{d}\Gamma \tag{4-159}$$

Γ_i 是导线 i 的边界，由于散射磁场是横向的，即有

$$\lim_{\Delta z \to 0} \frac{1}{\Delta z} \int_{S_i} B_s \cdot u_b \mathrm{d}s = -\sum_{j=1}^{n} l_{ij} I_j(z,t) \tag{4-160}$$

其中 $l_{ij}(j=1,2,\cdots,n)$ 是单位长度的电感. 每单位长度的电阻 r_i 可定义为

$$\int_{ba} E \cdot u_l \mathrm{d}l = r_0 \Delta z \sum_{j=1}^{n} I_j(z,t), \quad \int_{dc} E \cdot u_l \mathrm{d}l = r_i \Delta z I_i(z,t) \tag{4-161}$$

将式(4-158)、式(4-160)和式(4-161)代入式(4-156)，并令 $\Delta z \to 0$，可得

$$\frac{\partial}{\partial z} V_{si}(z,t) + \sum_{j=1}^{n} r_0 I_j(z,t) + \frac{\partial}{\partial z} \sum_{j=1}^{n} l_{ij} I_j(z,t)$$

$$= \frac{\partial}{\partial t} \int_{ad} B_{\mathrm{in}} \cdot u_b \mathrm{d}l + \frac{\partial}{\partial z} \int_{ad} B_{\mathrm{in}} \cdot u_l \mathrm{d}l, \quad i=1,2,\cdots,n \tag{4-162}$$

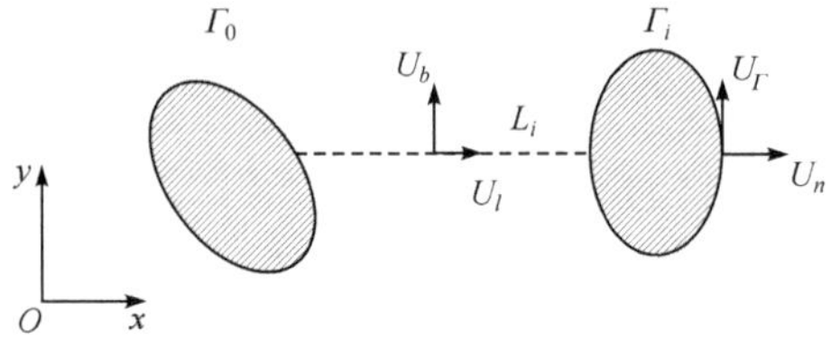

图 4.36　多导体传输线的截面

且式(4-156)同时也适用于入射场

$$\int_{ab} E_{in} \cdot u_l \mathrm{d}l + \int_{bc} E_{in} \cdot u_l \mathrm{d}l + \int_{cd} E_{in} \cdot u_l \mathrm{d}l + \int_{da} E_{in} \cdot u_l \mathrm{d}l = -\frac{\partial}{\partial t} \int_{S_i} B_{in} \cdot u_b \mathrm{d}S \qquad (4\text{-}163)$$

令 $\Delta z \to 0$，式(4-162)可得

$$\frac{\partial}{\partial t} \int_{ad} B_{in} \cdot u_b \mathrm{d}l + \frac{\partial}{\partial z} \int_{ad} B_{in} \cdot u_l \mathrm{d}l = E_{in}(z,t) \cdot u_z \big|_{conductor\ i} - E_{in}(z,t) \cdot u_z \big|_{conductor\ 0} \qquad (4\text{-}164)$$

因此式(4-162)可以改写为

$$\frac{\partial}{\partial z} V_{si}(z,t) + \sum_{j=1}^{n} r_0 I_j(z,t) + \frac{\partial}{\partial z} \sum_{j=1}^{n} l_{ij} I_j(z,t)$$

$$= E_{in}(z,t) \cdot u_z \big|_{conductor\ i} - E_{in}(z,t) \cdot u_z \big|_{conductor\ 0}, \quad i = 1,2,\cdots,n \qquad (4\text{-}165)$$

式(4-165)用矩阵形式可写为

$$\frac{\partial}{\partial z} [V_s] + [R][I] + [L] \frac{\partial}{\partial t} [I] = [\Delta E_{in} \cdot u_z] \qquad (4\text{-}166)$$

展开

$$[V_s] = [V_{s1}, V_{s2}, \cdots, V_{sn}]^{\mathrm{T}}, \quad [I] = [I_1, I_2, \cdots, I_n]^{\mathrm{T}}$$

$$[\Delta E_{in} \cdot u_z] = \begin{bmatrix} E_{in}(z,t) \cdot u_z \big|_{conductor\ 1} - E_{in}(z,t) \cdot u_z \big|_{conductor\ 0} \\ E_{in}(z,t) \cdot u_z \big|_{conductor\ 2} - E_{in}(z,t) \cdot u_z \big|_{conductor\ 0} \\ \vdots \\ E_{in}(z,t) \cdot u_z \big|_{conductor\ n} - E_{in}(z,t) \cdot u_z \big|_{conductor\ 0} \end{bmatrix} \qquad (4\text{-}167)$$

$$[R] = \begin{bmatrix} r_0 + r_1 & r_0 & \cdots & r_0 \\ r_0 & r_0 + r_2 & \cdots & r_0 \\ \vdots & \vdots & & \vdots \\ r_0 & r_0 & \cdots & r_0 + r_n \end{bmatrix}, \quad [L] = \begin{bmatrix} l_{11} & l_{12} & \cdots & l_{1n} \\ l_{21} & l_{22} & \cdots & l_{2n} \\ \vdots & \vdots & & \vdots \\ l_{n1} & l_{n2} & \cdots & l_{nn} \end{bmatrix}$$

我们将导线 i 装入长度为 Δz 的圆筒，如图 4.37 所示. 那个圆筒的侧面用 S_{pi} 表示，两端用 S_{zi} 表示. 图 4.38 为图 4.37 多导体传输线的截面形式. 它遵循连续性方程

$$\int_{S_{pi}+S_{zi}} J \cdot u_n \mathrm{d}s = -\frac{\partial Q_i}{\partial t}, \quad i = 1,2,\cdots,n \qquad (4\text{-}168)$$

u_n 是指圆筒的单位外向法线，Q_i 是指圆筒内所含的净电荷. 显然可得

$$\int_{S_{zi}} J \cdot u_n \mathrm{d}s = I_i(z+\Delta z,t) - I_i(z,t) \qquad (4\text{-}169)$$

导体 i 和所有其他导体之间的横向导通电流 $I_{ti}(z,t)$ 等于

$$I_{ti}(z,t) = \lim_{\Delta z \to 0} \frac{1}{\Delta z} \int_{S_{pi}} J \cdot u_n \mathrm{d}s = g_{i1}(V_{si} - V_{s1}) + \cdots + g_{ii} V_{si} + \cdots + g_{in}(V_{si} - V_{sn})$$

$$= -g_{i1} V_{s1} - \cdots + V_{si} \sum_{j=1}^{n} g_{ij} - \cdots - g_{in} V_{sn} \qquad (4\text{-}170)$$

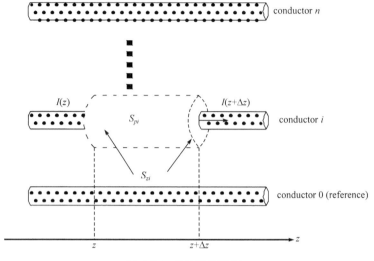

图 4.37　多导体传输线

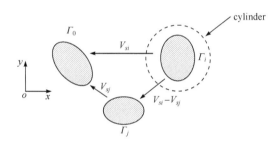

图 4.38　多导体传输线的截面

g_{il} 是指导线 i 和导线 j 之间的单位长度的导线. 单位长度的净电荷可以表示为

$$\lim_{\Delta z \to 0} \frac{Q_i}{\Delta z} = c_{i1}(V_{si} - V_{s1}) + \cdots + c_{ii}V_{si} + \cdots + c_{in}(V_{si} - V_{sn})$$

$$= -c_{i1}V_{s1} - \cdots + V_{si}\sum_{j=1}^{n} c_{ij} - \cdots - c_{in}V_{sn} \tag{4-171}$$

将式(4-169)、式(4-170)及式(4-171)代入式(4-168)可得

$$\frac{\partial}{\partial z} I_i(z,t) - g_{i1}V_{s1}(z,t) - \cdots + V_{si}(z,t)\sum_{j=1}^{n} g_{ij} - \cdots - g_{in}V_{sn}(z,t)$$

$$+ \frac{\partial}{\partial t}\left[-c_{i1}V_{s1}(z,t) - \cdots + V_{si}(z,t)\sum_{j=1}^{n} c_{ij} - \cdots - c_{in}V_{sn}(z,t) \right], \quad i = 1,2,\cdots,n \tag{4-172}$$

这可以用矩阵形式写成

$$\frac{\partial}{\partial z}[I] + [G][V_s] + [C]\frac{\partial}{\partial t}[V_s] = 0 \tag{4-173}$$

展开为

$$[G] = \begin{bmatrix} \sum\limits_{j=1}^{n} g_{1j} & -g_{12} & \cdots & -g_{1n} \\ -g_{21} & \sum\limits_{j=1}^{n} g_{2j} & \cdots & -g_{2n} \\ \vdots & \vdots & & \vdots \\ -g_{n1} & -g_{n1} & \cdots & \sum\limits_{j=1}^{n} g_{nj} \end{bmatrix}, [C] = \begin{bmatrix} \sum\limits_{j=1}^{n} c_{1j} & -c_{12} & \cdots & -c_{1n} \\ -c_{21} & \sum\limits_{j=1}^{n} c_{2j} & \cdots & -c_{2n} \\ \vdots & \vdots & & \vdots \\ -c_{n1} & -c_{n1} & \cdots & \sum\limits_{j=1}^{n} c_{nj} \end{bmatrix} \tag{4-174}$$

综上所述，多芯传输线的特点是式(4-166)和式(4-173)，总结如下：

$$\begin{cases} \dfrac{\partial}{\partial z}[V_s] + [R][I] + [L]\dfrac{\partial}{\partial t}[I] = [E_{\text{in}} \cdot u_z] \\ \dfrac{\partial}{\partial z}[I] + [G][V_s] + [C]\dfrac{\partial}{\partial t}[V_s] = 0 \end{cases} \tag{4-175}$$

这是一组一阶偏微分方程，由共轭矩阵$[R]$、电导矩阵$[G]$、电感矩阵$[L]$、电容矩阵$[C]$组成. 所有这些矩阵单位长度的参数，散射电压通过下面关系可用总电压替换：

$$V_i(z,t) = V_{si} - \int_{ad} E_{\text{in}} \cdot u_l \mathrm{d}l \big|_{\text{conductor } i} \tag{4-176}$$

将这个方程代入式(4-175)可得

$$\begin{cases} \dfrac{\partial}{\partial z}[V] + [R][I] + [L]\dfrac{\partial}{\partial t}[I] = [E_{\text{in}} \cdot u_z] + \dfrac{\partial}{\partial z}[V_{\text{in}}] \\ \dfrac{\partial}{\partial z}[I] + [G][V] + [C]\dfrac{\partial}{\partial t}[V] = [G][V_{\text{in}}] + [C]\dfrac{\partial}{\partial t}[V_{\text{in}}] \end{cases} \tag{4-177}$$

展开

$$\begin{cases} [V] = [V_1, V_2, \cdots, V_n]^{\mathrm{T}} \\ [V_{\text{in}}] = \left[-\int_{ad} E_{\text{in}} \cdot u_l \mathrm{d}l \big|_{\text{conductor } 1}, -\int_{ad} E_{\text{in}} \cdot u_l \mathrm{d}l \big|_{\text{conductor } 2}, \cdots, -\int_{ad} E_{\text{in}} \cdot u_l \mathrm{d}l \big|_{\text{conductor } n} \right]^{\mathrm{T}} \end{cases} \tag{4-178}$$

4.7.2　试验模型及数据结果与分析

4.7.2.1　试验模型建立

为了测试双绞线对雷电电磁波的耦合特性，试验采用冲击电流发生器(impulse current generator, ICG)模拟 8/20μs 雷电流, 将模拟雷电波施加到一根架在高 24m 建筑的传输线上，传输线在此相当于天线起到模拟雷电通道并发射雷电电磁脉冲的作用. 其试验模型如图 4.39 所示. 试验对象选取由 1m、2m、3m 高度的特性阻抗为 100Ω 双绞线在线间连接 100Ω 的电阻以及双绞线与地间连接 100Ω、1kΩ、10kΩ 的负载电阻分别组成试验模型. 使用 Tektronix TDS 3012 型数字存储示波器采集存储双绞线耦合得到的电压波形，用于耦合电压、频谱及峰峰值的分析. 在传输线两端施加的冲击电流为 5～40kA，步长为 5kA.

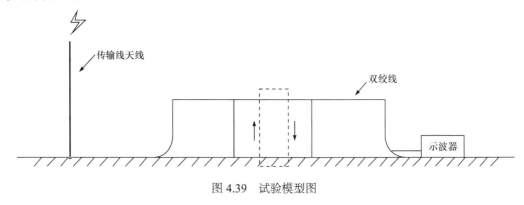

图 4.39　试验模型图

4.7.2.2　试验数据分析

对于不同高度的双绞线，令其耦合传输线辐射出的不同冲击电流的雷电电磁脉冲，研究其耦合电压、频谱、峰峰值等特征. 下面取每组试验中规律较为典型的一组进行分析，得出结论.

1) 耦合电压分析

由图 4.40(a)可得，在双绞线间接与双绞线特性阻抗匹配的电阻(100Ω)，双绞线的耦合电压随着冲击电流的增大而增大，可是增加线缆高度(改变线缆的对地面积)对双绞线的耦合电压并没有太大影响. 图中直线为三条耦合电压曲线拟合得到，其拟合公式为 $y = a + bx$. 根据理论可知，改变线缆高度实际上是改变线缆的对地面积，在双绞线任意两根间接入电阻并未接地，所以耦合电压与线缆高度没有关系，理论与实际符合. 从图 4.40(b)可以看出，双绞线耦合到的雷电电磁脉冲主要为阻尼振荡波的形式.

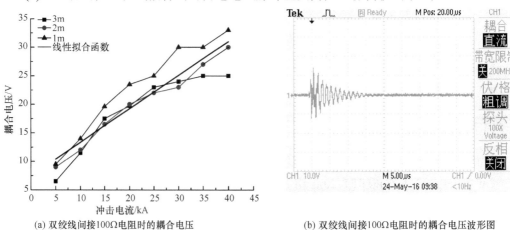

(a) 双绞线间接100Ω电阻时的耦合电压　　　　　　(b) 双绞线间接100Ω电阻时的耦合电压波形图

图 4.40　双绞线间接 100Ω电阻时的耦合电压及其波形图

　　图 4.41(a)、(b)、(c)分别为相同高度下，在双绞线一根线与地之间接入不同负载电阻得到的耦合电压曲线. 通过分析可知，在相同高度下，双绞线的耦合电压与负载电阻值呈正相关关系. 根据理论可知，电阻阻值与线缆的特性阻抗越接近，其反射系数越小，反之，则越大，理论与实际符合.

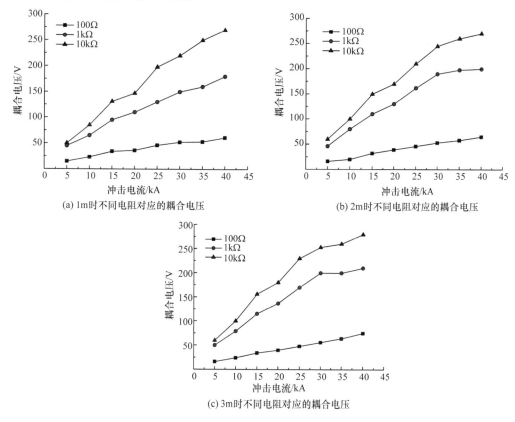

图 4.41　不同高度下不同电阻对应的耦合电压

　　图 4.42(a)、(b)、(c)分别为在双绞线一根线与地之间接入相同负载电阻情况下，改变线缆高度所得的耦合电压图. 通过分析对比可得，在电阻不变的情况下，高度越高，耦合电压值越大. 由理论可知，线缆高度越高，其对地面积越大，耦合到的电磁波越多，理论与实际符合.

　　2) 频谱分析

　　将耦合到的电压波形数据进行快速傅里叶变换转化成频谱图. 如图 4.43(a)、(b)、(c)所示，选取 5kA、20kA、40kA 冲击电流下线缆高度 1m 时双绞线间接 100Ω 电阻的频谱图进行分析，发现耦合到的电压频率主要集中在 8kHz(第一个峰)和 2.3MHz(第二个峰)这两个频点周围，且耦合到的电压幅值与冲击电流大小成正比例关系. 除此之外，在双绞线高度不变、负载电阻不变的情况下，其耦合到的电压幅值也与冲击电流呈正相关关系，下文对此不再赘述.

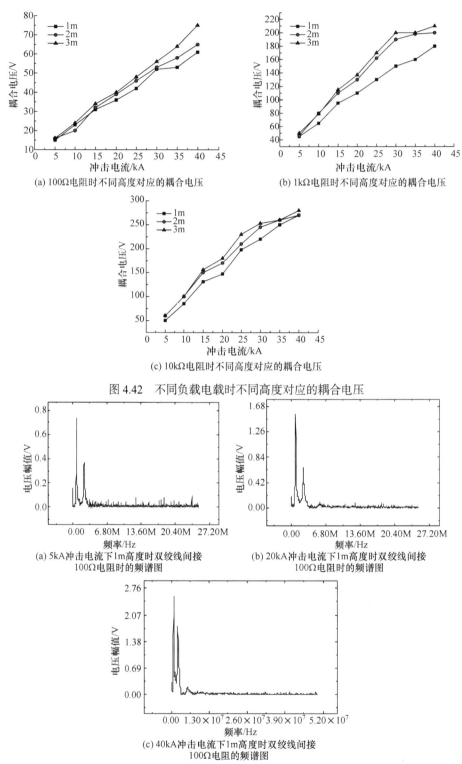

(a) 100Ω电阻时不同高度对应的耦合电压

(b) 1kΩ电阻时不同高度对应的耦合电压

(c) 10kΩ电阻时不同高度对应的耦合电压

图 4.42　不同负载电载时不同高度对应的耦合电压

(a) 5kA冲击电流下1m高度时双绞线间接
100Ω电阻时的频谱图

(b) 20kA冲击电流下1m高度时双绞线间接
100Ω电阻时的频谱图

(c) 40kA冲击电流下1m高度时双绞线间接
100Ω电阻的频谱图

图 4.43　不同冲击电流下 1m 高度时双绞线间接 100Ω电阻的频谱图

图 4.44(a)、(b)、(c)分别为 5kA 冲击电流下线缆高度 1m 时双绞线与地间接 100Ω、1kΩ、10kΩ 负载电阻时的频谱图. 通过比较三张图, 分析在相同高度下改变双绞线负载电阻阻值对耦合电压频率的影响, 得到耦合电压频率主要集中在 8kHz(第一个峰)和 2.3MHz(第二个峰)这两个频点周围, 且电压幅值随着负载电阻的增大而增大.

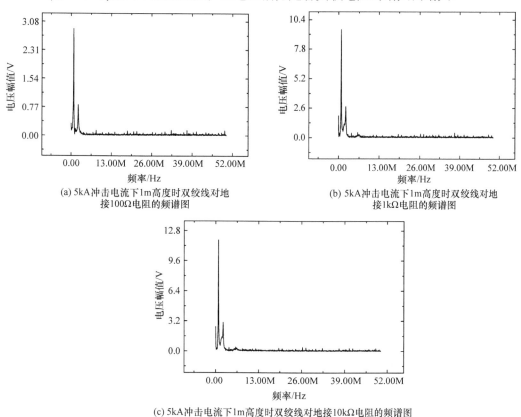

(a) 5kA冲击电流下1m高度时双绞线对地接100Ω电阻的频谱图

(b) 5kA冲击电流下1m高度时双绞线对地接1kΩ电阻的频谱图

(c) 5kA冲击电流下1m高度时双绞线对地接10kΩ电阻的频谱图

图 4.44 相同冲击电流下 1m 高度时双绞线对地接不同电阻的频谱图

3) 峰峰值分析

通过试验测得不同架空高度以及不同接地电阻情况下的耦合电压的峰峰值数据, 见表 4.9.

表 4.9 峰峰值

冲击电流/kA	线间			线地								
	1m	2m	3m	1m			2m			3m		
	100Ω	100Ω	100Ω	100Ω	1kΩ	10kΩ	100Ω	1kΩ	10kΩ	100Ω	1kΩ	10kΩ
5	17.2	13.2	14.4	29.8	92.0	112.0	22.4	97.0	120.0	29.6	102.0	124.0
10	26.0	19.6	20.4	37.0	142.0	186.0	40.0	166.0	208.0	45.6	166.0	208.0
15	36.0	34.0	32.4	56.8	194.0	276.0	57.6	224.0	284.0	60.0	244.0	300.0
20	43.6	39.2	40.4	62.5	234.0	328.0	61.6	274.0	264.0	94.6	292.0	368.0

冲击电流/kA	线间			线地								
	1m	2m	3m	1m			2m			3m		
	100Ω	100Ω	100Ω	100Ω	1kΩ	10kΩ	100Ω	1kΩ	10kΩ	100Ω	1kΩ	10kΩ
25	50.8	46.8	46.8	73.0	288.0	400.0	76.8	336.0	416.0	110.4	366.0	468.0
30	60.0	51.6	51.6	89.0	332.0	456.0	96.0	380.0	476.0	128.0	420.0	504.0
35	60.4	50.8	59.6	96.8	352.0	516.0	134.0	316.0	512.0	142.2	440.0	540.0
40	67.2	56.0	66.0	135.2	380.0	556.0	154.0	432.0	544.0	164.8	472.0	424.0

分析表 4.9 数据可得: 双绞线间接 100Ω 电阻时, 相同高度下耦合电压值随冲击电流的增大而增大, 但相同冲击电流下, 高度的改变与峰峰值之间没有显著规律; 在双绞线一根线与地之间接入负载电阻时: 在双绞线高度不变、负载电阻不变的情况下, 峰峰值随冲击电流的增大而增大; 在其他条件相同的情况下, 线地间负载电阻大小及线缆高度皆与峰峰值呈正相关关系.

通过分析双绞线耦合雷电电磁波的特性, 得出以下结论: 对双绞线间接入 100Ω 电阻的情况, 双绞线的耦合电压和峰峰值随着冲击电流的增大而增大, 可是增加线缆高度对双绞线的耦合电压和峰峰值并没有太大影响; 在双绞线对地接入负载电阻的情况下, 双绞线的耦合电压和峰峰值随着冲击电流的增大而增大; 在相同高度下, 双绞线的耦合电压和峰峰值与负载电阻值呈正相关关系; 在负载电阻阻值不变的情况下, 高度越高, 耦合电压和峰峰值越大; 耦合电压的频谱特性, 频率主要集中在 8kHz 和 2.3MHz 这两个频点周围, 且耦合电压的幅值与负载电阻和冲击电流皆成正比例关系.

4.8 埋地线缆耦合雷电电磁脉冲特性分析[6]

4.8.1 雷电脉冲场作用下线缆内感应电流的计算

本节重点讨论埋地电缆耦合雷电电磁脉冲特性, 首先让我们来确定有入射至大地表面的平面波在电缆内感应的总电流. 此波用指数脉冲形式来表示, 然而在一定范围内降落的时间常数是任意的, 这样就可得到近似于脉冲(很短的降落时间)的入射场或用阶梯函数描述(很长的降落时间)的入射场. 波的移动方向及大地导电率也会影响电缆内的电流. 波的移动方向用方向函数 $D(\varphi,\phi)$ 来估算, 大地导电率则用时间常数 $\tau_0 = \dfrac{\varepsilon_0}{\sigma}$ 来估算. 这样电缆内的总电流将决定于作用场的脉冲场复数及其他三个参数: τ 为入射场脉冲降落时间常数, τ_0 为大地时间常数, $D(\varphi,\phi)$ 为方向函数. 对长的地下电缆来说, 总电流只决定于随归一化时间 t/τ 而变化的关系.

总电流的估算结果是在把大地看作导体的这一前提下给出的. 在许多实际情况中, 这种限制并不会把问题复杂化, 这是因为仅在很小的频段内才把大地看作具有衰减的介质. 此外, 地下电缆内的屏蔽体在这些频率下都会带来足够大的衰减, 以致在分析电缆芯线中的电压及电流时亦可忽略电磁场的影响.

4.8.1.1　当线缆电气上很长时在远离电缆终端各处的电流

如上所述，入射电磁脉冲为指数形式 $E_0 \mathrm{e}^{-\frac{t}{\tau}}$. 又假设波入射至地面的方向由入射角 ϕ 及方位角 φ 决定(图 4.45). 电缆埋深与场地中的穿透深度相比是不大的，这样，在电缆埋地处的场强与地表面的场强基本相同.

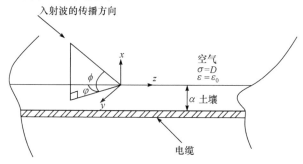

图 4.45　电缆的坐标系统

下面所给的电流公式对应于距无限长(电气上)地下电缆终端很远的情况，电缆对地不会绝缘或只有很薄的绝缘. 在分析时设 $\sigma \gg \omega\varepsilon$ 且电缆半径 α 与电流传入土壤的深度相比很小. 此时 $\rho_1 = \rho_2 = K_1 = K_2 = 0$，电缆中电流的表达式为

$$I(Z,\omega) = P(Z)\mathrm{e}^{-\gamma z} + Q(Z)\mathrm{e}^{\gamma z} \qquad (4\text{-}179)$$

当埋深与场强在地中的穿透深度相比很小($d \ll \delta$)而且 $|\gamma| \gg k\cos\phi\cos\varphi$ 时，得

$$P(Z)\mathrm{e}^{-\gamma z} \approx Q(Z)\mathrm{e}^{\gamma z} \approx \frac{E_z d}{2Z_0 \gamma} \qquad (4\text{-}180)$$

而电缆中电流则为

$$I(Z,\omega) = \frac{E_z d}{Z_0 \gamma} \approx \frac{E_z(0)}{Z_\xi} \approx \frac{2D(\phi,\varphi)\sqrt{\mathrm{j}\omega\tau_0}E_i(\omega)}{\mathrm{j}\omega\dfrac{\mu_0}{2\pi}\ln\left(\dfrac{\sqrt{2}\delta}{\gamma_0 \alpha}\right)} \qquad (4\text{-}181)$$

这里

$$Z_\xi = \mathrm{j}\omega\frac{\mu_0}{2\pi}\log\left(\frac{\sqrt{2}\delta}{\gamma_0 \alpha}\right) \quad \text{及} \quad E_z(0) = 2D(\phi,\varphi)\sqrt{\mathrm{j}\omega\tau_0}E_i(\omega)$$

考虑到 $\log\left(\dfrac{\sqrt{2}\delta}{\gamma_0 \alpha}\right) \approx 10$ 及 $\mu_0 = 4\pi\times10^{-7}$，可将式(4-181)改写为

$$I(Z,\omega) \approx 10^6 \sqrt{\tau_0}D(\phi,\varphi)E_i(\omega)/\sqrt{\mathrm{j}\omega} \qquad (4\text{-}182)$$

因对指数脉冲入射场而言，$E_i(\omega) = -\dfrac{E_0}{\mathrm{j}\omega + \dfrac{1}{\tau}}$，这里 τ 与大地时间常数相比是很大的

$\left(\tau \gg \tau_0 = \dfrac{\varepsilon_0}{\sigma}\right)$，故

$$I(\omega) = \frac{I_0}{\sqrt{j\omega\tau}\left(j\omega + \frac{1}{\tau}\right)} \tag{4-183}$$

应用傅里叶变换

$$e^{-\frac{t}{\tau}}\frac{2}{\sqrt{\pi}}\int_0^{\sqrt{t/\tau}} e^{u^2}\,du \rightarrow \frac{1}{\sqrt{j\omega\tau}\left(j\omega + \frac{1}{\tau}\right)} \tag{4-184}$$

得电流为

$$i(t) = I_0 e^{-\frac{t}{\tau}}\frac{2}{\sqrt{\pi}}\int_0^{\sqrt{t/\tau}} e^{u^2}\,du \tag{4-185}$$

此处 $I_0 \approx 10^6\sqrt{\tau_0\tau}E_0 D(\phi,\varphi)$ 而 $\tau_e = \frac{\varepsilon_0}{\sigma} = \frac{8.85\times10^{-12}}{\sigma}$，为大地时间常数，秒；$E_0$ 为入射电场的峰值场强，V/m；$D(\varphi,\phi)$ 为方向函数，对垂直极化波而言，其值为 $\cos\varphi$，对水平极化波而言，其值为 $\sin\phi\sin\varphi$.

电缆中感应的峰值电流为

$$I_P \approx 0.61 I_0 \tag{4-186}$$

峰值电流出现的时间为

$$t_P \approx 0.85\tau \tag{4-187}$$

当电磁场影响最大时($D(\varphi,\phi)=1$)，峰值电流的幅度 I_P 随大地导电率而变化的情况见图 4.46. 图 4.47 表示上述峰值电流模值随方位角 α 及入射角 ϕ 而变化(随 D 而变化)的情况. 对给定的 τ_j 值，峰值电流与大地导电率的平方根成反比，即

$$i_P \propto \frac{1}{\sqrt{\sigma}} \tag{4-188}$$

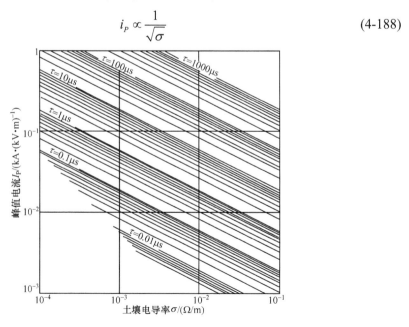

图 4.46 电缆内峰值电流随大地导电率及指数脉冲的降落时间而变化的情况

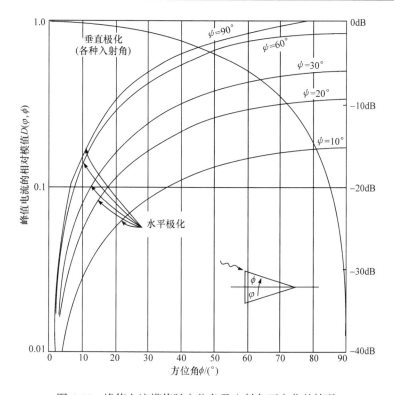

图 4.47　峰值电流模值随方位角及入射角而变化的情况

例：求 $\tau=1\mu s$ 及场强为 50kV/m 的水平极化指数脉冲在电缆中感应的电流. 入射角 $\phi=30°$，方位角 $\varphi=70°$，大地导电率为 $10^{-3}\Omega/m$.

由图 4.46 可知，当 $D(\varphi,\phi)=1$，$\sigma=10^{-3}\Omega/m$ 及 $\tau=1\mu s$ 时，峰值电流为 $5.7\times10^{-2}kA\cdot(kV\cdot m)^{-1}$. 因此，当 $D(\varphi,\phi)=1$ 及场强为 50kV/m 时，峰值电流为 2.85kA. 由图 4.47 可知，在水平极化 $\phi=30°$ 及 $\varphi=70°$ 时，$D(\varphi,\phi)=0.47$. 因此，峰值电流为 1.34kA，并且在电流脉冲开始后经 $0.85\tau=0.85\mu s$ 将出现此峰值电流.

式(4-181)还可以写成下列形式：

$$I(Z,\omega)=\frac{(\pi\delta^2)\sigma E_z(d)}{\mathrm{j}\log\sqrt{2}\delta/\gamma_0\alpha} \tag{4-189}$$

包含对数的一项基本不随频率及大地导电率而变化. 乘积 $\pi\delta^2$ 为半径等于 δ 的圆柱体的截面面积，$\sigma E_z(d)$ 则为无电缆时大地中的电流密度，因此式(4-189)表示电缆中感应的电流将近似地与圆柱体(其半径等于移去电缆后的等效穿透深度)内流过的电流成正比例. 在远离无限长电缆终端的地方，电流公式还可用更方便的形式写为

$$\frac{L_\xi}{\sqrt{\tau_0}E_0D(\phi,\varphi)}I(Z,\omega)\approx\frac{\mathrm{e}-\sqrt{\mathrm{j}\omega\tau_\mathrm{d}}}{\sqrt{\mathrm{j}\omega}} \tag{4-190}$$

式中，$\mathrm{j}\omega L_\xi=Z_\xi$. 如考虑到 L_ξ 与频率无关，则由脉冲场 $E_0\delta(t)$ 引起的电流可由下式确定：

$$\frac{L_\xi}{\sqrt{\tau_0}E_0 D(\phi,\varphi)}I(t,Z) \approx \frac{1}{\sqrt{\pi t}}e^{-\tau_d/4t} \tag{4-191}$$

而由阶梯函数描述的场 $E_0 u(t)$ 引起的电流则由下式确定：

$$\frac{L_\xi}{\sqrt{\tau_0}E_0 D(\phi,\varphi)}I(Z,t) \approx 2\sqrt{\frac{t}{\pi}}e^{-\tau_d/4t} \tag{4-192}$$

图 4.48 表示出在脉冲及由阶梯函数描述的场作用下上述电流的时间特性.

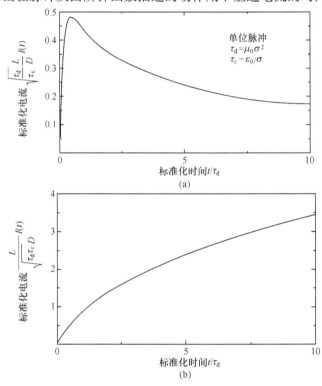

图 4.48　在脉冲及由阶梯函数描述的场的作用下地下电缆内感应电流的时间特性

4.8.1.2　深埋电缆内的电流

如电缆位于地面下深度 d 的方向，则该深度场强 $E_z(d)$ 相较于地表场强 $E(0)$ 减少了 $e^{-\xi/\delta} = e^{-\sqrt{j\omega/\tau_0}\,d/c}$ 倍. 有下降指数脉冲在埋深为 d 的长电缆中感应的总电流为

$$I(\omega) \approx I_0 \frac{e^{-\sqrt{j\omega/\tau_0}\,d/c}}{\sqrt{j\omega\tau}\left(j\omega+\dfrac{1}{\tau}\right)} \tag{4-193}$$

运用傅里叶变换

$$e^{-\xi/\delta}\frac{2}{\sqrt{\pi}}\int_0^{\sqrt{t/\tau}}e^{-p/u^2}e^{u^2}\mathrm{d}u \rightarrow \frac{e^{-\sqrt{j\omega 4p\tau}/\sqrt{j\omega\tau}\left(j\omega+\frac{1}{\tau}\right)}}{} \tag{4-194}$$

得电流为

$$i(t) \approx I_0 e^{-t/\tau} \frac{2}{\sqrt{\pi}} \int_0^{\sqrt{t/\tau}} e^{-p/u^2} e^{u^2} du \tag{4-195}$$

式中，$\tau_d = \mu_0 \sigma d^2$，$D$ 为电缆埋深，单位为 m；$c = \dfrac{1}{\sqrt{\mu_0 \varepsilon_0}}$ 为自由空间的光速；

$p = \left(\dfrac{d}{c}\right)^2 \dfrac{1}{4\tau\tau_e} = \dfrac{\tau_d}{4\tau}$.

图 4.49 表示在埋深参数 p 不同时归一化电流的变化情况. 图 4.47 所表示峰值感应电流随入射角的变化曲线可用于深埋的电缆，图 4.46 所示的峰值电流变化曲线也可用于深埋的电缆，但要引入修正系数 $f(p)/0.61$，这里 $f(p)$ 是由图 4.49 求得的感应电流峰值.

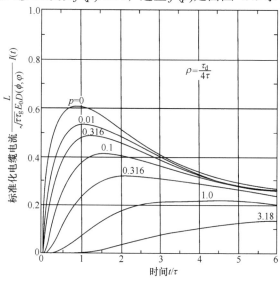

图 4.49　对给定的某些埋深参数值 p 绘成的归一化电流的时间特性

4.8.1.3　当电缆电气上很长时在未绝缘电缆的终端附近的电流

如在 $Z=0$ 处电缆未接其波阻抗，在未接无限长电缆(由 $Z=0$ 至 $Z=\infty$)的终端附近，常数 $K_2=0$，而常数 $K_1 \neq 0$.

如电缆短路(Z_1 远小于 Z_0)，则由于 $\rho_1 = -1$ 及 $K_1 = Q(0)$，得

$$I(z) = \left[Q(0) + P(z)\right] e^{-rz} + Q(z) e^{rz} \tag{4-196}$$

式中

$$p(z) e^{-rz} \approx \frac{E_z}{2Z_0 \Upsilon} \left(1 - e^{-rz}\right) \quad \left(|\Upsilon| \gg k'\right) \tag{4-197}$$

$$Q(z) e^{rz} \approx \frac{E_z}{2Z_0 \Upsilon} \tag{4-198}$$

因此在短路电缆的终端附近的感应电流为

$$I(z) \approx \frac{E_z}{Z_0 \Upsilon} = \frac{E_z}{Z_g} \tag{4-199}$$

此式与远离电器上无限长电缆的终端的地方所用电流表达式(4-181)一致.

如电缆终接波阻抗，则 $K_2 = K_1 = 0$，而 $P(Z)$ 及 $Q(Z)$ 则由式(4-177)及式(4-178)确定. 因此电缆终端附近的电流为

$$I(z) \approx \frac{E_z}{Z_g} - \frac{E_z}{2Z_g} \mathrm{e}^{-rz} \tag{4-200}$$

在终端（$Z=0$）所感应到的电流为

$$I(0) \approx \frac{E_z}{2Z_g} \tag{4-201}$$

此为远离无限长电缆的终端处感应电流的一半. 在远离这种电缆终端的地方，Z 处的合成电流为该处左右两个方向感应电流之和；而在无限长电缆的终端 $Z=0$ 处的合成电流则仅由 $Z>0$ 的一侧所感应的电流来确定；在电缆短路的情况下，电流仅由 $Z>0$ 的一个方向引起，然而由于短端的反射，在短路点附近电流将要加倍.

如在 $Z=0$ 处电缆开路，则 $\rho_1 = 1$ 及 $K_1 = Q(0)$. 因此在开路电缆另一端附近的电流为

$$I \approx \frac{E_z}{Z_g}\left(1 - \mathrm{e}^{-rz}\right) \tag{4-202}$$

与远离无限长电缆处的电流相比，此电流减少了

$$\frac{E_z}{Z_g}\mathrm{e}^{-rz} \tag{4-203}$$

在终端（$Z=0$）的电流减少为零.

在开路电缆终端附近，由入射场指数脉冲引起的电流可通过 E_z，Z 及 r 表达如下：

$$\frac{L_g}{\sqrt{\tau\tau_g}ED(\varPsi,\varphi)}I(Z) \approx \frac{e^{-\sqrt{s\tau_d}}}{\sqrt{s\tau}\left(s+\dfrac{1}{\tau}\right)}\left(1 - \mathrm{e}^{-\sqrt{s\tau_{dz}}}\right) \tag{4-204}$$

式中，$\tau_g = \mu\sigma Z^2$；$s = \mathrm{j}\omega$ 及 $\mathrm{j}\omega L_g = Z_g$，将 $\tau_g = \mu\sigma(d+z)^2$ 代入

$$\frac{L_g}{\sqrt{\tau\tau_g}ED(\varPsi,\varphi)}I(Z) \approx \frac{e^{-\sqrt{s\tau_d}} - e^{-\sqrt{s\tau_{dz}}}}{\sqrt{s\tau}\left(s+\dfrac{1}{\tau}\right)} \tag{4-205}$$

再根据傅里叶变化得

$$\frac{L_g}{\sqrt{\tau\tau_g}E_0D(\varPsi,\varphi)}I(t,z) \approx D\left(\frac{t}{\tau},P_d\right) - D\left(\frac{t}{\tau},P_{dz}\right) \tag{4-206}$$

式中

$$P_d = \frac{\tau_d}{4\tau}, \quad P_{dz} = \frac{\tau_{dz}}{4\tau}$$

而

$$D\left(\frac{t}{\tau},p\right)=\mathrm{e}^{-\frac{t}{\tau}}\frac{2}{\sqrt{\pi}}\int_0^{\sqrt{t/\tau}}\mathrm{e}^{-\frac{p}{u^2}}\mathrm{d}u$$

此函数绘于图 4.49. 当 $P_d=0$（埋深 $d=0$）时，用不同的 P_{dz} 值按式(4-186)算得的开路电缆终端附近的电流见图 4.50（$P_{dz}=P_z=\mu\sigma z^2/4\tau$）.

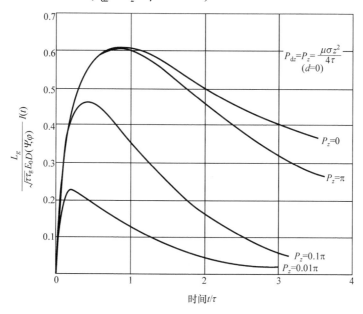

图 4.50　在终端对地绝缘的电缆中在电缆终端附近的感应电流的时间特性

4.8.2　有限长线缆感应电流的计算

4.8.2.1　电缆两端短路时感应电流

长度为 l 两端接地的浅埋电缆在指数脉冲作用下感应的电流为

$$I\left(Z,\omega\right)=\frac{E_z\left(d\right)}{Z_q}\approx I_0\frac{l}{\sqrt{\mathrm{j}\omega\tau}\left(\mathrm{j}\omega+\dfrac{1}{\tau}\right)}\tag{4-207}$$

此电流与无限长电缆中感应的电流值恒等(见式(4-181)及式(4-185)).

4.8.2.2　电缆两端开路时感应电流

如长度为 l（由 $Z=0$ 至 $Z=l$）的电缆在两端开路，则在指数脉冲 $E_0\mathrm{e}^{-\xi/\tau}$ 作用下，在电缆内感应的电流将为

$$I\left(Z,\omega\right)\approx I_0\frac{I_0}{\sqrt{\mathrm{j}\omega\tau}\left(\mathrm{j}\omega+\dfrac{1}{\tau}\right)}\left\{1-\sum_{N=0}^{\infty}(-1)^n\left(\mathrm{e}^{-\gamma(ml+z)}+\mathrm{e}^{-\gamma\left[(m+1)l-n\right]}\right)\right\}\tag{4-208}$$

式中，$I_0 \approx 10^6 \sqrt{\tau_\xi \tau} E_0 D(\phi,\varphi)\,(\text{A})$，$\tau_\xi = \dfrac{\varepsilon_0}{\sigma} = \dfrac{8.85 \times 10^{-12}}{\sigma}$，为土壤的时间常数(s)，$\tau$为入射波衰减时间常数(秒)，$E_0$为入射脉冲电场强度的峰值(V/m)，$D(\phi,\varphi) = \cos\varphi$ (垂直极化波)，$= \sin\phi\sin\varphi$ (水平极化波).

在衰减很小 $\gamma = \dfrac{\mathrm{j}\omega}{v}$ 的绝缘电缆情况中

$$i(z,t) = i_\infty(z,t)u(t) - \sum_{n=0}^{\infty}(-1)^n\left[i_\infty(z,t-t_{m1})u(t-t_{m1}) + i_\infty(z,t-t_{m2})u(t-t_{m2})\right] + i_\infty(z,t-t_{m2})$$

(4-209)

式中，$i_\infty(z,t) = I_0 \mathrm{e}^{-\xi/\tau}\dfrac{2}{\sqrt{\pi}}\displaystyle\int_0^{\sqrt{t/\tau}}\mathrm{e}^{u^2}\mathrm{d}u$，$t_{m1} = (nl+z)/v$，$t_{m2} = \left[(m+1)l-z\right]/v$，$v \approx \dfrac{c}{\sqrt{\varepsilon_\gamma}}\sqrt{\dfrac{\log(b/a)}{\log(0.794\delta/\alpha)}}$，$\sqrt{\varepsilon_\gamma}$ 为绝缘的相对介电常量，$u(t-t_1)$ 为在 $t=t_1$ 瞬间的单元阶梯函数. 需要指出，有限长绝缘电缆中的电流在 $t=t_{01}$ 或 $t=t_{02}$ (要看哪一个瞬间先来做决定)瞬间以前与无限长电缆内的电流相等，而在此瞬间以后则形成波动状变化，如图 4.51 中所示为指数脉冲 $E_0\mathrm{e}^{-\xi/\tau}$ (其中 $\tau=0.25\mu\mathrm{s}$)在 18m 长的电缆中点所引起的电流.

因为在 $t = \dfrac{1}{2v}$ 以前，中点的电流与无限长电缆内的电流恒等，故当

$$l \geqslant 5 \times 10^8 \tau \sqrt{\dfrac{\log b/a}{\varepsilon_\gamma \log(0.794\delta/\alpha)}}$$

(4-210)

时绝缘电缆中点的峰值电流如图 4.51 所示(b/a=1.05；l=18m；ε_γ=2.3；τ=0.25μs).

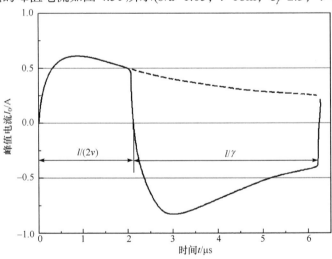

图 4.51　在两端开路的绝缘电缆的中点所感应的电流

对浅埋的未绝缘电缆来说，$\gamma = \sqrt{\mathrm{j}\omega\mu_0\sigma} = \sqrt{\mathrm{j}\omega}/c\sqrt{\tau_\xi}$，而电流则由下式决定：

$$i(z,t) \approx i_\infty(z,t) - I_0 \mathrm{e}^{-t/\tau}\dfrac{2}{\sqrt{\pi}}\sum_{n=0}^{\infty}(-1)^n\int_0^{\sqrt{t/\tau}}\left(\mathrm{e}^{-p_1/u^2} + \mathrm{e}^{-p_2/u^2}\right)\mathrm{e}^{u^2}\mathrm{d}u$$

(4-211)

式中

$$i(z,t) = I_0 e^{-t/\tau} \frac{2}{\sqrt{\pi}} \int_0^{\sqrt{t/\tau}} e^{u^2} du$$

$$p_1 = \frac{1}{4\tau\tau_\xi} \left(\frac{nl+z}{c} \right)^2$$

$$p_2 = \frac{1}{4\tau\tau_\xi} \left[\frac{(n+1)l-2}{c} \right]^2$$

这样一来，在有限长未绝缘电缆中的电流将等于无限长绝缘电缆中的电流再乘以 1 个由无穷级数项来表达的修正系数，这些数项与式(4-195)所包含的项 $\int_0^{\sqrt{t/\tau}} e^{-p/u^2} e^{u^2} du$ 类似. 这些级数项对应于无限长电缆，但考虑在时间 t/τ 后减弱并推迟了 p 倍，如 $u^2 \ll p$，则 $e^{-p/u^2} \approx 0$，而积分式将与无限长电缆式(4-185)中的积分式近似. 图 4.49 列出在某些 p 值情况下感应电流的时间变化曲线.

因为在 $t/\tau=0.85$ 瞬间，无限长电缆出现峰值电流 $i_\infty(z,t)$，因此，如果在 $t/\tau=0.85$ 或稍迟的瞬间出现了由电缆终端来的反射波，则在有限长电缆内的电流将表达成与无限长电缆内的电流的相同峰值.

因此，如果

$$l \geqslant 10^9 \sqrt{\tau\tau_\xi} \tag{4-212}$$

则在有限长电缆的中点电流 i_p 将达到 $0.61I_0$.

例：在场强为 50kV/m、降落时间常数为 0.25μs 的指数脉冲作用下，敷设与导电率为 $10^{-2}\Omega/m(\tau_\xi = 8.85 \times 10^{-10})$ 的大地中的电缆，为使电缆中心处得到 $i_p=0.61I_0$ 所需的电缆长度为

$$l \geqslant 10^9 \sqrt{0.25 \times 10^{-6} \times 8.85 \times 10^{-10}} = 15 \text{(m)}$$

由图 4.49 的电磁场影响最大时的峰值电流为 i_p=50kV/m×9×10^{-3}kA/(kV/m)=0.45kA.

4.8.2.3　地下电缆的传输常数

当电缆垂直段位于电缆水平路由与给定的负载之间时，常需计算长为 1 的地下电缆在负载端(电源接在对端)的电压及电流. 电源在电缆一端形成电流及电压，此电流及电压传至有负载阻抗 Z_δ 的电缆另一端. 等效电路图如图 4.52 所示，通过负载的电流为

$$I_l = \frac{V_0 e^{-\gamma l}(1-\rho)}{Z_\delta \left(1 - \rho e^{-\gamma 2l}\right) + Z_0 \left(1 + \rho e^{-\gamma 2l}\right)} \tag{4-213}$$

而负载上的电压为

$$V_l = \frac{V_0 Z_0 \mathrm{e}^{-\gamma l}(1+\rho)}{Z_\delta\left(1-\rho\mathrm{e}^{-\gamma 2l}\right)+Z_0(1+\rho\mathrm{e}^{-\gamma 2l})} \tag{4-214}$$

式中，$\rho = \dfrac{Z_l - Z_0}{Z_l + Z_0}$；$Z_0$ 为电缆的波阻抗；γ 为电缆的传输常数；对电上的短电缆而言（$\gamma l \ll 1$）

$$I_l \approx \frac{V_0}{Z_l + Z_\delta} \tag{4-215}$$

$$V_l = \frac{V_0 Z_0}{Z_l + Z_\delta} \tag{4-216}$$

对很长的绝缘电缆而言（$l/\delta \ll 1$）

$$I_l \approx \frac{V_0}{Z_l + Z_\delta}(1-\rho)\mathrm{e}^{-\gamma l} \tag{4-217}$$

$$V_l \approx \frac{Z_0}{Z_l + Z_\delta} V_0(1+\rho)\mathrm{e}^{-\gamma l} \tag{4-218}$$

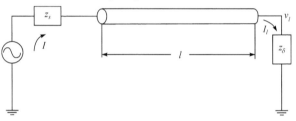

图 4.52　地下电缆中电流、电压及阻抗的确定

例：水平埋于地中的绝缘长电缆成直角弯曲向下引至地下设备. 垂直段长度为 18m，以小阻抗结构作为负载 $\rho \approx -1$. 如水平段在直接回转向下以前的终端短路电流为 I_0，则在垂直段下端进入小阻抗结构的电流为

因 $Z_\delta \approx Z_0$ 及 $V_0 = I_0 Z_\delta$，故

$$I_l = \frac{I_0 Z_0}{2Z_0}\left[1-(-1)\mathrm{e}^{-\gamma l}\right] = I_0\mathrm{e}^{-\sqrt{\mathrm{j}\omega\tau\xi}}$$

式中，$\tau_l = \mu_0\sigma l^2$. 因此，由阶梯函数 $I_0 u(t)$ 描述的输入电流在负载结构中形成的电流为

$$i_t = I_0\mathrm{erfc}\frac{1}{2}\left(\sqrt{\frac{\tau_l}{t}}\right) \quad \text{（erfc 为余误差函数）}$$

在由阶梯函数描述的场的作用下，沿长度为 l 的地下电缆传输的电流的变化情况见图 4.53（转移函数：I_l/I_0）.

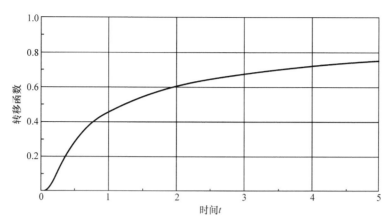

图 4.53　在由阶梯函数描述的场的作用下，沿长度为 l 的地下电缆传输的电流的变化情况

参 考 文 献

[1] 何金良,曾嵘.配电线路雷电防护[M].北京:清华大学出版社,2013:76-90.

[2] [美]克莱顿 R.保罗.多导体传输线分析[M].第二版,杨晓宪,郑涛译.北京：电力出版社,2013:373-377.

[3] [美]克莱顿 R.保罗.多导体传输线分析[M].第二版,杨晓宪,郑涛译.北京：电力出版社,2013:415-421.

[4] 李祥超,董昌鑫,徐晓培,杨悠等. 同轴线耦合雷电电磁脉冲特性的分析[J].电器与能效管理技术,2016,(24):1-7+19.

[5] 李祥超,徐晓培,董昌鑫,等.双绞线耦合雷电电磁脉冲特性分析[J].电瓷避雷器.

[6] 爱弗·万斯. 电磁场对屏蔽电缆的影响[M]. 北京: 人民邮电出版社, 1988: 106-118.

5.1　双导体传输线的电路理论

5.1.1　积分形式的麦克斯韦方程导出传输线方程

回顾法拉第定律的积分形式

$$\oint_c \boldsymbol{E} \cdot \mathrm{d}\boldsymbol{l} = -\mu \frac{\mathrm{d}}{\mathrm{d}t} \int_s \boldsymbol{H} \cdot \mathrm{d}\boldsymbol{s} \tag{5-1}$$

它可以由图 5.1 说明. 环绕着闭合围线 c 的积分路径长度用 $\mathrm{d}\boldsymbol{l}$ 表示，c 限定着开放表面 s.

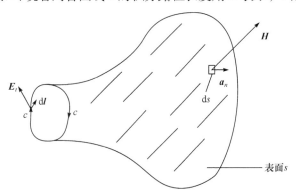

图 5.1　法拉第定律中表面与围线关系的说明

表面 s 的微分面积用 $\mathrm{d}\boldsymbol{s} = \mathrm{d}s\boldsymbol{a}_n$ 表示，这里 $\boldsymbol{a}_n$ 是表面的单位法向矢量. 在法拉第定律中，围线 c 的方向与它所限定的开放表面的法线方向的关系遵循右手定则. 即如果将右手手指指向 c 的方向，则拇指指向的就是 $\boldsymbol{a}_n$ 方向. 它是这个开放表面的外方向.

图 5.2(a)是通常的双导体传输线纵向视图. 我们已经表明了一个在两个导体间的开放表面 s，它在沿着纵向或 z 方向即传输线轴线方向的横截面是均匀的（为了简单起见，表面被认为是平坦的，如图 5.2(b)所示. 事实上，对于任何形状的开放表面都能得到相同的结果，只要它在 z 方向或纵向的横截面是均匀的. 也就是说，横截面与 z 方向无关）. 表面被闭合围线 c 限定. 围绕着这个围线写出法拉第定律为

$$\int_a^{a'} \boldsymbol{E}_t \cdot \mathrm{d}\boldsymbol{l} + \int_{a'}^{b'} \boldsymbol{E}_1 \cdot \mathrm{d}\boldsymbol{l} + \int_{b'}^{b} \boldsymbol{E}_t \cdot \mathrm{d}\boldsymbol{l} + \int_b^a \boldsymbol{E}_1 \cdot \mathrm{d}\boldsymbol{l} = \mu \frac{\mathrm{d}}{\mathrm{d}t} \int_s \boldsymbol{H}_t \cdot \boldsymbol{a}_n \mathrm{d}s \tag{5-2}$$

式中，$\boldsymbol{E}_t$ 表示横向电场(在 x-y 横向平面)；$\boldsymbol{E}_1$ 表示纵向或 z 方向电场(沿着导体表面).

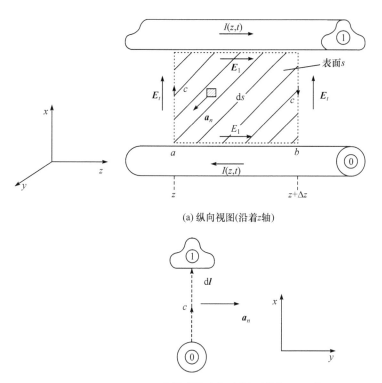

(a) 纵向视图(沿着z轴)

(b) 顺着z增加方向看进去的横向x-y平面视图

图 5.2 推导第 1 个传输线方程时所用的围线 c 和相应表面 s 的定义

由图 5.2 可以看到,这个表面的单位法向矢量 $\boldsymbol{a}_n$ 与法拉第定律的方向相反,因为围线 c 是按顺时针方向定义的. 因此,式(5-1)右边的负号在这里被取消. 在该式中,包括了导体的损耗,即可以将导体考虑为非理想导体. 并且假定,这个沿着非理想导体表面建立的纵向电场没有明显的破坏横向电磁场(TEM)的场结构. 因此,整个场结构仍然可以近似地视为 TEM 场. TEM 场结构的假设允许唯一地定义上部导体与底部导体间的电压(上部导体为正)为

$$V(z,t) = -\int_a^{a'} \boldsymbol{E}_t(x,y,z,t) \cdot \mathrm{d}\boldsymbol{l} \tag{5-3a}$$

$$V(z+\Delta z,t) = -\int_b^{b'} \boldsymbol{E}_t(x,y,z+\Delta z,t) \cdot \mathrm{d}\boldsymbol{l} \tag{5-3b}$$

为了使之适合于非理想导体,定义每个导体的单位长度电阻分别为 $r_1(\Omega/\mathrm{m})$ 和 $r_0(\Omega/\mathrm{m})$. 这样,

$$-\int_{a'}^{b'} \boldsymbol{E}_1 \cdot \mathrm{d}\boldsymbol{l} = -r_1 \Delta z I(z,t) \tag{5-4a}$$

$$-\int_b^a \boldsymbol{E}_1 \cdot \mathrm{d}\boldsymbol{l} = -r_0 \Delta z I(z,t) \tag{5-4b}$$

这里,沿着导体,有 $\boldsymbol{E}_1 = \boldsymbol{E}_z \boldsymbol{a}_z$ 和 $\mathrm{d}\boldsymbol{l} = \mathrm{d}z \boldsymbol{a}_z$. 对于 TEM 场结构,电流可以唯一地定义为

$$I(z,t) = \oint_{c'} \boldsymbol{H}_t \cdot \mathrm{d}\boldsymbol{s} \tag{5-5}$$

这里 c' 是横向平面上环绕着上部导体的闭合围线，它紧贴着导体表面，如图 5.3 所示. 因此，式(5-2)变为

$$-V(z,t) + r_1 \Delta z I(z,t) + V(z + \Delta z,t) + r_0 \Delta z I(z,t) = \mu \frac{\mathrm{d}}{\mathrm{d}t} \int_s \boldsymbol{H}_t \cdot \boldsymbol{a}_n \mathrm{d}s \tag{5-6}$$

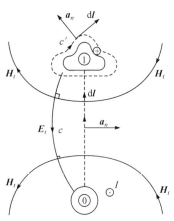

图 5.3　利用法拉第定律推导第 1 个传输线方程

利用电荷守恒方程推导第 2 个传输线方程时所用围线 c 和表面 s 的说明，式(5-6)两边除以 Δz 并重新整理，得到

$$\frac{V(z + \Delta z,t) - V(z,t)}{\Delta z} = -r_1 I(z,t) - r_0 I(z,t) + \mu \frac{1}{\Delta z} \frac{\mathrm{d}}{\mathrm{d}t} \int_s \boldsymbol{H}_t \cdot \boldsymbol{a}_n \mathrm{d}s \tag{5-7}$$

穿过单位长度表面的磁通(图 5.3)为

$$\psi = -\mu \lim_{\Delta z \to 0} \frac{1}{\Delta z} \int_s \boldsymbol{H}_t \cdot \boldsymbol{a}_n \mathrm{d}s = lI(z,t) \tag{5-8}$$

其中，l 是单位长度电感. 注意到图 5.3 所示的 $\boldsymbol{H}_t$ 的方向与表面法线 $\boldsymbol{a}_n$ 方向间的关系，因此式中的负号是需要的. 取式(5-7) $\Delta z \to 0$ 时的极限，并代入式(5-8)中，将产生第 1 个传输线方程

$$\frac{\partial V(z,t)}{\partial z} = -rI(z,t) - l\frac{\partial I(z,t)}{\partial t} \tag{5-9}$$

传输线 Δz 部分总的单位长度电阻是每个导体单位长度电阻 r_1 和 r_0 之和. 将这个总电阻记为 $r = r_1 + r_0$.

　　为了导出第 2 个传输线方程，考虑紧贴着上部导体设置一个闭合表面，如图 5.4 所示. 它与式(5-5)定义电流时所用的表面相同. 表面的顶端部分记为 s'_e，侧面部分记为 s'_s. 根据连续性方程或者电荷守恒方程得

$$\oiint_{s'} \boldsymbol{\varphi} \cdot \mathrm{d}\boldsymbol{s}' = -\frac{\mathrm{d}}{\mathrm{d}t} Q_{\mathrm{enc}} \tag{5-10}$$

对于顶部表面，有

$$\iint_{s'_e} \boldsymbol{\varphi} \cdot \mathrm{d}\boldsymbol{s}' = I(z + \Delta z, t) - I(z, t) \tag{5-11}$$

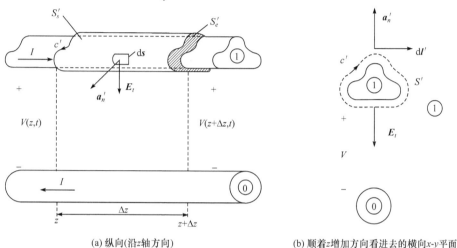

(a) 纵向(沿z轴方向)　　　　　　　(b) 顺着z增加方向看进去的横向x-y平面

图 5.4　推导第 2 个传输线方程时所用围线 c 和表面 s 的说明

在侧面部分，有两个电流流过：传导电流 $\boldsymbol{\varphi}_c = \sigma \boldsymbol{E}_t$ 和位移电流 $\boldsymbol{\varphi}_d = \varepsilon(\partial \boldsymbol{E}_t / \partial t)$，这里导体周围均匀介质的特性由电导率 σ 和介电常量 ε 表征. 这些概念能够以近似的方式推广到围绕着导体的介质是非均匀介质的情形，但这种推广是近似的. 这是由于对于非均匀介质，无论它沿着导体是否均匀，都将影响 TEM 结构的基本假设，因为 TEM 要求所有波以相同的速度传播. 式(5-10)左边部分包含着流过导体间的横向传导电流

$$\iint_{s'_s} \boldsymbol{\varphi}_c \cdot \mathrm{d}\boldsymbol{s}' = \sigma \iint_{s'_s} \boldsymbol{E}_t \cdot \mathrm{d}\boldsymbol{s}' \tag{5-12}$$

同样，可以考虑定义在两个导体间单位长度的电导 g (S/m)，它表征横向平面上两个导体之间流过的传导电流与导体间电压之比（图 5.4(b)）. 因此，

$$gV(z,t) = \sigma \lim_{\Delta z \to 0} \frac{1}{\Delta z} \iint_{s'_s} \boldsymbol{E}_t \cdot \mathrm{d}\boldsymbol{s}' \tag{5-13}$$

类似地，由高斯定律，表面所包围的电荷（驻留在导体表面）是

$$Q_{\mathrm{enc}} = \varepsilon \iint_{s'_s} \boldsymbol{E}_t \cdot \mathrm{d}\boldsymbol{s}' \tag{5-14}$$

传输线单位长度的电荷可以根据导体间单位长度电容 c 定义为

$$cV(z,t) = \varepsilon \lim_{\Delta z \to 0} \frac{1}{\Delta z} \iint_{s'_s} \boldsymbol{E}_t \cdot \mathrm{d}\boldsymbol{s}' \tag{5-15}$$

将式(5-11)、式(5-12)和式(5-14)代入式(5-10)，并将两边除以 Δz，可得

$$\frac{I(z+\Delta z,t)-I(z,t)}{\Delta z}+\sigma\frac{1}{\Delta z}\iint_{s'_s}\boldsymbol{E}_t\cdot\mathrm{d}s'=-\varepsilon\frac{1}{\Delta z}\frac{\mathrm{d}}{\mathrm{d}t}\iint_{s'_s}\boldsymbol{E}_t\cdot\mathrm{d}s' \tag{5-16}$$

取式(5-16) $\Delta z\to0$ 时的极限，并将式(5-13)和式(5-15)代入，可产生第 2 个传输线方程

$$\frac{\partial I(z,t)}{\partial z}=-gV(z,t)-c\frac{\partial V(z,t)}{\partial t} \tag{5-17}$$

5.1.2　单位长度等值电路导出传输线方程

长度为 Δz 的传输线单位长度等值电路如图 5.5 所示. 对于电压回路，由基尔霍夫电压定律(KVL)可以写出

$$V(z+\Delta z,t)-V(z,t)=-r\Delta zI(z,t)-l\Delta z\frac{\partial I(z,t)}{\partial t} \tag{5-18}$$

两边除以 Δz 并取 $\Delta z\to0$ 时的极限，将产生第 1 个传输线方程

$$\frac{\partial V(z,t)}{\partial z}=-rI(z,t)-l\frac{\partial I(z,t)}{\partial t} \tag{5-19}$$

在上节点处，根据基尔霍夫电流定律(KCL)写出

$$I(z+\Delta z,t)-I(z,t)=-g\Delta zV(z+\Delta z,t)-c\Delta z\frac{\partial V(z+\Delta z,t)}{\partial t} \tag{5-20}$$

两边除以 Δz 并取 $\Delta z\to0$ 时的极限，产生第 2 个传输线方程

$$\frac{\partial I(z,t)}{\partial z}=-gV(z,t)-c\frac{\partial V(z,t)}{\partial t} \tag{5-21}$$

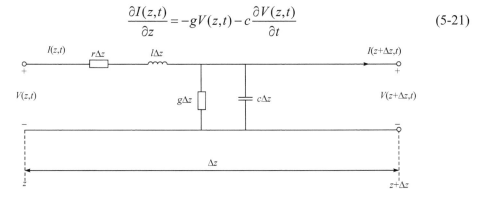

图 5.5　推导传输线方程的单位长度等值电路

5.1.3　单位长度参数的性质

单位长度参数电感 l、电容 c 和电导 g 基于以下假设：①传输线是理想导体；②导体周围是均匀介质. 单位长度电感是穿过两导体间单位长度回路的磁通 ψ 与导体上的电流之比

$$l=\frac{\psi}{I} \tag{5-22a}$$

单位长度电容是分布在单位长度导体上的电荷 q 与两个导体间的电压之比，即

$$c = \frac{q}{V} \tag{5-22b}$$

单位长度电导是横向平面上，通过周围的电介质由一个导体流向另一个导体的电流 J_t 与导体间的电压之比，即

$$g = \frac{J_t}{V} \tag{5-22c}$$

对于均匀介质，这些参数存在如下关系：

$$lc = \mu\varepsilon \tag{5-23a}$$

$$gl = \sigma\mu \tag{5-23b}$$

$$\frac{g}{c} = \frac{\sigma}{\varepsilon} \tag{5-23c}$$

这里假定均匀介质的各个参数：导磁系数 μ、介电常量 ε 和电导率 σ 都是常数.

5.2 多导体传输线的电路理论

5.2.1 积分形式的麦克斯韦方程导出多导体传输线方程

图 5.6 表明了通常所考虑的由 $n+1$ 个导体构成的传输线，它有 n 个导体和一个参考导体(记为第 0 个导体). n 个导体上的电压均是相对于参考导体而言的. 参考导体的选择不是唯一的. 对于围绕着参考导体与第 i 个导体间表面 s_i 的围线 c_i，使用法拉第定律，可得

$$\int_a^{a'} \boldsymbol{H}_t \cdot \mathrm{d}\boldsymbol{l} + \int_{a'}^{b'} \boldsymbol{E}_1 \cdot \mathrm{d}\boldsymbol{l} + \int_{b'}^{b} \boldsymbol{E}_t \cdot \mathrm{d}\boldsymbol{l} + \int_b^a \boldsymbol{E}_1 \cdot \mathrm{d}\boldsymbol{l} = \mu \frac{\mathrm{d}}{\mathrm{d}t} \int_{s_i} \boldsymbol{H}_t \cdot \boldsymbol{a}_n \mathrm{d}s \tag{5-24}$$

同样，这里 $\boldsymbol{E}_t$ 表示横向电场(在 x-y 横向平面)，$\boldsymbol{E}_1$ 表示纵向或 z 方向电场(沿着导体表面). 显然，同样由于围线方向的选择与 $\boldsymbol{a}_n$ 方向(向着纸外)的关系与右手定则相反，法拉第定律右边的负号将不出现在式(5-24)中. 并且，根据 TEM 场结构的假设，可以唯一地定义第 i 个导体与参考导体间的电压(第 i 个导体上的电压为正)为

$$V_i(z,t) = -\int_a^{a'} \boldsymbol{E}_t(x,y,z,t) \cdot \mathrm{d}\boldsymbol{l} \tag{5-25a}$$

$$V_i(z+\Delta z,t) = -\int_b^{b'} \boldsymbol{E}_t(x,y,z+\Delta z,t) \cdot \mathrm{d}\boldsymbol{l} \tag{5-25b}$$

类似地，定义第 i 个导体的单位长度电阻为 $r_i(\Omega/\mathrm{m})$，参考导体的单位长度电阻为 $r_0(\Omega/\mathrm{m})$. 这样，

$$-\int_{a'}^{b'} \boldsymbol{E}_1 \cdot \mathrm{d}\boldsymbol{l} = -r_i\Delta z I_i(z,t) \tag{5-26a}$$

$$-\int_b^a \boldsymbol{E}_1 \cdot \mathrm{d}\boldsymbol{l} = -r_0\Delta z \sum_{k=1}^n I_k(z,t) \tag{5-26b}$$

第 i 个导体的电流是

$$I_i(z,t) = \oint_{c_i'} \boldsymbol{H}_t \cdot \mathrm{d}\boldsymbol{l} \tag{5-27}$$

这里围线 c_i' 围绕着第 i 个导体的表面. 根据 TEM 场结构的假定可以表明，如同双导体传输线的情形，z 方向任何横截面上所有 $n+1$ 个导体上的电流之和等于零. 这就是说，n 个导体上的电流通过参考导体返回. 将它们代入式(5-24)可得

$$-V_i(z,t) + r_i\Delta z I_i(z,t) + V_i(z+\Delta z,t) + r_0\Delta z \sum_{k=1}^{n} I_k(z,t) = \mu\frac{\mathrm{d}}{\mathrm{d}t}\int_{s_i} \boldsymbol{H}_t \cdot \boldsymbol{a}_n \mathrm{d}s \tag{5-28}$$

两边除以 Δz ，并重新整理可得

$$\frac{V_i(z+\Delta z,t)-V_i(z,t)}{\Delta z} + = -r_0 I_1 - r_0 I_2 - \cdots - (r_0+r_i)I_i - \cdots - r_0 I_n + \mu\frac{1}{\Delta z}\frac{\mathrm{d}}{\mathrm{d}t}\int_{s_i} \boldsymbol{H}_t \cdot \boldsymbol{a}_n \mathrm{d}s \tag{5-29}$$

在取 $\Delta z \to 0$ 的极限之前，我们考察某些与双导体传输线类似的情形. 显然，穿过如图 5.6 所示表面 s_i 的总磁通是所有导体上电流产生的磁通的线性组合. 考虑一个顺着 z 增

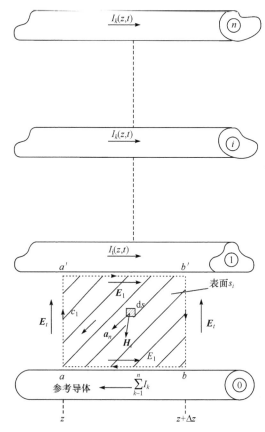

图 5.6 推导第 i 个电路第 1 个传输线方程时使用的围线 c_i 和相应的表面 s_i

加方向看进去的传输线的横截面，如图 5.7 所示. 根据式(5-27)，n 个导体的电流暗喻定

义在正 z 方向，因为围绕着第 i 个导体的围线 c_i' 定义在顺时针方向，因此，n 个导体电流产生的磁通方向也将是顺着 z 增加方向看进去时的顺时针方向. 穿过参考导体与第 i 个导体间表面 s_i 的单位长度磁通 ψ_i 也同样定义在顺着 z 增加方向看进去时的顺时针方向，如图 5.7 所示. 因此，穿过表面 s_i 的单位长度磁通能够写成

$$
\begin{aligned}
\psi_i &= -\mu \lim_{\Delta z \to 0} \frac{1}{\Delta z} \int_{s_i} \boldsymbol{H}_t \cdot \boldsymbol{a}_n \mathrm{d}s \\
&= l_{i1}I_1 + l_{i2}I_2 + \cdots + l_{ii}I_i + \cdots + l_{in}I_n
\end{aligned} \tag{5-30}
$$

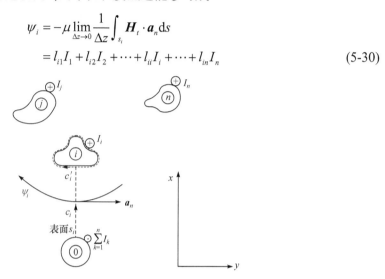

图 5.7　推导第 i 个电路的第 1 个传输线方程所用围线 c_i 和相应表面 s_i 的横截面说明

注意到在这个磁通表达式中，负号是需要的. 这是因为所要求的磁通 ψ_i 的方向与所定义表面的单位法线方向 $\boldsymbol{a}_n$ 刚好相反. l_{ii} 是第 i 个电路或回路的单位长度自电感，l_{ij} 是第 i 个电路与第 j 个电路间的单位长度互电感. 取式(5-29) $\Delta z \to 0$ 时的极限并代入式(5-30)中可得

$$
\begin{aligned}
\frac{\partial V_i(z,t)}{\partial z} = &-r_0 I_1(z,t) - r_0 I_2(z,t) - \cdots - (r_0 + r_i)I_i(z,t) - \cdots \\
&-r_0 I_n(z,t) - l_{i1}\frac{\partial I_1(z,t)}{\partial t} - l_{i2}\frac{\partial I_2(z,t)}{\partial t} - \cdots - l_{ii}\frac{\partial I_i(z,t)}{\partial t} - \cdots - l_{in}\frac{\partial I_n(z,t)}{\partial t}
\end{aligned} \tag{5-31}
$$

这样，采用矩阵符号，第 1 个 MTL 方程能够简洁地表示为

$$
\frac{\partial}{\partial z}\boldsymbol{V}(z,t) = -\boldsymbol{R}\boldsymbol{I}(z,t) - \boldsymbol{L}\frac{\partial}{\partial t}\boldsymbol{I}(z,t) \tag{5-32}
$$

这里 $n \times 1$ 电压和电流矢量定义为

$$
\boldsymbol{V}(z,t) = \begin{bmatrix} V_1(z,t) \\ \vdots \\ V_i(z,t) \\ \vdots \\ V_n(z,t) \end{bmatrix} \tag{5-33a}
$$

$$\boldsymbol{I}(z,t) = \begin{bmatrix} I_1(z,t) \\ \vdots \\ I_i(z,t) \\ \vdots \\ I_n(z,t) \end{bmatrix} \tag{5-33b}$$

由式(5-30)，单位长度电感矩阵定义为

$$\boldsymbol{\psi} = \boldsymbol{LI} \tag{5-34a}$$

这里，$\boldsymbol{\psi}$ 是一个 $n \times 1$ 向量矩阵. 它包含每个磁通 ψ_i，其中 ψ_i 是穿过第 i 个导体与参与导体间表面(第 i 个电路)的磁通

$$\boldsymbol{\psi} = \begin{bmatrix} \psi_1 \\ \vdots \\ \psi_i \\ \vdots \\ \psi_n \end{bmatrix} \tag{5-34b}$$

当顺着 $+z$ 方向看进去时，穿过第 i 个电路(回路)磁通 ψ_i 的方向是顺时针方向(图 5.7). 单位长度电感矩阵 $\boldsymbol{L}$ 包含着每个电路单位长度的自电感 l_{ii} 和两个电路之间单位长度的互电感 l_{ij}. $\boldsymbol{L}$ 是对称矩阵，如

$$\boldsymbol{L} = \begin{bmatrix} l_{11} & l_{12} & \cdots & l_{1n} \\ l_{12} & l_{22} & \cdots & l_{2n} \\ \vdots & \vdots & & \vdots \\ l_{1n} & l_{2n} & \cdots & l_{nn} \end{bmatrix} \tag{5-34c}$$

类似地，由式(5-31)，定义单位长度电阻矩阵为

$$\boldsymbol{R} = \begin{bmatrix} (r_1+r_0) & r_0 & \cdots & r_0 \\ r_0 & (r_2+r_0) & \cdots & r_0 \\ \vdots & \vdots & & \vdots \\ r_0 & r_0 & \cdots & (r_n+r_0) \end{bmatrix} = \begin{bmatrix} r_1 & 0 & \cdots & 0 \\ 0 & r_2 & \cdots & 0 \\ \vdots & \vdots & & \vdots \\ 0 & 0 & \cdots & r_n \end{bmatrix} + \begin{bmatrix} r_0 & r_0 & \cdots & r_0 \\ r_0 & r_0 & \cdots & r_0 \\ \vdots & \vdots & & \vdots \\ r_0 & r_0 & \cdots & r_0 \end{bmatrix} \tag{5-35}$$

可以看到，在形式上，式(5-32)给出的第 1 个传输线方程与式(5-9)和式(5-19)给出的标量形式的双导体传输线的第 1 个传输线方程是相同的.

式(5-35)的单位长度电阻矩阵具有完美的形式，但是仅适用于参考导体是有限尺度如导线时的情形. 在参考导体是很大的接地平面的情况下，每一个在接地平面中返回的电流将集中在导体下方，如图 5.8 所示. 这些电流将扩散在接地平面中，使得单位长度电阻矩阵具有如下形式：

$$\boldsymbol{R} = \begin{bmatrix} (r_1+r_{11}) & r_{12} & \cdots & r_{1n} \\ r_{12} & (r_2+r_{22}) & \cdots & r_{2n} \\ \vdots & \vdots & & \vdots \\ r_{1n} & r_{2n} & \cdots & (r_n+r_{nn}) \end{bmatrix} = \begin{bmatrix} r_1 & 0 & \cdots & 0 \\ 0 & r_2 & \cdots & 0 \\ \vdots & \vdots & & \vdots \\ 0 & 0 & \cdots & r_n \end{bmatrix} + \begin{bmatrix} r_{11} & r_{12} & \cdots & r_{1n} \\ r_{12} & r_{22} & \cdots & r_{2n} \\ \vdots & \vdots & & \vdots \\ r_{1n} & r_{2n} & \cdots & r_{nn} \end{bmatrix} \tag{5-36}$$

这里 r_{ij} 是由于接地平面引起的电阻，它们通常是不相等的.

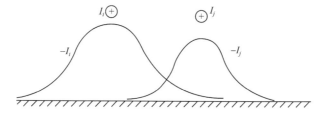

图 5.8　接地平面上的"电流扩散"以及返回电流将集中在导体下方的说明

为了导出第 2 个 MTL 方程，围绕着第 i 个导体设置一个闭合表面 s'，如图 5.9 所示. 表面的顶端部分记为 s'_e，侧面部分记为 s'_s. 根据连续性方程或电荷守恒方程

$$\oiint_{s'} \boldsymbol{\varphi} \cdot \mathrm{d}\boldsymbol{s}' = -\frac{\mathrm{d}}{\mathrm{d}t} Q_{\mathrm{enc}} \tag{5-37}$$

对于顶端部分，有

$$\oiint_{s'_e} \boldsymbol{\varphi} \cdot \mathrm{d}\boldsymbol{s}' = I_i(z+\Delta z, t) - I_i(z, t) \tag{5-38}$$

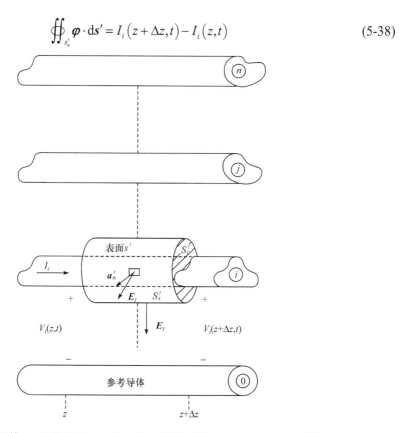

图 5.9　推导第 i 个导体的第 2 个传输线方程所用围线 c'_i 和相应表面 s'_i 的说明

在侧面部分，同样有两个电流流过：传导电流 $\boldsymbol{\varphi}_c = \sigma \boldsymbol{E}_t$ 和位移电流 $\boldsymbol{\varphi}_d = \varepsilon(\partial \boldsymbol{E}_t / \partial t)$，这里周围均匀介质的特性由电导率 σ 和介电常量 ε 表征. 同样，这些概念能够以类似的方

式推广到包围着导体的非均匀介质中. 式(5-37)的左边部分包含着流过导体间的横向传导电流

$$\iint_{s'_s} \boldsymbol{\varphi}_c \cdot \mathrm{d}\boldsymbol{s}' = \sigma \iint_{s'_s} \boldsymbol{E}_t \cdot \mathrm{d}\boldsymbol{s}' \qquad (5\text{-}39)$$

同样，可以考虑定义每对导体间单位长度的电导 $g_{ij}(\mathrm{S/m})$，它表征横向平面上两个导体之间流过的传导电流与导体间电压之比. 因此，如图 5.10(a)所示说明的，

$$\sigma \lim_{\Delta z \to 0} \frac{1}{\Delta z} \iint_{s'_s} \boldsymbol{E}_t \cdot \mathrm{d}\boldsymbol{s}' = g_{i1}(V_i - V_j) + \cdots + g_{ii}V_i + \cdots + g_{in}(V_i - V_n)$$

$$= -g_{i1}V_1(z,t) - g_{i2}V_2(z,t) - \cdots + \sum_{k=1}^{n} g_{ik}V_i(z,t) - \cdots - g_{in}V_n(z,t) \qquad (5\text{-}40)$$

类似地，由高斯定律，表面所包围的电荷(驻留在导体表面)是

$$Q_{\mathrm{enc}} = \varepsilon \iint_{s'_s} \boldsymbol{E}_t \cdot \mathrm{d}\boldsymbol{s}' \qquad (5\text{-}41)$$

传输线单位长度的电荷能够根据每对导体间的单位长度电容 c_{ij} 定义. 因此，正如图 5.10(a)所示说明的，

$$\varepsilon \lim_{\Delta z \to 0} \frac{1}{\Delta z} \iint_{s'_s} \boldsymbol{E}_t \cdot \mathrm{d}\boldsymbol{s}' = c_{i1}(V_i - V_1) + \cdots + c_{ii}V_i + \cdots + c_{in}(V_i - V_n)$$

$$= -c_{i1}V_1(z,t) - c_{i2}V_2(z,t) - \cdots + \sum_{k=1}^{n} c_{ik}V_i(z,t) - \cdots - c_{in}V_n(z,t) \qquad (5\text{-}42)$$

这些概念由图 5.10(b)所示的横截面说明. 将式(5-38)、式(5-39)和式(5-41)代入式(5-37)，并将两边除以 Δz，可得

$$\frac{I_i(z+\Delta z,t) - I_i(z,t)}{\Delta z} + \sigma \frac{1}{\Delta z} \iint_{s'_s} \boldsymbol{E}_t \cdot \mathrm{d}\boldsymbol{s}' = -\varepsilon \frac{1}{\Delta z} \frac{\mathrm{d}}{\mathrm{d}t} \iint_{s'_s} \boldsymbol{E}_t \cdot \mathrm{d}\boldsymbol{s}' \qquad (5\text{-}43)$$

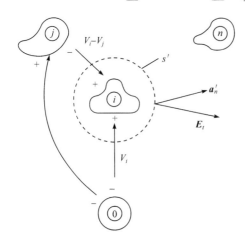

(a) 推导第i个导体第2个传输线方程的围线c'_i和相应的表面s'_i

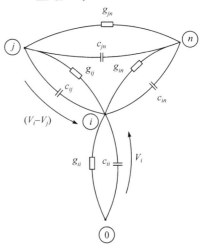

(b) 等值单位长度电导和电容

图 5.10　横截面说明

取 $\Delta z \to 0$ 时的极限，代入式(5-40)和式(5-42)可得

$$\frac{\partial I_i(z,t)}{\partial z} = g_{i1}V_1(z,t) + g_{i2}V_2(z,t) + \cdots - \sum_{k=1}^{n} g_{ik}V_i(z,t) + \cdots$$
$$+ g_{in}V_n(z,t) + c_{i1}\frac{\partial}{\partial t}V_1(z,t) + c_{i2}\frac{\partial}{\partial t}V_2(z,t) + \cdots$$
$$- \sum_{k=1}^{n} c_{ik}\frac{\partial}{\partial t}V_i(z,t) + \cdots + c_{in}\frac{\partial}{\partial t}V_n(z,t) \tag{5-44}$$

方程(5-44)能够采用矩阵符号简洁地表示为

$$\frac{\partial}{\partial z}\boldsymbol{I}(z,t) = -\boldsymbol{G}\boldsymbol{V}(z,t) - \boldsymbol{C}\frac{\partial}{\partial t}\boldsymbol{V}(z,t) \tag{5-45}$$

其中 $\boldsymbol{V}$ 和 $\boldsymbol{I}$ 由式(5-33)定义. 单位长度电导矩阵 $\boldsymbol{G}$ 表征横向平面上导体之间流过的传导电流. 根据式(5-40)可以定义为

$$\boldsymbol{G} = \begin{bmatrix} \sum_{k=1}^{n} g_{1k} & -g_{12} & \cdots & -g_{1n} \\ -g_{12} & \sum_{k=1}^{n} g_{2k} & \cdots & -g_{2n} \\ \vdots & \vdots & & \vdots \\ -g_{1n} & -g_{2n} & \cdots & \sum_{k=1}^{n} g_{nk} \end{bmatrix} \tag{5-46}$$

单位长度电容矩阵 $\boldsymbol{C}$ 表征横向平面上导体之间流过的位移电流. 根据公式(5-42)，可以定义为

$$\boldsymbol{C} = \begin{bmatrix} \sum_{k=1}^{n} c_{1k} & -c_{12} & \cdots & -c_{1n} \\ -c_{12} & \sum_{k=1}^{n} c_{2k} & \cdots & -c_{2n} \\ \vdots & \vdots & & \vdots \\ -c_{1n} & -c_{2n} & \cdots & \sum_{k=1}^{n} c_{nk} \end{bmatrix} \tag{5-47}$$

$\boldsymbol{G}$ 和 $\boldsymbol{C}$ 都是对称. 在形式上，矩阵形式的式(5-45)给出的第 2 个传输线方程与式(5-17)和式(5-21)标量形式的双导体传输线的第 2 个传输线方程是类似的. 如果将第 i 个导体上单位长度的总电荷表示为 q_i，则 $\boldsymbol{C}$ 的基本定义是

$$\boldsymbol{Q} = \boldsymbol{C}\boldsymbol{V} \tag{5-48a}$$

这里 $\boldsymbol{Q}$ 是 $n \times 1$ 向量矩阵，它包括了每个导体上的单位长度电荷

$$\boldsymbol{Q} = \begin{bmatrix} q_1 \\ \vdots \\ q_i \\ \vdots \\ q_n \end{bmatrix} \qquad\qquad (5\text{-}48\text{b})$$

V 则由式(5-33a)给出. 类似地, $\boldsymbol{G}$ 的基本定义为 $\boldsymbol{I}_t = \boldsymbol{GV}$, 这里 $\boldsymbol{I}_t$ 是 $n \times 1$ 向量矩阵, 它包括了全部导体之间单位长度上流过的横向传导电流.

同样, 上述单位长度参数矩阵包含了 MTL 横截面尺度上的全部信息, 足以区分不同的 MTL 结构.

5.2.2 单位长度等值电路导出多导体传输线方程

我们根据图 5.11 所示的单位长度等值电路, 从另一个角度导出 MTL 方程. 对由第 i 个导体与参考导体构成的第 i 个电路, 应用基尔霍夫电压定律可以写出

$$-V_i(z,t) + r_i \Delta z I_i(z,t) + I_n(z,t) + r_0 \Delta z \sum_{k=1}^n I_k(z+\Delta z,t)$$

$$= -l_{i1} \Delta z \frac{\partial I_1(z,t)}{\partial t} - l_{i2} \Delta z \frac{\partial I_2(z,t)}{\partial t} - \cdots - g_{ii} \Delta z \frac{\partial I_i(z,t)}{\partial t} - \cdots - l_{in} \Delta z \frac{\partial I_n(z,t)}{\partial t} \qquad (5\text{-}49\text{a})$$

式(5-49a)两边除以Δz, 并取$\Delta z \to 0$时的极限, 得到与式(5-31)相同的第 i 个电路的第 1 个传输线方程. 集合所有的 i, 得到如同式(5-32)给出的矩阵形式的 MTL 第 1 个传输线方程.

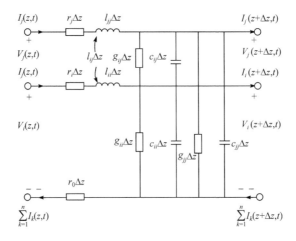

图 5.11　推导传输线方程的单位长度等值电路

类似地, 第 2 个 MTL 方程可以利用基尔霍夫电流定律导出. 对于图 5.11 所示的单位长度等值电路的第 i 个导体, 应用基尔霍夫电流定律产生

$$I_i(z+\Delta z,t)-I_i(z,t)=-g_{i1}\Delta z(V_i-V_1)-\cdots-g_{ii}\Delta zV_i-\cdots$$

$$-g_{in}\Delta z(V_i-V_n)-c_{i1}\Delta z\frac{\partial}{\partial t}(V_i-V_1)-\cdots-c_{ii}\Delta z\frac{\partial}{\partial t}V_i-\cdots$$

$$-c_{in}\Delta z\frac{\partial}{\partial t}(V_i-V_n) \tag{5-49b}$$

式(5-49b)两边除以Δz，并取$\Delta z\to0$时的极限，得到与式(5-44)相同的第i个电路的第2个传输线方程. 集合所有的i，得到如同式(5-45)给出的矩阵形式的 MTL 第2个传输线方程.

5.2.3　MTL 方程概要

概括起来，MTL 方程由下列方程组给出：

$$\frac{\partial}{\partial z}\boldsymbol{V}(z,t)=-\boldsymbol{R}\boldsymbol{I}(z,t)-\boldsymbol{L}\frac{\partial}{\partial t}\boldsymbol{I}(z,t) \tag{5-50a}$$

$$\frac{\partial}{\partial z}\boldsymbol{I}(z,t)=-\boldsymbol{G}\boldsymbol{V}(z,t)-\boldsymbol{C}\frac{\partial}{\partial t}\boldsymbol{V}(z,t) \tag{5-50b}$$

其中，由式(5-35)或式(5-36)给出的单位长度电阻矩阵 $\boldsymbol{R}$，式(5-34c)给出的电感矩阵 $\boldsymbol{L}$，式(5-46)给出的电导矩阵 $\boldsymbol{G}$，以及式(5-47)给出的电容矩阵 $\boldsymbol{C}$ 的结构是非常重要的，因为它们定义了这些矩阵中各个元素. 这些元素的精确定义是非常直观的，对于特定的 MTL 结构，有许多计算方法.

式(5-50)表示的 MTL 方程是一组 $2n$ 个耦合的一阶偏微分方程. 它们可以写成更简洁的形式

$$\frac{\partial}{\partial z}\begin{bmatrix}\boldsymbol{V}(z,t)\\\boldsymbol{I}(z,t)\end{bmatrix}=-\begin{bmatrix}\mathbf{0}&\boldsymbol{R}\\\boldsymbol{G}&\mathbf{0}\end{bmatrix}\begin{bmatrix}\boldsymbol{V}(z,t)\\\boldsymbol{I}(z,t)\end{bmatrix}-\begin{bmatrix}\mathbf{0}&\boldsymbol{L}\\\boldsymbol{C}&\mathbf{0}\end{bmatrix}\frac{\partial}{\partial t}\begin{bmatrix}\boldsymbol{V}(z,t)\\\boldsymbol{I}(z,t)\end{bmatrix} \tag{5-51}$$

在求解传输线方程时，我们将发现这个传输线方程的一阶形式是特别有用的. 如果导体是理想导体，则 $\boldsymbol{R}$=0. 而如果导体周围介质是无耗的(σ=0)，则 $\boldsymbol{G}$=0. 如果导体和介质都是无损耗的，则传输线称为无耗传输线. 在这种情况下，MTL 方程简化为

$$\frac{\partial}{\partial z}\begin{bmatrix}\boldsymbol{V}(z,t)\\\boldsymbol{I}(z,t)\end{bmatrix}=-\begin{bmatrix}\mathbf{0}&\boldsymbol{L}\\\boldsymbol{C}&\mathbf{0}\end{bmatrix}\frac{\partial}{\partial t}\begin{bmatrix}\boldsymbol{V}(z,t)\\\boldsymbol{I}(z,t)\end{bmatrix} \tag{5-52}$$

式(5-50)形式的一阶耦合方程可以转换为二阶解耦的形式. 将式(5-50a)关于 z 求导，式(5-50b)关于 t 求导，可得

$$\frac{\partial^2}{\partial z^2}\boldsymbol{V}(z,t)=-\boldsymbol{R}\frac{\partial}{\partial t}\boldsymbol{I}(z,t)-\boldsymbol{L}\frac{\partial^2}{\partial z\partial t}\boldsymbol{I}(z,t) \tag{5-53a}$$

$$\frac{\partial^2}{\partial z\partial t}\boldsymbol{I}(z,t)=-\boldsymbol{G}\frac{\partial}{\partial t}\boldsymbol{V}(z,t)-\boldsymbol{C}\frac{\partial^2}{\partial t^2}\boldsymbol{V}(z,t) \tag{5-53b}$$

在关于 z 求导时，假定传输线是均匀的，即单位长度参数矩阵与 z 无关. 将式(5-53b)和式(5-50)代入式(5-53a)，整理后可得解耦的二阶方程

$$\frac{\partial^2}{\partial z^2}\boldsymbol{V}(z,t)=[\boldsymbol{RG}]\boldsymbol{V}(z,t)+[\boldsymbol{RC}+\boldsymbol{LG}]\frac{\partial}{\partial t}\boldsymbol{V}(z,t)+\boldsymbol{LC}\frac{\partial^2}{\partial t^2}\boldsymbol{V}(z,t) \tag{5-54a}$$

$$\frac{\partial^2}{\partial z^2}\boldsymbol{I}(z,t)=[\boldsymbol{GR}]\boldsymbol{I}(z,t)+[\boldsymbol{CR}+\boldsymbol{GL}]\frac{\partial}{\partial t}\boldsymbol{I}(z,t)+\boldsymbol{CL}\frac{\partial^2}{\partial t^2}\boldsymbol{I}(z,t) \tag{5-54b}$$

注意，通常式(5-54)中各个矩阵的乘积并不具备互易性，因此，必须保持矩阵乘积的正确顺序.

5.3　雷电波的波动方程

5.3.1　无损单导线线路中的波过程

5.3.1.1　波动方程及其通解

输电线路在雷电冲击或操作冲击电压作用下，由于作用电压的频率很高，导线应按分布参数电路处理. 即使在工频的情况，对那些长度达数百千米以上的高压远距离输电线路也宜用分布参数电路来研究. 就均匀单导线线路而言，将整个线路分成许多个无穷小段，因每小段的长度 dx 很短，在忽略一切损耗(包括导线电阻、地电阻、导线与地间的漏电导)时，每小段导线可用其集中的电感和对地电容来表示. 将每小段级联起来，即得到以大地为回路的无损单导线线路的等值电路，如图 5.12 所示.

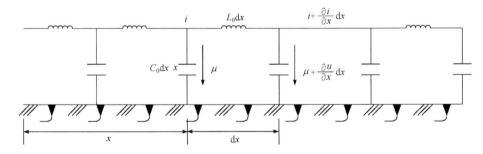

图 5.12　无损单导线线路的等值电路

设线路单位长度的电感和对地电容分别为 L_0 和 C_0，则图中每小段导线的电感和对地电容为 L_0dx 及 C_0dx. 对单导线，L_0 和 C_0 可分别用以下公式计算：

$$L_0=\frac{\mu_0}{2\pi}\ln\frac{2h}{r}\quad(\text{H}/\text{m}) \tag{5-55}$$

$$C_0=\frac{2\pi\varepsilon_0}{\ln\dfrac{2h}{r}}\quad(\text{F}/\text{m}) \tag{5-56}$$

式中，μ_0 为空气的导磁系数，$\mu_0=4\pi\times10^{-7}$H/m；ε_0 为空气的介电常量，$\varepsilon_0=\dfrac{1}{36\pi}\times10^{-9}$F/m；$h$ 为导线的平均对地高度，m；r 为导线的半径，m.

以单导线首端作为计算距离的起点，即 x 的正方向由首端指向末端，电流的参考方

向规定为与 x 方向一致，电压的参考方向规定为由导线指向大地. 设距始端 x 处的电压和电流分别为 u、i（u、i 既与距离 x 有关，也与时间 t 有关，均为 x 和 t 的函数），同一时刻，$x+\mathrm{d}x$ 处的电压和电流分别为 $u+\dfrac{\partial u}{\partial x}\mathrm{d}x$ 和 $i+\dfrac{\partial i}{\partial x}\mathrm{d}x$，其中 $\dfrac{\partial u}{\partial x}$ 为沿 x 方向电压的增加率，$\dfrac{\partial i}{\partial x}$ 为沿 x 方向电流的增加率. 按基尔霍夫第一定律和第二定律，并略去二阶无穷小项，可得下列一组偏微分方程：

$$\begin{cases} -\dfrac{\partial u}{\partial x} = L_0 \dfrac{\partial i}{\partial t} \\[2mm] -\dfrac{\partial i}{\partial x} = C_0 \dfrac{\partial u}{\partial t} \end{cases} \tag{5-57}$$

式(5-57)表示导线上电压的变化是由导线上的电感压降引起的，导线上电流的变化是由导线对地电容的分流引起的.

将式(5-57)第一个方程对 x 再求导数，第二个方程对 t 再求导数，然后消去 i 可得

$$\frac{\partial^2 u}{\partial x^2} = L_0 C_0 \frac{\partial^2 u}{\partial t^2} \tag{5-58}$$

同理，消去 u 可得

$$\frac{\partial^2 i}{\partial x^2} = L_0 C_0 \frac{\partial^2 i}{\partial t^2} \tag{5-59}$$

式(5-58)和式(5-59)称为无损单导线线路的波动方程. 由于这两式的形式完全相同，故 u 和 i 有形式相同的解.

应用拉氏变换和延迟定理，可求得波动方程在时域内的通解为

$$u(x,t) = u_q\left(t - \frac{x}{v}\right) + u_f\left(t + \frac{x}{v}\right) \tag{5-60}$$

$$i(x,t) = \frac{1}{z}\left[u_q\left(t - \frac{x}{v}\right) - u_f\left(t + \frac{x}{v}\right)\right] = i_q\left(t - \frac{x}{v}\right) + i_f\left(t + \frac{x}{v}\right) \tag{5-61}$$

其中

$$v = \frac{1}{\sqrt{L_0 C_0}} \tag{5-62}$$

$$Z = \sqrt{\frac{L_0}{C_0}} \tag{5-63}$$

u_q、u_f 的具体形式要由线路的边界条件和初始条件来决定.

5.3.1.2　通解的物理意义

从式(5-60)和式(5-61)可以看出：无论电压还是电流都由两部分组成，一部分为 $(t-x/v)$ 的函数，另一部分为 $(t+x/v)$ 的函数. 可以证明，以 $(t-x/v)$ 为自变量的函数所代表的波形随时间的增大是向前推进的. 以电压 $u_q(t_1-x/v)$ 为例，设在 $t=t_1$ 时，u_q 沿线的分布 u_q (t_1-x/v)

的波形如图 5.13 所示，线路上某一点 x_1 处在该时刻的电压为 $u_a=u_q(t_1-x_1/v)$，当时间 t 由 t_1 增大至 t_2 时，电压仍为 u_a 的点假定位于 x_2 处，此时 $u_a=u_q(t_2-x_2/v)$，因 $u_q(t_1-x_1/v)$ 与 $u_q(t_2-x_2/v)$ 相等，故

$$t_1-x_1/v= t_2-x_2/v$$

又因 $t_1 > t_2$，所以 $x_2 > x_1$，这说明波形上电压为 u_a 的点是随着时间的增大而向前(即 x 的正方向)运动的，且运动的速度为

$$\frac{x_2-x_1}{t_2-t_1}=v$$

所以 v 称为波速，其值可按式(5-62)计算.

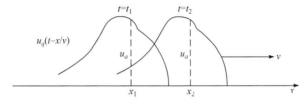

图 5.13　前行电压波 $u_q(t-x/v)$ 移动的示意图

　　同理可知，电压波形上的各点都是随着时间的增大而向前运动的. 这就说明以 $(t-x/v)$ 为自变量的函数所代表的波形是向前运动的，称为前行波. 其中 $u_q(t-x/v)$ 称为前行电压波，$i_q(t-x/v)$ 称为前行电流波.

　　用同样的方法可以说明，以 $(t+x/v)$ 为自变量的函数所代表的波形运动的方向与 x 的方向相反，称为反行波，$u_f(t+x/v)$ 称为反行电压波，而 $i_f(t+x/v)$ 称为反行电流波.

　　由以上分析可知，线路上任意一点的电压是由该点的前行波电压和反行波电压叠加而成的，任意一点的电流也由该点的前行波电流和反行波电流叠加而成，且由式(5-61)，前行的电压波与电流波、反行的电压波与电流波间存在如下关系：

$$i_q\left(t-\frac{x}{v}\right)=\frac{1}{Z}u_q\left(t-\frac{x}{v}\right) \tag{5-64}$$

$$i_f\left(t+\frac{x}{v}\right)=-\frac{1}{Z}u_f\left(t+\frac{x}{v}\right) \tag{5-65}$$

其中 Z 具有电阻的性质，单位为 Ω，称 Z 为波阻抗，其值可由式(5-63)求得.

　　由以上两式可见，前行波电压与前行波电流的比值为一正的波阻抗，反行波电压与反行波电流的比值为一负的波阻抗，而波阻抗对一定的线路而言为一正的定值，这说明电压行波与电流行波的波形相同，且前行波电压与前行波电流的极性相同，反行波电压与反行波电流的极性相反. 这可从物理意义上解释如下：假定前行波电压为正，相当于正电荷向 x 正方向运动，形成的电流方向与电流的参考方向相同，故前行波电流为正；若前行波电压为负，相当于负电荷向 x 正方向运动，形成的电流方向与 x 正方向相反，故前行的电流波为负. 对反行波来说，假定反行电压波为正，相当于正电荷向 x 的负方向运动，形成的电流方向与 x 正方向相反，故反行电流波为负；若反行电压波为负，相当于负电

荷向 x 的负方向运动，形成的电流方向与 x 正方向相同，故此时反行电流波为正.

虽然通解中包含着前行波和反行波，但这并不意味着它们必须同时存在，有时可能只有前行波而没有反行波. 例如，将一个电压为 U 的直流电源突然合闸于线路首端，假定线路的末端开路，如图 5.14 所示，此时将有一个与电源电压相同的前行电压波自线路首端向末端运动，在该电压波到达末端之前，线路上将只有前行波电压而无反行波.

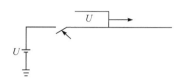

图 5.14　直流电源 U 合闸于线路

当行波在无损导线上传播时，在行波到达处的导线周围空间就建立了电场和磁场，所以行波在导线上的运动过程(波过程)实质上就是电磁波的传播过程. 将式(5-55)和式(5-56)代入式(5-62)，可求得行波在架空线中的传播速度为

$$v = \frac{1}{\sqrt{\mu_0 \varepsilon_0}} = 3 \times 10^8 \, \text{m/s}$$

即 v 等于空气中的光速. 对电缆来说，因其单位长度对地电容 C_0 较大，故波在电缆中的传播速度一般为 $\frac{1}{2} \sim \frac{1}{3}$ 倍光速.

需要强调指出的是，当线路上既有前行波又有反行波时，它们是分别按自己的方向沿导线传播的，二者互相独立，互不干扰. 当两个波在导线上相遇时，可以把它们算术地相加起来. 导线上某点既有前行波又有反行波时，该点的电压与电流的比值并不等于波阻抗 Z.

综上所述，无损单导线线路中波过程的基本规律由下面四个方程决定：

$$\left.\begin{array}{l} u = u_q + u_f \\ i = i_q + i_f \\ u_q = Z i_q \\ u_f = -Z i_f \end{array}\right\} \tag{5-66}$$

从这四个基本方程出发，加上边界条件和初始条件，求得导线上的前行波和反行波后，就可以求出导线上任意一点的电压和电流了.

5.3.1.3　波传播过程中的能量关系

电压波和电流波的传播必然伴随着能量的传播，因为电压波使导线对地电压升高的过程也就是电场能在导线对地电容上储存的过程，电流波通过导线的过程也就是磁场能在导线电感中储存的过程. 假定线路上有一前行波电压 u_q，相应的前行波电流为 i_q，在行波所在的范围内，线路单位长度获得的电场能和磁场能分别为 $\frac{1}{2}C_0 u_q^2$ 和 $\frac{1}{2}L_0 i_q^2$，这些能量实际上是储存在线路单位长度的介质中的. 由于 $u_q = Z i_q = \sqrt{\frac{L_0}{C_0}} i_q$，故 $\frac{1}{2}C_0 u_q^2 = \frac{1}{2}L_0 i_q^2$，即单位长度导线获得的电场能和磁场能相等. 单位长度导线获得的总能量为

$$\frac{1}{2}C_0 u_q^2 + \frac{1}{2}L_0 i_q^2 = C_0 u_q^2 = L_0 i_q^2$$

已知波传播的速度为 $v = \dfrac{1}{\sqrt{L_0 C_0}}$，因此单位长度导线获得 $C_0 u_q^2$ 或 $L_0 i_q^2$ 的能量所需的

时间为 $\dfrac{1}{v} = \sqrt{L_0 C_0}$，故导线单位时间内所获得的能量即导线吸收的功率为

$$v C_0 u_q^2 = v L_0 i_q^2 = \frac{u_q^2}{Z} = i_q^2 Z$$

由此可见，从功率的观点来看，波阻抗与一数值相等的集中参数电阻相当，但其物理意义与电阻不同. 首先，电阻要消耗能量，波阻抗则不消耗能量，行波通过波阻抗为 Z 的导线时，能量是以电场能和磁场能的形式储存在周围介质中，而不是被消耗掉. 其次，波阻抗表示向同一方向传播的电压波和电流波大小的比值，当导线上同时存在前行波和反行波时，总电压和总电流的比值不再等于波阻抗，而电阻两端的电压与流过它的电流的比值则等于电阻值. 再者，波阻抗只和线路单位长度的电感 L_0 和电容 C_0 有关，与线路的长度无关，而电阻则一般与物体的长度有关.

波阻抗是分布参数电路的一个重要参数. 将式(5-55)和式(5-56)代入式(5-63)可求得架空输电线路的波阻抗为

$$Z = 60\ln\frac{2h}{r}$$

对单导线架空线路而言，波阻抗一般为 $400\sim500\Omega$. 分裂导线和电缆的波阻抗较小，我国 500kV 线路采用四分裂，波阻抗约为 260Ω，电缆的波阻抗为 $30\sim80\Omega$.

如果已知波速和波阻抗，也可反过来求出线路单位长度的电感和电容，如下式：

$$C_0 = \frac{1}{vZ}$$

$$L_0 = \frac{Z}{v} \tag{5-67}$$

5.3.2 行波的折射与反射

当行波沿无损线路传播时，如果线路的波阻抗保持不变，则行波将一直传播下去，且波形和大小也保持不变. 但如果行波在传播的过程中遇到不同波阻抗的线路，例如架空线末端与电缆相连、线路末端接有电阻等，此时在连接点上将发生波的折射和反射现象.

5.3.2.1 折射波和反射波的计算

图 5.15(a)表示波阻抗分别为 Z_1 和 Z_2 的两条线路相连于 A 点. 波阻抗为 Z_1 的线路首端突然合闸于内阻为零、电压为 U_0 的直流电源上，则合闸后在波阻抗为 Z_1 的线路上将产生前行电压波 $u_{1q}=U_0$ 和相应的前行电流波 i_{1q}，这些前行波向 A 点传播，常称为节点

A 的入射波. 在它们到达 A 点之前, 波阻抗为 Z_1 的线路上只有前行波. 而无反行波. 当前行波到达 A 点后, 由于节点前后波阻抗不同, 线路单位长度的电感和对地电容不同, 而波在节点前后必须保持单位长度的电场能和磁场能相等的规律, 故在 A 点必然要发生电压和电流的变化, 即要发生行波的折射和反射. 反射电压波 u_{1f} 和反射电流波 i_{1f} 自节点 A 沿波阻抗为 Z_1 的线路反向传播, 它们就是波阻抗为 Z_1 的线路上的反行波. 折射电压波 u_{2q} 和折射电流波 i_{2q} 自节点 A 沿波阻抗为 Z_2 的线路继续向前传播, 它们就是波阻抗为 Z_2 的线路上的前行波.

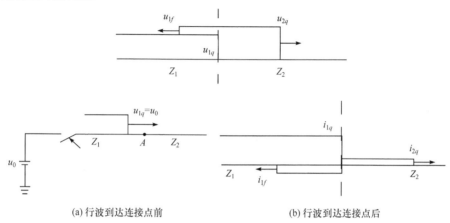

(a) 行波到达连接点前   (b) 行波到达连接点后

图 5.15 行波在线路连接点的折射和反射 ($Z_2 > Z_1$)

假设 u_{2q}、i_{2q} 尚未到达波阻抗为 Z_2 的线路的末端, 或已到达末端但在末端产生的反行波尚未到达节点 A, 由于在节点 A 处只能有一个电压值和一个电流值, 即 A 点左侧和右侧的电压及电流在 A 点必须连续, 故有

$$u_{1q} + u_{1f} = u_{2q} \tag{5-68}$$

$$i_{1q} + i_{1f} = i_{2q} \tag{5-69}$$

考虑到 $i_{1q} = \dfrac{u_{1q}}{Z_1}$, $i_{1f} = -\dfrac{u_{1f}}{Z_1}$, $i_{2q} = \dfrac{u_{2q}}{Z_2}$, 将其代入式(5-69)得

$$\frac{u_{1q}}{Z_1} - \frac{u_{1f}}{Z_1} = \frac{u_{2q}}{Z_2}$$

或

$$u_{1q} - u_{1f} = \frac{Z_1}{Z_2} u_{2q} \tag{5-70}$$

联解式(5-68)和式(5-70)可得

$$u_{2q} = \frac{2Z_2}{Z_1 + Z_2} u_{1q} = \alpha u_{1q} \tag{5-71}$$

$$u_{1f} = \frac{Z_2 - Z_1}{Z_1 + Z_2} u_{1q} = \beta u_{1q} \tag{5-72}$$

$$\alpha = \frac{2Z_2}{Z_1 + Z_2} \tag{5-73}$$

$$\beta = \frac{Z_2 - Z_1}{Z_1 + Z_2} \tag{5-74}$$

式中，α 为折射电压波与入射电压波的比值，称为电压折射系数；β 为反射电压波与入射电压波的比值，称为电压反射系数.

折射系数的值永远是正的，说明折射电压波 u_{2q} 总是和入射电压波 u_{1q} 同极性，当 $Z_2=0$ 时，$\alpha=0$；当 $Z_2\to\infty$ 时，$\alpha\to2$，因此 $0\leqslant\alpha\leqslant2$. 反射系数可能为正也可能为负，决定于 Z_1 和 Z_2 的相对大小，当 $Z_2=0$ 时，$\beta=-1$，当 $Z_2\to\infty$ 时，$\beta\to1$，因此 $-1\leqslant\beta\leqslant1$. 折射系数和反射系数满足下列关系：

$$\alpha=1+\beta \tag{5-75}$$

图 5.15(b) 为 $Z_2>Z_1$ 时波的折、反射情况，此时 $\alpha>1$，$\beta>0$，折射电压波大于入射电压波，反射电压波为正. 电流波在 A 点发生折、反射时，其折射电流波和反射电流波也可按(5-68)和式(5-69)求得，但应注意，电流波的折射系数和反射系数与电压波的是不相同的. 实际上，在求出折射电压波和反射电压波后，相应的折射电流波和反射电流波完全可以根据电压行波和电流行波间的关系求出，而不必计算电流的折射系数和反射系数.

当 $Z_2<Z_1$ 时，由于 $\alpha<1$，$\beta<0$，折射电压波将小于入射电压波，反射电压波为负，此时的折、反射情况如图 5.16 所示.

5.3.2.2　几种特殊条件下的折、反射

虽然波的折射系数和反射系数是由两段波阻抗不同的导线推导出来的，但它同样适合于导线末端接有不同阻值的电阻的情况，因为在图 5.15 中，当波阻抗为 Z_2 的线路上没有反行波或反行波未到达 A 点时，该线路就相当于一个 $R=Z_2$ 的电阻. 以下就线路末端开路、短路和接有与波阻抗相等的电阻三种情况的波的折、反射作进一步讨论.

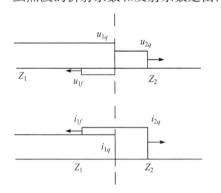

图 5.16　行波在线路连接点的折射和反射($Z_2<Z_1$)

1) 线路末端开路

如图 5.17 所示，波阻抗为 Z_1 的线路末端开路相当于 $Z_2\to\infty$ 的情况，波形为无限长直角波的入射波 u_{1q} 传播到 A 点时，将发生波的折、反射. 由式(5-73)和式(5-75)可求得 $\alpha=2$，$\beta=1$，故折射电压波 $u_{2q}=2u_{1q}$，反射电压波 $u_{1f}=u_{1q}$. 同时还可求得反射电流波 $i_{1f}=-\dfrac{u_{1f}}{Z_1}=-\dfrac{u_{1q}}{Z_1}=-i_{1q}$，折射电流波 $i_{2q}=i_{1q}+i_{1f}=0$. 这说明入射波 u_{1q} 到达开路的末端后将发生全反射，全反射的结果是使线路末端电压上升到入射波电压的 2 倍，且随着反射电

压波的反行，导线上的电压将逐点上升到入射电压波的 2 倍.同时，电流波在末端则发生了负的全反射，电流负反射的结果是使线路末端的电流为零，而随着负反射电流波的反行，导线上的电流将逐点下降为零.

　　线路末端开路时电压升高也可以从能量的角度加以解释.由于线路末端开路，末端的电流只能为零，由此造成了电流的负反射，在反射波到达的范围内导线上的电流处处为零，磁场能全部转化为电场能，使电场能变为原来的 2 倍.同时来自线路首端的能量继续沿线路传向末端，所以实际上电场能将增加为原来值的 4 倍.即 $4 \times \frac{1}{2} C_0 u_{1q}^2 = \frac{1}{2} C_0 (2u_{1q})^2$，这就说明了为什么全反射使电压升高为原来的 2 倍.

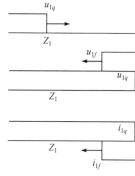

图 5.17　线路末端开路时的折、反射

　　2) 线路末端短路

　　如图 5.18 所示，线路末端短路相当于 $Z_2=0$ 的情况.此时可求得 $\alpha=0$，$\beta=-1$，故 $u_{2q}=0$，$u_{1f}=-u_{1q}$.同时还可求得

$$i_{1f} = -\frac{u_{1f}}{Z_1} = \frac{u_{1q}}{Z_1} = i_{1q}$$

$$i_{2q} = i_{1q} + i_{1f} = 2i_{1q}$$

这说明入射电压波到达短路的末端后将发生负的全反射，而入射电流波到达短路的末端

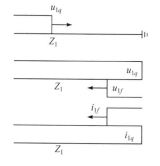

后将发生正的全反射.反射的结果是使线路末端的电压下降为零，而电流上升为入射电流波的 2 倍.随着反射波向首端反行，末端的这种状态也跟着向首端发展.

　　线路末端短路时电流增大也可以从能量的角度加以解释.显然，这也是电磁能从末端返回而且全部转化为磁场能的结果.

　　3) 线路末端接有电阻 $R=Z_1$

图 5.18　线路末端短路时的折、反射

　　如图 5.19 所示，线路末端接有负载电阻 $R=Z_1$ 的情况与末端接波阻抗为 $Z_2=Z_1$ 的情况一样，此时 $\alpha=1$，$\beta=0$，$u_{2q}=u_{1q}$，$u_{1f}=0$，$i_{1f} = -\frac{u_{1f}}{Z_1} = 0$，$i_{2q}=i_{1q}+i_{1f}=i_{1q}$.无论入射电压波还是入射电流波，到达末端 A 点时都不产生反射，和均匀导线的折、反射情况相同.但从能量的观点看，两种情况下的物理意义是不同的，末端接 $R=Z_1$ 的电阻负载时，电磁波传输到 A 点的电磁能全部消耗在 R 中，而末端接 $Z_2=Z_1$ 的线路时，传输到 A 点的电磁能将储存在波阻抗为 Z_2 的导线周围的介质中.

　　应该特别注意的一点是，波只有沿着分布参数电路入射时，才有可能发生反射，即从分布参数电路到分布参数电路、从分布参数电路到集中参数电路，在其连接点上满足

β不为零时才会产生反射. 从集中参数电路到分布参数电路及集中参数电路之间是没有反射的概念的.

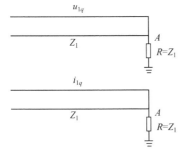

图 5.19　线路末端负载电阻 $R=Z_1$ 时的
电压波和电流波

5.3.2.3　计算折射波的等值电路

在波阻抗分别为 Z_1 和 Z_2 的两条线路相连的情况下, 波阻抗为 Z_1 的线路上有一电压行波 u_{1q}(假定为无限长直角波电压)向连接点 A 传播, 如图 5.20(a)所示, 为了求在 A 点发生折、反射后 A 点的电压或电流(即波阻抗为 Z_2 的线路上的折射电压 u_{2q} 或折射电流 i_{2q}), 可将 A 点左边的电路用一等值电压源来代替, 等值电源的电动势为入射电压波 u_{1q} 的 2 倍, 等值电源的内阻为 A 点左边线路的波阻抗 Z_1. 而对 A 点

右边的电路, 可用一个数值等于其波阻抗 Z_2 的集中电阻来代替, 这样, 可以把图 5.20(a) 的分布参数电路的折、反射用图 5.20(b)的集中参数电路来计算. 由图 5.20(b)很容易求出

$$u_{2q}=\frac{2Z_2}{Z_1+Z_2}u_{1q}, \qquad i_{2q}=\frac{u_{2q}}{Z_2}=\frac{2u_{1q}}{Z_1+Z_2}$$

这与用折、反射规律求出的结果完全一致, 说明等值电路是正确的. 这个计算折射波的等值电路法则称为彼得逊法则.

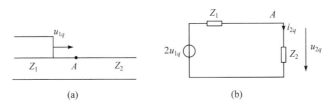

图 5.20　计算折射波的等值电路(电压源)

彼得逊法则实际上就是行波计算时的戴维南定理, 因为在波阻抗为 Z_1 的线路上存在流动波时, A 点的开路电压即为流动电压波的 2 倍, 而由 A 点向左测得的阻抗即为左侧线路的波阻抗.

考虑到实际计算中常遇到电流源的情况, 也可以采用等值电流源来替代 A 点左边的电路, 如图 5.21 所示.

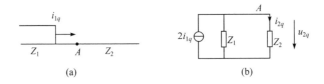

图 5.21　计算折射波的等值电路(电流源)

在应用彼得逊法则时应注意两点：①波必须从分布参数的线路入射, 并且必须是流

动的；②节点 A 两边的线路为无限长或者虽为有限长，但来自其另一端的反射波尚未到达 A 点. 如果不满足这些条件，彼得逊法则就不成立.

在等值电路中，入射电压波 u_{1q} 或电流波 i_{1q} 可以是任意波形，节点 A 右边可以是任意阻抗，故利用彼得逊法则可以把分布参数电路中波过程的许多问题简化为集中参数电路的暂态计算，使问题简化.

5.3.3　行波通过串联电感和并联电容

在电力系统中常会遇到线路和电感或电容相连的情况，尤其是在线路上串联电感和并联电容的方式更为常见. 和电阻不同，电感中的电流和电容上的电压不能突变，因而行波遇到串联电感和并联电容时，在不同的时刻折、反射系数是变化的，故行波通过它们时将发生波形的改变.

5.3.3.1　无限长直角波通过串联电感

图 5.22(a) 表示一无限长直角波 u_{1q} 侵入到具有串联电感 L 的线路上的情况. L 前后两线路的波阻抗分别为 Z_1 及 Z_2. 当 u_{1q} 到达 Z_1 和 L 的连接点 A 时将产生折、反射，因 L 为集中参数元件，在其上只有电压降落而无波过程，所以在 L 和 Z_2 的连接点 B 上没有反射过程，折射到 Z_2 的电压波为 A 点电压在 Z_2 上的分压. 在 Z_1 线路首端和 Z_2 线路末端的反射波未到达 A 点时，根据彼德逊法则可得如图 5.22(b) 所示的等值电路，由此可写出如下回路方程：

$$2u_{1q} = i_{2q}(Z_1 + Z_2) + L\frac{\mathrm{d}i_{2q}}{\mathrm{d}t}$$

解之得线路 Z_2 中的前行电流波 i_{2q} 为

$$i_{2q} = \frac{2u_{1q}}{Z_1 + Z_2}\left(1 - \mathrm{e}^{-\frac{t}{T}}\right) \tag{5-76}$$

沿线路 Z_2 传播的折射电压波 u_{2q} 为

$$u_{2q} = i_{2q}Z_2 = \frac{2Z_2}{Z_1 + Z_2}u_{1q}\left(1 - \mathrm{e}^{-\frac{t}{T}}\right) = \alpha u_{1q}\left(1 - \mathrm{e}^{-\frac{t}{T}}\right) \tag{5-77}$$

式中，$T = \dfrac{L}{Z_1 + Z_2}$，为该回路的时间常数；$\alpha = \dfrac{2Z_2}{Z_1 + Z_2}$，为 Z_1 和 Z_2 直接相连时的电压折射系数.

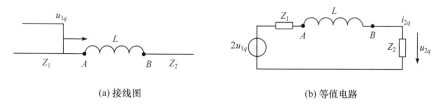

(a) 接线图　　　　　　　　　　　　　　　(b) 等值电路

图 5.22　行波通过串联电感

从式(5-77)可知，u_{2q}是随时间按指数规律上升的，如图 5.23 所示. 当 $t=0$ 时，$u_{2q}=0$，当 $t \rightarrow \infty$ 时，$u_{2q} \rightarrow \alpha u_{1q}$，说明无限长直角波通过电感后改变为一指数波头的行波，串联电感起了降低来波上升陡度的作用. u_{2q} 的稳态值与线路 Z_1 和 Z_2 直接相连时一样，说明串联电感对 u_{2q} 的稳态值没有影响.

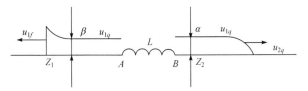

图 5.23　行波通过串联电感时的折射波和反射波

由式(5-77)可求得折射电压波 u_{2q} 的陡度为

$$\frac{\mathrm{d}u_{2q}}{\mathrm{d}t} = \frac{2u_{1q}Z_2}{L}\mathrm{e}^{-\frac{t}{T}}$$

最大陡度出现在 $t=0$ 时，即

$$\frac{\mathrm{d}u_{2q}}{\mathrm{d}t}\Big|_{\max} = \frac{2Z_2}{L}u_{1q} \tag{5-78}$$

式(5-78)表明，最大陡度与 Z_1 无关，而仅由 Z_2 和 L 决定，L 愈大，则陡度降低愈多. 作用到电气设备上的雷电波的陡度愈大，则电气设备上的过电压也愈高，故降低入侵波的陡度对电力系统的防雷保护具有很重要的意义.

由式(5-77)还可求出 A 点的反射电压波 u_{1f}. 因线路 Z_1 与 Z_2 串联，故线路 Z_1 中的电流 i_1 与线路 Z_2 中的电流 i_{2q} 相等，即

$$i_1 = \frac{u_{1q}}{Z_1} - \frac{u_{1f}}{Z_1} = i_{2q} = \frac{u_{2q}}{Z_2}$$

由此可解得

$$u_{1f} = \frac{Z_2 - Z_1}{Z_1 + Z_2}u_{1q} + \frac{2Z_1}{Z_1 + Z_2}u_{1q}\mathrm{e}^{-\frac{t}{T}} \tag{5-79}$$

从式(5-79)可知，当 $t=0$ 时，$u_{1f}=u_{1q}$，即在这一时刻电压行波发生了正的全反射，这是由于电感中的电流不能突变，电感在这一瞬间相当于开路的缘故. 随后 u_{1f} 按指数规律衰减，$t \rightarrow \infty$ 时，$u_{1f} \rightarrow \beta u_{1q}$，$\beta$ 为线路 Z_1 和 Z_2 直接相连时的反射系数，这是由于入射波为无限长直角波，稳态时 L 相当于短路的缘故. u_{1f} 的波形也示于图 5.23 中.

5.3.3.2　无限长直角波通过并联电容

图 5.24(a)表示无限长直角波 u_{1q} 投射到接有并联电容 C 的线路上的情况. 当波阻抗为 Z_2 的线路中的反行波尚未到达两线路连接点时，其等值电路如图 5.24(b)所示.

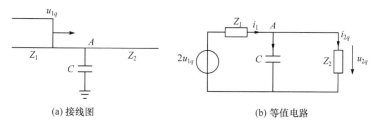

(a) 接线图　　　　　　　　(b) 等值电路

图 5.24　行波通过并联电容

由此可得

$$2u_{1q} = i_1 Z_1 + i_{2q} Z_2$$

$$i_1 = i_{2q} + C \frac{\mathrm{d}u_{2q}}{\mathrm{d}t} = i_{2q} + CZ_2 \frac{\mathrm{d}i_{2q}}{\mathrm{d}t}$$

由以上两式可解得

$$i_{2q} = \frac{2u_{1q}}{Z_1 + Z_2}\left(1 - \mathrm{e}^{-\frac{t}{T}}\right) \tag{5-80}$$

$$u_{2q} = i_{2q}Z_2 = \frac{2Z_2}{Z_1 + Z_2}u_{1q}\left(1 - \mathrm{e}^{-\frac{t}{T}}\right) = \alpha u_{1q}\left(1 - \mathrm{e}^{-\frac{t}{T}}\right) \tag{5-81}$$

式中，$T = \dfrac{Z_1 Z_2}{Z_1 + Z_2}C$，为该回路的时间常数；$\alpha = \dfrac{2Z_2}{Z_1 + Z_2}$，为 C 不存在时的电压折射系数.

折射到波阻抗为 Z_2 中的电压 u_{2q} 随时间按指数规律上升，如图 5.25 所示. 当 $t=0$ 时，$u_{2q}=0$，当 $t\to\infty$ 时，$u_{2q}\to\alpha u_{1q}$，这表明并联电容也有降低雷电波陡度的作用，且它的存在对折射电压波的稳态值没有影响.

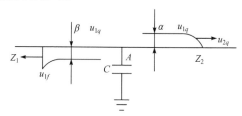

图 5.25　行波通过并联电容时的折射波和反射波

从式(5-81)可求得无限长直角波通过并联电容后的陡度为

$$\frac{\mathrm{d}u_{2q}}{\mathrm{d}t} = \frac{2}{Z_1 C}u_{1q}\mathrm{e}^{-\frac{t}{T}} \tag{5-82}$$

最大陡度出现在 $t=0$ 时，即

$$\frac{\mathrm{d}u_{2q}}{\mathrm{d}t}\bigg|_{\max} = \frac{2}{Z_1 C}u_{1q} \tag{5-83}$$

式(5-83)表明，最大陡度取决于电容 C 和波阻抗 Z_1，而与波阻抗 Z_2 无关，电容 C 愈大，最大陡度愈小.

由式(5-81)可进一步求得两线路连接点的反射波. 根据连接点电压连续，可得

$$u_1 = u_{1q} + u_{1f} = u_{2q}$$

故

$$u_{1f} = u_{2q} - u_{1q} = \frac{Z_2 - Z_1}{Z_1 + Z_2} u_{1q} - \frac{2Z_2}{Z_1 + Z_2} u_{1q} \mathrm{e}^{-\frac{t}{T}} \tag{5-84}$$

从式(5-84)可知，当 $t=0$ 时，$u_{1f} = -u_{1q}$，即电压行波发生了负的全反射，这是由于电容上的电压不能突变，初始瞬间电容相当于短路之故. 当 $t \to \infty$ 时，$u_{1f} \to \beta u_{1q}$，β 为 C 不存在时的反射系数，这是由于入射波为无限长直角波，稳态时 C 相当于开路之故. 反射波 u_{1f} 的波形也示于图 5.25 中.

综上所述，串联电感或并联电容都可以降低入侵波陡度，但在实际中到底采用哪种措施还应根据 Z_1 和 Z_2 的大小而定. 当 Z_2 较大时，显然用并联电容更经济一些.

5.3.4 行波的多次折、反射

在实际电网中，由于线路的长度是有限的，线路的两端又连有不同波阻抗的线路或不同阻抗的集中参数元件，因而行波会在线路的两个端点间发生多次折、反射. 例如，两架空线中间加一段电缆，或用一段电缆将发电机连到架空线上，当有雷电波沿架空线向电缆段传播时，电缆段上将会出现多次反射波. 本节介绍用网格法进行行波多次折、反射计算的方法.

5.3.4.1 三导线串联时波过程的计算

如图 5.26(a)所示，长度为 l_0、波阻抗为 Z_0 的线段连接于波阻抗为 Z_1 和 Z_2 的线路之间，假设波阻抗为 Z_1 和 Z_2 的线路为无限长. 现有一幅值为 U_0 的无限长直角波电压沿波阻抗为 Z_1 的线路向中间线段传播，利用网格法来求连接点的电压.

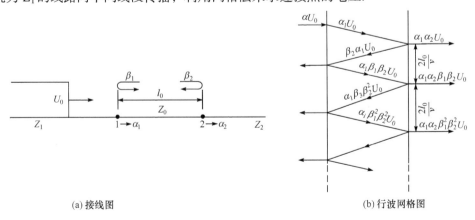

(a) 接线图   (b) 行波网格图

图 5.26 行波的多次折、反射

所谓网格法是用网格图把波在连接点上的各次折、反射情况，按照时间的先后逐一表示出来，然后根据网格图来计算连接点的电压值. 图 5.26(a)所示接线的网格图如图 5.26(b)所示，入射电压波 U_0 沿阻抗为 Z_1 的线路传播到连接点 1 时，在 1 点将发生折、反射. 设波由线路 Z_1 向线路 Z_0 折射的折射系数为 α_1，则在 1 点产生的折射电压波为 $\alpha_1 U_0$，$\alpha_1 U_0$ 沿中间线段 Z_1 继续向连接点 2 传播，而在 1 点产生的反射波则自 1 点沿线路 Z_1 返回并传向远方. 经 l_0/v(v 为波在中间线路上的传播速度)时间后 $\alpha_1 U_0$ 到达连接点 2，在 2 点又发生折、反射. 设波由线段 Z_0 向线路 Z_2 传播时在 2 点的折射系数为 α_2，反射系数为 β_2，则在 2 点产生的折射电压波为 $\alpha_1 \alpha_2 U_0$，反射电压波为 $\alpha_1 \beta_2 U_0$. 折射电压波自 2 点沿线路 Z_2 继续向前传播，而反射电压波则自 2 点沿线路 Z_0 返回. 经 l_0/v 时间后，来自 2 点的反射电压波 $\alpha_1 \beta_2 U_0$ 又传播到 1 点，在 1 点又发生折、反射. 设波由线路 Z_0 向线路 Z_1 传播时在 1 点的反射系数为 β_1，则在 1 点产生的反射电压波为 $\alpha_1 \beta_1 \beta_2 U_0$. 反射电压波自 1 点又向 2 点传播，而在 1 点产生的折射电压波则自 1 点沿线路 Z_1 传向远方. 再经 l_0/v 时间，来自 1 点的反射波又入射到 2 点，在 2 点产生第二次折、反射，新产生的折射电压波为 $\alpha_1 \alpha_2 \beta_1 \beta_2 U_0$，反射电压波为 $\alpha_1 \beta_1 \beta_2^2 U_0$，反射电压波又向 1 点传播……，如此 1 点和 2 点的折、反射不断发生.

根据折射和反射系数的计算公式，写出

$$\alpha_1 = \frac{2Z_0}{Z_1 + Z_0}, \quad \alpha_2 = \frac{2Z_2}{Z_0 + Z_2}$$

$$\beta_1 = \frac{Z_1 - Z_0}{Z_1 + Z_0}, \quad \beta_2 = \frac{Z_2 - Z_0}{Z_2 + Z_0}$$

以入射波 U_0 到达连接点 1 作为时间的起点，根据网格图可写出连接点 2 在不同时刻的折射电压波为：

当 $0 \leqslant t < \dfrac{l_0}{v}$ 时，$u_{2q} = 0$；

当 $\dfrac{l_0}{v} \leqslant t < \dfrac{3l_0}{v}$ 时，$u_{2q} = \alpha_1 \alpha_2 U_0$(第一次折、反射后)；

当 $\dfrac{3l_0}{v} \leqslant t < \dfrac{5l_0}{v}$ 时，$u_{2q} = \alpha_1 \alpha_2 U_0 + \alpha_1 \alpha_2 \beta_1 \beta_2 U_0$ (第二次折、反射后)；

当 $\dfrac{5l_0}{v} \leqslant t < \dfrac{7l_0}{v}$ 时，$u_{2q} = \alpha_1 \alpha_2 U_0 + \alpha_1 \alpha_2 \beta_1 \beta_2 U_0 + \alpha_1 \alpha_2 \beta_1^2 \beta_2^2 U_0$ (第三次折、反射后)；

······

当经过 n 次折、反射后，即当 $\dfrac{(2n-1)l_0}{v} \leqslant t < \dfrac{(2n+1)l_0}{v}$ 时，u_{2q} 为

$$u_{2q} = \alpha_1 \alpha_2 U_0 \left[1 + \beta_1 \beta_2 + (\beta_1 \beta_2)^2 + \cdots + (\beta_1 \beta_2)^{n-1} \right] = \alpha_1 \alpha_2 U_0 \frac{1 - (\beta_1 \beta_2)^n}{1 - \beta_1 \beta_2} \tag{5-85}$$

当 $t \to \infty$，即 $n \to \infty$ 时，2 点的折射电压波将为

$$u_{2q} = \alpha_1 \alpha_2 U_0 \frac{1}{1 - \beta_1 \beta_2} = \frac{2Z_2}{Z_1 + Z_2} U_0 = \alpha U_0 \tag{5-86}$$

式中，α 为线路 Z_1 和 Z_2 直接相连时的折射系数. 这就表明中间线路只影响折射电压波 u_{2q} 波形的起始部分，不影响其稳态部分，稳态时相当于中间线路不存在，而线路 Z_1 和线路 Z_2 直接相连.

如果在网格图中把 1 点的各次折、反射电压波表示出来，则用类似的方法可求出 1 点在不同时刻的电压值.

5.3.4.2　三导线串联时波过程的特点

从前面的分析已知，三导线串联时，中间导线对折射电压波 u_{2q} 的起始部分会产生影响，影响的结果决定于 Z_0 与 Z_1 和 Z_2 的相对大小.

1) $Z_1 > Z_0$，$Z_2 > Z_0$ 时的情况

此情况下 β_1 和 β_2 皆为正，2 点的各个折射电压波也均为正值，因此 u_{2q} 将按 $\dfrac{2l_0}{v}$ 的时间间隔逐级增大，最终趋于稳态值 αU_0，其波形如图 5.27 所示. 由图可见，线路 Z_0 的存在降低了 Z_2 中的折射电压波 u_{2q} 的上升陡度，可以近似认为 u_{2q} 的最大陡度等于第一个折射电压 $\alpha_1 \alpha_2 U_0$ 除以时间间隔 $\dfrac{2l_0}{v}$，即

$$\left.\frac{\mathrm{d}u_{2q}}{\mathrm{d}t}\right|_{\max} = \frac{\alpha_1 \alpha_2 U_0}{\dfrac{2l_0}{v}} = U_0 \frac{2Z_0}{Z_1 + Z_0} \times \frac{2Z_2}{Z_0 + Z_2} \times \frac{v}{2l_0} = U_0 \frac{2Z_2}{(Z_1 + Z_0)(Z_0 + Z_2)} \times \frac{1}{C_0 l_0} \quad (5\text{-}87)$$

式中，C_0 为中间线路单位长度的对地电容.

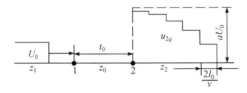

图 5.27　中间线路 Z_0 对 Z_2 上折射波 u_{2q} 的影响

($Z_1 > Z_0$，$Z_2 > Z_0$ 或 $Z_1 < Z_0$，$Z_2 < Z_0$)

若 $Z_1 \gg Z_0$，$Z_2 \gg Z_0$，则由式(5-87)可得

$$\left.\frac{\mathrm{d}u_{2q}}{\mathrm{d}t}\right|_{\max} \approx \frac{2u_0 Z_2}{Z_1 Z_2} \times \frac{1}{C_0 l_0} = \frac{2U_0}{Z_1 C} \quad (5\text{-}88)$$

式中，C 为中间线路总的对地电容.

式(5-88)与计算波通过并联电容时的最大陡度计算式完全相同，故在此情况下，中间线路 Z_0 的作用相当于在线路 Z_1 与 Z_2 的连接点上并联一电容，电容的值即为中间线路的总的对地电容.

2) $Z_1 < Z_0$，$Z_2 < Z_0$ 时的情况

此情况下 β_1 和 β_2 皆为负，但 $\beta_1 \beta_2$ 为正值，u_{2q} 的波形与图 5.27 相同.

如果，$Z_1 \ll Z_0$，$Z_2 \ll Z_0$，根据式(5-87)可得

$$\frac{\mathrm{d}u_{2q}}{\mathrm{d}t}\bigg|_{\max} \approx \frac{2U_0 Z_2}{Z_0^{\ 2}} \times \frac{1}{C_0 l_0} = \frac{2U_0 Z_2}{L_1 l_0} = \frac{2U_0 Z_2}{L} \tag{5-89}$$

式中，L_1 为中间线路单位长度的电感，L 为中间线路的总电感. 式(5-89)与计算波通过串联电感时的最大陡度计算式相同. 可见在此条件下，中间线路 Z_0 的作用相当于在线路 Z_1 和 Z_2 之间串联一电感，电感的值就等于中间线路的总电感.

3) $Z_1 > Z_0 > Z_2$ 或 $Z_1 < Z_0 < Z_2$ 的情况

此时 β_1 与 β_2 异号，波在连接点 2 处的第 1，3，5，…次折射产生正的折射电压波，而第 2，4，6，…次折射则产生负的折射波，因此 u_{2q} 为一振荡波，振荡周期为 $\frac{4l_0}{v}$，振荡围绕其最终值 αU_0 进行，逐渐衰减，如图 5.28 所示.

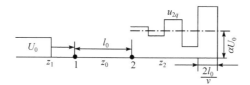

图 5.28　中间线路 Z_0 对 Z_2 上折射波 u_{2q} 的影响

($Z_1 > Z_0 > Z_2$ 或 $Z_1 < Z_0 < Z_2$)

综上所述，当中间线路的波阻抗处于两侧线路的波阻抗之间时，中间线路的存在将使折射到线路 Z_2 上的前行波发生振荡，产生过电压. 增大中间线路的波阻抗使其大于两侧线路的波阻抗，或者减小中间线路的波阻抗使其小于两侧线路的波阻抗，均可消除 Z_2 上前行波的振荡，降低前行波的平均陡度.

5.3.5　无损平行多导线系统中的波过程

前面分析的都是波沿单导线线路传播的情况，实际上输电线路都是由多根平行导线组成的，此时波沿一根导线传播时空间的电磁场将作用到其他平行导线上，使其他导线上出现相应的耦合波. 本节介绍波在平行于地面的无损多导线系统中的传播情况.

在假定线路无损耗的情况下，导线中波的运动过程可以看成是平面电磁波的传播过程. 这种波的特点是导线周围空气中的电场向量 E 和磁场向量 H 相互垂直且处于垂直于导线轴线的平面内. 在平面电磁波的情况下，只需引入波速的概念就可以将麦克斯韦静电场方程应用到平行多导线波过程的计算中.

根据静电场的概念，当单位长度导线上有电荷 Q_0 时，其对地电压 $u = Q_0/C_0$，C_0 为单位长度导线的对地电容. 如 Q_0 以波速 v 沿导线运动，则在导线上将有一个以速度 v 传播的电流波 i，同时伴随有电压波 u. 它们之间的关系为

$$i = Q_0 v = u/Z$$

其中，Z 为线路的波阻抗. 故导线上的波过程可以看成是电荷 Q_0 运动的结果.

现在来求平行多导线系统中波过程的基本方程. 设有 n 根平行于地面的导线(图 5.29)，

各导线单位长度上的电荷分别为 Q_1, Q_2, …, Q_k, …, Q_n, 各导线的对地电压分别为 u_1, u_2, …, u_k, …, u_n, 可用下列麦克斯韦方程决定:

$$\left.\begin{aligned}
u_1 &= \alpha_{11}Q_1 + \alpha_{12}Q_2 + \cdots + \alpha_{1k}Q_k + \cdots + \alpha_{1n}Q_n \\
u_2 &= \alpha_{21}Q_1 + \alpha_{22}Q_2 + \cdots + \alpha_{2k}Q_k + \cdots + \alpha_{2n}Q_n \\
u_3 &= \alpha_{31}Q_1 + \alpha_{32}Q_2 + \cdots + \alpha_{3k}Q_k + \cdots + \alpha_{3n}Q_n \\
&\qquad\qquad\qquad \cdots\cdots \\
u_k &= \alpha_{k1}Q_1 + \alpha_{k2}Q_2 + \cdots + \alpha_{kk}Q_k + \cdots + \alpha_{kn}Q_n \\
&\qquad\qquad\qquad \cdots\cdots \\
u_n &= \alpha_{n1}Q_1 + \alpha_{n2}Q_2 + \cdots + \alpha_{nk}Q_k + \cdots + \alpha_{nn}Q_n
\end{aligned}\right\} \qquad (5\text{-}90)$$

式(5-90)中 $\alpha_{kk}(k=1,2,\cdots,n)$ 为导线 k 的自电位系数, $\alpha_{km}(m=1,2,\cdots,n;\ m\neq k)$ 为导线 k 与导线 m 间的互电位系数, 它们的值决定于导线的几何尺寸和布置, 可由下式算出:

$$\left.\begin{aligned}
\alpha_{kk} &= \frac{1}{2\pi\varepsilon_r\varepsilon_n}\ln\frac{2h_k}{r_k} \\
\alpha_{km} &= \frac{1}{2\pi\varepsilon_r\varepsilon_0}\ln\frac{D_{km}}{d_{km}}
\end{aligned}\right\} \quad (\text{m/F}) \qquad (5\text{-}91)$$

式中, h_k、r_k——导线 k 的离地平均高度和导线半径;

d_{km}、D_{km}——导线 k 与导线 m 间的距离和导线 k 与导线 m 的镜像 m' 间的距离.

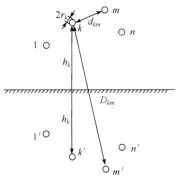

图 5.29　平行多导体系统

将式(5-90)右边乘以 v/v, 并以 $i=Qv$ 代入, 可得

$$\left.\begin{aligned}
u_1 &= Z_{11}i_1 + Z_{12}i_2 + \cdots + Z_{1k}i_k + \cdots + Z_{1n}i_n \\
u_2 &= Z_{21}i_1 + Z_{22}i_2 + \cdots + Z_{2k}i_k + \cdots + Z_{2n}i_n \\
&\qquad\qquad\qquad \cdots\cdots \\
u_k &= Z_{k1}i_1 + Z_{k2}i_2 + \cdots + Z_{kk}i_k + \cdots + Z_{kn}i_n \\
&\qquad\qquad\qquad \cdots\cdots \\
u_n &= Z_{n1}i_1 + Z_{n2}i_2 + \cdots + Z_{nk}i_k + \cdots + Z_{nn}i_n
\end{aligned}\right\} \qquad (5\text{-}92)$$

式中, Z_{kk}——导线 k 的自波阻抗;

Z_{km}——导线 k 与导线 m 间的互波阻抗, 在空气中它们由下式计算:

$$Z_{kk} = \frac{\alpha_{kk}}{v} = 60\ln\frac{2h_k}{r_k}(\Omega) \left.\vphantom{\frac{\alpha}{v}}\right\}$$
$$Z_{km} = \frac{\alpha_{km}}{v} = 60\ln\frac{D_{km}}{d_{km}}(\Omega) \left.\vphantom{\frac{\alpha}{v}}\right\} \tag{5-93}$$

由式(5-93)不难看出，Z_{km} 一般总是小于 Z_{kk}，而且有 $Z_{km} = Z_{mk}$.

式(5-92)仅考虑了线路上只有前行波时的情况，若导线上既有前行波又有反行波，则对 n 根平行导线系统中的每一根导线(如第 k 根导线)可以列出如下方程：

$$\begin{cases} u_k = u_{kq} + u_{kf}, i_k = i_{kq} + k_{kf} \\ u_{kq} = Z_{k1}i_{1q} + Z_{k2}i_{2q} + \cdots + Z_{kk}i_{kq} + \cdots + Z_{kn}i_{nq} \\ u_{kf} = -(Z_{k1}i_{1f} + Z_{k2}i_{2f} + \cdots + Z_{kk}i_{kf} + \cdots + Z_{kn}i_{nf}) \end{cases} \tag{5-94}$$

式中，u_{kq}，u_{kf}——导线 k 上的前行电压波和反行电压波；

$\quad\quad\quad i_{kq}$，i_{kf}——导线 k 上的前行电流波和反行电流波.

n 根导线就可以列出 n 个方程组，再加上边界条件就可以分析无损平行多导线系统中的波过程.

5.4　架空传输线中雷电电磁脉冲的传输

5.4.1　MTL 系统的电报员或传输线方程

对于良导体大地和非耗散传输线(无耗/理想)，MTL 中传播的电压和电流波可以在频域用式(5-95)来表征

$$\frac{\mathrm{d}V(x,\mathrm{j}\omega)}{\mathrm{d}x} + L_e\,\mathrm{j}\omega I(x,\mathrm{j}\omega) = 0 \tag{5-95a}$$

$$\frac{\mathrm{d}I(x,\mathrm{j}\omega)}{\mathrm{d}x} + C_e\,\mathrm{j}\omega V(x,\mathrm{j}\omega) = 0 \tag{5-95b}$$

类似地，对于具有常值或非频变内部损耗的良导体地面，频域传输方程可以由下式给出：

$$\frac{\mathrm{d}V(x,\mathrm{j}\omega)}{\mathrm{d}x} + RI(x,\mathrm{j}\omega) + (L_i + L_e)\mathrm{j}\omega I(x,\mathrm{j}\omega) = 0 \tag{5-96a}$$

$$\frac{\mathrm{d}V(x,\mathrm{j}\omega)}{\mathrm{d}x} + G_e V(x,\mathrm{j}\omega) + C_e\,\mathrm{j}\omega V(x,\mathrm{j}\omega) = 0 \tag{5-96b}$$

注意到在拉普拉斯或傅里叶域的表达式中，频率可以相互表示为 $S \Leftrightarrow \mathrm{j}\omega$. 式(5-95)和式(5-96)一般称为电报员方程. Kelvin(William Thomoson)研究了经由阿拉斯加横跨大西洋连接北美和欧洲的海底电缆(1855)中的信号传播. 但是由于 Kelvin 理论仅仅考虑了由电缆的单位长电容和电阻引起的效应，而忽略了磁场效应，当用到实际的电报员方程时，式(5-96)变成了扩散方程，导致失败. 1857 年，Kirchoff 提出了包括自感效应的长线理论. 后来，Heaviside 给出了完整传输线理论所需的所有参数. 式(5-95a)和式(5-96a)为电压波方程，式(5-95b)和式(5-96b)为电流波方程. 对于图 5.30 所示的 n 导体系统，对应式(5-95)和式(5-96)，$V(x,\mathrm{j}\omega)$ 和 $I(x,\mathrm{j}\omega)$ 分别为 n 维电压和电流向量. 此外，L_i，L_e，C_e，R 和 G_e 分

别为 n 维单位长串联电感(内部和外部)、并联电容、串联电阻和并联电导矩阵. 为了方便, 下面的讨论针对无外场辐射照的情况, 即在式(5-95)和式(5-96)中没有辐射场强制项.

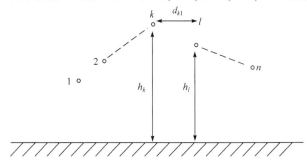

图 5.30　良导体地面上的 MTL 系统

由于导线的内部损耗为常值, R 和 L_i 矩阵为对角矩阵, 且 R 和 L_i 仅当趋肤效应现象不太显著时有意义, 即满足圆形导线的半径 $r_i < 2\delta$, 其中 δ 是趋肤深度. 通常, 在低频或直流条件下, 电流平均分布在导线横截面上, 但在高频时, 电流趋向于沿着导线表面流动且按照统一规律分布于厚度为趋肤深度的区域内, 对于良导体, 趋肤深度 $\delta_i = \sqrt{2 / \omega\mu\sigma}$. 后面还会讨论到, 在高频时内部损耗应该用内部阻抗来表示. R 和 L_i 中的元素由式(5-97)和式(5-98)给出

$$R_{kk} = \frac{1}{\sigma\pi r_k^{\;2}}, \quad R_{kj} = 0 \tag{5-97}$$

$$L_{ikk} = \frac{\mu_0}{8\pi}, \quad L_{ikj} = 0 \tag{5-98}$$

图 5.30 中的外部传输线参数 L_e, C_e 和 G_e 可通过镜像理论计算得到, 它们分别是由外部磁场和电场引起的. 在导线 k 和 l 之间, 第 k 个导线的外部自感和与第 1 个导线的互感为

$$L_{ekk} = \frac{\mu_0}{2\pi}\ln\left(\frac{2h_k}{r_k}\right) \tag{5-99a}$$

$$L_{ekl} = \frac{\mu_0}{2\pi\varepsilon_0}\ln\left(\frac{\sqrt{(h_k + h_l)^2 + d_{kl}^2}}{\sqrt{(h_k - h_l)^2 + d_{kl}^2}}\right) \tag{5-99b}$$

为了求得外部电容矩阵, 首先需要按照与电感系数矩阵(5-99)相同的方法得到电位系数矩阵. 电位系数矩阵中的子电位系数值和互电位系数值由式(5-100)给出

$$P_{ekk} = \frac{1}{2\pi\varepsilon_0}\ln\left(\frac{2h_k}{r_k}\right) \tag{5-100a}$$

$$L_{ekl} = \frac{1}{2\pi\varepsilon_0}\ln\left(\frac{\sqrt{(h_k + h_l)^2 + d_{kl}^2}}{\sqrt{(h_k - h_l)^2 + d_{kl}^2}}\right) \tag{5-100b}$$

对电位系数矩阵取逆, 就得到电容系数矩阵式

$$C_e = P_e^{-1} \tag{5-101}$$

电导系数矩阵式(5-102)可以由电容矩阵直接得到. 由于空气电导率可以忽略不计,

因此对于地面上的导线, 这个矩阵可以略去, 故

$$G_e = \frac{\sigma}{\varepsilon_0} C_e \tag{5-102}$$

由于内部损耗并不能完全仅由电阻和导线内电感表示, 因此这里使用串联阻抗(内阻抗 Z_i 和外阻抗 Z_e)和外导纳, 重新写出如下所示的传输线方程:

$$\frac{dV(x, j\omega)}{dx} + (Z_i + Z_e) I(x, j\omega) = 0 \tag{5-103a}$$

$$\frac{dI(x, j\omega)}{dx} + Y_e V(x, j\omega) = 0 \tag{5-103b}$$

5.4.1.1 导线内部阻抗的表示

导线内部阻抗的表达式需要能够正确表示内部阻抗的频率相关性. Schelkunoff 针对半径为 r_w 的圆形导线给出了内部阻抗的确切表达式

$$Z_i(j\omega) = \frac{\gamma_i}{2\pi\sigma r_w} \frac{I_0(\gamma_i r_w)}{I_1(\gamma_i r_w)} \tag{5-104}$$

式中用到了变形 Bessel 函数和导线内的传播常数 $\gamma_i = \sqrt{j\omega\mu\sigma}$.

下式为 Wedepohl 和 Wilcox 给出的式(5-104)的一个近似公式:

$$Z_i(j\omega) = \frac{\gamma_i}{2\pi\sigma r_w} \coth(0.777 r_w \gamma_i) + \frac{0.356}{\pi r_w^2} \tag{5-105}$$

下式为 Nahman 和 Holt 提出的式(5-104)的另一种近似公式:

$$Z_i(j\omega) = \frac{1}{\pi\sigma r_w^2} + \frac{1}{2\pi r_w} \sqrt{\frac{\mu}{\sigma}} \sqrt{j\omega} = A + B\sqrt{S} \tag{5-106}$$

针对半径为 $5\sim6mm$ 的圆形铝导线, 图 5.31 给出了在较宽频带范围内分别基于上述表达式得到数值的对比. 可以看出, 式(5-104)和式(5-105)给出的内部阻抗值相同, 同时与式(5-106)给出的数值也符合得较好. 我们感兴趣的是式(5-106)可以很容易地应用到时域计算, 这将在稍后讨论.

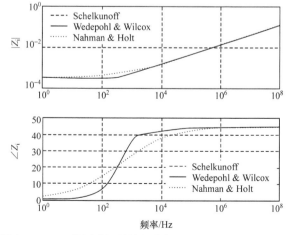

图 5.31 半径为 $5\sim6mm$ 的圆形铝导线的内部阻抗表达式(5-104)~(5-106)的比较

5.4.1.2 有限电导率地面上的导线外部阻抗和导纳

非良导体(有耗)大地可以由有限数值的土壤电导率σ_g、土壤介电常量ε_g和土壤磁导率$\mu=\mu_0$表示. 所有这些材料性质也成为地回路参数. 当大地假定为良导体时, 其土壤电导率为无限大数值. 当电流沿着架空导线传播时, 导线上电荷或电流源产生的电磁场会入射到地面上. 如果大地为良导体, 而良导体大地的反射系数为单位值 1, 那么入射的电磁场将会在地面出现完全反射, 不会穿透到土壤里面. 这样我们可以针对良导体大地, 外部阻抗可以由式(5-99)求得. 但是一定要注意传输线近似的信号的波长λ_{pluse}要远大于导线的高度 h, 即$\lambda_{\text{pluse}} \gg 2\pi h$. 随着频率的增加, 波长变小, 在高于一些临界频率时, 波长可能会变得与导线的高度相当. 因此, 本节讨论的内容仅当传输线近似的条件满足时才是有效的. 对于典型的架空电力线, 当针对含有几兆赫兹量级频率成分的电磁暂态时, 传输线近似条件依然满足. 后面, 我们还会针对有限土壤电导率的情况讨论传输线近似的限制条件.

非良导体大地的反射系数为复值函数, 电磁场会随着频率不同而穿透到土壤内不同深度, 示于图 5.32. 在前面讨论趋肤效应时, 导线中的电流大小会根据频率或者趋肤深度的不同, 趋向于沿着导线的表面流动. 由于实际的土壤或地介质中与良导体大地不同, 因此电磁场会有与趋肤效应类似但更为复杂的穿透现象(参见图 5.32 的穿透深度). 复杂性在于确认出线电压的正确意义. 原理上, 线电压定义为电场从参考导体到另外导线位置处的积分. 因此, 对于架空的导线, 电压是从地平面(零电势)到导线高度(注意基于镜像理论, 参考导线位于导线高度 2 倍距离处)的线积分. 对于实际的大地或土壤, 由于场可以穿透到大地中, 地中的电场并不为零, 零或参考电势位于地下某一深度位置处. 问题就是如何确定这个零电势的深度.

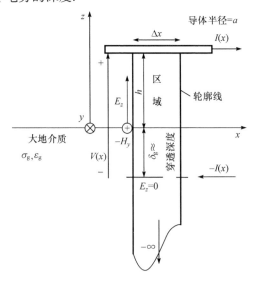

图 5.32 有耗无界大地上的架空单根导线[1]

Tesche 等提到, 为了得到总的线电压, 线积分可以分为两个部分: 一个积分范围是从地平面到空气中导线位置处，另一个积分范围是从地下–∞到地表面. 下面的讨论，为简明起见，先忽略入射场，仅考虑地面上的导线，并假定入射场已经在导线上感应出电流. 对于图 5.32 所示的横电磁(TEM)场结构，从–∞(假定为零电势参考点)到导线高度 h 处取积分，得到式(5-107)～式(5-109)

$$\int_{-\infty}^{h}\left[E_z(x+\Delta x,z)-E_z(x,z)\right]\mathrm{d}z-\int_{x}^{x+\Delta x}\left[E_x(x,h)-E_x(x,-\infty)\right]\mathrm{d}x$$
$$=-\mathrm{j}\omega\mu_0\int_{-\infty}^{h}\int_{x}^{x+\Delta x}-H_y\mathrm{d}x\mathrm{d}z \tag{5-107}$$

式中，左边的第一项积分是导线上两点间的标称电压，第二项积分对应导线内部的损耗或由内部阻抗引起的贡献，由前面部分的讨论，当为良导体时这一项为零.

当$\Delta x\to 0$ 时，式(5-107)左边为电压降的微分和由导线趋肤效应（内部阻抗）导致的电压降，示于式(5-108)

$$\int_{-\infty}^{h}\left[E_z(x+\Delta x,z)-E_z(x,z)\right]\mathrm{d}z-\int_{x}^{x+\Delta x}\left[E_x(x,h)-E_x(x,-\infty)\right]\mathrm{d}x$$
$$=\frac{\mathrm{d}V(x,\mathrm{j}\omega)}{\mathrm{d}x}+Z_i(\mathrm{j}\omega)I(x,\mathrm{j}\omega) \tag{5-108}$$

类似地，当没有入射场或透射场，仅有线上电流引起的散射场时，式(5-107)的右边可以得到

$$-\mathrm{j}\omega\mu_0\int_{-\infty}^{h}\int_{x}^{x+\Delta x}-H_y\mathrm{d}x\mathrm{d}z=-\left[\mathrm{j}\omega L_e+Z_g(\mathrm{j}\omega)\right]I(x,\mathrm{j}\omega) \tag{5-109}$$

它是由于导线上电流和大地中的返回电流引起的磁通.

注意，良导体地面上的导线仅存在外部电感项. 从式(5-109)可以看出，总的外部阻抗是良导体地面上导线电感和地阻抗 Z_g 的串联组合，与良导体地面上的多根导线间的互感(式(5-99b))类似，也存在交互地阻抗项. 有许多研究人员致力于推导地阻抗表达式，但此处，仅讨论一些最适用于传输线类型问题的例子.

土壤的临界频率是当位移电流等于传导电流时对应的频率. 对于给定的土壤，如果临界频率为 $\omega_c=\sigma_g/\varepsilon_g$，并且导线上的传播信号或者与其关联的电磁场频率为$\omega$，则大地对于这些入射场的可能表现如下[1,3,4-7](在实际的电磁兼容问题中，可能会遇到各种类型的电磁场信号)：

如果$\omega<0.1\omega_c$，则称为低频近似，大地的特征表现为导体（Carson 区）. 电力系统，开关操作以及典型的闪电首次回击等都可归于这个类别.

如果$0.1\omega<\omega<2\omega_c$，则称为高频近似，大地的表现介于导体和绝缘体之间（过渡区）. 多数闪电首次和后续回击脉冲属于这个类别.

如果$\omega>2\omega_c$，则称为甚高频近似，大地的特征表现为绝缘体（渐进区）. 多数高空核电磁脉冲属于这个类别. 在这些频率上，需要注意传输线近似条件是否严格满足.

1) 用于低频信号传播研究的 Carson 地阻抗表达式

Carson 最先研究了地阻抗(也成为大地回路阻抗)的概念. 他首次推导给出了大地中轴向电场的一般解，并基于 Maxwell 旋度方程给出了轴向电场相关的磁场分量. 然后，

他把磁场分量分成两部分：一部分来源于导线中的电流，另一部分来源于大地中的电流. 忽略大地中的轴向位移电流（低频近似），大地传播常数为 $\gamma_g' = \sqrt{j\omega\mu_0\sigma_g}$，假定导线半径足够小使得导线横截面上的电流分布是对称的. 进而把轴向电场与标量位和矢量位联系起来，导出了地阻抗广义积分形式的最终表达式，自项和互项表达式分别示于式(5-110a)和式(5-110b)(几何结构参见图 5.30).

$$Z_{gkk}^{\text{Carson}}(j\omega) = \frac{j\omega\mu_0}{\pi} \int_0^\infty \frac{e^{-2h_k u}}{\sqrt{u^2 + j\omega\mu_0\sigma_g} + u} \, du \tag{5-110a}$$

$$Z_{gkl}^{\text{Carson}}(j\omega) = \frac{j\omega\mu_0}{\pi} \int_0^\infty \frac{e^{-2(h_k+h_l)u}\cos(d_{kl}u)}{\sqrt{u^2 + j\omega\mu_0\sigma_g} + u} \, du \tag{5-110b}$$

利用第一类和第二类 Bessel 函数，式(5-110)中的无穷积分项具有确定的解. 这些函数可以展开为无穷函数，为了简化计算，Carson 进一步把式中积分展开为无穷级数，这已被电力工程师广泛应用. 在低频范围，Carson 的无穷级数收敛很快，随着频率升高，收敛速度下降，导致出现截断误差. 这里用到了低频近似（见式(5-110)的分母项，分母项中丢掉了 ε_g）. 此外，随着频率趋向无穷大，Carson 表达式出现了奇点，即地阻抗趋向无穷大. 实际上，随着频率趋向无穷大，地阻抗应该趋近于一个有限值，后面会讨论到这一点.

为了克服 Carson 方程收敛性的困难，1977 年 Gary 在研究电力系统故障时提出了复深度地回路(complex depth earth return method)的方法，但是没有对他的方法给出解析证明. 1981 年，Deri 等理论上证明了 Carson 方法和复深度地回路方法的关系.

Gary 提出的方法有点像 Carson 积分方程(5-110)的闭式近似. Deri 等的方法假定导线 k 的电流回流通过其正下方深度(h_k+2p)处的镜像地回流导线，p 是大地中低频近似趋肤深度. 换句话说，大地可以用一组地回流导线替代. 导线与其镜像地回流导线之间的距离等于架空高度与地中趋肤深度之和的 2 倍，即 $2(h_k+p)$. 需要强调的是，趋肤深度 $p = (j\omega\mu_0\sigma_g)^{-1/2}$ 是一个复数. 式(5-111)给出了相关的地阻抗方程，其中的符号在图 5.33 中给出定义

$$Z_{gkk}^{\text{Deri等}}(j\omega) = \frac{j\omega\mu_0}{2\pi}\ln\left(\frac{h_k+p}{h_k}\right) \tag{5-111a}$$

$$Z_{gkl}^{\text{Deri等}}(j\omega) = \frac{j\omega\mu_0}{2\pi}\ln\left(\frac{D_{kl}''}{D_{Kl}'}\right) \tag{5-111b}$$

Carson 积分方程在高频范围的缺点同样存在于 Deri 等的表达式中. 另外，可以得出，当 $\omega\rightarrow\infty$ 时，$p=0$，而实际上频率趋近无穷时，穿透深度趋近于一个由地面材料性质确定的渐进值，因此这个结果是不对的. 这些内容将会在地阻抗的高频表达式之后继续讨论. 需要注意，仅当传导电流远大于土壤中的位移电流，$\sigma_g \gg \omega\varepsilon_g$ 时，低频近似才能严格有效.

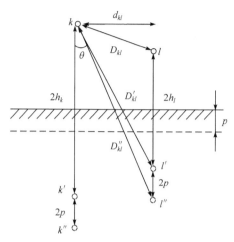

图 5.33　低频近似条件下，趋肤深度 p、导线 k 和 l 及其镜像 k' 和 l' 配置

2) 用于高频信号传播研究的 Sunde 地阻抗表达式

在 Carson 之后，另一位对地阻抗的发展做出重要贡献的是 Sunde. 在他的传输系统的地传导范围内的几种情况中，特别关注了传播特征. 根据他在 20 世纪 40 年代的多项工作和出版物判断，本章作者认为他是第一个提出计及大地传导效应(earth conduction effect)的传输线建模概念的人. 在他那个时代，闪电引起的电磁暂态和其他电力系统的故障预测是非常重要的，这使得他可以研究埋地电缆、架空导线、地电极和导线等的波传播问题. Sunde 通过假定地表上空中的一个偶极子，并假定大地有两层，导出了他的表达式，然后在 3 种介质中用波函数或赫兹位，通过电场和磁场的切向分量在分界处符合连续性边界条件，导出了最终的结果. 他的地阻抗表达式(5-112)包括了土壤中的位移电流，即所用大地传播常数为 $\gamma_g = \sqrt{j\omega\mu_0(\sigma_g + j\omega\varepsilon_g)}$ (参考图 5.30 的几何结构).

$$Z_{gkk}^{Sunde}(j\omega) = \frac{j\omega\mu_0}{2\pi}\int_0^\infty \frac{e^{-2h_k \cdot u}}{\sqrt{u^2 + \gamma_g^2} + u}\,du \tag{5-112a}$$

$$Z_{gkl}^{Sunde}(j\omega) = \frac{j\omega\mu_0}{2\pi}\int_0^\infty \frac{e^{-2(h_k+h_l)\cdot u}\cos(d_{kl}u)}{\sqrt{u^2 + \gamma_g^2} + u}\,du \tag{5-112b}$$

Carson 表达式(5-110)和 Sunde 表达式(5-112)的唯一区别是 Sunde 使用了完整的大地传播常数，这是因为高频时土壤中的位移电流不能被忽略掉. 对于式(5-112a)的地阻抗自项，Sunde 给出了对数近似表达式

$$Z_{gkk}^{Sunde-log}(j\omega) = \frac{j\omega\mu_0}{2\pi}\ln\left(\frac{1 + h_k\gamma_g}{h_k\gamma_g}\right) \tag{5-113a}$$

最近，在宽频带范围内研究架空电力线路的场-线耦合问题时，多是使用 Sunde 的对数近似表达式. 不过，Vance 采用 Hanke 函数也提出了另外一种地阻抗表达式，与 Sunde 表达式(5-113a)在数学上等效. 但是，根据 Chen 和 Damrau 的研究，Sunde 的对数近似表达式更为有效，对于架空电力线路，式(5-113a)是式(5-112a)的很好近似[1,2]，这

个对数公式在很宽的频率范围内都是有效的. 随着频率趋向无穷大，Sunde 表达式特别是对数表达式是有限度的，没有奇点发生. 由于积分表达式(5-112a)有收敛性问题，因此作者在这里没有研究给出它的高频特性. Rachidi 等提到，积分表达式(5-113a)没有出现任何奇点. 稍后，我们再讨论这个有限值. Sunde 表达式与其他低频近似表达式相比，具有很高的有效性.

式(5-113a)已经由 Rachidi 等扩展到式(5-113b)互阻抗的情况，式(5-113b)也是式(5-112b)的一个很好近似. 可以看出，式(5-113b)和式(5-111b)相似，区别在于式(5-111b)使用了地传播常数的低频近似表达式.

$$Z_{gkk}^{\text{Sunde-log}}(j\omega) = \frac{j\omega\mu_0}{2\pi}\ln\left(\frac{\left[1+\left(\dfrac{\gamma_g(h_k+h_l)}{2}\right)\right]^2+\left(\dfrac{\gamma_g d_{kl}}{2}\right)^2}{\left(\dfrac{\gamma_g(h_k+h_l)}{2}\right)^2+\left(\dfrac{\gamma_g d_{kl}}{2}\right)^2}\right) \qquad (5\text{-}113\text{b})$$

下面我们基于场的穿透深度，讨论当频率趋向于无穷大时地阻抗的渐近特性. 图 5.34 给出的高度为 8m 的导线在不同的大地电导率情况下，各种地阻抗表达式随频率变化的对比结果.

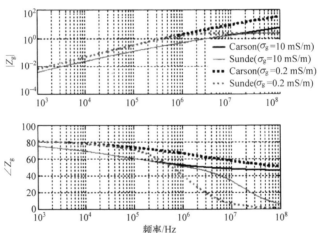

图 5.34　高度为 8m 导线的地阻抗幅度和相位曲线(大地电导率分别为σ_g=10mS/m 和σ_g=0.2mS/m，大地相对介电常量ε_{rg}=10)

3) 地阻抗的渐近特性及场在大地中的穿透深度概念

从图 5.34 中可以看出，随着频率趋向于无穷大，地阻抗的幅度趋近于一个常数值. 为了理解这一点，需要了解随着频率趋向无穷时大地穿透深度的变化情况. 土壤中的穿透深度为

$$\delta_g = \frac{1}{\omega\sqrt{\dfrac{\mu_0\varepsilon_g}{2}\left[\sqrt{1+\left(\dfrac{\sigma_g}{\omega\varepsilon_g}\right)^2}-1\right]}} \qquad (5\text{-}114)$$

可以看出，随着频率趋向无穷大，式(5-114)变为

$$\lim_{\omega \to \infty} \delta_g = \frac{2}{\sigma_g} \sqrt{\frac{\varepsilon_g}{\mu_0}} \tag{5-115}$$

图 5.35 给出了各种大地电导率情况下大地穿透深度随频率的变化关系. 注意到在低频近似条件下，当频率趋向无穷大时，由于地阻抗的低频近似值趋近于无穷大，而非趋近于一个常数渐近值，从而会得到大地穿透深度趋近于零这个错误结论. 当频率趋近无穷时，Sunde 的地阻抗表达式趋近于一个有限值，因此这个表达式是有效的.

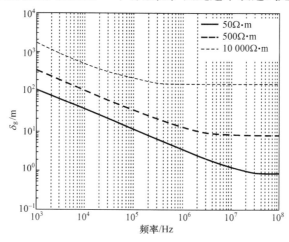

图 5.35   不同大地电导率时大地中电磁场穿透深度随频率的变化关系($\varepsilon_{rg}=10$)

随着频率趋向无穷大，地阻抗的自项和互项值分别由式(5-116a)和式(5-116b)给出，在时域计算时需要用到它们

$$\lim_{\omega \to \infty} Z_{gkk} = \frac{1}{2\pi h_k} \sqrt{\frac{\mu_0}{\varepsilon_g}} \tag{5-116a}$$

$$\lim_{\omega \to \infty} Z_{gkl} = \frac{h_k + h_l}{\pi \left[(h_k + h_l)^2 + d_{kl}^2 \right]} \sqrt{\frac{\mu_0}{\varepsilon_g}} \tag{5-116b}$$

观察图 5.34 中不同大地电导率下 Sunde 的地阻抗随频率的变化曲线特性，可以看出大地电导率越小，达到渐近值的频率越低. 这也可以从图 5.35 中的大地穿透深度曲线中看出来. 因此，使用大地穿透深度的概念，Theethayi 等直观地讨论了在有限电导率地面上导线传输线近似的限制条件.

需要着重指出，我们讨论的是大地具有均匀电导率的情形，但是实际情况下土壤是有许多层的，每一层具有不同的电导率和介电常量. 针对这种情况，Sunde 在他的书中提出了多种计算地阻抗的方法，但仍然有许多不确定性，如缺乏每一层的厚度、准确的大地电导率等方面的信息. Sunde 和 Vance 提到，土壤条件的不确定性导致的分析误差大约为 20%. 不管怎样，对于我们所处理的这类问题，传输线解的分析精确程度只依赖于地阻抗表达式的准确性.

4) 架空导线传输线近似的限制条件

在上面的讨论中，我们已经提及了使得传输线近似有效的上限频率限制条件. 对于具有大地回流的架空导线，土壤中电流回流通道所处的深度依赖于穿透深度，而后者又与频率密切相关.

在规则传输线的整个长度范围内，电场和磁场均垂直于（横向）波进行的方向，成为主模或 TEM 模，因此我们可以使用准静态分析方法. 这种分析由 Bannister 较早实现. 在任意给定频率下，TEM 传播占主提体的条件是实际导线的位置和回流导线（大地中的回流通道）间的距离小于或等于空气中信号传播的波长. 因此，在限定条件下，任何给定频率信号的波长应该是 $\lambda_{\text{pluse}} \geqslant 2(h + \sigma_{\text{g}})$. 显然，如果所有波长不满足上述条件，那么就应该考虑其他传播模式的存在，并且由于导线的辐射或者反流可能不通过大地，电压的定义也不再有效. Wait、Olsen 等基于严格的 Maxwell 或 Hertz 偶极子理论给出的解可以回答这方面的疑问. 因此，此处的研究假定仅有 TEM 或准静态场结构存在(占主位)，其他模式被抑制，对应的最小频率为 $f_{\text{TL}} = \dfrac{3}{2(h + \delta_{\infty})} \times 10^8$，其中 $\delta_{\infty} = (2 / \sigma_{\text{g}})\sqrt{\varepsilon_{\text{g}} / \mu_0}$，超过这个频率时传输线近似方法能否适用就需要慎重考虑.

图 5.36 针对 10m 高的导线，给出了空中导线位置和其镜像导线或回流面之间的实际距离，它是随着频率变化的. 这个导线和其实际镜像之间的距离是基于 Bannister 分析的扩展给出的，其值为导线高度和土壤中趋肤或穿透深度之和的 2 倍. 注意，此时考虑的全部介质都是空气. 因此，图 5.36 中空气中的波长也显示为频率的函数. 可以看出，当大地电导率减小时，基于前述理由，使得传输线分析有效的限定频率也随之减小[4,5].

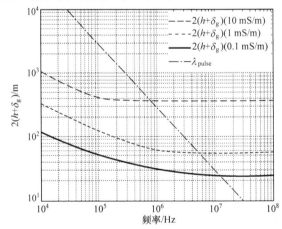

图 5.36　导线高度 10m 时，源导线与其虚拟回流通道之间的距离随频率变化曲线
(σ_{g}=10，1 和 0.1mS/m，ε_{rg}=10)

如此，与第一个传输线方程的频变串联阻抗项有关的所有参数都已经得到. 下面我们继续进行地面电导率为有限值时导线并联导纳参数的计算.

5) 架空导线的地导纳

一旦求得地阻抗，就可以得到地导纳. 地阻抗是大地中磁场的贡献. 类似地，地导纳

是由于大地中电场的贡献. 基于图 5.32，沿着导线的线电荷密度和导线的导纳可以通过式(5-117)与电场联系起来

$$\frac{j\omega q\left(x,j\omega\right)}{Y_e\left(j\omega\right)} = \int_0^h E_z \mathrm{d}z + \int_{-\infty}^0 E_z \mathrm{d}z \tag{5-117}$$

$$\frac{1}{Y_e\left(j\omega\right)} = \frac{1}{j\omega C_e} + \frac{1}{Y_g\left(j\omega\right)} \tag{5-118}$$

因此，导线的总并联导纳可以由式(5-119)给出，这意味着总导纳是良导体大地条件下导线对地电容形成的外部导纳和大地导纳的串联组合.

$$Y_e\left(j\omega\right) = \frac{j\omega C_e Y_g\left(j\omega\right)}{j\omega C_e + Y_g\left(j\omega\right)} \tag{5-119}$$

此外，文献中关于传输线的地导纳有许多种表达式. 不过，一般近似处理，地导纳和地阻抗可以通过式(5-120)的地传播常数关联起来

$$Y_e\left(j\omega\right) = \gamma_g^2 \left[Z_g\left(j\omega\right)\right]^{-1} \tag{5-120}$$

5.4.1.3　单位长传输线的完整表述和每个传输线参数的灵敏度

前面几节中，针对把大地作为回流通道的架空导线，我们已经理解了表征分布式传输线线段的所有相关参数. 基于这些参数，架空导线的单位长表述形式见图 5.37. 对于 MTL 系统，外部阻抗和导纳参数之间会有互相耦合，但是如前所述，其分析方法是相同的，只是 MTL 系统的参数为矩阵形式这一点不同. 这些参数是传输线方程(5-103)的一部分. 下面我们来看在各种分析方法中提到的传输线参数中哪些是占有主导地位的.

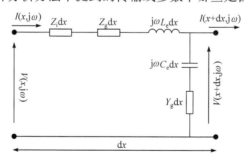

图 5.37　带有所有传输线参数的架空导线传输线线段

首先从串联阻抗参数开始，来比较内部阻抗、无耗地面条件下外部阻抗和有耗地面条件下自阻抗的大小. 针对半径 1cm、高 8m 的典型架空铜线，当大地电导率为 10mS/m 时，用内部阻抗表达式(5-104)、外部电感表达式(5-99a)和地阻抗表达式(5-113a)分别得到相应结果，对比效果见图 5.38.

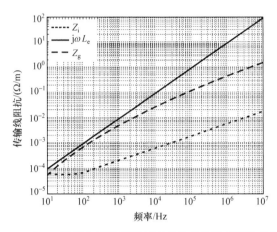

图 5.38　对于半径 1cm、高 8m 的架空铜导线随频率变化的传输线阻抗参数比较(大地电导率为
10mS/m、相对介电常量为 10)

从图 5.38 可以清楚地看出, 仅在极低频范围, 外部阻抗参数相对于内部阻抗来说占据主要支配地位; 典型地, 随着导线距离地面越来越近, 就要同时考虑到内部阻抗的影响. 在研究有大地损耗的情况时, 可以忽略内部阻抗以降低计算难度. 不过, 在稍后的时域模拟分析中将会讨论如何把内部阻抗包含进去. Paul[8,9]表明, 在印刷电路板导线间串扰现象的模拟中, 当针对高频脉冲时, 趋肤效应现象可能是重要的.

下面分析有耗和无耗条件下的并联导纳参数. 算例与上面相同, 用式(5-101)计算外部电容, 用式(5-120)计算地导纳. 图 5.39 给出了比较结果, 可以看出地导纳可以忽略不计, 因为其对总并联导纳的影响微不足道. 对于导线距离地面很近的情况, 地导纳的影响也是微不足道的. 注意, 本节后面的分析中, 我们将忽略地导纳.

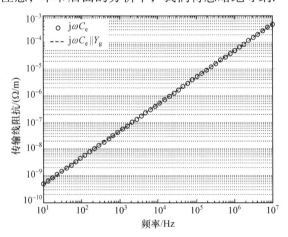

图 5.39　对于半径 1cm、高 8m 的架空铜导线, 导纳参数随频率变化的函数曲线(大地电导率为
10mS/m、相对介电常量为 10)

想提及的是, 关于地面上架空导线的波传播, Wait 和其他研究人员的工作, 从电磁

学和数学原理的角度提供了对这些研究问题的更深入理解，这些工作有助于研究人员和工程师针对各种实际的问题，提出和发展地阻抗和地导纳的更准确、更简单的表达式.

5.4.1.4 架空导线的时域传输线方程

在时域计及频变损耗时需要进行卷积计算. 因此，对于没有外场激励的 MTL 系统，把大地损耗和趋肤效应损耗包括进去的架空导线传输线方程，即电压和电流波方程分别由式(5-121a)和式(5-121b)给出. 注意在式(5-121a)中用到了包含趋肤效应损耗的阻抗表达式(5-106). 因此，剩下的问题在于求解式(5-121a)中的两个卷积. 我们将采用常用的时域有限差分方法(FDTD)求解传输线方程. 这个方法已经由很多研究人员应用于各种外场激励问题(如电磁脉冲、闪电、开关暂态等)、接地系统、电路板等方面，该方法可以处理含有非线性器件的负载，非常适用于方阵瞬态保护方面的实际系统.

$$
\frac{\partial V(x,t)}{\partial x} + AI(x,t) + \frac{B}{\sqrt{\pi}}\left(\int_0^t \frac{1}{\sqrt{\tau}}\frac{\partial I(x,t-\tau)}{\partial(t-\tau)}\mathrm{d}\tau\right)
$$
$$
+ L_e\frac{\partial I(x,t)}{\partial t} + \int_0^t \zeta(t-\tau)\frac{\partial I(x,\tau)}{\partial \tau}\mathrm{d}\tau = 0 \tag{5-121a}
$$

$$
\frac{\partial I(x,t)}{\partial x} + C_e\frac{\partial V(x,t)}{\partial t} = 0 \tag{5-121b}
$$

在继续下面的分析之前，我们首先讨论式(5-121a)等号左边最后一项，即瞬态地阻抗的概念. 原理上，瞬态地阻抗定义为式(5-122)，为地阻抗的拉普拉斯或傅里叶反变换.

$$
\zeta(t) = f^{-1}\left(\frac{Z_g(s)}{s}\right) = j^{-1}\left(\frac{Z_g(j\omega)}{j\omega}\right) \tag{5-122}
$$

应用初值定理，很容易得到在 $t=0$ 时的瞬态地阻抗值，FDTD 计算时需要用到它(后面讨论).

$$
\lim_{t\to 0}\zeta(t) = \lim_{s\to\infty}\frac{Z_g(s)}{s} \tag{5-123}
$$

显然，基于式(5-123)得到的零时刻瞬态地阻抗值是式(5-116)相关情形的自阻抗或互阻抗值. 需要指出，文献中虽然没有瞬态地阻抗式(5-122)的确切时域表达式，但存在一些近似表达式. FDTD 计算需要包括 $t=0$ 时刻的完整时间内瞬态地阻抗值，下面逐一进行讨论.

Timotin 通过对 Carson 表达式进行傅里叶反变换，首先发展给出了时域瞬态地阻抗表达式. 接着，Orzan 把 Timotin 表达式扩展到了交互瞬态地阻抗的情况，示于式(5-124)，该式的适用条件是 $\sigma_g \gg \omega\varepsilon_g$. 这个近似式适用于整个低频频谱，也称为晚期(LT)近似.

在过渡区域和高频区域，由于该频率范围传输线近似的限制条件本身是否满足可能会有问题，对瞬态地阻抗的特性表现没有确定的给出. 虽然如此，要使用 FDTD 方法计算，还是需要找到可以覆盖早起和晚期时间范围的时域表达式.

$$\zeta_{kt}^{\mathrm{LT}}(t) = \frac{1}{2}\left\{ \begin{array}{l} \dfrac{\mu_0}{\pi\tau_{kl}^*}\left[\dfrac{1}{2\sqrt{\pi}}\sqrt{\dfrac{\tau_{kl}^*}{t}} + \dfrac{1}{4}\exp\left(\dfrac{\tau_{kl}^*}{t}\right)\mathrm{erfc}\left(\sqrt{\dfrac{\tau_{kl}^*}{t}}\right) - \dfrac{1}{4} \right] \\ + \dfrac{\mu_0}{\pi\tau_{kl}}\left[\dfrac{1}{2\sqrt{\pi}}\sqrt{\dfrac{\tau_{kl}}{t}} + \dfrac{1}{4}\exp\left(\dfrac{\tau_{kl}}{t}\right)\mathrm{erfc}\left(\sqrt{\dfrac{\tau_{kl}}{t}}\right) - \dfrac{1}{4} \right] \end{array} \right\} \tag{5-124a}$$

$$\tau_{kl} = \left(\frac{h_k + h_l}{2} + \mathrm{j}\frac{d_{kt}}{2} \right)^2 \mu_0 \sigma_{\mathrm{g}}$$

$$\tau_{kl}^* = \mathrm{Conj}(\tau_{kl}) \tag{5-124b}$$

有文献给出了两种表达式，分别由 Araneo、Cellozi(式(5-125a))和 Rachidi 等(式(5-126))提出.

$$\zeta_{kl}^{AC}(t) = \mathrm{e}^{-\left(\frac{5t}{\tau_L}\right)}\left(\zeta_{kl}^{\mathrm{ET}} - \zeta_{kl}^{\mathrm{LT}} \right) + \zeta_{kl}^{\mathrm{LT}} \tag{5-125a}$$

$$\tau_L = \frac{1}{\min\left\{ \dfrac{0.1\sigma_{\mathrm{g}}}{2\pi\varepsilon_{\mathrm{g}}}; \dfrac{0.1(h_k + h_l)\times 3\times 10^8}{\pi\left(d_{kl}^2 + [h_k + h_l]^2\right)} \right\}} \tag{5-125b}$$

$$\zeta^{\mathrm{ET}}(t) = \min\left\{ \sqrt{\frac{\mu_0}{\varepsilon_{\mathrm{g}}}}\frac{h_k + h_l}{\pi\left(d_{kl}^2 + [h_k + h_l]^2\right)}; \zeta_{kl}^{\mathrm{LT}}(t) \right\} \tag{5-126}$$

在式(5-125a)中，用到了早起(ET)地阻抗的表达式(5-127)，它由 Araneo 和 Cellozi 通过把 Semlyen 提出的地阻抗甚高频近似式进行拉普拉斯变换而得到.

$$\zeta^{\mathrm{ET}}(t) = \frac{h_k + h_l}{\pi\left(d_{kl}^2 + [h_k + h_l]^2\right)}\sqrt{\frac{\mu_0}{\varepsilon_{\mathrm{g}}}}\mathrm{e}^{-\sigma_{\mathrm{g}}t/2\varepsilon_{\mathrm{g}}}I_0\left(\frac{\sigma_{\mathrm{g}}t}{2\varepsilon_{\mathrm{g}}}\right) \tag{5-127}$$

方程(5-127)中，$I_0(\bullet)$ 为第一类变形 Bessel 函数. Carson 方程适用的最大频率值由最小准则 $f_{\mathrm{cr}}^{\mathrm{LF}} = \min(0.1\sigma_{\mathrm{g}}/2\pi\varepsilon_{\mathrm{g}}, 0.1c/2\pi h)$ 计算得到. 由此，在时域晚于 $1/f_{\mathrm{cr}}^{\mathrm{LF}}$ 时，可以应用相应的晚期近似式(5-124a). 当频率高于 $f_{\mathrm{cr}}^{\mathrm{HF}} = \sigma_{\mathrm{g}}/\pi\varepsilon_{\mathrm{g}}$ 时，可以使用 Semlyen 提出的甚高频地阻抗表达式. 因此，在时域，早期瞬态地阻抗式(5-127)可用于早于 $1/f_{\mathrm{cr}}^{\mathrm{HF}}$ 的时刻. 式(5-125)中用到了滤波器的概念，已得到瞬态地阻抗近似的表达式. Rachidi 等使用瞬态地阻抗的最小渐近值和晚期近似式，提出了另一种近似表达式(式(5-126)). 针对高 10m 的导线，当地面条件为 σ_{g}=2mS/m、$\varepsilon_{\mathrm{rg}}$=10 时，把式(5-125)及式(5-126)这两种瞬态地阻抗表达式和由 Sunde 地阻抗表达式(5-113)用式(5-122)傅里叶反变换得到的结果进行了对比，示于图 5.40.

可以看出，式(5-125)和式(5-126)都是相当好的瞬态地阻抗近似表达式. 不过，当大地电导率较小或导线高度较小时，这两种瞬态地阻抗表达式的偏差会更大一些. 下面我们讨论传输线方程(5-121)的 FDTD 求解方法.

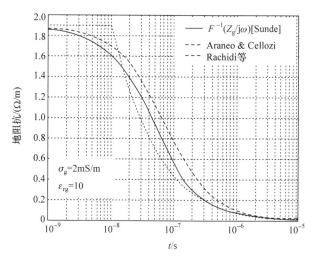

图 5.40 对于高 10m 的架空导线、地面条件为σ_{rg}=2mS/m 和ε_{rg}=10 时，Araneo、Cellozi 表达式与 Rachidi 等表达式和 Sunde 地阻抗表达式的傅里叶反变换结果的对比

5.4.2 传输线方程的时域数值解

5.4.2.1 时域有限差分方法

求解电报员的最佳而又简单的时域方法是 FDTD 方法. 该方法最早被用于使用 Yee 元胞求解微分形式的 Maxwell 方程. 在传输线问题和全波场解的 FDTD 方法方面，有许多很好的讨论，如 Taflove 的书以及 Paul 专门针对传输线的书. 为了讨论 FDTD 方法，需要假定一个带有阻性负载的 MTL 系统，其中一段为源端，另一端为负载端. 源端负载的对角矩阵为 R_S，与此类似，远端为 R_L. 源端的电压矢量位 V_S，远端为 V_L，如图 5.41 所示.

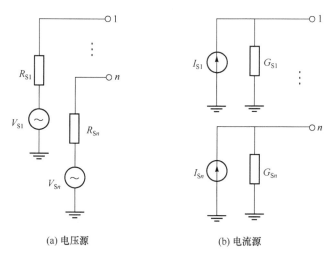

(a) 电压源   (b) 电流源

图 5.41 一个 n 导体 MTL 系统负载端的可能注入类型(此处仅给出了源端)

对于传输线类型的问题，FDTD 方法显得相对简单一些，其原因在于仅有一维传播，

且导线之间的场耦合相关的主要参数已经包含在电感、电容、地阻抗和导纳矩阵中. 因此，通过微分方程(5-121)，空间和时间变量与导线上电压和电流(与电磁场对偶)关联起来. FDTD 方法使用中心差分近似，通过时间和空间步长，对式(5-121)进行离散处理，然后通过蛙跳策略求得问题的解. 也就是说，对于给定的时间步长，首先计算得到电压，然后得到电流；再得到电压，再次得到电流；以此类推. 当把导线用 dx 步长分割时，FDTD 方法有 NDX+1 个电压节点和 NDX 个电流节点. 导线的端点必然是电压节点，下面给出的电压节点递归方程，是通过离散化电流波方程并使其在两端满足边界条件得到的. 需要注意，FDTD 方法的稳定性依赖于时间和空间的离散化及需要满足的 Courant 条件，即 $\Delta x/\Delta t \gg v$，其中 v 是导线上电流或电压传播的最大相速度. Paul 的研究表明，当总的时间步长数 NDT 和空间步长数 NDX 满足式(5-128)时，能够确保稳定性.

$$\text{NDT} \geqslant n\mathrm{d}x \times \frac{v}{\text{导线长度}} \times \text{求解时间} \tag{5-128}$$

首先求解电压节点，然后求解电流节点，电压节点的递归方程给出如下.

式(5-129)给出第一个节点的递归方程

$$V_1^{n'+1} = \left(\frac{R_s^{-1}}{2} + \frac{C_e \Delta x}{2\Delta t} \right)^{-1} \left[\left(-\frac{R_L^{-1}}{2} + \frac{C_e \Delta x}{2\Delta t} \right) V_1^{n'} + \frac{R_L^{-1}}{2} (V_L^{n'+1} + V_L^{n'}) - I_1^{n'+\frac{1}{2}} \right] \tag{5-129}$$

式(5-130)给出最后一个节点的递归方程

$$V_{\text{NDX}+1}^{n'+1} = \left(\frac{R_L^{-1}}{2} + \frac{C_e \Delta x}{2\Delta t} \right)^{-1} \left[\left(-\frac{R_L^{-1}}{2} + \frac{C_e \Delta x}{2\Delta t} \right) V_{\text{NDX}+1}^{n'} \right.$$
$$\left. + \frac{R_L^{-1}}{2} (V_L^{n'+1} + V_L^{n'}) + I_{\text{NDX}}^{n'+\frac{1}{2}} \right] \tag{5-130}$$

式(5-131)给出导线中间任意节点的递归方程

$$V_k^{n'+1} = \left(\frac{C_e}{2\Delta t} \right)^{-1} \left[\left(\frac{C_e}{2\Delta t} \right) V_k^{n'} + \frac{I_k^{n'+\frac{1}{2}} + I_{k-1}^{n'+\frac{1}{2}}}{\Delta x} \right] \tag{5-131}$$

在进一步分析电流波方程之前，有必要先了解一下下面需要用到的递归卷积，它比数值积分的卷积方法[4,5]具有更高的效率. 现在我们用一个例子来解释，考虑式(5-132)中的两个时域函数 $f(t)$ 和 $g(t)$，需要对它们在任意给定时间进行卷积，可以使用基于梯形规则的积分公式(5-133).

$$cv(t) = f(t) \otimes g(t) = \int_0^t f(\tau) g(t-\tau) \mathrm{d}\tau \tag{5-132}$$

$$cv(n'\Delta t) = \int_0^t f(\tau) g(t-\tau) \mathrm{d}\tau$$
$$= \frac{\Delta t}{2} \left\{ f(0)g(n'\Delta t) + 2\sum_{i=1}^{n'} \left[f(i\Delta t)g((n'-i)\Delta t) \right] \right.$$
$$\left. + f(n'\Delta t)g(0) \right\} \tag{5-133}$$

如前所述，在每一个时间步长，梯形积分的乘积项都会改变，因此求和时需要用到所有之前的电流项. 如果 MTL 系统中含有很多导线，这显然会造成沉重的计算负担和存储空间要求. 这时，我们可以使用递归卷积概念，它仅需要存储几个之前的电流值. 使用递归卷积的一个要求是要找到 $g(t)$ 的指数形式近似表达式，具体到此处的情况，就是需要找到瞬态地阻抗 $\zeta(t)$ 的指数形式表达式. 我们假定式(5-134)为 $g(t)$ 的含有 P 个指数项的近似表达式. 注意到瞬态地阻抗可以用 Prony 近似来拟合.

$$g(t) = \sum_{i=1}^{p} a_i \mathrm{e}^{-a_i^t} a \tag{5-134}$$

式(5-134)在频域时的对应式为(5-135)，为了能够使用熟悉的频域拟合方法，需要计算式(5-135)的极点和残量. 本章中采用这个方法拟合 Sunde 的地阻抗表达式.

$$G(s) = \sum_{i=1}^{p} \frac{a_i}{s + \alpha_i} \tag{5-135}$$

为了简化起见，可以先假定仅有一个指数项，得到如下的递归卷积方法：

$$cv(t) = \int_0^t f(t-\tau) a_1 \mathrm{e}^{-a_1\tau} \mathrm{d}\tau \tag{5-136}$$

$$cv(t-\Delta t) = \int_0^{t-\Delta t} f(t-\Delta t-\tau) a_1 \mathrm{e}^{-a_1\tau} \mathrm{d}\tau \tag{5-137}$$

式(5-136)可以分解为

$$cv(t) = \int_{\Delta t}^t f(t-\tau) a_1 \mathrm{e}^{-a_1\tau} \mathrm{d}\tau + \int_0^{\Delta t} f(t-\tau) a_1 \mathrm{e}^{-a_1\tau} \mathrm{d}\tau \tag{5-138}$$

对式(5-138)右边第一项作变量代换 $\tau = \tau' + \Delta t$，然后简化并改变积分限，可以得到

$$\int_{\Delta t}^t f(t-\tau) a_1 \mathrm{e}^{-a_1\tau} \mathrm{d}\tau = \mathrm{e}^{-a_1\Delta t} \int_0^{t-\Delta t} f(t-\Delta t-\tau) a_1 \mathrm{e}^{-a_1\tau'} \mathrm{d}\tau' \tag{5-139}$$

比较式(5-139)和式(5-137)，并代入式(5-138)，可以得到

$$cv(t) = \mathrm{e}^{-a_1\Delta t} cv(t-\Delta t) + \int_0^{\Delta t} f(t-\tau) a_1 \mathrm{e}^{-a_1\tau} \mathrm{d}\tau \tag{5-140}$$

从式(5-140)可以看出新的卷积值与老的卷积值之间的依赖关系.

Araneo 和 Celozzi 在用 FDTD 方法求解包含大地损耗的第一个传输线方程时，采用了这个方法，其递归关系在下面给出. 注意到 Paul 采用的递归卷积方法也包括了内部阻抗损耗. 任意节点处的电流递归关系为

$$I_k^{n'+\frac{1}{2}} = \left(\frac{L_e}{\Delta t} + \frac{A}{2} + \frac{2s\rho(0)}{\sqrt{\pi\Delta t}} + \frac{\zeta(0)}{2} \right)^{-1} \left[\left(\frac{L_e}{\Delta t} - \frac{A}{2} + \frac{2B\rho(0)}{\sqrt{\pi\Delta t}} \right. \right.$$
$$\left. \left. + \frac{\zeta(0)}{2} - \frac{\zeta(\Delta t)}{2} \right) I_k^{n'-\frac{1}{2}} - \frac{B}{\sqrt{\pi\Delta t}} \sum_{i=0}^{10} \Psi_i^{n'} + \frac{\zeta(\Delta t)}{2} I_k^{n'-\frac{3}{2}} - \frac{V_{k+1}^{n'} - V_k^{n'}}{\Delta x} - CI_k^{n'} \right] \tag{5-141}$$

在求解式(5-141)之前，首先要计算式(5-142)中的各项. 式(5-142)为用指数项之和拟合的瞬态地阻抗.

$$\zeta(t) \approx AA_1 e^{-x_1 t} + AA_2 e^{-x_1 t} + \cdots + AA_N e^{-x_N t} \tag{5-142}$$

对于趋肤效应机制，表 5.1 中给出了源自 Paul 的常数项和指数项. 根据导线的几何结构和材料特性，需要先计算出式(5-106)中的 A 和 B. 使用图 5.42 中的常数项，式(5-141)中的 $\rho(0)$ 和 ψ 项可以计算如下：

表 5.1　趋肤效应现象的常数项和指数项表[9]

i	a_i	a_i
1	$0.07909818e^{-1}$	$-0.0011484427e^{-2}$
2	$0.11543423e^{0}$	$-0.13818329e^{-1}$
3	$0.13435380e^{0}$	$-0.54037596e^{-1}$
4	$0.21870422e^{0}$	$-0.14216494e^{0}$
5	$0.98229667e^{-1}$	$-0.30128437e^{0}$
6	$0.51360484e^{0}$	$-0.56142185e^{0}$
7	$-0.20962898e^{0}$	$-0.97117126e^{0}$
8	$0.11974447e^{1}$	$-0.16338433e^{1}$
9	$0.11225491e^{1}$	$-0.28951329e^{1}$
10	$-0.74425255e^{0}$	$-0.50410969e^{1}$

$$\rho(0) = \sum_{i=1}^{10} a_i \tag{5-143}$$

$$\Psi_i^n = a_i e^{a_i} \left(I_k^{n'+\frac{1}{2}} - I_k^{n'-\frac{1}{2}} \right) + e^{a_i} \Psi_i^{n'-1} \tag{5-144}$$

式中，$\zeta(0)$ 和 $\zeta(\Delta t)$ 分别为零时刻和第一个时间步长的瞬态地阻抗值. 卷积项 CI 由下面给出的公式计算得到. 对于 n 导体的 MTL 系统，式(5-145)给出了给定节点和时刻的 CI 值，它是一个求和项.

$$CI_m = \sum_{j=1}^{n} CI_{mj} \tag{5-145}$$

式(5-145)中的每一个卷积项由式(5-143)给出，它由瞬态地阻抗拟合式中的 N 个指数或常数项构成.

$$CI_{mj} = \sum_{i=1}^{n} CI_{mj,r} \tag{5-146}$$

在给定节点和时刻，式(5-146)中每一项的递归关系由式(5-147)给出

$$CI_{mj,r_k^{n'+1}} = e^{\chi_{mj},r\Delta t}\left(CI_{mj,r_k^{n'}} + \frac{1}{2} AA_{mj,r}\left[I_k^{n'+\frac{1}{2}} - I_k^{n'-\frac{1}{2}} \right]\right.$$
$$\left. + \frac{1}{2} AA_{mj,r}e^{\chi_{mj},r\Delta t}\left[I_k^{n'-\frac{1}{2}} - I_k^{n'-\frac{3}{2}} \right]\right) \tag{5-147}$$

递归卷积引起的误差很大程度上与拟合时的准确程度有关. 需要特别小心的是，要

在时刻 $t=0$ 和第一个时间步长处使误差最小. 瞬态地阻抗的衰落特性对最终波形的峰值和前沿时间起决定作用. 当导线数目很多时, 为了使准确度更高而选用更多的指数项, 会使计算效率变低. 因此, 需要确定合理的准确程度, 从而选择拟合瞬态地阻抗的指数近似项数.

注意到上述讨论中, 导线终端处的源均是设定为电压源, 基于经典电路理论中源变换方法, 如 Thevinin 和 Norton 等效电路方法等, 也可以把上述方程扩展到导线终端为电流源的情况. 下面讨论频域解.

5.4.2.2　MTL 系统的频域解

在频域, 首先需要对 MTL 系统解耦, 然后求解解耦后的方程. 在频域求解特征值问题时, 数值方法比较复杂. 可以使用 Matlab 函数计算特征值. 在这个过程中会有一些误差的传递, 对电压或电流的频域响应进行傅里叶反变换时会引起一些误差, 不过可以通过设置采样频率和 2^f 个采样点来减小误差. 这种频域方法也成为模量分析方法. 下面以二阶 MTL 耦合方程来开始, 注意到阻抗矩阵包含电感、内部阻抗和地阻抗矩阵, 导纳矩阵包含外部电容矩阵.

$$\frac{\mathrm{d}V^2(x,\mathrm{j}\omega)}{\mathrm{d}x^2} = ZYV(x,\mathrm{j}\omega) \tag{5-148a}$$

$$\frac{\mathrm{d}I^2(x,\mathrm{j}\omega)}{\mathrm{d}x^2} = ZYI(x,\mathrm{j}\omega) \tag{5-148b}$$

Paul[9]提及, 如果能够找到两个 $n\times n$ 矩阵 T_V 和 T_I, 同时把单位长阻抗和导纳矩阵对角化, 那么方程的解就缩减为 n 维解耦的一阶微分方程的解. 因此, 把矩阵解耦以后, MTL 系统方程成为模量电报员方程组, 可以很容易地求解. 模量传输线方程组可由式(5-149)来表征.

$$\frac{\mathrm{d}V_m(x,\mathrm{j}\omega)}{\mathrm{d}x} = -zI_m(x,\mathrm{j}\omega) \tag{5-149a}$$

$$\frac{\mathrm{d}I_m(x,\mathrm{j}\omega)}{\mathrm{d}x} = -yV_m(x,\mathrm{j}\omega) \tag{5-149b}$$

方程(5-149)中, z 和 y 分别为对角化的模量阻抗矩阵和导纳矩阵(对角), 它们与实际的导线阻抗和导纳矩阵通过转换矩阵相互联系, 关系式如下:

$$z = T_V^{-1}ZT_I \tag{5-150a}$$

$$y = T_I^{-1}YT_V \tag{5-150b}$$

解耦后的二阶模量 MTL 方程为

$$\frac{\mathrm{d}V_m^2(x,\mathrm{j}\omega)}{\mathrm{d}x^2} = zyV_m(x,\mathrm{j}\omega) \tag{5-151a}$$

$$\frac{\mathrm{d}I_m^2(x,\mathrm{j}\omega)}{\mathrm{d}x^2} = zyI_m(x,\mathrm{j}\omega) \tag{5-151b}$$

需要着重指出, 由常规的矩阵方法 $T_I^t = T_V^{-1}$, 因此对角的模量阻抗和模量导纳矩阵的乘积是可交换的.

电流的二阶模量 MTL 方程为

$$\frac{\mathrm{d}^2 I_m(x, \mathrm{j}\omega)}{\mathrm{d}x} = T_I^{-1} Y Z T_I I_m(x, \mathrm{j}\omega) = \gamma^2 I_m(x, \mathrm{j}\omega) \tag{5-152}$$

方程(5-152)中, γ^2 是对角矩阵. 模量电流的解为

$$I_m(x, \mathrm{j}\omega) = \mathrm{e}^{-\gamma x} I_m^+ - \mathrm{e}^{\gamma x} I_m^- \tag{5-153}$$

式(5-153)中的指数项为对角矩阵, 其他项为矢量. 电流的最终解由式(5-151)给出.

$$I_m(x, \mathrm{j}\omega) = T_I I_m(x, \mathrm{j}\omega) \tag{5-154}$$

类似地, 可以确定电压, 计算公式如下所示:

$$V(x, \mathrm{j}\omega) = (T_I^{-1})^{\mathrm{T}} V_m(x, \mathrm{j}\omega) \tag{5-155}$$

$$V(x, \mathrm{j}\omega) = Z_0 T_I \left[\mathrm{e}^{-\gamma x} I_m^+ + \mathrm{e}^{\gamma x} I_m^- \right] \tag{5-156}$$

特征阻抗 Z_0 可以由式(5-157)计算得到

$$Z_0 - Z T_I \gamma^{-1} T_I^{-1} = Y^{-1} T_I \gamma T_I^{-1} \tag{5-157}$$

需要注意, 在上述分析中, 矩阵相乘的顺序不能改变. 在求解上述方程时, 需要结合导线近端和远端的边界条件, 以确定方程中的未知参数. 在导线末端使用 Thevenin 和 Norton 定理时不要出错. 对于导线末端为电压馈源的情况, 结合图 5.41, 设 l 为导线长度, 有如下关系:

$$V(0, \mathrm{j}\omega) = V_s(\mathrm{j}\omega) - R_s I(0, \mathrm{j}\omega) \tag{5-158a}$$

$$V(L, \mathrm{j}\omega) = V_L(\mathrm{j}\omega) - R_L I(L, \mathrm{j}\omega) \tag{5-158b}$$

使用式(5-158), 参数 I_m^+ 和 I_m^- 可以由式(5-159)得到

$$\begin{pmatrix} (Z_0 + R_S) \cdot T_I & (Z_0 - R_S) T_I \\ (Z_0 - R_L) \cdot T_I \mathrm{e}^{-\gamma L} & (Z_0 + R_L) T_I \mathrm{e}^{\gamma L} \end{pmatrix} \begin{pmatrix} I_m^+ \\ I_m^- \end{pmatrix} = \begin{pmatrix} V_S \\ V_L \end{pmatrix} \tag{5-159}$$

类似地, 对于导线末端为电流馈源的情况, 可以给出

$$\begin{pmatrix} (G_S Z_0 + l^n) \cdot T_I & (G_S Z_0 - l^n) T_I \\ (G_L Z_0 - l^n) \cdot T_I \mathrm{e}^{-\gamma L} & (G_L Z_0 + l^n) T_I \mathrm{e}^{\gamma L} \end{pmatrix} \begin{pmatrix} I_m^+ \\ I_m^- \end{pmatrix} = \begin{pmatrix} I_S \\ V_L \end{pmatrix} \tag{5-160}$$

这样, 我们就得到了在任意源注入或辐照条件下的沿线电压、电流分布的表达式. 下面针对典型的有耗问题, 通过例子来比较频域方法和时域 FDTD 方法的异同性.

5.4.2.3　直接频域解和 FDTD 方法的比较

绝大多数电磁瞬态可以表达为式(5-158)给出的双指数类型波形.

$$I_s(t) = I_p \left(\mathrm{e}^{-t/t_1} - \mathrm{e}^{-t/t_2} \right) \tag{5-161}$$

首先考虑一个良纯导体地面理想情况的例子. 两根导线相互平行, 架高 10m、导线半径 5.6mm. 导线水平间距 1m、导线长度 3km. 电流源波形由式(5-161)给出, 其中 I_p=1.13, t_1=100μs, t_2=2～5μs, 注入其中一根导线(源线), 该导线的远端为 499Ω 的电阻接地.

电流源峰值为 1A、波形前沿 10μs，50%的衰落时间为 60~70μs. 在另一根导线(即受扰线)的近端和远端均连接有 490Ω 的负载电阻. 分别基于 FDTD 方法和频域方法进行仿真运算. 频域响应结果通过傅里叶反变换到时域，并与时域解进行比较. 图 5.42 给出了受扰线近端和远端电流时域响应结果，可以看出这两种方法得到的结果几乎是相同的.

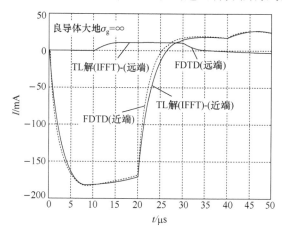

图 5.42　良导体地面条件下典型串扰问题的频域和时域解比较

下面把上面例子中的地面条件改为有限电导率. 大地电导率为 1mS/m、相对介电常量为 10. 对 Sunde 地阻抗进行矢量拟合，得到 FDTD 方法中递归卷积需要用到的常数项和指数项参数，这是为了尽量消除与时域瞬态地阻抗计算相关联的近似处理. 此种有耗情形中的其他仿真参数与上面的例子相同，图 5.43 给出了受扰线近端和远端的响应电流.

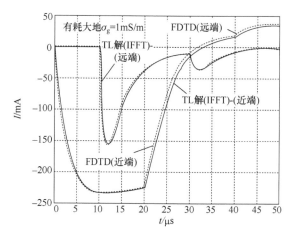

图 5.43　有耗地面条件 σ_g=1mS/m、ε_{rg}=10 时，一个典型串扰问题的频域方法和时域方法解的比较

从图 5.43 可以看出，由于地面损耗的引入，导线近端和远端电流的波形和幅值均有相当大的改变.

5.5 埋地传输线中雷电电磁脉冲的传输

5.5.1 埋地导线的地阻抗

下面假定导线半径为 R_{ab}. 裸导线时，$R_{ab}=a$，绝缘导线时，则对应其外半径 $R_{ab}=b$，导线埋地的深度为 d. 有多个研究人员对埋地导线地阻抗表达式的发展做出了贡献. 1926 年，Pollaczek 首先给出了埋地导线地阻抗的表达式，如式(5-162)所示，这个式子的适用条件是入射脉冲的频率要满足 $\omega \ll \sigma_{\mathrm{g}}/\varepsilon_{\mathrm{g}}$，因此它是一个低频近似式(与 5.4 节类似).

$$
\begin{aligned}
Z_{\mathrm{g}}^{\text{Pollaczek}} = \frac{\mathrm{j}\omega\mu_0}{2\pi} \Bigg(& K_0\left(R_{ab}\sqrt{\mathrm{j}\omega\mu_0\sigma_{\mathrm{g}}}\right) - K_0\left(\sqrt{R_{ab}^2+4d^2}\cdot\sqrt{\mathrm{j}\omega\mu_0\sigma_{\mathrm{g}}}\right) \\
& + \int_{-\infty}^{+\infty} \frac{\mathrm{e}^{-2d\sqrt{u^2+\mathrm{j}\omega\mu_0\sigma_{\mathrm{g}}}}}{|u|+\sqrt{u^2+\mathrm{j}\omega\mu_0\sigma_{\mathrm{g}}}}\cdot \mathrm{e}^{\mathrm{j}u\cdot R_{ab}}\cdot\mathrm{d}u \Bigg)
\end{aligned}
\tag{5-162}
$$

可以看出，由于低频近似的原因，式(5-162)没有包含大地的介电常量项. 5.4 节中对 Carson 地阻抗有关限制条件的解释也适用于 Pollaczek 针对埋地导线给出的地阻抗表达式. Saad 等给出了式(5-162)的一个很好的解析近似式，见式(5-163).

$$
Z_{\mathrm{g}}^{\text{Saad等}} = \frac{\mathrm{j}\omega\mu_0}{2\pi}\left(K_0\left(R_{ab}\sqrt{\mathrm{j}\omega\mu_0\sigma_{\mathrm{g}}}\right) + \frac{2}{4+R_{ab}^2\left(\mathrm{j}\omega\mu_0\sigma_{\mathrm{g}}\right)}\cdot \mathrm{e}^{-2\cdot d\sqrt{\mathrm{j}\omega\mu_0\sigma_{\mathrm{g}}}}\right)
\tag{5-163}
$$

注意到，如果消除式(5-162)中的无穷积分，可以把这些没有无穷积分的表达式称为闭式近似. Wedepohl, Wilcox 和 Dommel 曾各自提出了他们的地阻抗闭式表达式，Saad 等通过数值计算已经证实，这些表达式都与式(5-163)几乎相同.

对于更宽的频率范围，在传输线近似条件能够满足的前提下，Sunde 推导了式(5-164)所示的地阻抗表达式. 该式与式(5-162)类似，区别在于式(5-164)采用了完整的土壤传播常数.

$$
\begin{aligned}
Z_{\mathrm{g}}^{\text{Sunde}} = \frac{\mathrm{j}\omega\mu_0}{2\pi}\Bigg[& K_0\left(R_{ab}\gamma_{\mathrm{g}}\right) - K_0\left(\gamma_{\mathrm{g}}\sqrt{R_{ab}^2+4d^2}\right) \\
& + 2\int_0^\infty \frac{\mathrm{e}^{-2d\sqrt{u^2+\gamma_{\mathrm{g}}^2}}}{u+\sqrt{u^2+\gamma_{\mathrm{g}}^2}}\cdot\cos(uR_{ab})\cdot\mathrm{d}u \Bigg]
\end{aligned}
\tag{5-164}
$$

由于式(5-164)中的积分项收敛速度很慢，计算时间变长，而且随着频率增加，也可能会引入截断误差. 此外，当频率较高时，式(5-164)中的两个 Bessel 项是振荡的. 不过，由于地阻抗的 Sunde 表达式采用了传播常数的完整表达式，一定程度上可以说它比 Pollaczek 的地阻抗表达式更为合理. 最近，Bridges, Wait 和 Chen 从严格的电磁理论出发各自独立推导提出了更为复杂的地阻抗表达式，尽管这些表达式形式上简单，但在高频区域仍会发生振荡(可能是数值收敛问题)，在这个方面需要作进一步的研究，此处不予深入讨论.

Bridges 提到他的地阻抗完整表达式有两个模式，即传输线模式与辐射/和表面波(radiation/and surface wave)模式. 因此，在传输线模式条件下，Bridges 表达式与 Sunde 表达式相同. Wait 进一步提出了准静态近似式(在传输线模式条件下)，见式(5-165).

$$Z_{\mathrm{g}}^{\mathrm{Wait}} = \frac{\mathrm{j}\omega\mu_0}{2\pi}(1+\Theta)\ln\left(\frac{-\mathrm{j}1.12}{\kappa R_{ab}}\right) \tag{5-165a}$$

$$K = \sqrt{\varepsilon_{\mathrm{g}}\mu_0\omega^2 - \mathrm{j}\omega\mu_0\sigma_{\mathrm{g}}} \tag{5-165b}$$

$$\zeta = 2\mathrm{j}\kappa d \tag{5-165c}$$

$$\Theta = \frac{1}{K_0(\mathrm{j}\kappa R_{ab})}\left[K_0(\zeta) + \frac{2}{\zeta}K_1(\zeta) - \frac{2}{\zeta^2}(1+\zeta)\mathrm{e}^{-\zeta}\right] \tag{5-165d}$$

针对式(5-164)，Vance 提出了一种非常简单的闭式近似解，见式(5-166)，其中用 Henkel 函数替代了 Bessel 函数.

$$Z_{\mathrm{g}}^{\mathrm{Vance}} = \frac{\mu_0\omega}{2\pi R_{ab}\gamma_{\mathrm{g}}}\frac{H_0^1(\mathrm{j}R_{ab}\gamma_{\mathrm{g}})}{H_1^1(\mathrm{j}R_{ab}\gamma_{\mathrm{g}})} \tag{5-166}$$

Petrache 等提出了地阻抗的一个对数形式的近似解，见式(5-167)，同时他认为这是一种最简单的地阻抗表达式.

$$Z_{\mathrm{g}}^{\mathrm{Log}} = \frac{\mathrm{j}\omega\mu_0}{2\pi}\ln\left(\frac{1+\gamma_{\mathrm{g}}R_{ab}}{\gamma_{\mathrm{g}}R_{ab}}\right) \tag{5-167}$$

可以看出，式(5-166)和式(5-167)中没有导线的深度这个参数. 忽略空气-大地交界面的模型可认为是无穷大地模型. Wait 已经表明，仅当$\left|2\mathrm{j}d\sqrt{\varepsilon_{\mathrm{g}}\mu_0\omega^2 - \mathrm{j}\omega\mu_0\sigma_{\mathrm{g}}}\right| \gg 1$时，才可以认为是无穷大地模型. 研究发现，对于闪电包含的高频成分来说，忽略导线埋地的深度会引起较大的误差. 此外，还发现对于任意组合形式的大地材料性能，地阻抗的对数近似式(5-167)和 Vance 近似式(5-166)是相同的.

Theethayi 等提出了一个改进的对数-指数经验近似式(5-168)，它与式(5-166)的区别是多了一个包含导线埋地深度的项，这一项来源于 Saad 等的表达式(5-163).

$$Z_{\mathrm{g}}^{\mathrm{Log\text{-}Exp}} = \frac{\mathrm{j}\omega\mu_0}{2\pi}\left(\ln\left(\frac{1+\gamma_{\mathrm{g}}R_{ab}}{\gamma_{\mathrm{g}}R_{ab}}\right) + \frac{2}{4+R_{ab}^2\gamma_{\mathrm{g}}^2}\mathrm{e}^{-2d|\gamma_{\mathrm{g}}|}\right) \tag{5-168}$$

需要注意，对于上面所有表达式中导线之间的互阻抗，R_{ab} 要用埋地导线之间的水平间距代替，d 用平均深度代替.

图 5.44 和图 5.45 给出了各种地阻抗表达式的比较，从幅度和相位两个方面可以清楚看出不同表达式之间的偏差. 这个例子中导线半径是 2cm、深度为 0.5m. 对数表达式中忽略深度项对结果的影响可以在幅度上体现出来，低频近似式对结果的影响可以在相位上看出来. 对数-指数的经验近似式与 Sunde 表达式或 Wait 表达式都吻合得较好.

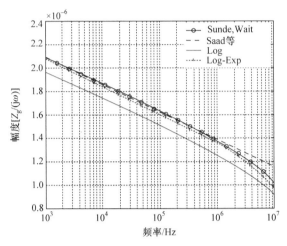

图 5.44　$|Z_g/j\omega|$ 幅度，用于比较式(5-163)~式(5-165)(大地电导率 σ_g=1mS/m、ε_{rg}=10)

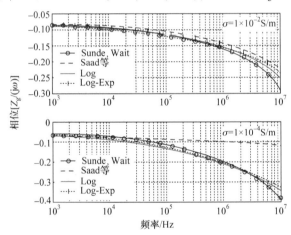

图 5.45　相位 $\angle(z_g/j\omega)$(rad)，用于比较式(5-163)和式(5-164)(大地电导率 σ_g=1mS/m、ε_{rg}=10)

下面分析随着频率趋近无穷大时埋地导线的地阻抗(虽然这个方法在传输线限定条件下会有一些问题)的渐进特性. 为了进行时域分析，需要知道地阻抗在 t =0 时刻的值. 因此，随着频率趋近于无穷大，需要确认这些地阻抗值是否存在奇异点. 与 5.4 节讨论的架空导线类似，地阻抗在时域称作瞬态地阻抗，由傅里叶或拉普拉斯反变换 $\zeta(t) = F^{-1}\left[Z_g/j\omega\right]$ 求得. t =0 时刻的值由初值定理得到. 这样，Vance 表达式(5-166)可以重写为

$$Z_g^{\text{Vance}} = \frac{\mu_0 j\omega}{2\pi R_{ab}\gamma_g}\left[\frac{J_0\left(jR_{ab}\gamma_g\right)+jY_0\left(jR_{ab}\gamma_g\right)}{J_1\left(jR_{ab}\gamma_g\right)+jY_1\left(jR_{ab}\gamma_g\right)}\right] = \frac{\mu_0 j\omega}{2\pi j R_{ab}\gamma_g}\Gamma \qquad (5\text{-}169)$$

进一步简化式(5-169)，得到式(5-170)，用文献[12]中给出的渐近展开式，$\lim\limits_{\omega\to\infty}\Gamma\to j$.

$$Z_g^{\text{Vance}} = \frac{\mu_0 j\omega}{2\pi R_{ab}\gamma_g}\Gamma = \frac{\mu_o}{2\pi j}\sqrt{\frac{jw}{\mu_0(\sigma_g + j\omega\varepsilon_g)}}\Gamma \qquad (5\text{-}170)$$

于是，在渐近条件下，随着频率趋近无穷大，式(5-170)趋向式(5-171). 这同样适用于对数展开式(5-167). 在经验表达式中，随着频率趋近无穷大，指数部分趋近于零.

$$\lim_{\omega \to \infty} Z_g^{\text{Vance}} = \left(\frac{1}{2\pi R_{ab}}\right)\sqrt{\frac{\mu_0}{\varepsilon_g}} \tag{5-171}$$

在 5.4 节中针对架空导线，得到与式(5-171)类似的表达式，唯一区别在于式(5-171)中的导线半径 R_{ab} 替换为地面上导线的高度. 对于半径为 2cm 的导线，埋地深度为 0.5m 时，地阻抗的渐近值为 948Ω/m. 此处，重要的尺寸参数是导体的外直径. 式(5-171)也适用于和大地相连的管状导体或电缆屏蔽层. 很明显，如果使用对应低频近似的地阻抗表达式，会有奇异点出现.

5.5.2 埋地导线的地导纳

一旦有了地阻抗值，就容易求得地导纳. Vance 提出地阻抗和地导纳可以通过传播常数由式(5-172)近似地关联起来. 由于大部分电流是在土壤间回流的，而大地中电场和磁场的比值与 5.4 节中讨论的土壤固有阻抗相关联，因此这个近似关系是合理的.

$$Y_g = \frac{\gamma_g^2}{Z_g} \tag{5-172}$$

对于半径为 2cm，埋深为 0.5m 的导线，图 5.46 和图 5.47 分别给出了地阻抗、地导纳的幅度和相位响应. 较之地阻抗，地导纳对大地电导率显得更为敏感. 这一点与 5.4 节中讨论的架空导线不同，架空导线的地阻抗对大地电导率非常敏感. 这个有趣的特点在于，虽然地阻抗在高频时有一个渐近值，但地导纳的值会随着频率的增加而一直单调递增，趋近于无穷大，即 $\lim_{\omega \to \infty} Y_g \to \infty$. 因此，很明显，埋地裸导线特性阻抗 $\sqrt{Z/Y}$ 在非常高的频率时将趋近于零，而架空导线的情况则是趋近于一个常值. 对于埋地绝缘电缆，绝缘层的介电常量会另外对导线总串联阻抗和并联导纳造成一定影响. 虽然裸导线的地导纳会随着频率增加而趋近于无穷大，但在 $Y_{gi}^p = \dfrac{-(j\omega C)^2}{j\omega C + Y_{gi}}$ 中随着频率趋近于无穷大，这个针对绝缘电缆修正后的地导纳会有一个渐近值，由式(5-174)给出. 下面会有一些论据支持这一观点. Petrache 等也曾得到与式 (5-174) 类似的表达式. 在电流波方程 $\dfrac{\mathrm{d}I(x, \mathrm{j}\omega)}{\mathrm{d}x} = -\mathrm{j}\omega\left(\dfrac{CY_{gi}}{\mathrm{j}\omega C + Y_{gi}}\right)V(x, \mathrm{j}\omega)$ 中总并联导纳随着频率增加而趋近于无穷大，其中一个原因在于随着频率趋近无穷大，地导纳项 Y_{gi} 趋近于无穷大.

$$Y_{gi}^p = -\frac{C^2 Z_{gi}}{\dfrac{CZ_{gi}}{\mathrm{j}\omega} + \dfrac{\mu_0 \sigma_g}{\mathrm{j}\omega} + \mu_0 \varepsilon_g} \tag{5-173}$$

$$\lim_{\omega \to \infty} Y_{gi}^p \to \left[\frac{2\pi\varepsilon_{in}}{\ln(b/a)}\right]^2 \frac{1}{2\pi b\mu_0\varepsilon_g}\sqrt{\frac{\mu_0}{\varepsilon_g}} \tag{5-174}$$

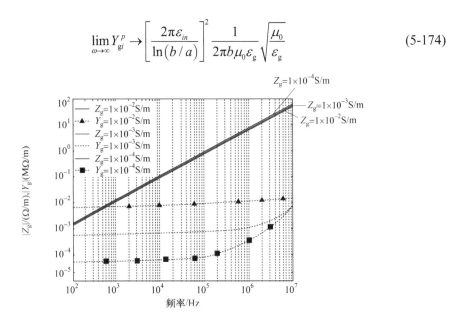

图 5.46　各种大地电导率条件下地阻抗和地导纳的幅度响应

(半径为 2cm 的裸导线，埋深为 0.5m，$\varepsilon_{rg}=10$)

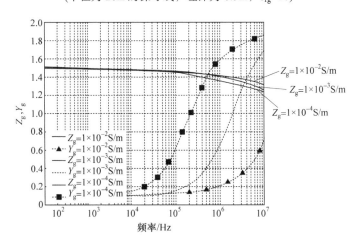

图 5.47　各种大地电导率条件下地阻抗和地导纳的相位响应

(半径为 2cm 的裸导线、埋深为 0.5m、$\varepsilon_{rg}=10$)

　　一些瞬态仿真软件包，如电磁瞬态程序(EMTP)忽略了地导纳项，并且使用了地阻抗的低频近似解，即没有考虑大地介电常量对地下电缆的影响. 地下裸导线不能忽略地导纳的影响，这与 EMTP 中的导线、电缆模型不同，这也是 EMTP 中没有针对接地极等模型的原因之一. 地阻抗低频近似解的不足之处已经在前面和 5.4 节中讨论过. 为了进一步说明地导纳的重要性，我们考虑图 5.48 电缆传输表述的绝缘导线对应的两种情况. 情况 1 是有地导纳，情况 2 没有地导纳，即 $Y_{gi} \to \infty$. 情形 1 和情形 2 的导线传播常数在

拉普拉斯域 $s \leftrightarrow j\omega$ 分别由式(5-175)和式(5-176)给出.

$$\gamma_1 = \left[\left(sL + Z_{gi} \right) \left(\frac{sCY_{gi}}{sC + Y_{gi}} \right) \right]^{1/2} \tag{5-175}$$

$$\gamma_2 = \left[\left(sL + Z_{gi} \right) sC \right]^{1/2} \tag{5-176}$$

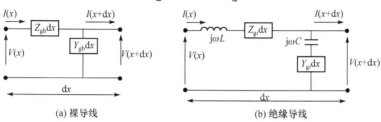

(a) 裸导线　　　　　　　　(b) 绝缘导线

图 5.48　土壤中裸导线和绝缘导线系统的单位长传输线表征

注意到当 $Y_{gi} \to \infty$ 时，$\gamma_1 \to \gamma_2$. 考虑一个绝缘电缆，埋地深度 0.5m，半径 2cm，绝缘层厚度 2mm，大地电导率为 1mS/m，大地相对介电常量为 10，绝缘层相对介电常量为 2 或 5. 情形 1 和情形 2 的衰减因子之比 α_1/α_2，传播速度之比 v_1/v_2(注意速度是由比值 ω/β 得到的，进而也是 γ 的虚部，其中 ω 为角频率，β 为独立计算得到的相位常数)分别示于图 5.49 和图 5.50.

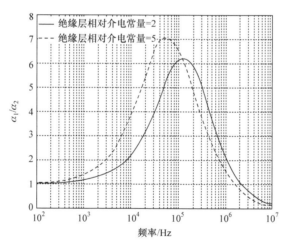

图 5.49　情形 1(包含 Y_g)和情形 2(忽略 Y_g)的衰减因子之比(导线半径 2cm、绝缘层厚度 2mm、埋地深度 0.5m，$\varepsilon_{rin}=2$ 或 5，$\sigma_g=1$mS/m 和 $\varepsilon_{rg}=10$)

从图 5.49 可以看出，情形 1 和情形 2 的每米衰减值仅在 100Hz 处相等，情形 1 的衰减要比情形 2 高几倍. 当绝缘层的介电常量更大时，差距会更大. 对于传输线上传播的脉冲，错误的电流衰减值会导致在预测脉冲前沿时发生偏差.

再来考虑图 5.50 所示的速度之比. 传输线上波的传播速度仅在 10kHz 以下时，情形 1 和情形 2 是一样的. 超过这个频率，速度之比就会增加，这说明忽略地导纳，会低估传播. 当绝缘层介电常量变大时, 偏差会更大, 情形 2 波传播的速度要比情形 1 慢许多. 情形 1 和情形 2 中不同的速度, 其结果是导致不同的时延. 情形 2 必然会给出错误的速度值. 因频率不同而变化的速度会导致波的传播色散. 针对上述问题, Theethayi 等以一个典型的脉冲传播问题为例, 通过时域仿真研究, 清楚给出了衰减和速度的差异.

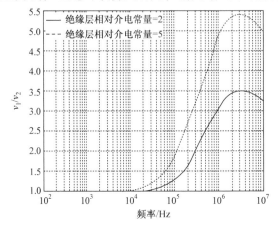

图 5.50　情形 1(包含 Y_g) 和情形 2(忽略 Y_g) 的速度之比(导线半径 2cm、绝缘层厚度 2mm、埋地深度 0.5m, ε_{rin}=2 或 5, σ_g=1mS/m 和 ε_{rg}=10)

5.5.3　埋地导线传输线近似的限制条件

以上分析讨论都是基于传输线理论. 在 5.4 节中已经就架空传输线近似的限制条件作了一些讨论. 读者可能还想进一步知道埋地系统的传输线近似限制条件, 为此, 我们使用与 5.4 节中架空导线相同的方法, 即用穿透深度的概念来分析. 假定导线的埋深为 d, 大地相对介电常量为 10 时, 土壤中返回电流对应的穿透深度可以用 5.4 节中的表达式计算得到, 示于图 5.51 (实线). 此处的讨论也适用于无限大地模型. 因此, 如果考虑无限深度模型, 由于研究的问题具有轴对称的特性, 穿透深度的定义是从导线的表面开始的, 这与导线架空时把深度定义为从地表面开始是不同的.

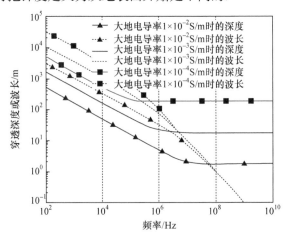

图 5.51　ε_{rg}=10, 各种大地电导率的情况下, 土壤之中埋地导线返回电流的穿透深度和土壤中的波长

对于位于土壤中某一深度的导线来说，电流的返回通路只能在土壤中，但可能由于导线上传播信号的频率不同而分布在不同的深度上. 一般土壤中的地下导线系统的深度不超过 1～2m. 5.4 节中已经表明，当频率足够高时，穿透深度有一个渐近值，这个值不再随频率变化，而仅与土壤的材料性质有关. 此外，土壤中波传播的最大速度由它的介电常量决定，即 $v_{g\,max} = 3\times10^8 / \sqrt{\varepsilon_{rg}}$. 土壤中波传播的速度是频率的函数，示于式(5-177)，土壤中不同频率信号对应的波长为

$$\lambda_{\mathrm{gpulse}} = 2\pi v_g / \omega$$

$$v_g = \frac{1}{\sqrt{\dfrac{\varepsilon_g \mu_0}{2}\sqrt{1+(\sigma_g / \omega\varepsilon_g)^2}+1}} \tag{5-177}$$

与架空导线类似，对于地下的导线，可以施加一个这样的条件：电流应该在从土壤中距导线表面一定深度的一个平面返回，这一深度小于在土壤中的波长，即 $\lambda_{\mathrm{gpulse}} \geqslant \sigma_g$. 条件是符号 "$\geqslant$" 而非 "$\gg$"，这是因为大部分返回电流是在土壤中，并且由于采用无线大地模型，忽略了空气-大地分界面的影响. 图 5.51 示出了大地相对介电常量为 10 时，穿透深度（实线）与土壤中的波长（虚线）相等时的交叉点. 这个限定或许就应是传输线近似的限制条件，如果入射信号的频率高于式(5-178)给出的限定频率，与 5.4 节讨论架空导线的情况一样，传输线近似就会有问题.

$$f_{TL\,limit} = \frac{\mu_0 \sigma_g \pi (3\times10^8)^2}{\sqrt{\varepsilon_{rg}\left(\varepsilon_{rg} + \mu_0\varepsilon_g\left[2\pi(3\times10^8)\right]^2\right)}} \tag{5-178}$$

5.6　同轴线中雷电电磁脉冲传输的瞬态响应试验

伴随着信息技术的高速发展，各种微电子元件得以大量应用. 这些设备的耐压水平往往较低，很容易受到过电压波的影响. 同轴波导作为常用的一种信号传输介质，在雷电发生时往往会成为过电压波的侵入途径. 因此，研究雷电波在同轴波导中的传播特性具有十分重要的意义.

目前，为了考察同轴波导中暂态脉冲的传播特性，主要是对任意给定的输入信号，对波导终端的输出信号进行 Fourier 积分变化来确定. 求解该 Fourier 积分的常用方法有：Namiki 与 Horuchi 使用的鞍点积分法[10]，Ito 使用的稳态相位法. 但是，针对脉冲很短或频带很宽的信号而言，当其通过波导以后，通过 Fourier 积分确定的输出信号往往与实际情况有较大的出入. 因为该方法是建立在波导中只传播单一模式信号的假设上的. 该假设仅对频带较窄的信号有较好的适用性，对于频率范围从低频至甚高频的雷电脉冲信号而言，必然会在波导中激发出高次模，适用性受到制约. 目前，很多学者在假设波导处于单模式工作状态下研究了输入信号为阶跃函数、方波以及单位脉冲函数 $\delta(t)$ 时，波导的暂态响应问题. 这种方法使问题过于简化，从而使研究结果无法准确描述波导内的暂

态过程[11].

本节通过假设同轴波导受一个磁流环激励，然后引进推迟 Green 函数对修正的 Klein-Gordon 方程进行时域求解，得到了同轴波导内的时域模式电流和磁场表达式. 最后通过实验验证了同轴波导对双指数雷电流波的响应特性.

5.6.1　同轴波导的暂态响应

如图 5.52 所示为内径为 a，外径为 b 的无耗同轴波导，假设其长度为 l. 设该波导在 $z = z_0$ 处受一个磁流环激励

$$\boldsymbol{J}_m(\boldsymbol{r},t) = \boldsymbol{u}_\varphi f(t)\delta(z - z_0)\delta(\rho - \rho_0), \quad a < \rho_0 < b \tag{5-179}$$

式中，(ρ,φ,z) 为极坐标，$\boldsymbol{u}_\varphi$ 为 φ 方向的单位矢. 根据对称性，只有 TEM 模和与 φ 无关的 TM_{0n} 模被激发.

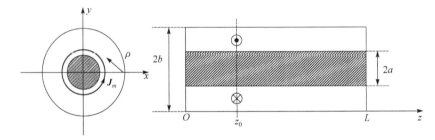

图 5.52　同轴波导谐振腔

根据正交归一的矢量模式函数

$$\boldsymbol{e}_{t1}(\rho,\varphi) = \boldsymbol{u}_\rho e_1(\rho), k_{c1} = 0, e_1(\rho) = \frac{1}{\rho\sqrt{2\pi\ln c_1}}$$

$$\boldsymbol{e}_{tn}(\rho,\varphi) = \boldsymbol{u}_\rho e_n(\rho), k_{cn} = \frac{\chi_n}{a}$$

$$e_n(\rho) = \frac{\sqrt{\pi}}{2}\frac{\chi_n}{a}\frac{\mathrm{J}_1(\chi_n\rho/a)\mathrm{N}_0(\chi_n) - \mathrm{N}_1(\chi_n\rho/a)\mathrm{J}_0(\chi_n)}{\sqrt{\mathrm{J}_0^2(\chi_n)/\mathrm{J}_0^2(c_1\chi_n) - 1}}, \quad n \geqslant 2$$

则

$$\boldsymbol{e}_{tn}(\rho,\varphi) = \boldsymbol{u}_\rho\frac{\sqrt{\pi}}{2}\frac{\chi_n}{a}\frac{\mathrm{J}_1(\chi_n\rho/a)\mathrm{N}_0(\chi_n) - \mathrm{N}_1(\chi_n\rho/a)\mathrm{J}_0(\chi_n)}{\sqrt{\mathrm{J}_0^2(\chi_n)/\mathrm{J}_0^2(c_1\chi_n) - 1}}, \quad n \geqslant 2 \tag{5-180}$$

式中，$c_1 = b/a$，$\boldsymbol{u}_\rho$ 是 ρ 方向单位矢，χ_n 是 $\mathrm{J}_1(\chi_n\rho/a)\mathrm{N}_0(\chi_n) - \mathrm{N}_1(\chi_n\rho/a)\mathrm{J}_0(\chi_n) = 0$ 的第 n 个非零根，通过查表法确定.

推迟 Green 函数 $G_n(z,t;z',t')$ 为

$$G_n(z,t;z',t') = \frac{v}{2}\mathrm{e}^{-\gamma(t-t')}H\left[(t-t') - |z-z'|/v\right]$$

$$\cdot \mathrm{J}_0\left[\left(k_{cn}^2v^2 - \gamma^2\right)^{1/2}\sqrt{(t-t') - |z-z'|/v}\right] \tag{5-181}$$

式中，$\gamma = \sigma/2\varepsilon$，$J_0(x)$ 是第一类贝塞尔函数，$H(x)$ 是单位阶跃函数.

根据式(5-181)可以对式(5-182)给定源函数 $f(t)$ 的修正 Klein-Gordon 方程进行求解

$$\left(\frac{\partial^2}{\partial z^2} - \frac{1}{v^2}\frac{\partial^2}{\partial t^2} - \sigma\frac{\eta}{v}\frac{\partial}{\partial t} - k_{cn}^2 \right) i_n^{\mathrm{TM}}(z,t) = f(z,t) \tag{5-182}$$

通过 Fourier 变换与逆变换，再取积分，则上式可化为

$$i_n(z,t) = -\int_{-\infty}^{+\infty}\int_{-\infty}^{+\infty} f(z',t')G_n(z,t;z',t')\mathrm{d}t'\mathrm{d}z', \quad z \in (-\infty,+\infty) \tag{5-183}$$

由式(5-182)与式(5-183)，时域模式电流可以表示为

$$i_1^{\mathrm{TEM}} = -\frac{\pi}{\eta\sqrt{2\pi\ln c_1}}f(t - |z - z_0|/v)$$

$$i_n^{\mathrm{TM}} = -\frac{\pi\chi_n\rho_0\sqrt{\pi}}{2a\eta}\frac{\mathrm{J}_1(\chi_n\rho_0/a)\mathrm{N}_0(\chi_n) - \mathrm{N}_1(\chi_n\rho_0/a)\mathrm{J}_0(\chi_n)}{\sqrt{\mathrm{J}_0^2(\chi_n)/\mathrm{J}_0^2(c_1\chi_n) - 1}}$$

$$\cdot \int_{-\infty}^{t-|z-z_0|/c} \frac{\mathrm{d}f(t')}{\mathrm{d}t'}J_0\left[k_{cn}c\sqrt{(t-t')^2 - |z-z_0|^2/c^2} \right]\mathrm{d}t', \quad n \geqslant 2 \tag{5-184}$$

式(5-184)可以说明，如果激励信号 $f(t)$ 的最高频率分量低于同轴波导的第一高次模截止频率，信号在同轴波导中可以无畸变传输，否则将激发高次模.

当暂态信号在同轴波导中传播时，同轴波导终端的电信号将是上述各种模式电流的和，即

$$i = i_1^{\mathrm{TEM}} + \sum_{n=2}^{\infty} i_n^{\mathrm{TM}} \tag{5-185}$$

雷电波形可以使用双指数函数近似模拟，因此令 $f(t) = I_0(\mathrm{e}^{-\alpha t} - \mathrm{e}^{-\beta t})$，对于 1.2/50μs 雷电波而言，$\alpha = 1.473\times10^4$，$\beta = 2.08\times10^6$. 将 $f(t)$ 代入式(5-184)，即可得出雷电波在同轴波导中传播后的波形.

5.6.2　实验与仿真分析

雷电波的主要能量集中在低频部分，其频谱成分很丰富，可达 GHz. 因此，对于传输 0～6MHz 视频信号的同轴波导而言，当雷电波在其中传播时，必将激发高次模，使雷电波发生畸变.

5.6.2.1　实验模型

如图 5.53 所示为本实验的实验装置示意图. 信号源使用雷电冲击平台(impulse current generator，ICG)提供 1.2/50μs 雷电脉冲电压波. 实验中，同轴波导选用长度为 L 的 SYV-75-5 同轴线(a=0.76mm，b=4.8mm). 考察同轴波导终端匹配与否情况下，同轴波导对 1.2/50μs 雷电波的响应特性. 为了实现同轴波导阻抗匹配，选用 75Ω 高压电阻进行实验，通过示波器采集同轴波导终端的电压波形.

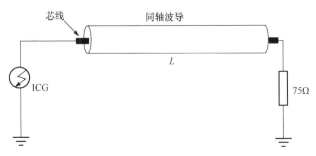

图 5.53　实验装置示意图

5.6.2.2　结果与分析

图 5.54 是未接同轴波导时，通过示波器采集到的波形图. 图 5.55 是同轴波导终端接 75Ω 匹配电阻后的电压波形图. 图 5.56 则是同轴波导终端无匹配电阻即开路时的雷电压波形图. 对比图 5.54 与图 5.55 可以发现，虽然在同轴波导已经实现阻抗匹配，但是在终端处的雷电波形仍然出现了高次模成分. 与终端电阻匹配时的 1.2/50μs 雷电波相比，终端开路时，雷电波的波头部分振荡更加剧烈，振荡周期更多.

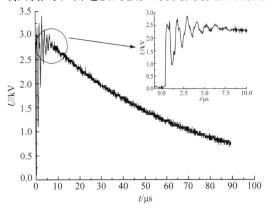

图 5.54　未发生畸变的 1.2/50μs 雷电波

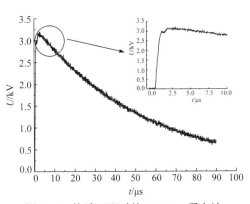

图 5.55　终端匹配时的 1.2/50μs 雷电波

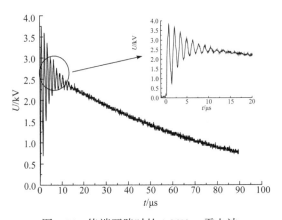

图 5.56　终端开路时的 1.2/50μs 雷电波

双指数波形计算复杂，为了简化计算，DL/T 620-1997 建议使用斜角波进行等效计算. 考虑到 1.2/50μs 波头时间/波尾时间比仅为 0.02，因此可以将 1.2/50μs 雷电波视作阶跃波形 $H(t)$ 来仿真计算出 1.2/50μs 雷电波在同轴波导中的传输情况，得出如图 5.56 所示的单位阶跃波形在同轴波导中激发出来的高次模情况. 结合 1.2/50μs 雷电波的波头时间短、波尾时间较长，波头时间与波尾的时间相比很小的特点，本处所作近似是合理的. 如图 5.58 所示是阶跃函数 $H(t)$ 经同轴波导传输后的输出波形. 从仿真结果来看，脉冲信号经同轴波导传输后，脉冲信号激发了高次模成分. 为了便于分析，图中仅给出了 i_1^{TEM}、i_2^{TM}、i_3^{TM} 成分. 从图 5.57 中可以看出，i_1^{TEM} 波形与波导所传输的原始信号是相同的，但是 i_2^{TM}、i_3^{TM} 即信号所激发的高次模成分的出现使波导的输出波形产生畸变，出现高频振荡，如图 5.58 所示. 如果不考虑高次模成分，则输出波形就是图 5.57 中的阶跃函数. 实际上，图 5.58 所示阻尼振荡波形就是将图 5.57 中的各高次模成分进行求和以后得到的波形. 可以看出，波形的整体趋势是保持着阶跃函数的基本特点，只是在原有基础上呈现出阻尼振荡的现象. 不过，从整体上看，虽然波形幅值是不断减小的，但是由于这种阻尼振荡存在周期性的幅值变化，相应的防护手段必将相应改变，这也是今后值得研究的一项内容.

将图 5.55 波形进行局部放大后即得图 5.59 所示波形. 结合图 5.55、图 5.59 可以发现，雷电波的高次模主要产生在波头部分. 根据图 5.60 所示的 1.2/50μs 雷电波的 10μs、20μs 和 50μs 内的幅频特性曲线不难发现，即使时间尺度不同，三者的频谱成分却基本一致. 事实上，由于雷电波波头上升速度快、波头时间短，雷电波的频率成分主要集中在波头部分，因此高次模主要集中在雷电波波头部分. 另外，还可以得出结论：降低雷电波的波头陡度，可以减少高次模成分. 这对于线缆中雷电波的防护具有指导意义.

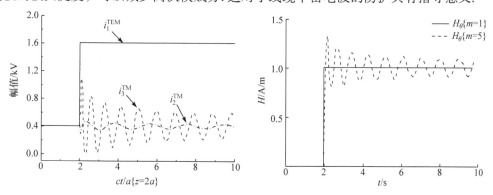

图 5.57　阶跃信号在同轴波导中激发的高次模　　图 5.58　阶跃信号经同轴波导传输后的波形

改变 1.2/50μs 雷电压幅值可得表 5.2 所示的同轴波导终端电压幅值与谐波周期变化情况. 对比表 5.2 中终端匹配电阻前后终端电压幅值与谐波周期的变化情况可以发现，终端匹配后，终端电压幅值得到有效的抑制，谐波周期数减小了 3 个. 根据行波理论以及时域模式理论，波导终端信号由两方面构成：一是因波导终端不匹配，信号发生多次折反射；二是信号频率高于同轴波导的截止频率，激发出高次模. 所以，阻抗匹配以后

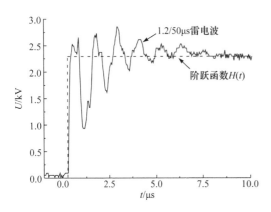

图 5.59　1.2/50μs 雷电波经同轴波导传输后波形

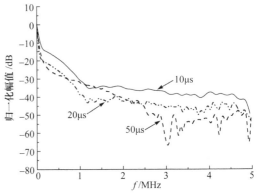

图 5.60　1.2/50μs 雷电波的幅频特性

相当于抑制了雷电波的折反射过程，同轴波导终端信号的高次模成分仅仅是高于截止频率的那部分雷电波信号激发的.

表 5.2　不同 1.2/50μs 雷电压幅值下同轴波导终端的电压幅值与谐波周期数变化

1.2/50μs 电压幅值 /kV	终端匹配 75Ω 电阻		终端开路	
	终端幅值/kV	谐波周期数	终端幅值/kV	谐波周期数
1.0	0.92	6	1.36	9
2.0	1.84	6	2.68	9
3.0	2.80	7	4.08	10
4.0	3.60	7	5.28	11
5.0	4.48	7	6.64	10
6.0	5.44	7	7.92	10

根据表 5.2，波导终端开路时，终端电压幅值比所施加的电压幅值大，而终端匹配有 75Ω 电阻时，终端电压幅值却比所施加的电压幅值小. 由行波理论我们知道，终端开路时，雷电波在同轴波导中会发生波的全反射. 理论上，终端电压应为所施加的雷电压幅值的 2 倍，但是由于所用同轴波导并不是均匀无耗的，因此实际终端处采得的电压幅值比理论略低. 当终端匹配时，反射系数最小，所以此时波导终端的电压幅值小于其终端开路时的电压幅值.

当终端实现阻抗匹配以后，因阻抗不匹配造成的高频振荡得以抑制，但是由于同轴波导内所传 1.2/50μs 雷电波信号的频率成分存在高于同轴波导截止频率成分，所以雷电波信号在终端仍然激发出高次模成分. 在同轴波导终端开路时，雷电波会在同轴波导中发生多次折反射，加之 1.2/50μs 雷电波信号在同轴波导内会激发出高次模成分，因此波导终端信号的周期数会比终端匹配时多.

5.6.3　结论

通过理论与实验分析，可以得出以下结论：

(1) 同轴波导终端高次模成分由同轴波导所传信号的频率特性以及波导终端状态决定;

(2) 由于 1.2/50μs 雷电波信号频谱存在高于同轴波导截止频率的成分,所以即使同轴波导终端已经实现,阻抗匹配雷电波在同轴波导中仍会激发出高次模;

(3) 终端开路时,同轴波导终端信号的高次模是雷电波信号激发的高次模及入射波与反射波的叠加;

(4) 雷电波激发出的高次模成分主要集中在波头部分,这是因为雷电波自身的频谱成分主要集中在波头部分;

(5) 雷电波在同轴波导中传播的最终波形是各高次模分量之和,降低雷电波波头陡度可以减少高次模成分.

5.7 线路阻抗突变对雷电电磁脉冲传输的影响

近年来,由于社会发展迅速,电力系统、通信系统以及各类电子设备的普及,人们对于用电设备的安全性能和稳定性能的要求逐渐提高. 为了减小雷电的干扰和带来的损失,做好预防措施是必不可少的. 雷击电磁脉冲经过传输线中传输后的残压以及雷电波在此过程中发生的畸变和振荡电压会对后续的设备产生电磁干扰甚至造成设备永久性损坏,雷击电磁脉冲也会通过网络线、电话线、视屏线等传输线传输到室内,给人们的生活、工作环境、电子设备带来不同程度的影响,因此要分析传输线中雷电波的传输特性.

本节通过均匀传输线理论和非均匀传输线理论,使用等效电路模型,从理论上讨论传输线中雷电波的传输特性. 试验通过改变模拟 1.2/50μs 雷电波的冲击电压、同轴线线长以及在同轴线中并联的气体放电管的数量和安装位置的方法,得出以下结论:在传输线中不同位置处并联相同的气体放电管,距离输出端越远其振荡幅值越大,高次模的成分越丰富,振荡周期越多,振荡持续的时间越长;相反,距离输出端适当近的振荡幅度越小,振荡周期相对较少,振荡持续的时间越短.

5.7.1 传输线中雷电波传输特性的理论分析

5.7.1.1 均匀传输线理论

微波传输线也称为波导系统,传输微波信息和能量传输系统的各种形式,这是一个普遍的术语. 引导电磁波沿某一方向传播是其作用. 均匀传输线又称为规则波导系统,规则的波导系统是形状、材料、截面尺寸、边界条件分布以及介质不变化的波导系统. 横向是垂直于导行波的方向,而纵向是平行于导行波传播的方向,TEM 波就是横电磁波,即在电磁波中没有纵向电磁场分量的那部分.

大多数采用两种方法来分析均匀传输线:一种是场分析法,从 Maxwell 方程组中求解,所得到的波动解要符合边界条件,从中求出传输线中磁场和电场的表达式,然后分析其中的传输特性;另一种方法是等效电路法(图 5.61),从传输线方程中分析,可以得到满足电流波动方程的解、符合边界条件的电压,求得沿传输线传输的等效电压和电流的表达式，然后分析其传输特性. 第一种求解的方法较为严谨，但它在数学上较复杂. 第二种方法就是让其在特定的条件下"化场为路"，这种方法比较准确，在数学方面也简洁易懂，所以这种方法的应用比较广泛.

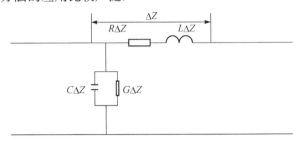

图 5.61　均匀传输线的等效电路

图 5.62 为一般传输线的结构形式，a 为两条传输线，b 为同轴线缆，c 是二芯电缆，d 是其他的组合结构模式，由一条传输线通过大地作为回线构成.

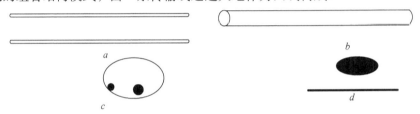

图 5.62　一般传输线的结构形式

通过对上述传输线的分析，电流经过传输线后，由于自身电阻，电流通过时在上面产生压降，这个过程中沿线周围产生了变化的磁场，并在传输线路上感应出电压. 因此我们说传输线的电压在线路中是不断变化的. 其次，由于两线路间电容，传输线之间能够产生位移电流，尤其当频率变高时要特别重视. 同时，当线间电压变高时，漏电流的变化也需给予关注，可以看出电流在线路中不同位置的分布不同. 因此，我们在分析传输线中电压电流的变化时，线中每一单位元的电感电阻均不能忽略. 这里单电路元件中的参数可以看作是沿传输线分布的，称这样的电路为具有分布参数的电路. 我们在分析时，一般把现实中的传输线看作是均匀性质的.

5.7.1.2　均匀传输线方程及其解

在均匀传输线中，由其组合的导波系统能够等效为均匀平行双导线系统，如图 5.63(a) 所示. 在传输线的输入端接入微波信号源，在其终端输出端接入负载. 传输线纵向的坐标是 z，传输线的终端为坐标原点，电磁波沿着 z 轴的负向传输. 在均匀传输线中选取一个点标为 z，利用微积分的方法选取微元 Δz，其中 Δz 远小于波长，把这个微元看作是集总参数电路，电路中包含电阻 $R\Delta z$(R 是单位长度电阻)、电感 $L\Delta z$(L 是单位长度电感)、电容 $C\Delta z$(C 是单位长度电容)和漏电导 $G\Delta z$(G 是单位长度漏电导)，得出如图 5.63(a)所示的等效电路图，因此可以把线路当作是通过图 5.63(b)所示的等效电路级联组成. 有耗传输线的等效电路如图 5.63(c)所示. 无耗传输线的等效电路如图 5.63(d)所示.

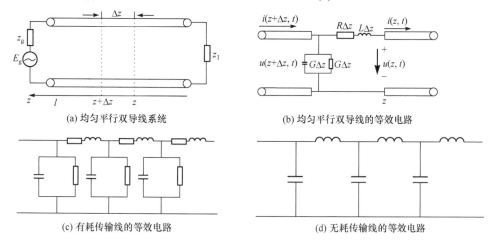

(a) 均匀平行双导线系统　　　　　　(b) 均匀平行双导线的等效电路

(c) 有耗传输线的等效电路　　　　　　(d) 无耗传输线的等效电路

图 5.63　均匀传输线及其等效电路

设在时刻 t，位置 z 处的电压和电流分别为 $u(z,t)$ 和 $i(z,t)$，而在位置 $z+\Delta z$ 处的电压和电流分别为 $u(z+\Delta z,t)$ 和 $i(z+\Delta z,t)$. 对很小的 Δz，忽略高阶小量，有

$$\begin{cases} u(z+\Delta z,t)-u(z,t)=\dfrac{\partial u(z,t)}{\partial z}\Delta z \\[3mm] i(z+\Delta z,t)-i(z,t)=\dfrac{\partial i(z,t)}{\partial z}\Delta z \end{cases} \tag{5-186}$$

对图 5.63(b)，应用基尔霍夫定律可得

$$\begin{cases} u(z+\Delta z,t)=\left[Ri(z,t)+L\dfrac{\partial i(z,t)}{\partial t}\right]\Delta z+u(z,t) \\[3mm] i(z+\Delta z,t)=\left[Gu(z,t)+C\dfrac{\partial u(z,t)}{\partial t}\right]\Delta z+i(z,t) \end{cases} \tag{5-187}$$

将式(5-186)代入式(5-187),把高阶无穷小去掉,得出

$$\begin{cases} \dfrac{\partial u(z,t)}{\partial u}=Ri(z,t)+L\dfrac{\partial i(z,t)}{\partial t} \\[3mm] \dfrac{\partial i(z,t)}{\partial z}=Gu(z,t)+C\dfrac{\partial u(z,t)}{\partial t} \end{cases} \tag{5-188}$$

上式为传输线方程(电报方程).

其中时谐电流与电压能够将复振幅表示成

$$\begin{cases} u(z,t)=R_e\left[U(z)\mathrm{e}^{\mathrm{j}\omega t}\right] \\[3mm] i(z,t)=R_e\left[I(z)\mathrm{e}^{\mathrm{j}\omega t}\right] \end{cases} \tag{5-189}$$

其中时谐形式的传输线方程为

$$\begin{cases} \dfrac{\mathrm{d}U(z)}{\mathrm{d}z} = (R+\mathrm{j}\omega L)I(z) = ZI(z) \\ \dfrac{\mathrm{d}I(z)}{\mathrm{d}z} = (G+\mathrm{j}\omega C)U(z) = YU(z) \end{cases} \Rightarrow \begin{cases} \dfrac{\mathrm{d}U(z)}{\mathrm{d}z} = \mathrm{j}\omega L \cdot I(z) \\ \dfrac{\mathrm{d}I(z)}{\mathrm{d}z} = \mathrm{j}\omega C \cdot U(z) \end{cases} \tag{5-190}$$

$Z = R + \mathrm{j}\omega L$ 为单位长度串联阻抗(Ω/m)；$Y = G + \mathrm{j}\omega C$ 为单位长度并联导纳($\mathrm{S/m}$).

其中正弦稳态解为

$$\begin{cases} \dfrac{\mathrm{d}^2 U(z)}{\mathrm{d}z^2} - \gamma^2 U(z) = 0 \\ \dfrac{\mathrm{d}^2 I(z)}{\mathrm{d}z^2} - \gamma^2 I(z) = 0 \end{cases} \tag{5-191}$$

$\gamma = \alpha + \mathrm{j}\beta$ 是传播常数；

$$\gamma^2 = ZY = (R+\mathrm{j}\omega L)(G+\mathrm{j}\omega C)$$

其通解为

$$\begin{cases} U(z) = A_1 \mathrm{e}^{+yz} + A_2 \mathrm{e}^{-yz} \\ I(z) = \dfrac{1}{Z_0}\left(A_1 \mathrm{e}^{+yz} - A_2 \mathrm{e}^{-yz}\right) \end{cases} \tag{5-192}$$

注意 $\dfrac{U(z)}{I(z)} \neq Z_0$，$Z_0 = \sqrt{\dfrac{Z}{Y}} = \sqrt{\dfrac{R+\mathrm{j}\omega L}{G+\mathrm{j}\omega C}}$ 是传输线的特征阻抗.

5.7.1.3　传输线的数学模型

传输线的数学模型通常是线路中的电流与电压的传输方程，在数学中推导了线路中任何一点的电流和电压变化的方程，方程是

$$\frac{\mathrm{d}^2 V_x}{\mathrm{d}x^2} = Y^2 V_x \qquad\qquad (\text{电压变化方程})$$

$$\frac{\mathrm{d}^2 I_x}{\mathrm{d}x^2} = Y^2 I_x \qquad\qquad (\text{电流变化方程})$$

从公式中可以看出：线路中的电流与电压的变化规律完全一样，且电流和电压都是时间与位移的函数.

5.7.1.4　非均匀传输线理论

实际情况中，波导总是与其他部件(如发射机、接收机、销钉、膜片、阶梯、弯曲以及天线等)相连接，这些接头构成波导不连续性，使原均匀波导中的场产生畸变.

先介绍一个典型的膜片问题. 如图 5.64(a)所示，阴影区域是导电膜片，它与波导轴线垂直且位于 $z=0$ 的平面内. 它的结构形式是由谐振窗、电感膜片和电容膜片组成的. 如果在波导上只传输主模，那么产生的高次模将会出现在截止区. 为方便起见，将两个参考面都选在 $z=0$ 处. 波导沿±z 方向都延伸至无限远. 设幅度为 1 的波从 $z=-\infty$ 入射到导

电膜上，在膜片附近会产生大量高次模.区域 $z<0$ 中的横向电磁场可展开为

$$E_t^- = \left(\mathrm{e}^{-\mathrm{j}\beta_1 z} + \varGamma\mathrm{e}^{\mathrm{j}\beta_1 z}\right)e_1 + \sum_{n=2}^{\infty} V_n \mathrm{e}^{\mathrm{j}\beta_n z} e_n \tag{5-193}$$

$$H_t^- = \left(\mathrm{e}^{-\mathrm{j}\beta_1 z} - \varGamma\mathrm{e}^{\mathrm{j}\beta_1 z}\right)Z_{w1}^{-1}u_z \times e_1 + \sum_{n=2}^{\infty} V_n Z_{wn}^{-1}\mathrm{e}^{\mathrm{j}\beta_n z}u_z \times e_n \tag{5-194}$$

其中，V_n 为模式电压；$\varGamma$ 是主模在 $z=0$ 处的反射系数. 类似地，区域 $z>0$ 中的场可展开如下：

$$E_t^+ = V_1'\mathrm{e}^{-\mathrm{j}\beta_1' z}e_1 + \sum_{n=2}^{\infty} e_n V_n'\mathrm{e}^{-\mathrm{j}\beta_n' z} \tag{5-195}$$

$$H_t^+ = V_1'\mathrm{e}^{-\mathrm{j}\beta_1' z}Z_{w1}^{-1}u_z \times e_1 + \sum_{n=2}^{\infty} u_z \times e_n V_n' Z_{wn}^{-1}\mathrm{e}^{-\mathrm{j}\beta_n' z} \tag{5-196}$$

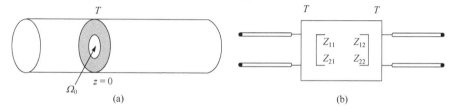

图 5.64　(a)波导不连续性；(b)等效电路

切向电场在 $z=0$ 处连续，于是

$$\begin{cases} 1+\varGamma = V_1' = \displaystyle\int_{\Omega_0} E_t(0) \cdot e_1 \mathrm{d}\Omega \\ V_n = V_n' = \displaystyle\int_{\Omega_0} E_t(0) \cdot e_n \mathrm{d}\Omega \quad (n \geqslant 2) \end{cases} \tag{5-197}$$

其中，Ω_0 为 $z=0$ 上的孔隙区域. 考虑到结构的对称性以及切向电场在 $z=0$ 的连续性，有 $Z_{11}=Z_{22}$. 所以图 5.64(b)所示的等效电路能够转化成图 5.65(a)的 T 形网络. 式(5-197)中的第一个方程表明等效电路两端口电压是相等的，这意味着 $Z_{11}=Z_2$. 最后等效电路可化简成图 5.65(b)的形式. 注意到切向磁场在孔隙上必须连续

$$(1-\varGamma)Z_{w1}^{-1}u_z \times e_1 - \sum_{n=2}^{\infty} u_z \times e_n V_n Z_{wn}^{-1} = V_1'Z_{w1}^{-1}u_z \times e_1 + \sum_{n=2}^{\infty} u_z \times e_n V_n' Z_{wn}^{-1} \tag{5-198}$$

将式(5-197)代入方程(5-198)能够求出方程

$$e_1 = e_1 \int_{\Omega_0} E_t(0) \cdot e_1 \mathrm{d}\Omega + \sum_{n=2}^{\infty} e_n Z_{w1} Z_{wn}^{-1} \int_{\Omega_0} E_t(0) \cdot e_n \mathrm{d}\Omega \tag{5-199}$$

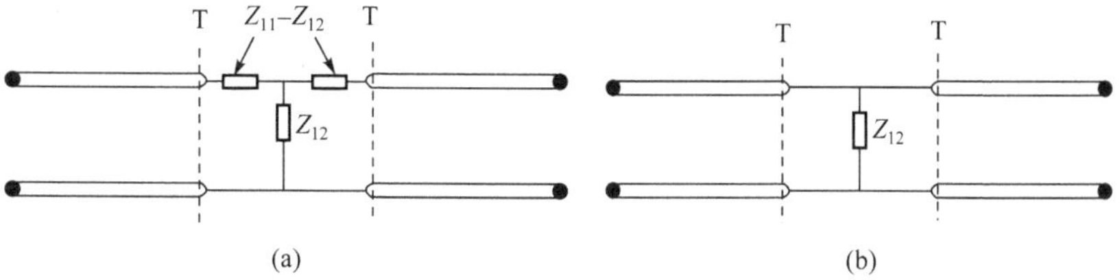

图 5.65　波导不连续性等效电路

该方程可用来确定孔隙场 $E_t(0)$. 输入导纳为

$$Y = \frac{1}{Z_{w1}} + \frac{1}{Z_{12}} = \frac{1}{Z_{w1}} \frac{1-\Gamma}{1+\Gamma} \tag{5-200}$$

由式(5-197)的第一个方程可得

$$\frac{1}{Z_{12}} = \frac{1}{Z_{w1}} \frac{-2\Gamma}{1+\Gamma} = \frac{1}{Z_{w1}} \frac{2\left(1 - \int_{\Omega_0} E_t(0) \cdot e_1 \mathrm{d}\Omega\right)}{\int_{\Omega_0} E_t(0) \cdot e_1 \mathrm{d}\Omega} \tag{5-201}$$

将式(5-199)两边同乘 $\overline{E_t}(0)$ 并在 Ω_0 上积分得

$$1 - \int_{\Omega_0} E_t(0) \cdot e_1 \mathrm{d}\Omega = \frac{\sum_{n=2}^{\infty} e_n Z_{w1} Z_{wn}^{-1} \left| \int_{\Omega_0} E_t(0) \cdot e_n \mathrm{d}\Omega \right|^2}{\int_{\Omega_0} \overline{E_t}(0) \cdot e_1 \mathrm{d}\Omega}$$

将此式代入(5-201)得

$$\frac{1}{Z_{12}} = \frac{1}{Z_{w1}} \frac{-2\Gamma}{1+\Gamma} = \frac{1}{Z_{w1}} \frac{2\sum_{n=2}^{\infty} e_n Z_{w1} Z_{wn}^{-1} \left| \int_{\Omega_0} E_t(0) \cdot e_n \mathrm{d}\Omega \right|^2}{\left| \int_{\Omega_0} E_t(0) \cdot e_1 \mathrm{d}\Omega \right|^2} \tag{5-202}$$

这是一个关于孔隙场 $E_t(0)$ 的变分表达式.

5.7.2 试验分析

5.7.2.1 试验方案

本次试验使用的是上海交通大学高电压试验设备研究开发中心的冲击电压波发生器(20kV)模拟 1.2/50μs 标准雷电波. 试验通过 TDS2022B 型示波器采集数据，冲击高电压从气体放电管的启动电压附近开始逐渐增加到示波器接收的波形无变化为止，观察示波器的变化，分析总结其中的规律. 开路电压波步长为 0.5kV，1kV，2kV. 同轴线屏蔽层两端接地，冲击高电压在 50m、100m、200m、300m 和 400m 的同轴线中传输，分别改变同轴线终端负载，改变同轴线的长度，使用不同型号的气体放电管进行试验. 另外，并联两个气体放电管在同轴线的不同位置，用 TDS2022B 型示波器采集波形. 试验完成后，将数据进行处理，分析示波器中波形的残压和 1.2/50μs 雷电波经过同轴线的传输后波形畸变情况. 通过 Origin 软件精确绘制波形，分析波形峰值及其高次模的变化，比较气体放电管并联在不同长度及不同位置的同轴线的放电规律，总结其中的变化规律. 试验模型如图 5.66 所示.

5.7.2.2 数据分析

1) 不加器件的同轴线终端接不同负载

用 SJTU-20kV 的冲击电压波发生器调试 1.2/50μs 雷电波. 将冲击电压波发生器高压

输出端与 100m 的同轴线的芯线相连接,屏蔽层两端接地. 改变同轴线终端负载, 冲击电压步长为 1kV, 可以看出随着冲击电压的逐渐增大, 1.2/50μs 雷击脉冲电压在同轴线中产生了有规律的变化, 见图 5.67.

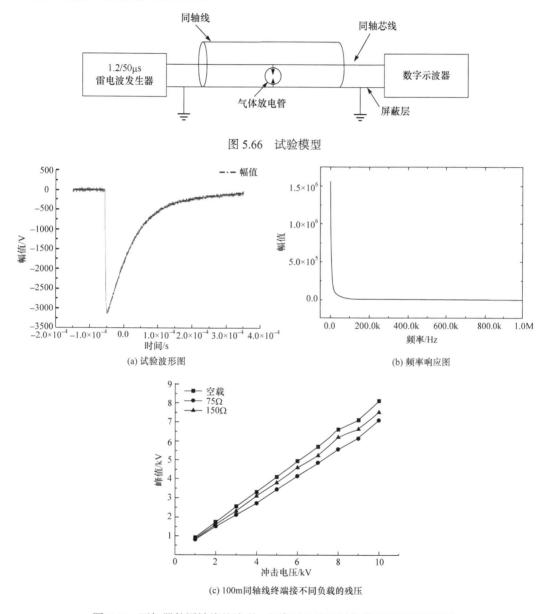

图 5.66　试验模型

(a) 试验波形图　　　　　　　　(b) 频率响应图

(c) 100m同轴线终端接不同负载的残压

图 5.67　不加器件同轴线的波形、频率图及接不同负载时的残压规律图

如图 5.67(a)所示, 1.2/50μs 雷电波经过 100m 的同轴线的传输后, 波形没有发生明显变化, 电压峰值随雷电流的传输发生了衰减, 但并没有产生高次模, 这说明本次试验所用仪器模拟 1.2/50μs 雷电波良好. 如图 5.67(b)所示, 经过傅里叶变换, 1.2/50μs

雷电波集中分布在 1MHz 的带宽以内，验证了雷电是高频率的电磁脉冲. 如图 5.67(c) 所示，随着冲击电压的逐渐增加，残压峰值也逐渐升高，基本上呈线性增加. 当同轴线终端接入 75Ω 和 150Ω 负载阻抗后，残压峰值随冲击电压增加的幅度比开路时的残压峰值要小得多，这说明部分能量在同轴线中传输时被消耗了. 当同轴线终端接入的负载匹配时，1.2/50μs 雷电波经传输后在终端输出的电压峰值最小，负载不匹配程度越高，其终端电压峰值越大. 因此，在日常生活中电气设备和仪器要尽量与同轴线特性阻抗相匹配.

2) 同轴线中并联一个气体放电管，终端接不同负载

用 SJTU-20kV 的冲击电压波发生器调试 1.2/50μs 雷电波. 将冲击电压波发生器的高压输出端与 100m 的同轴线的芯线相连接,在同轴线 50m 处并联一个 90V 的气体放电管，屏蔽层两端接地. 冲击电压步长为 1kV，可以看到随着冲击电压的逐渐增大，1.2/50μs 雷击脉冲电压在 100m 同轴线中产生了有规律的变化，如图 5.68 所示.

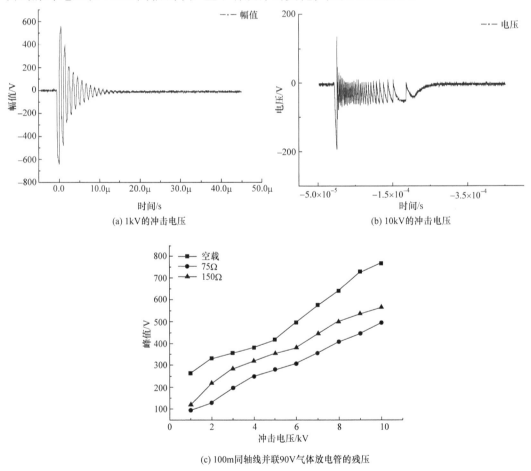

(a) 1kV 的冲击电压　　　　　　　　　(b) 10kV 的冲击电压

(c) 100m 同轴线并联90V气体放电管的残压

图 5.68　并联一个气体放电管时的同轴线波形、频率图及接不同负载时的残压规律图

从图 5.68(a)可看出，1.2/50μs 雷击脉冲电压经 100m 同轴线传输后，波形发生了畸变，雷击脉冲电压波振荡的次数变得很高，并产生了大量高次模. 冲击电压超过气体放电管的动作电压时，气体放电管响应，雷电流被泄放. 雷击脉冲电压波的频谱成分十分丰富，其能量主要分布在低频部分，容易激发高次模，雷电脉冲电压波因此而发生畸变，这也是我们日常防护中的重点. 随着冲击电压的增加，雷电波波形发生不同程度的畸变，最后成为图 5.68(b)，可以很明显地看到，雷电波波形产生振荡并出现了高次模，持续时间增长且振荡次数增多. 如图 5.68(c)所示，随着冲击电压的逐渐增加，1.2/50μs 雷电波残压逐渐升高，线性关系增强. 当同轴线终端接入 75Ω 和 150Ω 负载阻抗后，雷电波在终端的电压峰值随冲击电压的升高逐渐增加，但比开路时的峰值要低得多.

3) 不同长度同轴线中并联一个气体放电管

用 SJTU-20kV 的冲击电压波发生器调试 1.2/50μs 雷电波. 将冲击电压波发生器高压输出端分别与 100m、200m、400m 同轴线芯线相连接，在 50m 处并联一个 470V 气体放电管，屏蔽层两端接地. 冲击电压步长为 1kV，可以看出随冲击电压的逐渐增大，1.2/50μs 雷击脉冲电压在 100m、200m、400m 同轴线中产生了有规律的变化.

如图 5.69(a)所示，雷电波经同轴线传输出现振荡并产生高次模，且振荡持续时间很长. 如图 5.69(b)所示，经过傅里叶变换后，雷电波集中出现在约 1MHz 的低频带宽中. 如图 5.69(c)所示，1.2/50μs 雷电波在经过并联了相同气体放电管的不同长度传输线后，其波形畸变程度不同，随着同轴线长度的增加，雷电波畸变的程度逐渐变小，高次模出现的频率减少，波形振荡周期也越来越少，振荡的范围在 100～550V，振荡部分带宽为 0.3～5MHz. 由图 5.69(d)所示，当冲击电压逐渐增加时，雷电波幅值经传输线和 470V 气体放电管的作用也逐渐增大. 此外，当同轴线长度增加时，雷击电磁脉冲在同轴线中的衰减变大，最后接收到的雷电波峰值逐渐减小.

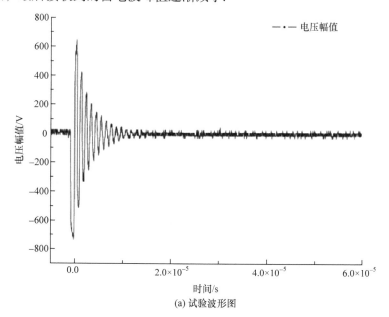

(a) 试验波形图

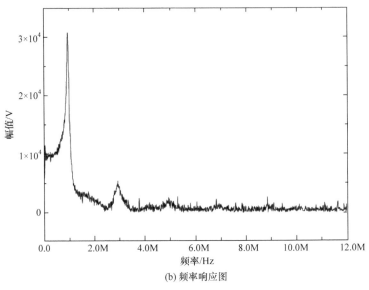

(b) 频率响应图

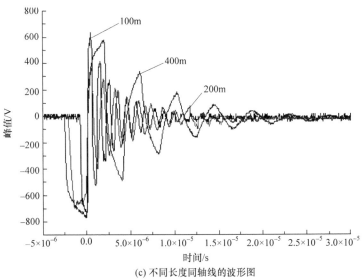

(c) 不同长度同轴线的波形图

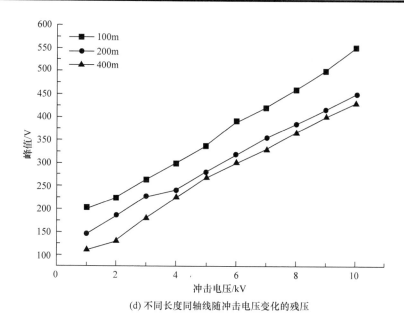

(d) 不同长度同轴线随冲击电压变化的残压

图 5.69　不同长度同轴线并联 470V 的气体放电管的波形图

4) 同种长度的同轴线中并联一个气体放电管

图 5.70 是将 90V、180V、230V、470V 气体放电管分别并联在 100m 的同轴线中，屏蔽层两端接地，用模拟 1.2/50μs 雷电波进行试验. 试验中使用不同冲击电压在同轴线中传输，采集传输过后的波形，分析峰值. 由图 5.70 可知，随着冲击电压的逐渐增大，雷电波波形发生了有规律的变化.

由图 5.70(a)和(b)可知，1.2/50μs 雷电波经过并联了气体放电管的同轴线传输后，出现了不同程度的振荡，其中高次模成分丰富. 当冲击电压升高时，雷电波振荡幅度增加，振荡范围为 300V～1kV，振荡部分带宽为 0.5～20MHz. 由于气体放电管导通后将部分雷电波导入大地，以及传输过程中雷电波的衰减，振荡逐渐缓慢，最终趋向平稳. 由图 5.70(c)可知，随着冲击电压的增加，雷电波电压峰值逐渐增大. 当并联在同轴线中的气体放电管点火电压逐渐升高时，雷电波电压峰值也越高. 可以看出，由于设备的耐冲击电压各不相同，选择适当的防雷器件对电压进行钳位是非常有必要的，启动电压越低的气体放电管，电压的钳位能力更好. 由此可知，气体放电管能够把传输线中的高压限制在比较低的水平，雷电波的高频振荡部分则是我们要重点防护的部分，要减小雷电电磁脉冲对电子设备不同程度的干扰甚至破坏.

5) 同轴线中并联一个气体放电管与并联两个气体放电管之间的比较

300m 同轴线，在 100m 处并联导通电压为 230V、470V 的气体放电管，在 100m 处和 200m 处分别并联 230V、90V 和 470V、90V 的气体放电管，屏蔽层两端接地. 改变冲击电压，统计雷电波经过同轴线的传输后产生的波形，分析电压峰值.

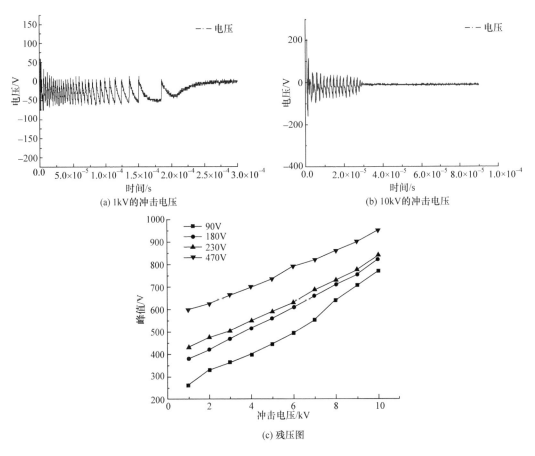

图 5.70　　100m 同轴线并联四种不同直流电压的气体放电管的波形图

　　如图 5.71(a)所示，1.2/50μs 雷电波经并联了气体放电管的同轴线传输，产生高次模，并出现明显的振荡，且高频振荡周期频繁. 并联导通电压为 230V 气体放电管的同轴线与并联导通电压为 230V、90V 气体放电管的同轴线表现出明显的差别，很显然两个气体放电管比一个气体放电管的钳位电压能力更好，且高次模减少，振荡周期减少，电压幅值也更小. 由此可见，传输线中防雷器件间的相互配合是非常有必要的. 如图 5.71(b)所示，1.2/50μs 雷电波经同轴线传输所产生的波形峰值随冲击电压的升高而增大，且基本呈线性关系. 从图中可以很明显看出，并联两个气体放电管的同轴线路终端的输出波形峰值比在同轴线路中并联一个气体放电管的输出波形峰值明显低了很多. 这说明在同轴线路中并联两个气体放电管的泄放电流能力比并联一个气体放电管泄放电流能力要强得多.

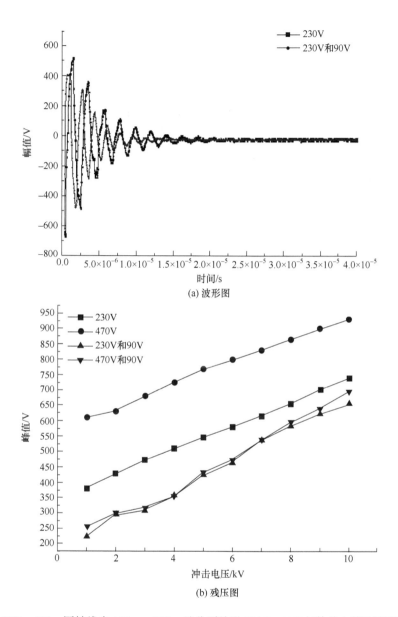

(a) 波形图

(b) 残压图

图 5.71　300m 同轴线中 100m、200m 处分别并联 230V、90V 气体放电管的波形图

6) 同种长度的同轴线中并联两个气体放电管在不同位置之间的比较

图 5.72 是将启动电压为 90V 和 470V 的 GDT 分别并联在 400m 同轴线中 50m 和 100m 处、100m 和 200m 处、200m 和 300m 处，同轴线屏蔽层两端分别接地，然后用模拟 1.2/50μs 雷电波进行试验，试验中采用不同的冲击电压在 400m 长的同轴线中进行传输，采集雷电波传输后的波形，分析峰值.

如图 5.72(a)所示，当在同轴线中并联了气体放电管后，1.2/50μs 雷电波波形出现了周期性振荡. 从图中可以清晰地看到, 当导通电压为 470V 和 90V 气体放电管并联在同轴线的 200m 处和 300m 处时, 雷电波振荡幅度最小, 振荡周期最少. 并联在同轴线 100m、200m 处和 50m、100m 处的雷电波振荡幅度逐渐增大, 振荡周期也逐渐增加. 这说明当把气体放电管并联在靠近同轴线负载终端适当的位置时, 其泄放电流、钳位电压的效果更好. 雷电波的振荡周期次数减少能够降低对后续设备的冲击次数, 从而能够更好地保护后续设备和仪器. 如图 5.72(b)所示, 随着冲击电压的升高, 同轴线终端的输出电压峰值逐渐增大, 基本呈线性关系. 从图中可以看出, 导通电压为 470V 和 90V 的气体放电管并联的距离离输入电压越近, 其终端输出电压波形的峰值越大. 气体放电管并联在同轴线终端适当位置时, 泄放能量和钳位电压能力较好.

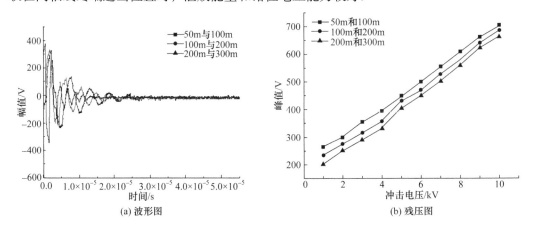

(a) 波形图　　　　(b) 残压图

图 5.72　90V 和 470V 的气体放电管并联不同位置时的波形图

7) 同种长度的同轴线中并联两个气体放电管在相同位置之间的比较

图 5.73 是将导通电压为 90V 与 180V、230V 与 90V、470V 与 90V 气体放电管两两组合分别并联在 300m 同轴线中, 屏蔽层两端分别接地, 用模拟 1.2/50μs 雷电波进行试验, 试验中使用不同冲击电压在同轴线中传输, 采集雷电波传输后的波形.

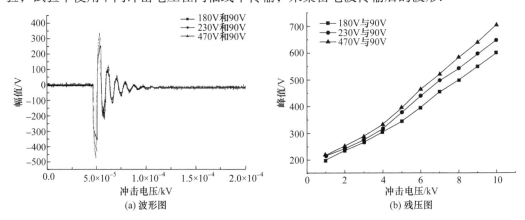

(a) 波形图　　　　(b) 残压图

图 5.73　相同位置并联不同组合气体放电管时同轴线的波形图

如图 5.73(a)所示,在同轴线中相同的位置并联不同的气体放电管,由于气体放电管点火电压的逐渐增大,1.2/50μs 雷电波经过 300m 同轴线传输后其终端输出电压波形幅值也变大,而其振荡周期无明显变化. 如图 5.73(b)所示,随着冲击电压的逐渐增大,1.2/50μs 雷电波经传输后的输出端波形电压峰值逐渐增大,且随着气体放电管启动电压的增加,其终端电压峰值也逐渐增大.

5.7.3　结论

(1) 1.2/50μs 雷电波在均匀的传输线中传输时,由于模拟雷电波的最高频率分量比传输线的截止频率还要低,所以雷电波的畸变率很小,几乎不发生畸变,波形衰减不明显. 在均匀传输线终端接入匹配负载后,传输线终端输出电压峰值比接入不匹配的负载时要小得多.

(2) 随着同轴线长度的增加,雷电波的衰减程度逐渐增强,传输线终端输出电压峰值逐渐减小. 当在传输线路中并联一个气体放电管时,1.2/50μs 雷电波经过传输线的传输后波形发生了畸变,雷电波产生振荡并出现高次模,且振荡周期频繁,但由于气体放电管在雷电流经过时泄放了部分能量,所以传输线终端的输出电压峰值减小很多.

(3) 1.2/50μs 雷电波在经过不同长度传输线中并联相同气体放电管的传播后,其波形畸变的程度也不一样,随着传输线长度的增加,雷电波畸变的程度逐渐变小,高次模出现的频率逐渐减少,波形的振荡周期也越来越少. 雷电波在传输线中传播,并联导通电压不断增加的气体放电管,1.2/50μs 雷电波随着其导通电压的逐渐升高,其高次模出现的频率逐渐减少,振荡的幅度大,周期少,终端输出电压的峰值升高.

(4) 在同轴线的相同位置并联两个启动电压不同的气体放电管,启动电压较高的终端电压峰值较高,雷电波的振荡幅度也相对较大,然而波形的振荡周期却没有明显变化. 在不同位置并联相同导通电压的气体放电管,距离输出端越远其振荡幅值越大,其中高次模的成分越丰富,振荡周期越多,振荡持续的时间越长;相反,距离输出端适当近的振荡幅度越小,振荡周期相对较少,振荡持续的时间越短.

参 考 文 献

[1] Tesche F, Ianoz M, Carlsson F. EMC Anylysis Methods and Computational Models[M]. New York: John Wiley and Sons, 1997.

[2] Tkatchenko S, Rachidi F, Ianoz M. Electromagnetic field coupling to a line of a finite length: Theory and fast iterative solutions in frequency and time domains[J].IEEE Trans,EMC 1995,37 (4): 509-518.

[3] Poljak D, Roje V. Time domain modeling of electromagnetic field couping to transmission lines[C].Proc.1988 IEEE EMC Symposium,Denver,USA,Aug,1997:1010-1013.

[4] Poljak D, Kresic S. A simplified calculation of transient plane waves in a presence of an imperfectly conducting half-space[C].Boundary Elements X X Ⅶ, Orlando,2005:541-549.

[5] Poljak D, Kovac N.Transient anylysis of a finite length line embedded in a dielectric half-space using a simplified refiection/transmission coefficient approach[C]. Submitted to ICEAA 2007 conference,2007.

[6] Rao S M, Sarkar T K, Dianat S A. A Novel technique to the solution of transient electromagnetic Scattering from thin wires[J].IEEE Trans AP,1986,34:630-634.

[7] Tijhuis A G, Peng Z Q, Bretones A R. Transient excitation of a straight thin-wire segment:a new look at an old problem[J].IEEE trans.AP-40,1992,10:1132-1146.

[8] Bridges G E. Transient plane wave coupling to bare and insulated cables buried in a lossy half-space.IEEE Trans.EMC,1995,37:62-70.

[9] Grcev L D, Menter F E.Transient electromagnetic fields near large earthing systems.IEEE Trans.Magnetics,1996,32:1525-1528.

[10] Namiki M, Horiuchi K. On the transient phenomena in the wave guide[J]. Journal of the Physical Society of Japan, 1952, 7(2): 190-193.

[11] Geyi W. Foundations of Applied Electrodynamics[M]. Chichester: John Wiley & Sons, 2011: 329-342.

[12] Poljak D, Brebbia C A. Indirect Galerkin—Bubnov boundary element method for solving integral equations in electromagnetic. Engineering Analysis with Boundary Elements, 2004,28(7): 771-777.

6.1　限压型电涌保护器 ZnO 压敏电阻多片并联的分析

ZnO 压敏电阻作为一种重要的过电压防护器件, 由于其具有相当优良的非线性特性及大电流吸收能力, 在各种防雷和过电压防护系统中得到了广泛的应用[1,2]. 通常来说, 用于低压供电系统的 ZnO 压敏电阻由于受自身体积、制造工艺以及几何效应的限制, 其通流容量较小. 而电源系统中用于过电压防护的 B 级和 C 级电涌保护器(SPD), 在 8/20μs 波形的冲击电流作用下, 其通流容量一般要求达到 10～100kA, 作为电涌保护器核心部件的 ZnO 压敏电阻如要达到上述通流水平, 则必须采用多片并联的方法. 由于 2～3 片同规格 ZnO 压敏电阻相互并联时, 能够最优地兼顾各片 ZnO 压敏电阻的通流能力和相互之间的通流均匀性, 因此在实际应用中被广泛采用.

6.1.1　ZnO 压敏电阻的工作原理

6.1.1.1　ZnO 压敏电阻的 J-E 特性曲线

ZnO 压敏电阻最重要的工作特性是如图 6.1 所示的电流密度和电场强度的关系(即 *J-E* 特性曲线), 该曲线大致可以划分为三个区域: 小电流区、中电流区以及大电流区. 由图可知, 在小电流区压敏电阻的 *J-E* 特性呈现出线性特征, 由于其内部的晶界势垒尚未导通, 其电阻率很大, 位于 $10^{10} \sim 10^{12} \Omega \cdot cm$ 范围内; 而中电流非线性区是整个 ZnO 压敏电阻的核心[3,4], 在该区域中, 电压的微小变化会引起电流的极大变化, 压敏电阻呈现

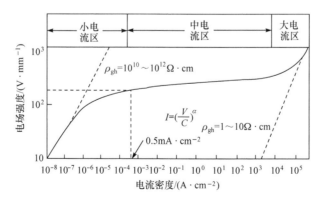

图 6.1　ZnO 压敏电阻 *J-E* 特性曲线

出强烈的非线性特征. 通常来说, 在大于 $0.5\mathrm{mA} \cdot \mathrm{cm}^{-2}$ 的冲击电流作用下, ZnO 压敏电阻的晶界势垒被击穿, 从而呈现出低阻值导体的特性, 这样就起到泄放冲击电流和限制后级保护设备残压的作用. 而大电流区域也称翻转区, 在该区域内, 压敏电阻的 J-E 特性再次呈现线性特征, 由于晶界势垒完全被击穿, J-E 特性完全由 ZnO 晶粒阻抗控制, 其电阻率降低到 $1 \sim 10\Omega \cdot \mathrm{cm}$ 范围内.

6.1.1.2　ZnO 压敏电阻的能量吸收特性

ZnO 压敏电阻的主要功能是泄放电涌冲击, 同时将过电压限制到被保护电气设备可承受的范围之内[5]. ZnO 压敏电阻可能遭受各种电涌的冲击, 这些冲击电涌的幅值和持续时间是各不相同的, 而且它们也可能以重复波的形式出现, 频率为 50Hz, 通常称为短时过电压. 这些冲击相互之间的差别之一是持续时间, 它可以从微秒级变化到毫秒级. 本章主要研究的是 ZnO 压敏电阻在 8/20μs 波形冲击电流作用下的能量吸收特性.

在承受 8/20μs 波形冲击电流作用时, ZnO 压敏电阻应该保持热稳定, 而不会产生过高的温升, 从而避免发生热崩溃. 对 ZnO 压敏电阻来说, 以 $\mathrm{J} \cdot \mathrm{cm}^{-3}$ 度量的能量吸收能力是仅次于非线性的第二个非常重要的性能, 而这一性能由于其本身内在的原因, 在以往的文献中论述相对较少.

在接受电流冲击时, ZnO 压敏电阻吸收的全能量可以表示为

$$E = \int_0^T U(t)I(t)\mathrm{d}t \tag{6-1}$$

在式(6-1)中, $U(t)$ 和 $I(t)$ 分别是 t 时刻施加在 ZnO 压敏电阻上的电压和流经冲击电流的值, T 是冲击电流的持续时间.

根据 Bartkowiak 等对 ZnO 压敏电阻能量耐受特性的分析, 在大电流冲击过程中, 当 ZnO 处于大电流工作区时, 由于其自身晶界势垒导通, 从而会呈现出较低的电阻值, 表现为纯电阻的特性, 这样一方面提供了电流泄放入地的低阻通道; 另一方面, 由于自身电阻减小到欧姆量级, 在大的冲击电流作用下, ZnO 压敏电阻将吸收较大的冲击能量并转换成热能, 如果 ZnO 压敏电阻的能量耐受能力不足, 或者出现局部热点(hot pot), 器件有可能在之后的大电流冲击作用下热崩溃, 从而导致保护器件的失效甚至系统起火故障, 因此需要研究冲击过程中 ZnO 压敏电阻的全能量吸收特性.

6.1.2　试验方案

6.1.2.1　试验样品

采用同一厂家同一批次生产的 ZnO 压敏电阻, 尺寸为 34mm×34mm, 厚度为 3.5mm, 其主要的基本参数为: 压敏电压 $U_{1\mathrm{mA}}$=620V, 标称放电电流 I_n=20kA, 最大放电电流 $I_{\max}$=40kA, 电压保护水平 U_p=2.0kV. 在试验前应对试品进行充分的预处理, 从而避免各静态和动态参数有较大波动, 从而影响试验稳定性. ZnO 压敏电阻样品的静态参数采用 CJ1001 型压敏电阻直流参数仪进行测量.

6.1.2.2 试验回路

冲击设备采用上海交大 SJTU-ICG-150 冲击电流试验系统，试验回路示意图如图 6.2 所示. 该试验回路的功能是产生不同幅值的 8/20μs 波形冲击电流对多片并联的 ZnO 压敏电阻进行冲击，冲击过程中施加于各片 ZnO 压敏电阻之上的电压和通流通过 TEK DPO3012 数字示波器实时显示并存储，以便后续计算分析.

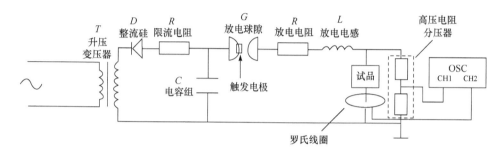

图 6.2　试验回路示意图

6.1.2.3 ZnO 压敏电阻冲击过程中能量吸收的计算方法

由于数字示波器每秒可以采集 10k 个点处的电压以及通流，时间分辨率可以达到 10^{-8}s，因此可以近似认为每个时间间隔内采集到的电压及通流是固定不变的常数，于是可以得到以下近似关系：

$$\int_0^t U(t)I(t)\mathrm{d}t \approx \sum_0^{10k} U_k(t)I_k(t) \cdot \Delta t = \sum_0^{10k} U_k(t)I_k(t) = \frac{1}{10^8} \tag{6-2}$$

式(6-2)中第一个积分式表达的是压敏电阻在冲击过程中所吸收的能量，由于在固定的时间间隔 Δt 内电压和通流为常数，且可以通过示波器获得，通过离散化的方法，我们可以近似计算出吸收能量的具体数值，同多片并联过程中残压、通流等其他参数相结合，可以更好诠释多片并联过程中的能量吸收特性以及多片并联的工作过程.

冲击试验针对两片并联的 ZnO 压敏电阻以及三片并联的 ZnO 压敏电阻进行，具体试验过程及分析方法如下.

6.1.3　试验过程及结果分析

6.1.3.1 两片 ZnO 压敏电阻并联试验

利用 CJ1001 型压敏电阻直流参数仪测量 ZnO 压敏电阻的静态参数，并选取适合的 ZnO 压敏电阻进行分组，为了使试验具有区分度，规定每组内的压敏电压差值分别在 0~5V、5~10V、10~15V 范围内，具体分组情况及各组内 ZnO 压敏电阻的静态参数如表 6.1 所示.

表 6.1　2 片并联 ZnO 压敏电阻分组及其静态参数值

编号	压敏电压/V	漏电流/μA
A1	581.4	0.8
A2	586.1	2.9
B1	608.0	1.6
B2	618.1	2.9
C1	610.6	1.4
C2	622.6	1.5

　　将编号为 A1 和 A2、B1 和 B2、C1 和 C2 的 ZnO 压敏电阻两两并联,利用上海交大 SJTU-ICG-150 冲击电流试验系统分别对 A、B、C 三组 ZnO 压敏电阻进行 5～11kV,充电间隔为 0.5kV 的 8/20μs 波形电流冲击试验,冲击过程中采集残压和通流值,并根据示波器的存储数据计算出各片 ZnO 压敏电阻在冲击过程中的吸收的能量,如图 6.3 所示.

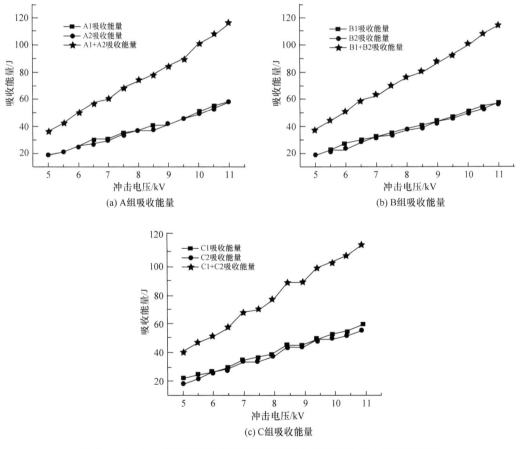

图 6.3　A、B、C 三组压敏电阻并联时的吸收能量随冲击电压的变化图

　　由图 6.3 可知,A、B、C 三组压敏电阻并联时,各片 ZnO 压敏电阻的吸收能量随冲

击电压的增长呈现出线性递增的趋势，其增长率基本保持在 6.5J/kV 左右. A、B 两组内各片 ZnO 压敏电阻的吸收能量基本一致，并未随着冲击电压的增长而呈现出能量吸收不均匀的情况. 这是因为 A、B 两组内 ZnO 压敏电阻的压敏电压相差不大，处于并联状态的 ZnO 压敏电阻基本在同一时刻导通，由于工作在大电流区的 ZnO 压敏电阻的电阻值由其晶粒电阻率决定，而本试验中所采用的是同种配方的 ZnO 压敏电阻，因而 A、B 两组压敏电阻在导通时的电阻值基本相同，从而其吸收能量呈现出均匀分配的状态. 而 C 组内 2 片并联的压敏电阻随着冲击电压的增长，其吸收能量相对于 A、B 两组来说相对处于不均匀分配的状态，由于 C1 片的压敏电压较低，在接受冲击时，C1 片将率先处于低阻状态并吸收较多的能量，而 C2 片导通相对较慢，吸收能量相对较少，因而 C 组呈现出能量吸收不均匀的情况. 为了验证上述推证，绘制出 C1 和 C2 两片压敏电阻在 11kV 冲击电压作用下瞬时吸收功率随时间的变化，如图 6.4 所示.

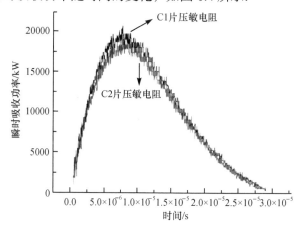

图 6.4　C 组内各压敏电阻瞬时吸收功率随时间的变化图

从图 6.4 可以明显看出，C2 片压敏电阻的瞬时吸收功率曲线在大部分时间内位于 C1 片的下方，由于瞬时吸收功率对时间的积分等于吸收能量，因此 C2 片的吸收能量小于 C1 片. 此外 C2 片瞬时吸收功率到达峰值的时间落后于 C1 片，由于 C1、C2 处于并联状态，施加于两片上的压敏电阻上的电压相等，因此 C2 片的冲击电流峰值在时间上落后于 C1 片，即存在时间滞后现象，该现象可由空穴诱导隧道击穿理论解释.

空穴诱导隧道击穿理论假设外施电压 U 增大到一定程度时，将导致反偏侧晶粒的费米能级 E_F 低于晶界势垒的价带顶，这样会因反型在价带顶附近生成空穴，该过程生成的空穴与电子间的复合将导致 Fowler-Norheim 场致发射电流向隧道电流转化，而该转化需要一定的时间，因此在冲击过程中电流上升期间，电流需要一定的时间才能趋于稳态，宏观上最直观地体现于电流峰值落后于冲击电压峰值这一现象上，而相关研究表明，压敏电压的大小也会影响电流峰值滞后的时间. 根据如图 6.5 所示的块体模型 (block-model)，压敏电压可以表示为

$$U_g = nU_{gb} \tag{6-3}$$

式(6-3)中 U_{gb} 是单个势垒的平均击穿电压，n 为压敏电阻电极间的串联数目. 由于采取

同配方的材料,试验中 ZnO 压敏电阻的压敏电压变化主要取决于级间串联的晶界数量 n,而 C1 的级间串联晶界数量 $n1$ 小于 C2 的级间串联晶界数量 $n2$,在相同的电压作用下,由于 C1 的级间串联晶界数量较少,因此每个晶界承受的场强较大,进一步降低了反偏侧的耗尽层厚度,从而加大了空穴和界面能级的负电荷强度. 因此,空穴复合被晶界势垒所束缚电子的能量大大加强,最终使得空穴诱导下隧道电流的滞后时间缩短. 根据上述理论,压敏电压较小的 C1 片将率先达到电流峰值,等效于 C1 片具有较小的实时静态电阻,从而能够吸收较多的能量,而当 C2 片的电流到达峰值时,作用于压敏电阻上的电压已经开始下降,导致了其峰值瞬时吸收功率的减小和时间上的落后,于是 C2 片吸收较少的能量. 这就说明多片压敏电阻并联时,从能量吸收均衡的角度,应当采用压敏电压基本相同的 ZnO 压敏电阻,以防止冲击过程能量吸收不均衡导致的器件故障出现.

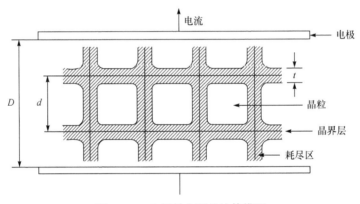

图 6.5　ZnO 压敏电阻的块体模型

为了更全面地衡量压敏电阻的能量吸收特性,下面计算各组 ZnO 压敏电阻吸收能量同冲击总能量的比值,即能量吸收比. 由于冲击发生设备采用电容组充放电,且电容的大小为固定值 2.5μF,因此可以根据电容储能公式 $\frac{1}{2}CU^2$ 计算出冲击总能量,用各片 ZnO 压敏电阻的吸收能量比上该冲击总能量就得到能量吸收比,A、B、C 三组内各片 ZnO 压敏电阻能量吸收比以及各组总能量吸收比如图 6.6 所示.

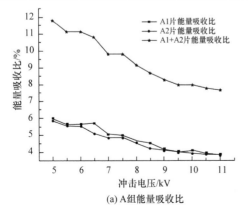

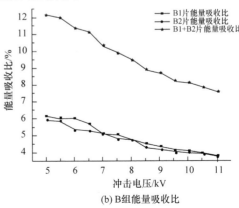

(a) A组能量吸收比　　　　　　　　　　　　(b) B组能量吸收比

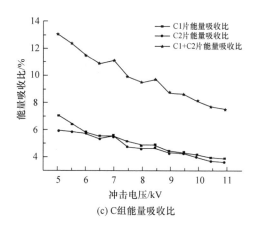

(c) C组能量吸收比

图 6.6　A、B、C 三组压敏电阻能量吸收比随冲击电压的变化图

由图 6.6 可知，A、B、C 三组内各片压敏电阻能量吸收比随着冲击电压的升高呈现线性下降的趋势，对比图 6.2 中的吸收能量变化可知，虽然压敏电阻的吸收能量不断上升，但是占冲击总能量的比例却不断下降. 由此可见，随着充电电压的升高，更大比例的冲击能量被泄放入地以及损耗在线路的传输过程中，从能量释放角度来看，2 片并联的 ZnO 压敏电阻可以较好地保护后级设备.

6.1.3.2　3 片 ZnO 压敏电阻并联试验

为同 2 片并联的 ZnO 压敏电阻能量吸收特性做对比，利用 CJ1001 型压敏电阻直流参数仪测量 ZnO 压敏电阻的静态参数，并选取适合的 ZnO 压敏电阻进行 3 片并联的 ZnO 压敏电阻的冲击试验，为了使试验具有区分度，规定每组内的压敏电压最大差值分别在 0～5V、5～10V、10～15V 范围内，具体分组情况及 ZnO 压敏电阻的静态参数如表 6.2 所示.

表 6.2　3 片并联 ZnO 压敏电阻分组及其压敏电压和漏电流值

编号	压敏电压/V	漏电流/μA
D1	613.2	2.9
D2	614.1	1.1
D3	617.9	1.5
E1	582.4	4.4
E2	590.6	0.3
E3	591.6	1.1
F1	610.6	1.4
F2	612.9	1.5
F3	624.7	1.8

同之前试验类似，将编号为 D1、D2、D3，E1、E2、E3，F1、F2、F3 的 ZnO 压敏电阻相互并联，分别对这三组 ZnO 压敏电阻进行 5～16kV，初始冲击电压间隔为 0.5kV、后续冲击电压间隔为 1kV 的 8/20μs 波形电流冲击试验，冲击过程中采集残压和通流值，并根据示波器的存储数据计算出各片 ZnO 压敏电阻在冲击过程中吸收的能量，如图 6.7 所示.

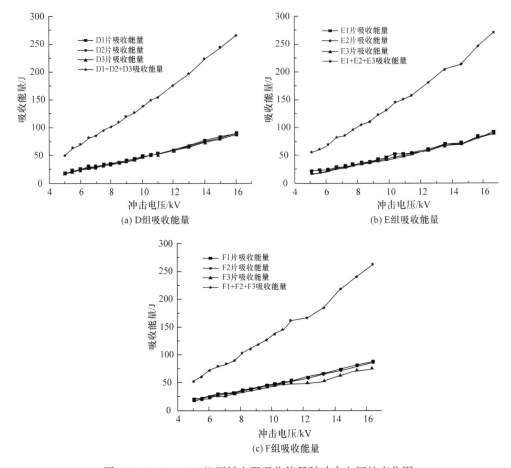

图 6.7 D、E、F 三组压敏电阻吸收能量随冲击电压的变化图

由图 6.7 可知，D、E、F 三组的 ZnO 压敏电阻在冲击过程中，各片 ZnO 压敏电阻的吸收能量同样随着冲击电压的增长呈现出线性递增的趋势，平均增长率依旧保持在 6.5% 左右. 根据之前的分析结果，各组内的 ZnO 压敏电阻的相互间的压敏电压相差越小，则吸收能量越均匀. 由图 6.7(a)、(b)可以看到，D、E 两组内的各片 ZnO 压敏电阻吸收能量均衡，基本未出现能量分配不均匀的情况；而从图 6.7(c)中可以明显地看出，压敏电压最大的 F3 片在不断上升的冲击电压作用下，同 F1 和 F2 吸收能量的差距不断变大，为了进一步验证之前空穴诱导隧道电流的理论，同样绘制 F 组内 ZnO 压敏电阻在 16kV 冲击电压作用下瞬时吸收功率随时间的变化图，如图 6.8 所示.

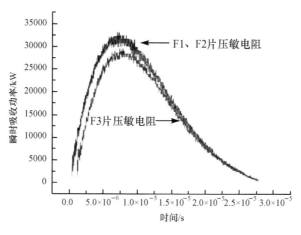

图 6.8　F 组内各压敏电阻瞬时吸收功率随时间的变化图

图 6.8 中显示，压敏电压相对接近的 F1、F2 两片 ZnO 压敏电阻的瞬时吸收功率的变化曲线几乎一致，而 F3 片压敏电阻的瞬时吸收功率曲线明显在 F1、F2 片的曲线之下，体现为 F3 片的吸收能量较小，F1、F2 两片压敏电阻的吸收能量较为均衡；此外 F3 的瞬时吸收功率峰值落后于 F1、F2 片的峰值，根据各片压敏电阻的静态参数可知，压敏电压越接近，电流滞后时间越接近，吸收能量越均匀，这从侧面上证明了空穴诱导隧道击穿理论的普适性.

3 片并联的 ZnO 压敏电阻的能量吸收比随冲击电压的变化趋势如图 6.9(a)、(b)所示，同之前 2 片并联的趋势类似，都随着冲击电压的升高呈现线性下降的趋势，由于相对 2 片并联试验多加了一片 ZnO 压敏电阻，因此总的吸收能量比有所上升，而单片 ZnO 压敏电阻能量吸收比的变化趋势基本同 2 片并联时一致. 由此可见，在保证 3 片 ZnO 压敏电阻并联时，其相互间的压敏电压基本一致，就能提供更多的泄流通道，从能量释放的角度，可以更好地对后级设备进行防护.

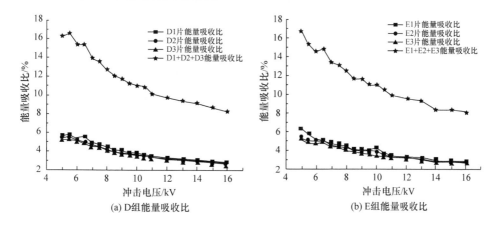

(a) D组能量吸收比　　　　　　　　　　(b) E组能量吸收比

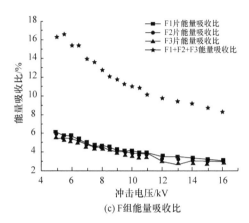

图 6.9　D、E、F 三组压敏电阻能量吸收比随冲击电压的变化图

6.1.4　结论

本文针对 ZnO 压敏电阻多片并联时的能量吸收特性问题，通过对不同并联片数的 ZnO 压敏电阻进行 8/20μs 雷电流冲击试验，分析其能量吸收规律，得出以下结论：

(1) 多片并联的 ZnO 压敏电阻随着冲击电压的增大，其吸收能量呈线性增大趋势，且 ZnO 压敏电阻相互间的压敏电压相差越小，吸收能量越均匀；

(2) 多片并联的 ZnO 压敏电阻能量吸收比随冲击电压的增大，呈现出线性下降的趋势，说明 ZnO 压敏电阻多片并联后接受冲击时，大部分的冲击能量被泄放入地，有效地保护了后面的设备和器件；

(3) 多片并联的 ZnO 压敏电阻在冲击过程中，冲击电流会滞后于施加于 ZnO 压敏电阻的电压，且滞后时间同压敏电压呈正相关，该现象的微观机理可以用空穴诱导隧道机理来解释.

6.2　电涌保护器级间能量的配合

6.2.1　开关型 SPD 与限压型 SPD 级间能量的配合

计算机网络、监控等电子信息设备的绝缘耐受过电压能力是有限的，当作用于其上的过电压超过耐受电压时，设备将遭到破坏[6]. 为了防止雷电过电压以及雷电电磁脉冲沿线路侵入而对这些设备造成损坏，可以通过安装电涌保护器来保护设备的安全. 在实际应用中，一般采用在被保护设备前端安装多级 SPD 的方法，其主要作用为分级泄流，避免过大的雷击电流或过电压在电源线路产生高残压，继而损坏单级 SPD 防护[7]. 利用多级 SPD 间的能量配合，使各级 SPD 按其耐受能力分摊雷电流，将雷电流泄放入地，使雷电流的威胁减小到最低值，以达到保护电子、电气设备的效果. 如果多级 SPD 级间能量配合不当，将导致整个供电系统工作失常，即某一级 SPD 被击毁，甚至造成被保护设备的损坏.

根据 IEC62305-4 中对多级电源电涌保护器能量配合的要求和原则，开关型与限压型 SPD 并联的基本电路模式的能量配合，前级 SPD 的主要作用为泄放雷电大电流；去耦元件可利用级间连接导线的分布电感，也可采用集中元件，如电阻、电感等元件；后级 SPD 主要作用为限制残压，因此其残压应小于被保护设备的耐受电压 U_p. 且电压开关型 SPD 与限压型 SPD 之间的线路长度不宜小于 10m，也可通过电感等退耦元件来进行级间的级联，利用电感的延时、滤波等特性，以降低雷电过电压入侵波的波头陡度来等效线路距离.

6.2.1.1 波的传输及电路理论

1) 行波在串联电感中传播分析

由于电感中的电流不能突变，故行波在串联电感中传播时，在不同时刻折射与反射系数是变化的，行波通过电感时将发生波形的改变.

图 6.10(a)表示一无限长直角波 u_{1q} 在具有串联电感 L 的线路上传播. L 前的线路一和 L 后线路二的波阻抗分别为 Z_1、Z_2. 当 u_{1q} 到达 Z_1 和 L 的连接点 A 时，将产生折射、反射现象，电感属于集中参数元件，故只有电压降落而无波过程，所以在电感 L 和 Z_2 的连接点 B 上没有反射过程，折射到 Z_2 的电压波是 A 点的电压在 Z_2 上的分压. 图 6.10(b)为行波在电感中传播的等值电路，根据彼德逊法则得

$$2u_{1q} = (Z_1 + Z_2)i_{2q} + L\frac{\mathrm{d}i_{2q}}{\mathrm{d}t} \tag{6-4}$$

由式(6-4)解得线路 Z_2 中的前行电流波 i_{2q} 为

$$i_{2q} = \frac{2u_{1q}}{Z_1 + Z_2}\left(1 - \mathrm{e}^{-\frac{t}{T}}\right) \tag{6-5}$$

折射电压波 u_{2q} 在线路 Z_2 传播时可表示为

$$u_{2q} = i_{2q}Z_2 = \frac{2Z_2 u_{1q}}{Z_1 + Z_2}\left(1 - \mathrm{e}^{-\frac{t}{T}}\right) = \alpha u_{1q}\left(1 - \mathrm{e}^{-\frac{t}{T}}\right) \tag{6-6}$$

式中，$T = \dfrac{L}{Z_1 + Z_2}$，T 为该回路的时间常数；$\alpha = \dfrac{2Z}{Z_1 + Z_2}$，$\alpha$ 为 Z_1 和 Z_2 直接相连时的折射系数.

从式(6-5)可以看出，电压波 u_{2q} 是随时间按指数规律上升的. 如图 6.10(c)所示，当 $t=0$ 时，$u_{2q}=0$，当 $t\to\infty$ 时，$u_{2q}\to\alpha u_{1q}$，说明无限长直角波在通过串联电感时，可变为按指数规律上升的电压波，此时串联电感起到降低波的上升陡度的作用. 由式(6-6)得折射电压波 u_{2q} 的陡度为

$$\frac{\mathrm{d}u_{2q}}{\mathrm{d}t} = \frac{2u_{1q}Z_2}{L}\mathrm{e}^{-\frac{t}{T}} \tag{6-7}$$

当 $t=0$ 时，$\left[\dfrac{\mathrm{d}u_{2q}}{\mathrm{d}t}\right]_{\max} = \dfrac{2u_{1q}Z_2}{L}$ 为最大值，表示最大陡度与线路一的参数无关，仅与线路二的参数，即 Z_2 和 L 有关，即 L 愈大，陡度降低的愈多，电气设备上的雷电流的陡度愈大，此时电气设备上的过电压也愈高，故对电力系统的防雷保护而言，降低入侵波的陡

度具有很重要的意义.

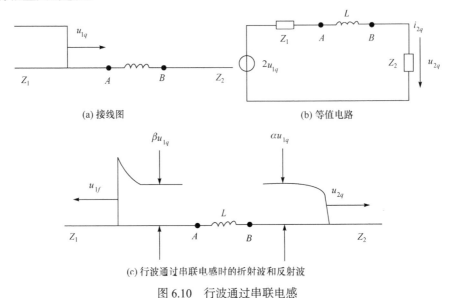

(a) 接线图　　　　　　　　　　　　　　　(b) 等值电路

(c) 行波通过串联电感时的折射波和反射波

图 6.10　　行波通过串联电感

2) 集中参数电路的分析

集中参数电路一般运用电路理论分析, 当电路处于工作状态时, 在其内部有某种电磁过程. 表征电磁过程的物理量为: 电流 $i(t)$, 电压 $v(t)$, 磁通 $\varphi(t)$ 和电荷 $q(t)$.

如图 6.11 为含有电感的等效电路, 其中: 电流 I 流入此电路时, 由于有电阻和电感的并联支路, I 分流为 I_1 和 I_2, I_1 沿电阻 R_1 流过, R_1 两端的电压为 U_1. 电感是一种储能元件, 当电流流过电感时, 将会产生随时间变化的磁场, 继而产生感应电压. 电流 I_2 流过电感时, 电流不能发生突变, 导致电感两端产生的感应电压为 U_3. 因为电路中没有负载, 故在结点 2 处没有分流, 流过电阻 R_2 两端的电流也

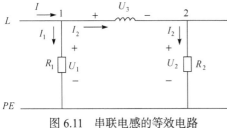

图 6.11　串联电感的等效电路

为 I_2, 其两端的电压为 U_2.

根据电路基本理论得

$$I = I_1 + I_2 \tag{6-8}$$

$$U_1 = L\frac{\mathrm{d}I_3}{\mathrm{d}t} + I_2 R_2 \tag{6-9}$$

当电感元件中通过的电流发生变化时, 将产生变化的磁场, 继而产生感应的电场, 电感通过变化的电磁场进行着电磁能的转换和传输.

6.2.1.2　气体放电管与压敏电阻能量配合的模型分析

气体放电管与压敏电阻能量配合模式如图 6.12 所示. 根据电路理论得出: 压敏电阻

的伏安特性是连续的，气体放电管的伏安特性是不连续的，当电涌输入时，由于气体放电管的启动电压相较于压敏电阻的较高，因此随着浪涌电压的增大，SPD2 首先导通，并且承担着全部的雷电流. 随着浪涌电压的继续上升，流过 SPD2 上的电流不断增大，使得 SPD2 的两端电压上升，由电压波行波在串联电感中传输理论得出：雷电流沿电路传播时，当通过线路串联电感时，电感前后阻抗不匹配，即 $Z_1 \neq Z_2$ 时雷电流将发生折射和反射，使反射波被 SPD1 吸收，折射波继续向前传播，使 SPD1 两端的电压也在不断增大，当其值超过 SPD1 的启动电压时，SPD1 将点火导通.

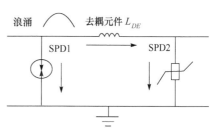

图 6.12　放电间隙与 MOV 的配合电路

气体放电管 SPD1 动作后，起泄放主要能量的作用，压敏电阻 SPD2 对前级的高残压，起到再次限制的作用，以达到输出端为低残压的效果，且通过 SPD2 的浪涌电流能量在未超出其耐受能力之前 SPD1 触发导通，电感对变化的雷电流有较大的感抗，降低波的陡度，同时使入侵波的波头时间拉长，电感实现了第一级与第二级能量配合的过程.

6.2.1.3　试验方案及试验数据的分析

1) 试验方案

通过冲击控制系统 ICG 产生的 8/20µs 模拟雷电流，依次施加 15kV、20kV、25kV、30kV 的冲击电压，对气体放电管与压敏电阻组成的多级保护系统做冲击试验，选用第一级开关型 SPD 放电电压为 1.1kV 的气体放电管，第二级限压型 SPD 采用 U_{1mA} 为 612V 的压敏电阻. 级间分别用 3m、5m、7m、10m 导线及与导线电感相同的等值电感连接，具体值分别为 3.42µH、5.90µH、8.22µH、12.23µH，其中，前三个电感取空心电感，后两个电感用加磁环的电感. 利用两台 Tektronix TDS 2022B 型示波器分别采集总通流和压敏电阻两端的残压及压敏电阻两端通流和气体放电管的残压.

如图 6.13 所示为冲击电压为 20kV 时，气体放电管与压敏电阻两端残压与通流的波形图，其中图 6.13(a)、(c)为 5m 导线及 5.90µH 电感的总通流和压敏电阻残压波形图，图 6.13(b)、(d)为 5m 导线及 5.90µH 电感的压敏电阻通流和气体放电管残压波形图.

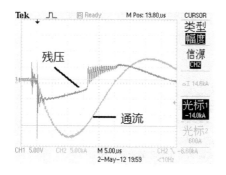

(a) 5m导线总通流和后级残压波形图

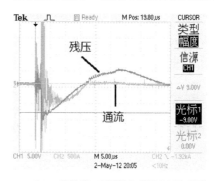

(b) 5m导线第二级通流和前级残压波形图

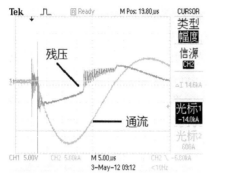 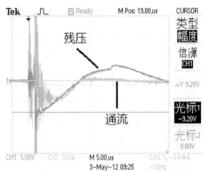

(c) 5.90μH电感总通流和后级残压波形图 (d) 5.90μH电感第二级通流和前级残压波形图

图 6.13 级间为 5m 导线、5.90μH 电感连接时的波形图

2) 实验数据分析

图 6.14(a)、(b)、(c)分别为两级 SPD 间用 3m 长导线及与 3m 长导线等值的电感的实验数据趋势图. 从图中可知：气体放电管和压敏电阻并联时，级间用 3m 导线连接和用 3.42μH 的空心电感连接后，在相同的冲击电压下得出的试验结果相仿，即残压值、通流值及分流比相近，且使用电感比导线能量配合效果稍好.

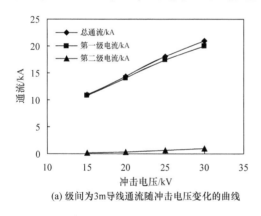 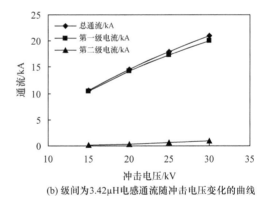

(a) 级间为3m导线通流随冲击电压变化的曲线 (b) 级间为3.42μH电感通流随冲击电压变化的曲线

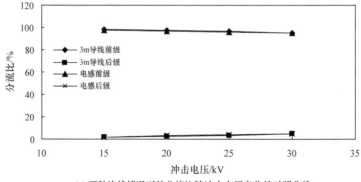

(c) 两种连接情况下的分流比随冲击电压变化的对照曲线

图 6.14 级间用 3m 导线、3.42μH 电感连接时通流值及分流比的变化曲线

　　图 6.15(a)、(b)、(c)分别为两级 SPD 间用 5m 长导线及与 5m 长导线等值的电感的实验数据趋势图. 从图可得，气体放电管和压敏电阻并联时，中间用 5m 导线连接和用 5.90μH 的空心电感连接时，在同样的冲击电压下得出的试验结果基本一致，即残压值、通流值及分流比十分相近.

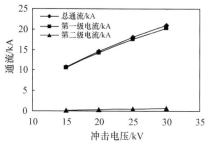

(a) 级间为5m导线通流随冲击电压变化的曲线

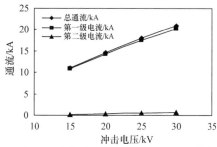

(b) 级间为5.90μH电感通流随冲击电压变化的曲线

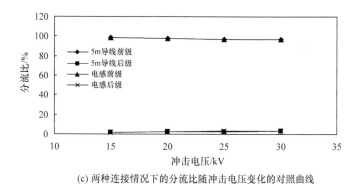

(c) 两种连接情况下的分流比随冲击电压变化的对照曲线

图 6.15　级间用 5m 导线、5.90μH 电感连接时的通流值及分流比的变化曲线

　　图 6.16(a)、(b)、(c)分别为两级 SPD 间用 7m 长导线及与 7m 长导线等值的磁环电感的实验数据趋势图. 从图可得，气体放电管和压敏电阻并联时，用 7m 导线连接相比于用 8.22μH 的加磁环电感连接时，在冲击电压相同的情况下得出的试验结果有较大差别，压敏电阻电流分比比上述实验的压敏电阻的电流分比明显增大. 此时，由于电感加磁环时产生了磁饱和现象，后级压敏电阻通流增大，且使用导线时的能量配合效果好于等值电感时的能量配合效果.

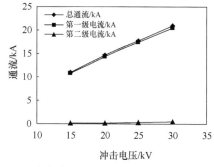

(a) 级间为7m导线通流随冲击电压变化的曲线

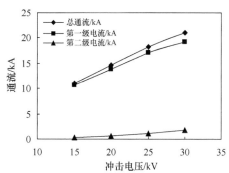

(b) 级间为8.22μH电感通流随冲击电压变化的曲线

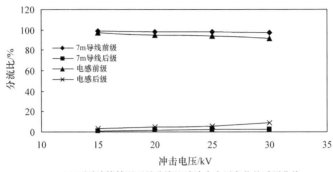

(c) 两种连接情况下的分流比随冲击电压变化的对照曲线

图 6.16 级间用 7m 导线、8.22μH 电感连接时的通流值及分流比的变化曲线

图 6.17(a)、(b)、(c)分别为两级 SPD 间用 10m 长导线及与 10m 长导线等值的磁环电感的实验数据趋势图. 从图可得, 气体放电管和压敏电阻并联时, 中间用 10m 导线连接相比于用 12.23μH 加磁环电感连接时, 在冲击电压相同的情况下得出的试验结果有较大差别, 此时由于电感加磁环时产生了磁饱和现象, 后级压敏电阻通流增大, 且使用导线时的能量配合效果好于等值电感时的能量配合效果.

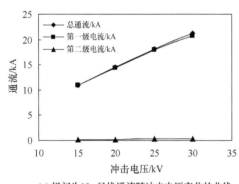

(a) 级间为10m导线通流随冲击电压变化的曲线

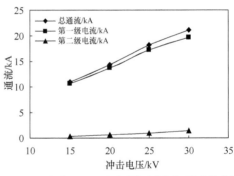

(b) 级间为12.23μH电感通流随冲击电压变化的曲线

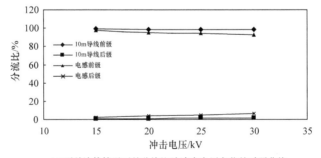

(c) 两种连接情况下的分流比随冲击电压变化的对照曲线

图 6.17 级间用 10m 导线、12.23μH 电感连接时的通流值及分流比的变化曲线

综上所述，气体放电管与压敏电阻并联时，当连接导线自身电感和空心电感的电感值相等时，在试验中所得出的结论相近，二者可以等效. 同时，选用带磁芯的电感，考虑到磁饱和现象，当出现磁饱和时，气体放电管的通流明显降低，压敏电阻的通流增大. 为了避免这种现象，在实际设计中两级 SPD 之间的串联电感值应比理论值稍大一些. 由于气体放电管的响应时间相对于压敏电阻的响应时间更长，虽然在气体放电管导通前，压敏电阻先导通并承担全部能量，当气体放电管导通后，通过后级压敏电阻的雷电流几乎为 0，此时电流几乎全部由气体放电管泄放. 在该模式中压敏电阻的残压值与气体放电管的残压值差别不大. 将图 6.14、图 6.15、图 6.16、图 6.17 中试验数据趋势进行比较可得，在冲击电压相同的情况下，连接导线越长，压敏电阻的电流分比越小，能量配合效果越好.

6.2.1.4 结论

本章通过波的传输及电路理论及结合试验，详细地对气体放电管与压敏电阻的能量配合进行了分析研究，通过冲击试验得出用不同长度的导线进行级联和用相应等值电感级联时的通流值、残压值的关系，并对以上实验数据做对比分析，得出如下结论：

(1) 在气体放电管与压敏电阻的能量配和模式中，气体放电管的泄流能力要求比压敏电阻的泄流能力大得多. 在使用串联电感或导线进行气体放电管与压敏电阻的级联时，其能量配合中压敏电阻电流分比更小，有利于前级 SPD 泄放雷电流.

(2) 气体放电管与压敏电阻级联时，在冲击电压相同的情况下，连接导线越长，压敏电阻的电流分比越小，能量配合效果越好. 因此，实际应用中在条件允许的条件下可适当增大连接导线的长度.

(3) 气体放电管与压敏电阻之间的配合，当连接导线自身的分布电感和空心电感的电感值相等时，其对能量配合的效果相近，因此二者可等效. 在实际情况中，进行气体放电管与压敏电阻的级联时，有时由于受到场地限制，导线长度难于满足安装条件要求时，可利用退耦元件(电感)减缓雷电瞬态过电压的上升速率来等效线路距离. 同时选用带磁芯的电感，考虑到磁饱和现象，实际设计气体放电管与压敏电阻两级之间安装的电感应比理论电感值稍大一些.

6.2.2　限压型 SPD 级间能量的配合

由于雷电过电压给人们生活带来诸多危害，因此在做好建筑物外部防雷措施后，还需安装相应的过电压保护器，对设备进行保护，它可以将串入线缆的大部分雷电流泄放入地和通过限制残压来保护设备或系统不受冲击而损坏. 由于单个浪涌保护器的防护能力指标不能一次性完全满足设备需求，需要多级浪涌保护器配合使用，达到协调保护的目的. 在实际使用中，如果各级浪涌保护器能量配合存在较大缺陷，则很容易发生事故. 因此，多级浪涌保护器能量配合关系的分析对提高浪涌保护器的保护能力有着重要作用.

通过对雷电波传输过程的理论分析，模拟雷电流冲击试验，分析实验数据得出：在冲击电压相同的情况下，级间导线越长，ZnO 压敏电阻级间能量配合越好；导线分布电感与空心电感可等效.

6.2.2.1 理论分析

当行波沿无损线路传播时，如果行波在传播的过程中遇到不同波阻抗的线路，为了保持单位导线的电场能量总和不变，电磁场能量会重新分配，将会在连接点上发生波的折射和反射现象.

如图 6.18 所示，波阻抗分别为 Z_1 和 Z_2 的两条线路相连于 A 点. 当无穷长直角 $U_{1q}=U_0$ 波到达 A 点后，除了前行波 U_{1q}、i_{1q} 外，会由于入射波在节点 A 发生反射，在线路 1 产生反射波 U_{1f}、i_{1f}. 波通过节点后在线路 2 中产生前行波 U_{2q}、i_{2q}，是由于入射波在 A 点折射到线路 2 中去. 设线路 2 为无限长，或在线路 2 上未产生反射波前，线路 2 上只有前行波没有反行波. 因为节点 A 处只能有一个电压和电流，所以在节点 A 左侧的电压、电流为

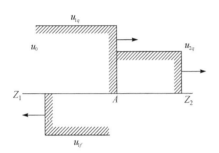

图 6.18 行波在节点 A 的折射和反射

$$\left.\begin{array}{l} u_1 = u_{1f} + u_{1q} \\ i_1 = i_{1f} + i_{1q} \end{array}\right\}$$，节点 A 右侧的电压、电流值为

$$\left.\begin{array}{l} u_2 = u_{2q} \\ i_2 = i_{2q} \end{array}\right\}$$，根据边界条件 $u_1=u_2$、$i_1=i_2$，可求得

$$\begin{cases} u_{1q} + u_{1f} = u_{2q} \\ i_{1q} + i_{1f} = i_{2q} \end{cases} \tag{6-10}$$

将 $\dfrac{u_{1q}}{i_{1q}} = Z_1, \dfrac{u_{2q}}{i_{2q}} = Z_2, \dfrac{u_{1f}}{i_{1f}} = -Z_1, u_{1q} = U_0$ 代入上式得

$$\begin{cases} u_{2q} = \dfrac{2Z_2}{Z_1 + Z_2} U_0 = \alpha U_0 = \alpha u_{1q} \\ u_{1f} = \dfrac{Z_2 - Z_1}{Z_1 + Z_2} U_0 = \beta U_0 = \beta u_{1q} \end{cases} \tag{6-11}$$

式中，α 为折射系数；β 为反射系数.

$$\begin{cases} \alpha = \dfrac{2Z_2}{Z_1 + Z_2} \\ \beta = \dfrac{Z_2 - Z_1}{Z_1 + Z_2} \\ \alpha = 1 + \beta \end{cases} \tag{6-12}$$

折射系数 α 永远是正值，说明入射波电压与折射波电压同极性，$0 \leqslant \alpha \leqslant 2$. 反射系数 β 可正可

负, 并且$-1 \leqslant \beta \leqslant 1$.

6.2.2.2 试验方案与数据分析

1) 试验方案

冲击设备采用 SJTU-ICG-150 冲击控制系统, 冲击电流波形为 8/20μs, 冲击电压从 5kV 依次施加至 20kV. 采用两级 ZnO 压敏电阻进行能量配合试验, 第一级采用压敏电压为 U_{1mA}=625V, 漏电流为 I_{ie}=1.2μA 的 ZnO 压敏电阻, 第二级采用压敏电压为 U_{1mA}=630V, 漏电流为 I_{ie}=1.5μA 的 ZnO 压敏电阻. 压敏电阻级间分别用 3m、5m、7m、10m 导线以及与导线电感值相同的空心电感和磁芯电感连接. 冲击过程中, 残压和通流通过 TEK DPO3012 数字示波器显示并存储, 记录相关数据. 利用 MATLAB 编写程序, 可近似算出吸收能量. 利用 Origin 画出相关折线图, 进行分析. 实验原理图如图 6.19 所示.

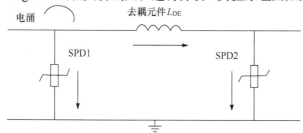

图 6.19　压敏电阻与压敏电阻的配合电路图

2) 数据分析

(1) ZnO 压敏电阻级间用 3m 导线连接.

两级 ZnO 压敏电阻之间先用 3m 导线连接, 导线分布电感值为 2.82μH. 为了验证集中参数电感能否代替导线间的分布电感, 测完后将导线换为同电感值的空心电感和磁芯电感.

根据试验得到的典型残压通流波形图可知, 两级间采用 3m 长导线和 2.82μH 的空心电感时, 其残压和通流具有相似的波形图. 施加于两级 ZnO 压敏电阻的电压在其通流还处于上升阶段, 未到达最高点时已经开始下降, 起到限制残压的作用. 电压在冲击末期都存在反冲电压, 且存在反冲箝位现象. 这是由于试验所采用的冲击平台设备中存在一个较大的电感. 在冲击过程中, 入射波在电路中不断发生反射或者折射, 其能量必然有一定的衰减. 衰减后的能量再次经过冲击设备中的大电感时, 由于阻抗不再匹配, 必然会再次产生这反射. 受到削弱的反射波对于两级 ZnO 压敏电阻等效于反向入射波, 出现的反冲残压是两级 ZnO 压敏电阻对其再次限压的结果.

根据数据计算得出, 两个压敏电阻级间连接 3m 导线时, 总通流量的平均值为 36.8kA, 第一级与第二级平均分流比为 83%：17%. 两个压敏电阻级间连接 2.82μH 空心电感时, 总通流量的平均值为 36.5kA, 第一级与第二级平均分流比为 78%：22%. 由此可知, 第一级 ZnO 压敏电阻的作用是泄放大电流, 第二级压敏电阻的主要作用是限制残压, 使其限制在一定范围之内, 以保护设备不会受到过电压的损害.

由图 6.20 可看出, 级间串联 3m 导线与串联等值空心电感时, 通流与冲击电压关系曲线趋势近似. 各级 ZnO 压敏电阻具有相似的通流、残压、分流比，具有相似的能量配合过程. 由图 6.21 可看出，随着冲击电压的增加，两级压敏电阻吸收的总吸收能量不断增加，第一级吸收了大部分的能量，呈线性增加趋势；第二级吸收小部分能量，冲击电压增加时，吸收能量基本不变，被限制在一定范围内.

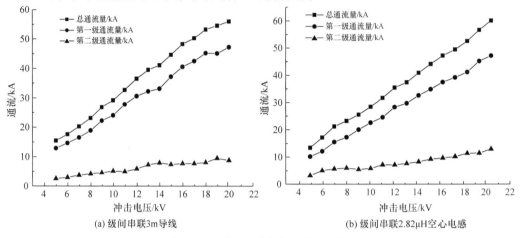

(a) 级间串联3m导线　　　　　　　(b) 级间串联2.82μH空心电感

图 6.20　通流与冲击电压关系曲线

对比图 6.21(a)、(b)可知，当级间串联 3m 导线和与之电感值相同的空心电感时，两种情况下的总吸收能量、各级压敏电阻的吸收能量接近. 结合以上对残压、通流、分流比的分析，可知 3m 长导线与 2.82μH 的空心电感可等效.

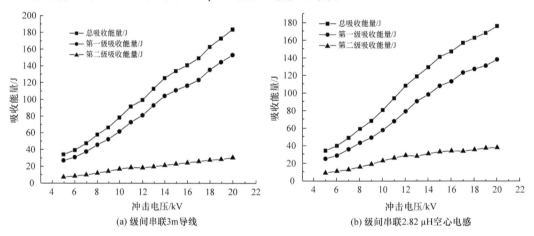

(a) 级间串联3m导线　　　　　　　(b) 级间串联2.82 μH空心电感

图 6.21　吸收能量与冲击电压关系曲线

根据数据计算得出，两个压敏电阻级间连接 2.82μH 磁芯电感时，总通流量的平均值为 35.18kA，第一级与第二级平均分流比为 62%：38%. 图 6.22 可看出，与以上两种连接方式相比，第一级压敏电阻分流明显降低，第二级压敏电阻分流增加. 由于通过第二级的通流增多，所以残压也增加，与以上两种情况相比，限压效果明显降低. 这是由于磁芯电感会产生磁饱和现象，电流的增加不会再引起磁场强度的增加. 当产生磁饱和时，实际电感值会变小，使第二级压敏电阻比未产生磁饱和时提前动作. 在实际应用中，为了避免这种现象，可将压敏电阻级间串联的电感比理论电感值大一些.

图 6.23 可看出，随着冲击电压的增大，第一级与第二级压敏电阻吸收的能量都近似呈线性增加. 第一级压敏电阻依旧吸收了较多的能量，但是第二级压敏电阻吸收能量过大，由于第二级压敏电阻的能量承受能力较低，多次吸收能量可能会损坏压敏电阻，不利于器件保护.

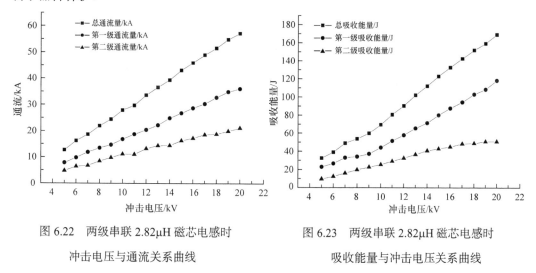

图 6.22　两级串联 2.82μH 磁芯电感时　　　　图 6.23　两级串联 2.82μH 磁芯电感时

冲击电压与通流关系曲线　　　　　　　吸收能量与冲击电压关系曲线

(2) ZnO 压敏电阻级间用 5m 导线连接.

两级 ZnO 压敏电阻之间先用 5m 导线连接，导线电感值为 4.36μH. 测完一组后，导线换为同电感值的空心电感和磁芯电感.

根据数据计算得出，两个压敏电阻级间连接 5m 导线时，总通流量的平均值为 41.4kA，第一级与第二级平均分流比为 85%：15%. 两个压敏电阻级间连接 4.36μH 空心电感时，总通流量的平均值为 45.8kA，第一级与第二级平均分流比为 73%：26%. 由图 6.24 可看出，级间串联 5m 导线与串联等值空心电感时，通流与冲击电压关系曲线趋势近似.

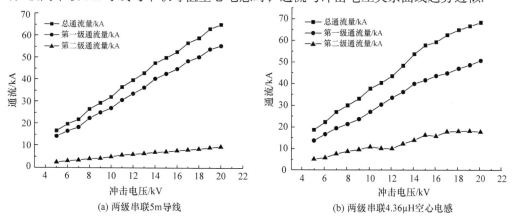

(a) 两级串联5m导线　　　　　　　　　(b) 两级串联4.36μH空心电感

图 6.24　通流与冲击电压关系曲线

各级压敏电阻具有相似的通流、残压以及分流比,两者具有相似的能量配合过程. 由图 6.25 可看出,随着冲击电压的增加,两级压敏电阻吸收的总吸收能量不断增加,第一级吸收了大部分的能量,呈线性增加趋势;第二级吸收小部分能量,冲击电压增加时,吸收能量基本不变,被限制在一定范围内.

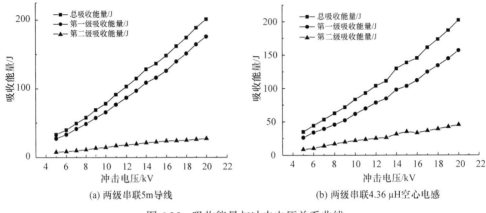

(a) 两级串联5m导线　　(b) 两级串联4.36μH空心电感

图 6.25　吸收能量与冲击电压关系曲线

对比图 6.25(a)、(b)可知,当级间串联 3m 导线和与之电感值相同的空心电感时,两种情况下的总吸收能量、各级压敏电阻的吸收能量接近. 结合以上对残压、通流、分流比的分析,可知 5m 长导线与 4.36μH 的空心电感具有等效性.

根据数据计算得出,两个压敏电阻级间连接 4.36μH 磁芯电感时,总通流量的平均值为 53.5kA,第一级与第二级平均分流比为 63% : 37%. 由图 6.26 可看出,与以上两种连接方式相比,第一级压敏电阻分流明显降低,第二级压敏电阻分流增加. 由于通过第二级的通流增多,所以残压也增加,与以上两种情况相比,限压效果明显降低. 由图 6.27 可看出,随着冲击电压的增大,第一级与第二级压敏电阻吸收的能量都近似呈线性增加. 第一级压敏电阻依旧吸收了较多的能量,但是第二级压敏电阻吸收能量过大,不利于器件保护.

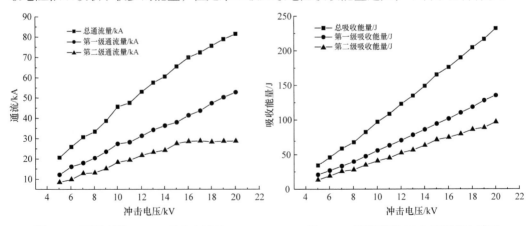

图 6.26　两级串联 4.36μH 磁芯电感时
通流与冲击电压关系曲线

图 6.27　两级串联 4.36μH 磁芯电感时
吸收能量与冲击电压关系曲线

(3) ZnO 压敏电阻级间用 7m 导线连接.

两级 ZnO 压敏电阻之间先用 7m 导线连接, 导线电感值为 6.5μH. 测完一组后, 导线换为同电感值的空心电感和磁芯电感.

根据数据计算得出, 两个压敏电阻级间连接 7m 导线时, 总通流量的平均值为 40.1kA, 第一级与第二级平均分流比为 89% : 11%. 两个压敏电阻级间连接 6.5μH 空心电感时, 总通流量的平均值为 43.6kA, 第一级与第二级平均分流比为 76% : 24%.

由图 6.28 可以看出, 级间串联 7m 导线与串联等值空心电感时, 通流与冲击电压关系曲线趋势近似. 各级压敏电阻具有相似的通流、残压以及分流比, 两者具有相似的能量配合过程. 由图 6.29 可看出, 随着冲击电压的增加, 两级压敏电阻吸收的总吸收能量不断增加, 第一级吸收了大部分的能量, 呈线性增加趋势; 第二级吸收小部分能量, 冲击电压增加时, 吸收能量基本不变, 被限制在一定范围内.

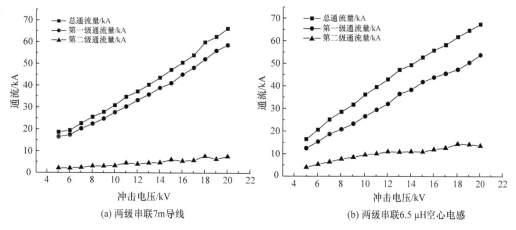

(a) 两级串联7m导线　　　　　　　　　(b) 两级串联6.5 μH空心电感

图 6.28　通流与冲击电压关系曲线

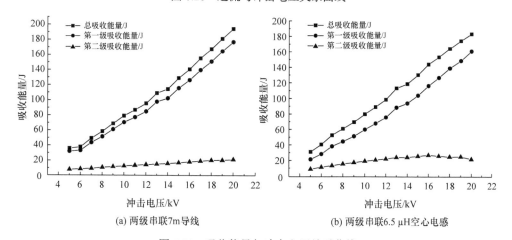

(a) 两级串联7m导线　　　　　　　　　(b) 两级串联6.5 μH空心电感

图 6.29　吸收能量与冲击电压关系曲线

对比图 6.29(a)、(b)可知，当级间串联 7m 导线和与之电感值相同的空心电感时，两种情况下的总吸收能量、各级压敏电阻的吸收能量接近. 结合以上对残压、通流、分流比的分析，可知 7m 长导线与 6.5μH 的空心电感具有等效性.

根据数据计算得出，两个压敏电阻级间连接 6.5μH 磁芯电感时，总通流量的平均值为 50.1kA，第一级与第二级平均分流比为 61%：39%. 由图 6.30 可看出，与以上两种连接方式相比，第一级压敏电阻分流明显降低，第二级压敏电阻分流明显增加. 由于通过第二级的通流增多，所以残压也增加，与以上两种情况相比，限压效果明显降低. 由图 6.31 可看出，随着冲击电压的增大，第一级与第二级压敏电阻吸收的能量都呈近似线性增加. 第一级压敏电阻依旧吸收了较多的能量，但是第二级压敏电阻吸收能量过大，不利于器件保护.

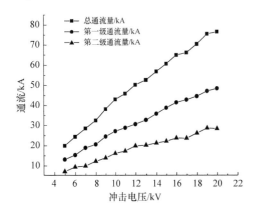

图 6.30　两级串联 6.5μH 磁芯电感时
通流与冲击电压关系曲线

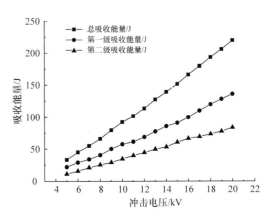

图 6.31　两级串联 6.5μH 磁芯电感时
吸收能量与冲击电压关系曲线

(4) ZnO 压敏电阻级间用 10m 导线连接.

两级 ZnO 压敏电阻之间先用 10m 导线连接，导线电感值为 10.48μH. 测完一组后，导线换为同电感值的空心电感和磁芯电感.

根据数据计算得出，两个压敏电阻级间连接 10m 导线时，总通流量的平均值为 36.4kA，第一级与第二级平均分流比为 91%：9%. 两个压敏电阻级间连接 10.48μH 空心电感时，总通流量的平均值为 42.7kA，第一级与第二级平均分流比为 81%：19%. 由图 6.32 可看出，级间串联 10m 导线与串联等值空心电感时，通流与冲击电压关系曲线趋势近似. 各级压敏电阻具有相似的通流、残压以及分流比，两者具有相似的能量配合过程. 由图 6.33 可看出，随着冲击电压的增加，两级压敏电阻吸收的总吸收能量不断增加，第一级吸收了大部分的能量，呈线性增加趋势；第二级吸收小部分能量，冲击电压增加时，吸收能量基本不变，被限制在一定范围内.

对比图 6.33(a)、(b)可知，当级间串联 10m 导线和与之电感值相同的空心电感时，两种情况下的总吸收能量、各级压敏电阻的吸收能量接近. 结合以上对残压、通流、分流比的分析，可知 10m 长导线与 10.48μH 的空心电感具有等效性.

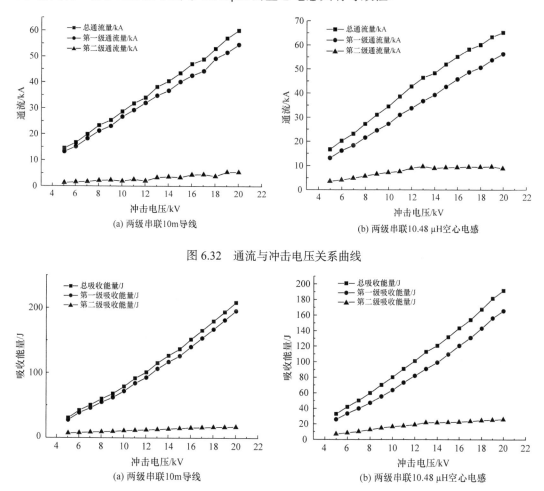

图 6.32　通流与冲击电压关系曲线

图 6.33　吸收能量与冲击电压关系曲线

根据数据计算得出，两个压敏电阻级间连接 6.5μH 磁芯电感时，总通流量的平均值为 50.9kA，第一级与第二级平均分流比为 61% : 39%. 由图 6.34 可知与以上两种连接方式相比，第一级压敏电阻分流明显降低，第二级压敏电阻分流增加. 由于通过第二级的通流增多，所以残压也增加，与以上两种情况相比，限压效果明显降低. 由图 6.35 可看出，随着冲击电压的增大，第一级与第二级压敏电阻吸收的能量都近似呈线性增加. 第一级压敏电阻依旧吸收了较多的能量，但是第二级压敏电阻吸收能量过大，不利于器件保护.

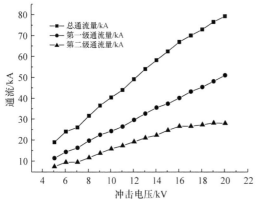

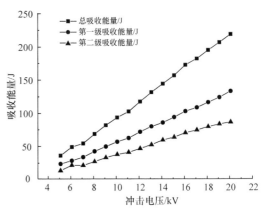

图 6.34　两级串联 10.48μH 磁芯电感时　　　　图 6.35　两级串联 10.48μH 磁芯电感时
通流与冲击电压关系曲线　　　　　　　　　吸收能量与冲击电压关系曲线

6.2.2.3　结论

通过以上实验，对数据的分析可得出以下几点结论：

(1) 第一级 ZnO 压敏电阻的主要作用是泄放大电流，其分流比可达 80%以上；第二级 ZnO 压敏电阻泄放一小部分电流，分流比仅有 20%左右，其主要作用是限制残压.

(2) 当冲击电压相同时，导线越长，压敏电阻第一级的分流比越大，第二级分流比越小，能量配合效果越好，保护效果越好.

(3) 两级 ZnO 压敏电阻并联时，串联的导线与空心电感的电感值相等时，由实验数据分析得出的通流、残压以及吸收能量的分配效果近似，可认为二者等效. 在实际应用中，如果受场地限制，线缆长度不能满足安装要求时，可以利用空心电感来等效线路距离.

(4) 磁芯电感存在磁饱和现象，磁饱和出现时，第一级 ZnO 压敏电阻的通流量减少，第二级 ZnO 压敏电阻的通流量增加，残压明显增大，不利于器件的保护，在实际应用中 ZnO 压敏电阻两级间安装的电感值应该大于理论值.

(5) 当两级间串联导线与其电感值相同的空心电感时，冲击电压不断增大，两级 ZnO 压敏电阻吸收的总能量逐渐增加；第一级压敏电阻吸收大部分的能量，随着冲击电压的增加，吸收的能量近似呈线性增长，第二级压敏电阻吸收较少的能量，基本不随冲击电压的增大而增大. 从而得出，当泄放电流较小时，压敏电阻可以把冲击电压限制在一个较低的水平，能够有效地保护后级设备.

6.3　电涌保护器后备保护问题

6.3.1　电涌保护器(SPD)与温度保险丝的配合

ZnO 压敏电阻由于其自身优异的非线性 V-I 曲线，在过电压防护中得到了广泛的应用. 然而在大电流的冲击下，ZnO 压敏电阻的内部晶粒受热而导致温度上升，温度达到一定值时，部分晶界层将会出现不可恢复性破坏. 此时，ZnO 压敏电阻就会出现劣化现象，由于 ZnO 压敏电阻本身具有一定的散热能力, 当 ZnO 压敏电阻的发热量和自身的散热量相平衡时, 其表面的温度会趋于一个稳定值. 当该平衡条件被打破时, 如 ZnO 压敏电阻老化严重, 漏电流增加或器件本身散热性能下降, 热平衡将被破坏, 但由于器件本身的调节性, ZnO 压敏电阻会随着表面温度的逐渐升高直至达到新的热平衡. 当器件本身无法再进行热平衡时且无外加降温的措施时, 则 ZnO 压敏电阻的温度将不断上升, 此时线路中如果没有相应的热保护装置, ZnO 压敏电阻自身将产生热崩溃进而周围燃烧起火.

为了及时有效地防止因 ZnO 压敏电阻老化导致的短路电流或电路后续电流引起器件的起火燃烧, 在实际应用中, 必须在 ZnO 压敏电阻外部加装热保护装置, 从而能够保证及时将 ZnO 压敏电阻中流经的工频短路电流切断, 避免其自身发热导致 ZnO 压敏电阻损坏等问题. 基于上述原因, 温度保险丝与 ZnO 压敏电阻作为电涌保护装置的核心器件, 两者的热保护配合效率将直接影响到整个电网在雷击环境下是否能够正常运行[8].

基于上述原因, 本章针对低配系统中 ZnO 压敏电阻在工作中出现自身老化劣化, 引起泄漏电流持续增大, 从而导致自身的热损坏、电路起火等问题[9], 选用几种常见的 ZnO 压敏电阻与温度保险丝进行不同配比的冲击及热稳定实验, 通过试验数据比对分析, 得出它们之间配合的性能及规律, 为 ZnO 压敏电阻与温度保险丝的配合方法提供了一定的借鉴依据.

6.3.1.1 温度保险丝与 ZnO 压敏电阻的配合原理

本试验中的温度保险丝采用低熔点合金型温度保险丝, 由低熔点合金和树脂材料组成, 主要与 ZnO 压敏电阻配合以实现其热保护的功能. ZnO 压敏电阻与温度保险丝热保护配合的工作原理如图 6.36 所示, 图中温度保险丝与 ZnO 压敏电阻相互串联, 且两者表面相互紧贴. 当 ZnO 压敏电阻处于故障状态, 流经其自身的电流过大时, 电流的热效应会导致器件表面温度上升, 使得紧贴 ZnO 压敏电阻表面的温度保险丝到达动作温度, 进而发生熔断, 这样就能及时切断 ZnO 压敏电阻的故障电流, 从而达到保护后端设备的作用. 根据 GB 18802-2012 第 7.7.1 条的规定, SPD 在接受动作负载试验时, 制造厂规定的脱离器不应动作; 试验后, 脱离器应处在正常工作状态. 因此, 温度保险丝在接受规定值的 8/20μs 波形电流冲击时不应熔断, 这样才能保证温度保险丝和 ZnO 压敏电阻热保护配合的有效性.

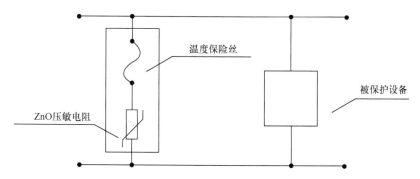

图 6.36 ZnO 压敏电阻与温度保险丝热保护配合工作原理图

6.3.1.2　实验和分析

1) 实验样品与测试方法

选用不同静态参数的 ZnO 压敏电阻及不同型号的温度保险丝若干. 利用 SJTU-ICG-150 冲击电流发生器和 SJTU-TST 热稳定仪分别进行 8/20μs 波形冲击和工频热稳定实验. 实验数据由 TDS2022B 示波器获得, ZnO 压敏电阻同温度保险丝的具体参数如表 6.3 和表 6.4 所示.

表 6.3　试验中 ZnO 压敏电阻的技术参数值

编号	压敏电压/V	漏电流/μA	标称电流 I_n/kA	最大放电电流 I_{max}/kA
1	624.4	2.3	5	10
2	609.8	1.9	5	10
3	628.3	2.1	5	10
4	638.0	4.1	5	10
5	628.3	2.2	5	10
6	643.3	1.4	5	10
7	631.5	2.2	5	10
8	624.2	1.3	5	10
9	639.3	1.6	5	10
10	624.3	1.8	5	10
11	623.3	1.4	5	10
12	633.0	1.7	5	10

表 6.4　试验中温度保险丝的型号与技术参数值

型号	T_f	T_h	T_m	I_r	U_r
Y2	116℃	90℃	210℃	5A	260V(AC)
C2	116℃	90℃	210℃	5A	260V(AC)
S115	116℃	86℃	210℃	10A	260V(AC)
T115	116℃	86℃	210℃	15A	260V(AC)

表 6.4 中 T_f 为额定动作温度, T_h 为保持温度, T_m 为极限温度, I_r 为额定电流, U_r 为额定电压.

2) 实验过程及结果分析

(1) 冲击实验.

首先对不同型号的温度保险丝试验样品进行 5～15kV 的冲击, 直至温度保险丝熔断为止，分别记录其冲击过程中的通流、残压值. 之后将不同型号的温度保险丝与不同静态参数的 ZnO 压敏电阻相互串联，温度保险丝紧贴于 ZnO 压敏电阻表面形成热保护装置，同样对其进行 5～15kV 的冲击，直至温度保险丝熔断为止. 同之前一样，分别记录通流、残压.

由图 6.37(a)可知，温度保险丝单独接受冲击时，当冲击电压达到 7kV 时，温度保险丝已经熔断，此时通流值约为 4.5kA，小于 ZnO 压敏电阻的标称电流值. 由实验结果可知，温度保险丝 Y2 单独接受大电流冲击时，其冲击耐受性能较弱，在实际应用中，若温度保险丝同 ZnO 压敏电阻间热耦合较弱，在大电流的作用下，可能会出现温度保险丝提前熔断的现象，导致热保护配合的失败. 而当温度保险丝 Y2 同 ZnO 压敏电阻1、2 配合使用时，其通流能力相较于单独使用时的温度保险丝 Y2 得到了大幅提高，尤其当 Y2同 ZnO 压敏电阻 2 相互串联时，在 10kV 左右的冲击电压作用下，温度保险丝才被熔断，此时的通流量达到了约 6.6kA，通流量提升了约 46.7%. 由此可见，当 ZnO 压敏电阻与温度保险丝 Y2 进行热保护配合时，由于两者存在热耦合，可以有效提升温度保险丝 Y2的通流能力，这样可以防止出现温度保险丝在冲击过程中提前熔断的情况，以保证两者的正常运行. 然而结合图 6.37(b)可知，ZnO 压敏电阻与温度保险丝进行热保护配合时，由于温度保险丝的电阻特性，器件整体的残压有一定升高. 因此，温度保险丝与 ZnO 压敏电阻进行热保护配合时，能够增强温度保险丝耐冲击性能，但与此同时还需要考虑残压升高的问题.

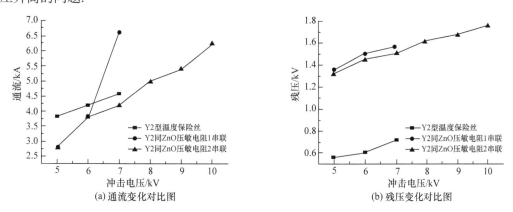

图 6.37 温度保险丝 Y2 与不同参数的 ZnO 压敏电阻配合时的通流与残压变化对比图

由于 C2 型温度保险丝接受冲击试验时，在 5kV 冲击电压下即被冲断且示波器未采集到波形，因此在图 6.38(a)、(b)中没有画出 C2 型温度保险丝的残压和通流，可见 C2型温度保险的冲击耐受能力较弱. 同样的，由图 6.38(a)、(b)可知，温度保险丝与 ZnO 压敏电阻3 和 4 进行热保护配合时，冲击耐受电压提升到 7kV 左右，并且能够有效提升温度保险丝的通流能力，最大通流值达到了 4.2kA，但同样也会带来整体残压升高的问题. 针对 C2 型号的温度保险丝，由于 C2 同 ZnO 压敏电阻 4 进行配合时表现出较大的通流量和较低的残压，因此温度保险丝 C2 与 ZnO 压敏电阻 4 的配合性能比与 ZnO 压敏电阻3 配合时更好.

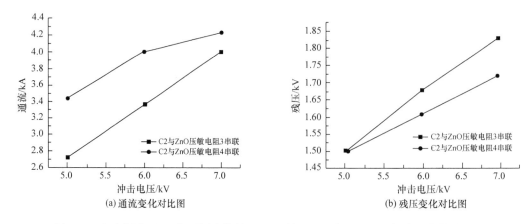

图 6.38　温度保险丝 C2 与不同参数的 ZnO 压敏电阻配合时的通流与残压变化对比图

由图 6.39(a)和(b)可知，温度保险丝 S115 在大电流冲击作用下，表现出通流量大、残压低的特点，当冲击电压达到 11kV 时，温度保险丝才被熔断，此时温度保险丝的最大通流值约为 7.5kA. 然而，当 S115 分别同 ZnO 压敏电阻 5、6 进行热保护配合后，整体残压依旧存在略微升高的现象，虽然温度保险丝较单独使用时的通流量有所下降，但温度保险丝的冲击耐受电压有所上升，达到了 12kV. 同时可以发现，S115 同 ZnO 压敏电阻 5 配合的效果要优于与 ZnO 压敏电阻 6 配合，可见温度保险丝同 ZnO 压敏电阻配合使用时，温度保险丝的冲击耐受能力有所增强，但也有可能存在通流量与残压性能下滑的现象，因此在实际应用中需要结合实际情况进行两者的配合使用.

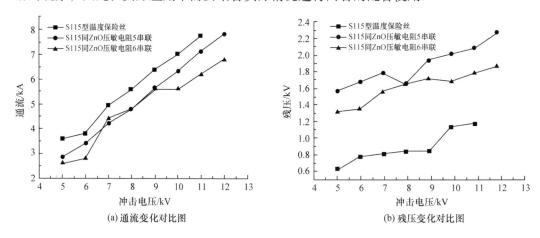

图 6.39　温度保险丝 S115 与不同参数的 ZnO 压敏电阻配合时的通流与残压变化对比图

由图 6.40 可知，T115 型温度保险丝在冲击电压为 16kV 时被熔断，此时最大通流量约为 12kA. 而当 T115 分别同 ZnO 压敏电阻 7、8 进行热保护配合时，温度保险丝的冲击耐受电压分别达到了 18kV 和 19kV，与此同时最大通流量也提升了约 1kA，到达约 13kA. 同样可以得出温度保险丝同 ZnO 压敏电阻进行配合时，能够增强温度保险丝的冲击耐受能力，而通流与残压的性能可能有所下降的结论.

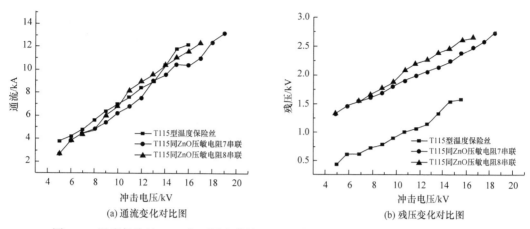

(a) 通流变化对比图　　　　　　　　　　(b) 残压变化对比图

图 6.40　温度保险丝 T115 与不同参数的 ZnO 压敏电阻串联的通流与残压变化对比图

　　基于上述实验可知, ZnO 压敏电阻同温度保险丝相互配合时, 由于两个器件表面相互接触, 彼此之间存在热耦合, 因此温度保险丝的冲击耐受能力要明显优于其单独使用时的情况, 能有效防止温度保险丝在冲击电流作用下提前熔断导致热保护配合失效的情况, 保护性能相较单独的温度保险丝有了较大的提高. 但是与此同时也需要注意两者配合带来的残压升高问题, 需要结合后级保护设备的耐过电压水平, 综合考虑得出两者最佳的匹配方案.

　　(2) 热稳定试验.

　　热稳定试验方案如下: 首先测量串联不同型号的温度保险丝以及不同静态参数的 ZnO 压敏电阻, 并将温度保险丝紧贴于压敏电阻表面, 测试两者接触面的初始温度, 保持通过器件的工频电流基本不变, 针对不同种类的配合情况, 采用贴片式温度传感器紧贴接触面, 每隔 1min 记录表面的实时温度, 若温度持续不变, 则调高工频电流值. 当热稳定测试装置的电流和电压同时为零时, 即说明温度保险丝熔断, 此时需要记录温度保险丝熔断时的温度和时间.

　　将 Y2 型温度保险丝同 ZnO 压敏电阻 9 相互串联, 先后通过平均值为 5mA 和 10mA 的工频电流后, 绘制出两者接触表面温度随时间的变化曲线, 可以得到图 6.41. 由图 6.41 可知, Y2 同 ZnO 压敏电阻 9 相互串联并通过不同毫安量级的电流时, 其接触表面温度

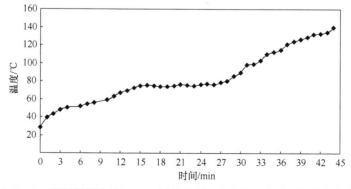

图 6.41　Y2 型温度保险丝与 ZnO 压敏电阻 9 串联的温度随时间的变化曲线

整体表现出先缓慢上升，后趋于稳定，最后再快速上升的规律，也就是最终达到热饱和出现熔断的现象．由试验结果可以看出，当小量级的工频电流注入时，Y2 和 ZnO 压敏电阻 9 组成的配合装置的热稳定性能良好，热量吸收和散发处于平衡状态，可以将温度持续保持在 80℃以下，当工频电流加大一倍后，该热平衡状态才被打破，并且在第 44 min时，接触表面温度达到 140℃时，Y2 断开，从而能够及时切断过大的工频电流．

同样的，将 C2 型温度保险丝和 ZnO 压敏电阻 10 相互串联，重复之前的试验内容，先后通过 5mA 和 10mA 的工频电流，两者串联后接触表面温度随时间的变化曲线如图 6.42所示．从图 6.42 可以看出，C2 在通过 5mA 工频电流后 7min 即被熔断，整个通流过程，ZnO 压敏电阻的表面温度持续呈线性上升，当温度到达 140℃时，C2 熔断，切断工频电流．由于这两者对小量级的工频电流热耐受能力较低，故可以被应用在对工频故障电流较为敏感的情况．

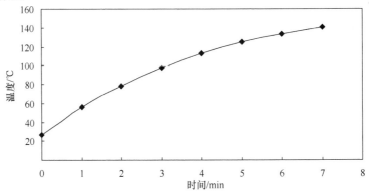

图 6.42　C2 型保险丝与 ZnO 压敏电阻 10 串联的温度随时间的变化曲线

将 S115 型温度保险丝和 ZnO 压敏电阻 11 相互串联，重复以上热稳定试验过程，绘制出两者接触表面的温度随时间的变化曲线，从而得到图 6.43．由图 6.43 可知，当通过小量级的工频电流时，接触表面的温升较快，在第 9min 时，表面温度出现下降，这应当是 ZnO 压敏电阻 11 内部晶界变化导致的结果，ZnO 压敏电阻内部晶界因为持续加热而遭受破坏，晶粒产生融合，此时 ZnO 压敏电阻 11 的散热性能加强．由于通过的是固定值的工频电流，因而吸收热量不变，导致热平衡向散热方向发展，接触表面的温度反而下降．

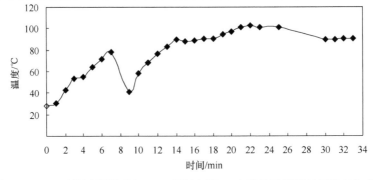

图 6.43　S115 型温度保险丝与 ZnO 压敏电阻 11 串联的温度随时间的变化曲线

此后再施加 10mA 量级的工频电流，温度开始再次快速上升，在大约 15min 又重新建立起热平衡，在此之后直到第 33min，接触表面的温度始终没有超过 100℃，大约维持在 90℃的热平衡状态. 然而，这种持续高温的状态容易造成 ZnO 压敏电阻内部结构的破坏，影响器件的安全运行，此时温度保险丝无法及时切断故障电流，两者配合是不成功的.

T115 型温度保险丝和 ZnO 压敏电阻 12 串联时，两者接触表面温度随时间的变化曲线如图 6.44 所示，同 C2 型类似，温度保险丝在第 7min 断开，但是与之前不同的是，此时 ZnO 压敏电阻 12 已经严重损坏，这就说明两者的配合是失败的，ZnO 压敏电阻已经产生了热损坏的现象.

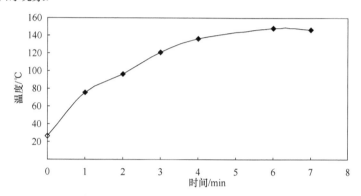

图 6.44 T115 型温度保险丝与 ZnO 压敏电阻 12 串联的温度随时间的变化曲线

与一般电阻一样，ZnO 压敏电阻在持续的电压和电流作用下会将电能转化为热能，到达一定程度时会发生热损坏. 热损坏是指 ZnO 压敏片在持续的交流电压作用下发生损坏，即由于压敏片本身的散热能力不足以抵消交流作用下的发热量而最终出现热平衡失控的现象. 交流引起的热损坏一般分为三种：其一为环境温度过高及所加电压的荷电率引起的热损坏；其二为压敏片交流老化引起的热损坏，此时随着压敏片的功率损耗达到一定程度，其散热不足以抵消发热量，也将出现热损坏；其三是在交流作用时，压敏片吸收冲击能量引起的损耗，当压敏片本身的极限温升不足以抵御因吸收损耗而散发的热量时，出现热量失衡现象. 如图 6.44 所示，T115 和 ZnO 压敏电阻 12 的配合装置在 5mA 电流下于 7min 产生严重的热损坏，晶界内部温升达到一定程度，ZnO 晶粒熔穿，晶界层中富铋相消失，势垒严重受损，此时阀片的发热远大于阀片的散热能力，最终导致 ZnO 压敏电阻的热破坏. 图 6.45 为自制 T115 型温度保险丝同 MOV12 相互串联时，不同测试端的热破坏图.

(a) L-N端 (b) L-G端 (c) L-N端

图 6.45 T115 和 ZnO 压敏电阻 12 相互串联时不同测试端的热破坏图

6.3.1.3 结论

基于冲击破坏和热破坏原理，对不同参数的 ZnO 压敏电阻与不同型号的温度保险丝进行了大量配合试验，得出实际使用中 ZnO 压敏电阻和温度保险丝选型方法和配合方案：

(1) ZnO 压敏电阻与温度保险丝进行热保护配合时，由于器件间存在热耦合，温度保险丝的冲击耐受能力相比其自身单独使用时有较大提升，可以有效防止出现温度保险丝在热保护过程中过早熔断的现象.

(2) 在 8/20μs 电流冲击下，额定电流较大的温度保险丝呈现出较强的冲击耐受性能，针对本实验中所采用的温度保险丝，当额定电流为 5A、10A、15A 时，其最大通流量分别为 6.6 kA、7.6 kA、13 kA，呈现依次增长的规律.

(3) 在热稳定试验中，不同型号的温度保险丝和 ZnO 压敏电阻进行热保护配合时，其温度随加热时间的变化各有其特征，应根据实际需要选取合适的配合类型，以防止出现 ZnO 压敏电阻已经热崩溃，而温度保险丝尚未熔断的情况.

6.3.2 电涌保护器(SPD)与熔断器的配合

根据《建筑物防雷检测技术规范中》第 5.8.1.3.5 条中的规定："安装在电路上的电涌保护器，其前端应有后备保护装置过电空流保护器(即断路保护装置). 如使用熔断器，其值应与主电路上的熔断器电流值相配合."但是对于安装断路保护器的熔断电流值，并没有设置具体的参数标准，现行方法大多采用经验选取，或者根据电涌保护器生产厂家提供的指导参数选取的方式，结果导致在实际的工程应用中出现不良后果：断路保护装置的熔断电流值偏大或偏小[10]. 当熔断电流值取得太大时，电涌保护器已经损坏而断路保护装置没有熔断，即起不到保护电涌保护器的作用；当熔断电流值取得太小，后续雷击发生时，由于断路保护装置已经断开，电涌保护器与被保护装置脱离，即电涌保护器不起作用.

针对以上情况，首先对熔断器的开断动作时间和载流导体所受有质动力机理作用做理论分析；再选用一种铅铝合金材质熔断器，对不同工频熔化电流的熔断器分别取其长度为 3cm 和 5cm，利用模拟的 8/20μs 雷电波进行冲击试验，得出不同工频熔化电流的熔断器的熔化(崩断)的电流临界值，并通过数据拟合得出 3cm 长的熔断器，其工频熔化电流与熔化(崩断)电流临界值的关系式为 $y=2.1843x-3.3515$，5cm 长的熔断器，其工频熔化电流与熔化(崩断)电流临界值的关系式为 $y=2.1576x-3.729$.

6.3.2.1 熔断器通过雷电流时的理论分析

电涌保护器与熔断器的配合使用，一直被其参数的配比所限制，实际应用中也仅凭经验或生产商给出的指导参数为依据选取熔断器，这将引入很多不确定因素. 熔断器在雷电流冲击下，将会产生熔断与崩断两种现象. 为了分析此现象，以下分别对熔断器的开断动作时间和雷电流通过导体所受质动力(机械力)的机理做理论分析.

1) 熔断器的开断动作时间的理论分析

当熔断器通过一个比最小熔化电流大得多的雷电流时，熔体的局部或全部达到熔化温度，然后在非常短的时间内蒸发. 熔断器在开始燃弧前的这些情况下，其热传递可以假设忽略不计. 满足这个条件的弧前时间与熔断器额定值有关，但这个条件只有几十到几百 μs，并且相应的雷电流是最小熔化电流的几百倍甚至更大. 在这些没有热传递的条件下，熔断器通过雷电流的任意一小部分，在任何瞬间的温度上升率为[11]

$$\frac{\mathrm{d}\theta}{\mathrm{d}t} = \frac{瞬时供给单位体积的功率}{单位体积质量 \times 它的比热} \tag{6-13}$$

实际上，上式给出的能量只供给熔体材料和只用来使熔体材料的温度上升，其他部分保持在它们最初的温度上. 供给熔体材料每单位体积的能量等于通过该单位体积的瞬时电流的平方乘以通过该单位体积电流的电阻. 电阻这个参数取决于这单位体积的温度，可以用下式近似地表示：

$$R = R_0(1 + \alpha\theta) \tag{6-14}$$

式中，R_0——室温时的电阻；

α——室温下的电阻温度系数；

θ——上述室温下某单位体积的温升.

根据式(6-13)和式(6-14)，在上述室温下的任何瞬时可以推导出下列表达式：

$$\theta_t = \frac{1}{单位体积质量 \times 比热}\int_0^t i^2 R_0(1 + \alpha\theta)\mathrm{d}t \tag{6-15}$$

每单位体积上通过的雷电流随时间变化的变量为已知，那么，等式可以用解析法或逐步数字法来解. 对于通过雷电流的线熔体，它所有部分的情况是相同的，因此，确定线熔体达到其熔点温度所需的时间，都可由式(6-15)来解.

I^2t 的量是熔断器的电流瞬间值的平方对时间的积分，这个时间是从雷电流开始直至电弧熄灭为止的整个间隔，即

$$I^2t = \int_0^t i^2 \mathrm{d}t \tag{6-16}$$

如果在上述整个时间间隔内，熔断器的电阻维持不变，那么，I^2t 的值就正比于所消耗的能量. 事实上，由于过电流产生的热量，常使熔断器电阻明显增加. I^2t 的值被称为允通能量.

2) 雷电流通过导体所受质动力(机械力)的机理

一段长 l，载电流 I 的导线，在均匀磁场 B_0 中所受的有质动力(机械力) F，可首先通过实验发现的安培力公式确定，即

$$F = Il \times B_0 \tag{6-17}$$

式中，F 为安培力. 普遍认为安培力是由于导体载流子定向漂移时受到洛伦兹力作用，与导体晶格上的正离子碰撞而形成的，即安培力是导体中载流子所受洛伦兹力的宏观表现. 但近十年来，珀塞尔、张靖武等对上述观点提出了异议，其论点简述如图 6.46 所示，载流导线中

定向漂移的电子因受洛伦兹力作用发生侧向偏转，从而侧壁上出现异种电荷，形成一个 Hall 电场 E_H ，即

$$E_H = \frac{1}{nq} jB_0 = RjB_0 \tag{6-18}$$

式中，$R=1/nq$，叫做 Hall 系数，n 为自由电子数密度，q 为电子(或其他载流子)所带的电量，j 为电流密度. 对于电子导电，$R < 0$，从图 6.46 显见，Hall 电场施力于导体中晶体点阵上，这就是安培力. 上述两种观点都是不全面的，不考虑导电材料本身的性质，是无法得到安培力机理的正确结论的.

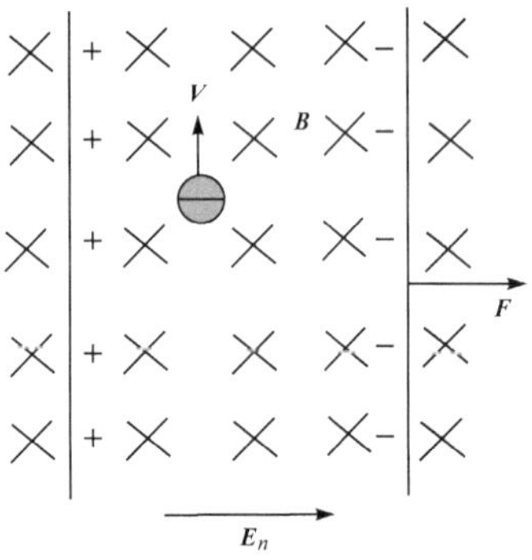

图 6.46　Hall 电场示意图

一个电子($-e$)，当其运动速度 v 远小于真空中的光速 c 时，在晶体点阵的周期势中的运动方程为

$$\frac{h}{2\pi} \cdot \frac{dk}{dt} = -eE - ev \times B_0 \tag{6-19}$$

一般地，$\frac{h}{2\pi} \cdot \frac{dk}{dt} \neq m\frac{dv}{dt}$，式中 h 为普朗克常量，k 为一个特定波矢. 故电子受到正离子点阵一个作用力为 f'，所以

$$m\frac{dv}{dt} = -eE - e(v \times B_0) + f' \tag{6-20}$$

这意味着导体中的传导电子一般不是完全"自由"的. 本章仅限于指出确有这么一个 f 存在，至于如何确定 f'，则是固体物理研究的对象. 这样，作用于一个传导电子上的合力为

$$f_e = -eE - e(v \times B_0) + f' \tag{6-21}$$

E 可以分解为沿导线方向的分量 $E_纵$ 与垂直导线方向的分量 $E_横$，即 $E = E_纵 + E_横$. 前者为推动点阵做定向漂移的电场，后者即为 Hall 电场 E_H. 对于稳态，传导所受横向力合力为零，即

$$f'_横 = eE_H + e(v_d \times B_0) \tag{6-22}$$

式中，v_d 为点阵定向漂移速度. 因 $j = -nev_d$，长 l、横截面 s 的一段导线总传导电子数 $N = nls$，故 $v_d = \frac{-Il}{Ne}$，式中 $I = j \cdot S$ 为电流强度，于是由式(6-22)有

$$\sum_N f'_横 = NeE_H - Il \times B_0 \tag{6-23}$$

整个不动的晶体点阵不受磁力作用，仅受横向 Hall 电场力 NeE_H 以及全部定向漂移电子对其所施的反作用力 $-\sum_N f_横$ 作用，二者矢量和为质动力，由式(6-23)得

$$F = NeE_H - \sum_N f_横 - Il \times B_0 \tag{6-24}$$

6.3.2.2 熔断器开断性能的试验分析

1) 实验方法及测试数据

首先选取一种铅铝合金材质熔断器, 对不同工频熔化电流的熔断器, 分别取 3cm 和 5cm 两种长度, 通过 ICGS 雷电冲击平台产生模拟的 8/20μs 雷电流冲击试验. 逐渐增大冲击电流的值直至熔断器熔化(或崩断), 每次冲击后换一根熔断器以确保试验的准确性, 找到熔断器不熔(不断)与熔化(崩断)的临界点后, 再用临界点的电流值, 对五个同类熔断器分别进行冲击, 以此来验证每个临界点的电流值的正确性. 然后根据不同工频熔化电流的熔断器在 8/20μs 雷电流冲击下的现象, 选取其中直接崩断的熔断器, 用万能拉伸机对其进行拉伸实验, 得出每根熔断器的最大崩断力. 最后得出不同工频熔化电流熔断器的实验数据如表 6.5 所示.

表 6.5 不同工频熔化电流熔断器实验数据

工频熔化电流/A	熔断器为 3cm 的冲击电流/kA	熔断器为 5cm 的冲击电流/kA	最大崩断力/N
3	4.26	4.20	—
5	8.50	8.33	3.58
10	15.33	15.0	6.38
15	29.18	24.78	18.22
20	39.26	38.32	20.86
25	46.84	46.35	31.32
30	67.16	66.84	41.45
45	104.05	103.5	58.26
60	117.36	115.2	72.65
70	149.2	147.6	87.26

2) 实验过程及结果分析

(1) 熔断器熔断现象分析.

图 6.47(a)所示为两台 ICGS 雷电冲击平台, 其中小平台可产生 4~40kA 的 8/20μs 雷电冲击电流, 大平台可产生 20~160kA 的 8/20μs 雷电冲击电流. 首先用小平台对工频熔化电流为 3A, 长度为 5cm 的熔断器做冲击试验, 当熔断器用冲击电流为 4kA 冲击时, 熔断器没有熔(断裂)的迹象, 其雷电冲击电流如图 6.48(a)所示, 直至冲击电流加到 4.26kA 时, 熔断器熔成如图 6.47(b)所示, 熔断器上通过的雷电流波形如图 6.48(b)所示. 长度为 3cm, 工频熔化电流为 3A 的熔断器的熔化电流 4.20kA, 从理论上分析, 熔断器的熔断电流值与电阻值呈正相关, 而不同长度、同一工频熔化电流的熔断器, 长度越长, 电阻值越大, 即不同长度熔断器的熔化电流符合此定律. 在很大的雷电流作用下, 熔断器的动作时间是极其短的, 通常只占几个毫秒甚至更短. 熔断器的动作与雷电流的波形以及短路瞬间的电压相位等因素有关, 在这些场合下, 除已知预期雷电流的值外, 还得确定其波形才能估计其动作时间. 利用 I^2t 的值就正比于所消耗的能量进行计算.

(a) ICGS冲击平台

(b) 熔断器熔断典型图

(c) 熔断器断为多段典型图

(d) 熔断器崩断临界点典型图

图 6.47　熔断器的 8/20μs 雷电流冲击试验典型图

(2) 熔断器崩断现象分析.

当工频熔化电流为 5A 的熔断器继续进行冲击试验时, 无论长度为 3cm 还是 5cm 的熔断器, 冲击电流从小到大变化时, 熔断器将不会产生熔断现象, 3cm 长的熔断器, 通过的雷电流达到电流崩断临界值时的冲击电流如图 6.48(c) 所示, 此时熔断器受到质动力(机械力)F 而直接崩断. 当在 3cm 长熔断器所加的电流超过其电流崩断临界值时, 即图 6.48(d) 所示的雷电流, 熔断器断成图 6.47(c) 所示的情形. 同样, 随着对工频熔化电流更大的熔断器进行试验时, 熔断器都是直接崩断, 并没有明显熔的迹象. 如图 6.47(d) 所示为试验中熔断器两端所加冲击电流值达电流崩断临界值时的实验图, 此为在大平台下做的冲击试验, 图中熔断器的工频熔化电流为 25A, 长度为 5cm, 在冲击电流为 45.93kA、46.72kA 时, 熔断器完好无损, 当冲击电流增至 46.84kA 时, 熔断器从中间崩断, 如图 6.47(d) 所示. 这种现象符合质动力的理论.

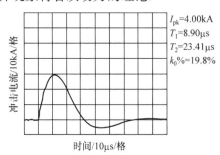

(a) 工频熔化电流为3A熔断器未熔雷电流冲击图

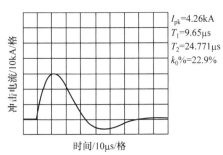

(b) 工频熔化电流为3A熔断器熔化电流临界值冲击图

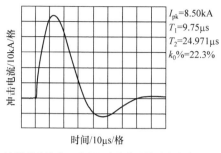

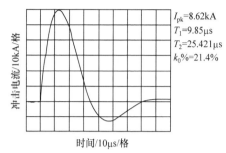

(c) 工频熔化电流为5A熔断器电流临界值雷电流冲击图　　(d) 工频熔化电流为5A熔断器断成多截雷电流冲击图

图 6.48　熔断器雷电流冲击试验图

将不同工频熔化电流的熔断器的崩断电流临界值绘成如图 6.49 所示曲线图,其中实测曲线为实测数据的散点曲线,图 6.49(a)中拟合曲线的公式为

$$y = 2.1843x - 3.3515 \tag{6-25}$$

其相关指数 R^2 为 0.9889,式中,x 为安全电流(A),y 为冲击电流(kA). 图 6.49(b)中拟合曲线的公式为

$$y = 2.1576x - 3.729 \tag{6-26}$$

其相关指数 R^2 为 0.9869,式中,x 为安全电流(A),y 为冲击电流(kA). 两条拟合曲线的相关指数都非常接近于 1,故都是合理的. 从曲线的走势及各散点值可得,对于不同工频熔化电流的熔断器,熔断器的长度对崩断电流临界值的大小影响不大;熔断器的工频熔化电流与其崩断电流临界值呈正相关.

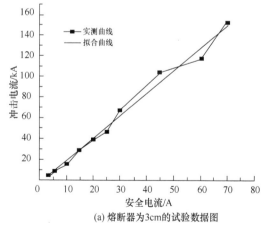

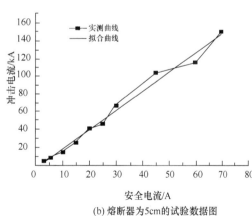

(a) 熔断器为3cm的试验数据图　　　　　　　(b) 熔断器为5cm的试验数据图

图 6.49　不同工频熔化电流熔断器的熔化(崩断)电流临界值

根据熔断器在通过雷电流后崩断的现象符合横向电场力以及全部定向漂移电子对其所施的反作用力矢量和为质动力的理论,由万能拉伸机所测得的熔断器最大崩断力得如图 6.50 所示的数据曲线,其中拟合曲线的公式为

$$y = 1.2988x - 2.63 \tag{6-27}$$

其相关指数 R^2 为 0.9905，式中，x 为安全电流(A)，y 为最小崩断力(N)，故所得公式为合理的. 由曲线可得：熔断器的工频熔化电流与其所受的质动力呈正相关. 这正解释了随着加在熔断器两端的雷电冲击电流越大，熔断器崩断的越严重的现象.

综上所述，可根据电涌保护器的最大冲击电流值(I_{max})选取熔断器的崩断电流临界值与之配合，即依据式(6-25)、式(6-26)选取熔断器，保证熔断器的崩断电流临界值略小于电涌保护器的 I_{max}.

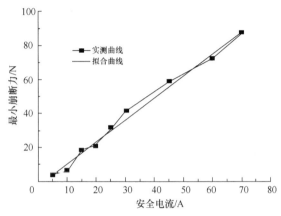

图 6.50　熔断器最大崩断力曲线

6.3.2.3　结　论

针对实际中电涌保护器与断路保护装置配合使用的诸多弊端，本章通过对一种铅铝合金材质熔断器进行 8/20μs 雷电流冲击试验，找出不同工频熔化电流熔断器的熔化(崩断)电流临界值，得出以下结论：

(1) 雷电流通过熔断器时，对于不同工频熔化电流的熔断器，熔断器并不是都会直接熔化，当工频熔化电流大时，熔断器将会发生崩断的现象；

(2) 熔断器在 8/20μs 波形雷电流冲击下，当熔断器的工频熔化电流在 3A 以下时，符合熔断器的允通能量 I^2t 的理论；

(3) 熔断器在 8/20μs 波形雷电流冲击下，当熔断器的工频熔化电流在 5A 以上时，符合横向电场力以及全部定向漂移电子对其所施的反作用力矢量和为质动力的理论；

(4) 对于不同长度的熔断器，其熔化(崩断)电流临界值变化不大，且熔断器的工频熔化电流与其熔化(崩断)电流临界值、质动力呈正相关.

参 考 文 献

[1] 李祥超, 陈则煌, 周中山, 等. 限压型电涌保护器在不同条件下劣化性能的分析[J]. 电器与能效管理技术, 2014, 14: 12–17+61.

[2] 何金良, 刘俊, 胡军, 等. 电力系统避雷器用 ZnO 压敏电阻研究进展[J]. 高电压技术, 2011, 37(3): 634-643.

[3] Yan X L, Wen Y F, Yi X Y. Study on the resistive leakage current characteristic of MOV surge arresters [J]. IEEE Transmission and Distribution Conference and Exhibition 2002: Asia Pacific IEEE/PES, 2002, 2:

683-687.

[4] EDA K. Conduction mechanism of non-ohmic zinc oxide ceramics [J]. J Appl Phys, 1978, 49(5): 2964-2972.

[5] 何金良, 曾嵘, 陈水明.输电线路雷电防护技术研究(三): 防护措施[J]. 高电压技术, 2009, 12: 2917-2923.

[6] 邢增梓, 侯安校. 低压配电系统电源过电压保护器能量配合分析[J]. 气象研究与应用, 2008, (02): 60-62.

[7] 陈军, 肖稳安, 韩秀榕. 两级雷击电涌保护器配合的过电流和过电压变化特征[J]. 南京气象学院学报, 2008, 31(5): 744-748.

[8] 陈志清, 谢恒堃.氧化锌压敏陶瓷及其在电力系统中的应用[M]. 北京: 水利电力出版社, 1992: 149-152.

[9] Fujiware Y, Shibuya Y, Imataki M. Evaluation of surge degradation of metal oxide surge arrester [J]. IEEE Trans.on PAS, 1982, 101(4): 978-985.

[10] Pflanz H M, Acree J A, Schaffer J S. Development and testing of power assisted current limiting fuses to 600 Amperes and 38 kV [J]. IEEE Transactions on Power Delivery, 1988, 3(2): 619-626.

[11] 梅卫群, 江燕如. 建筑防雷工程与设计[M]. 北京: 气象出版社, 2006: 396.

第七章 信号线路雷电电磁脉冲的抑制

7.1 信号电涌保护器电路结构分析[1]

过电压通过通信线缆传输到设备终端,造成设备端口的损坏,导致通信中断.所以在设备前安装电涌保护器对过电压进行抑制是很有必要的.

根据 SPD 的设计原理及信号传输特性参数的特点,采用多级防护的设计方法,设计信号 SPD,根据信号传输的特点及标准接口协议,信号传输方式可分为平衡传输方式和非平衡传输方式,所以信号 SPD 可分为平衡信号 SPD 和非平衡信号 SPD,并对信号 SPD进行冲击试验.在试验中选用不同阻值的退耦元件和不同直流击穿电压的箝位元件进行冲击试验,分析残压和通流分别随退耦元件阻值变化及随箝位元件直流电压变化的规律,及随着冲击电压变化的规律,同时分析第一级保护的残压与通流随着冲击电压变化的规律,对信号 SPD 在防雷中的应用有一定的参考价值.

7.1.1 平衡信号电涌保护器电路结构分析

7.1.1.1 平衡信号电涌保护器理论分析

平衡信号电涌保护器结构如图 7.1 所示.第一级保护的结构是由一个三极气体放电管(GDT)组成使雷电波能量对地释放电路;电阻(R)构成退耦电路;其第二级保护的结构是由瞬态抑制二极管(transient voltage suppressor, TVS)组成的线间箝位电路组成的.其工作过程是:输入端为雷电波入侵的端口,当雷电波从输入端进入电涌保护器时,GDT 首先将雷电波的能量对大地进行释放,并将雷电过电压的值限制在一定的幅值范围,残余的能量经退耦电阻 R 加到线间箝位器件 TVS 上,将线间电压限制在网络设备端口能够承受的电压范围.

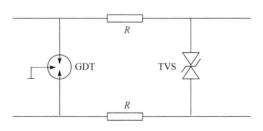

图 7.1　平衡信号电涌保护器结构图

在实际应用中，为减少电路中分布电容，退耦元件选为由 TVS 构成的桥电路. 实践应用电路原理图如图 7.2 所示.

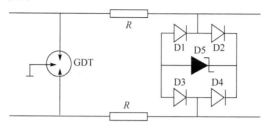

图 7.2　平衡信号电涌保护器实践应用电路原理图

7.1.1.2　试验模型

根据 IEC61643-21：2012《低压 SPD 第 21 部分：电信和信号网络电涌保护器性能要求和试验方法》中的规定，使用 8/20μs 组合发生器对信号 SPD 进行冲击试验. 试验原理图如图 7.3 所示，其中平衡信号 SPD 中气体放电管的直流击穿电压为 230V，电阻值为 2Ω，TVS 的动作电压为 6.8V，并使用 TDS 2022B 型示波器采集存储 SPD 两端的电压及电流波形. 试验中，冲击电压为 0.2～5.0kV，以 0.2kV 为步长，对 SPD 进行冲击试验. 同时为了研究退耦元件及箝位元件选值对 SPD 的影响，分别选用阻值为 5Ω、10Ω 的电阻及直流电压分别为 2V、24V、51V 的 TVS 制作 SPD，重复进行上述试验.

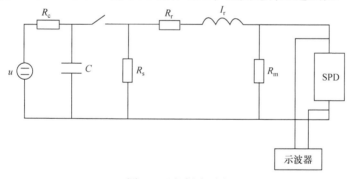

图 7.3　试验原理图

u：高压电源；R_c：充电电阻；R_s：脉冲持续形成电阻；R_m：阻抗匹配电阻；C：储能电容；I_r：上升时间形成电感

7.1.1.3　平衡信号 SPD 第一级试验数据分析

试验过程，对第一级保护(气体放电管)进行冲击试验，冲击电压为 0.2～5.0kV，0.2kV 为步长，使用示波器记录气体放电管的残压与通流. 在试验过程中，气体放电管开始动作时的冲击电压为 0.8kV，当冲击电压小于此电压时，波形为 1.2/50μs 的开路电压波形. 如图 7.4 所示，其中图 7.4(a)为冲击电压为 0.8kV 时的残压与通流波形图，图 7.4(b)为 2.2kV 作用下残压与通流波形图. 在图 7.4(a)中，残压约为 100V，通流约为 300A；在前部约 4μs 的时间里气体放电管未导通，存在延迟；在图 7.4(b)中，残压约为 130V，通流约为 450A. 对比图 7.4(a)、(b)，随着冲击电压增大，气体放电管的延迟时间是不断减少的.

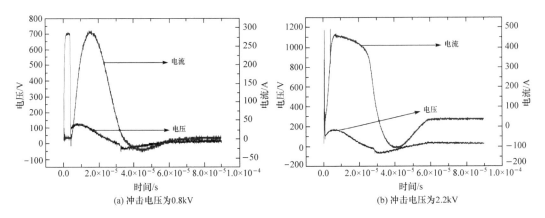

(a) 冲击电压为0.8kV　　　　　　　　　(b) 冲击电压为2.2kV

图 7.4　第一级(气体放电管试验)波形图

图 7.5 为气体放电管的残压与通流曲线图，残压与通流随着冲击电压的增大而不断增大，其中，残压的范围为 100～200V，通流的范围为 290～540A.

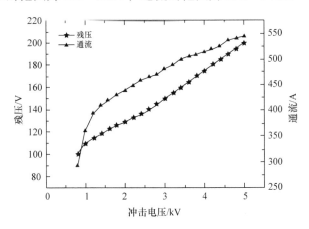

图 7.5　气体放电管残压与通流曲线

7.1.1.4 平衡信号 SPD 第二级试验波形分析

在每一组冲击过程中，平衡信号 SPD 的状态变化过程是一致的，开始时只有 TVS 导通，随着冲击电压不断增大，气体放电管也开始动作，但是其动作的冲击电压可能不同，同时，残压与通流波形特征是一样的，只是幅值不同. 所以，本章选用由 10Ω 的退耦电阻和 24V 的 TVS 构成的信号 SPD 残压通流图形进行分析.

在冲击过程中，开始仅有 TVS 导通，此时为 SPD 的盲区，随着冲击电压增大，气体放电管开始动作，盲区消失. 平衡信号 SPD 残压通流波形图如图 7.6 所示，其中(a)、(b)分别表示冲击电压为 0.6kV、0.8kV 下平衡 SPD 的残压通流图，在 0.6kV 冲击下时，平衡信号 SPD 残压约为 33V，通流约为 4.2A；此时仅有 TVS 处于导通状态，箝位元件 TVS 把电压箝位到一个较低的值的时间较长，但通流较低；在 0.8kV 的冲击下时，气体放电管开始动作，平衡信号 SPD 的残压约为 36V，通流约为 5A，此时，通流迅速增大，气体放电管的导通对快速释放雷电能量起着重要的作用，同时，在 TVS 的作用下，把电压箝位到一个较低的值，从而对设备有了一个很好的保护作用.

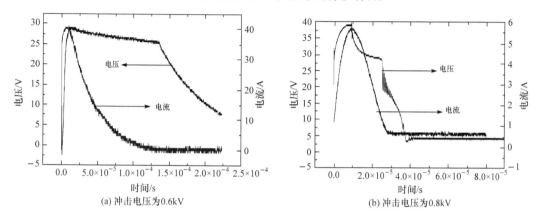

(a) 冲击电压为0.6kV　　　　　　　　　(b) 冲击电压为0.8kV

图 7.6　平衡信号 SPD 试验波形图

7.1.1.5　平衡信号 SPD 第二级保护的残压分析

平衡信号 SPD 残压波形图如 7.7 所示，在 2Ω 作用下时，气体放电管开始动作时的冲击电压为 1.2kV，在 5Ω 和 10Ω 作用下时，其冲击电压分别为 1kV、0.8kV. 增大退耦电阻可以使气体放电管在相对更小的冲击电压作用开始动作，从而可以减少 SPD 的盲区范围.

在图 7.7 中，同一冲击电压下，残压随着 TVS 的直流击穿电压的增大而增大；平衡信号中，开始时残压随着冲击电压的增大而增大，然后随着冲击电压增大而减小，最后残压随着冲击电压增大而缓慢增大. 其原因是，当冲击电压较小时，气体放电管处于一个辉光放电阶段，但是随着冲击电压不断增大，气体放电管进入弧光放电阶段；表 7.1 中也呈现类似规律，其中表 7.1 分别为退耦电阻为 5Ω、10Ω 的平衡信号 SPD 残压.

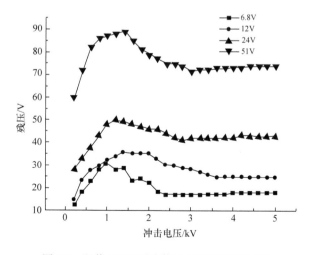

图 7.7　阻值 2Ω 下平衡信号 SPD 残压波形图

表 7.1　阻值 5Ω、10Ω 下平衡信号 SPD 残压

冲击电压 /kV	$U_{(TVS)6.8V(5Ω)}$ /V	$U_{(TVS)12V(5Ω)}$ /V	$U_{(TVS)24V(5Ω)}$ /V	$U_{(TVS)51V(5Ω)}$ /V	$U_{(TVS)6.8V(10Ω)}$ /V	$U_{(TVS)12V(10Ω)}$ /V	$U_{(TVS)24V(10Ω)}$ /V	$U_{(TVS)51V(10Ω)}$ /V
0.2	10.0	15.0	28.0	58.0	9.0	15.0	27.0	56.0
0.4	13.5	19.0	30.0	62.0	12.0	17.5	30.0	61.0
0.6	17.0	22.0	35.0	72.0	14.0	20.0	33.0	66.0
0.8	20.0	27.0	40.0	81.0	16.5	23.0	36.0	72.0
1.0	20.0	28.0	42.0	84.0	18.0	24.0	37.0	74.0
1.2	22.0	29.0	41.0	85.0	19.0	24.5	37.0	69.0
1.4	21.0	27.0	40.0	79.0	19.5	21.0	35.0	68.0
1.6	18.0	26.0	38.0	75.0	10.0	17.0	35.0	58.0
1.8	17.0	26.0	38.0	73.0	10.0	16.5	28.0	58.0
2.0	16.0	26.0	37.0	73.0	10.5	17.0	28.0	57.0
2.2	15.5	26.0	36.0	72.0	10.5	17.0	29.0	57.0
2.4	15.0	24.0	36.0	72.0	11.0	17.0	28.0	57.0
2.6	15.0	23.0	30.0	60.0	11.0	17.0	29.0	58.0
2.8	14.5	19.0	30.0	60.0	11.0	17.5	29.0	58.0
3.0	14.5	19.0	30.0	60.0	11.0	17.5	29.0	59.0
3.2	14.5	19.0	30.0	61.0	11.5	17.5	29.0	59.0
3.4	14.5	19.0	30.0	61.0	11.5	17.5	29.0	59.0
3.6	13.5	19.0	31.0	61.0	11.5	17.5	29.0	59.0
3.8	13.5	19.0	31.5	61.0	12.0	18.0	29.0	59.0
4.0	14	19.0	32.0	62.0	12.0	18.0	29.0	59.0
4.2	14.5	19.5	32.0	62.0	12.5	18.0	29.0	59.0
4.4	14.5	19.5	32.0	62.0	12.5	17.5	30.0	59.0
4.6	15.0	20.0	33.0	62.0	12.5	18.0	30.0	59.5
4.8	15.0	20.0	33.0	63.0	13.0	18.0	30.0	59.5
5.0	15.0	20.0	33.0	63.0	13.0	18.0	30.0	59.5

　　图 7.8 为不同阻值的退耦元件与同一 TVS 组合下的残压，TVS 的直流放电电压为 6.8V. 在图 7.8 中，同一冲击电压下，残压随着退耦元件阻值增大而减小，从而可以得到增大退耦阻值有助于减少箝位元件的残压. 当 TVS 的直流击穿电压为 12V、24V、51V 时，同样呈现上述规律.

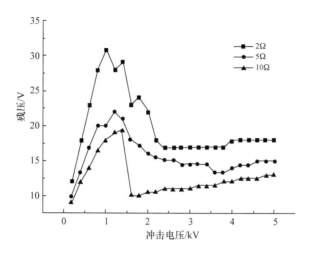

图 7.8　TVS 为 6.8V 平衡信号 SPD 的残压

7.1.1.6　平衡信号 SPD 第二级保护的通流分析

通流波形如图 7.9 所示，通流随着冲击电压的增大而增大；在仅有 TVS 动作时，同一冲击电压下，TVS 直流击穿电压小的通流比直流击穿电压大的；当气体放电管一但开始动作时，通流迅速增大，对主能量进行释放，气体放电管动作之后，同一冲击电压下，不同直流击穿电压的通流大致是相等的. 其原因是：当气体放电管动作之后，主能量主要被气体放电管释放，第二级保护电路所释放的较少，通过计算，表 7.2 中通流的变化同样呈现上述规律. 如表 7.2 所示，退耦电阻分别为 5Ω、10Ω 下平衡信号 SPD 的通流.

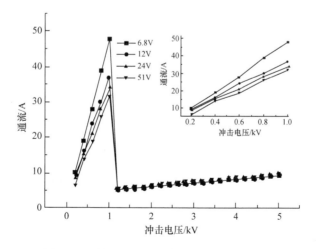

图 7.9　阻值为 2Ω 平衡信号 SPD 通流波形图

表 7.2 阻值为 5Ω、10Ω 平衡信号 SPD 通流

冲击电压 /kV	$I_{(TVS)6.8V(5\Omega)}$ /A	$I_{(TVS)12V(5\Omega)}$ /A	$I_{(TVS)24V(5\Omega)}$ /A	$I_{(TVS)51V(5\Omega)}$ /A	$I_{(TVS)6.8V(10\Omega)}$ /A	$I_{(TVS)12V(10\Omega)}$ /A	$I_{(TVS)24V(10\Omega)}$ /A	$I_{(TVS)51V(10\Omega)}$ /A
0.2	3.8	3.0	2.9	2.0	1.2	1.1	1.1	1.0
0.4	6.4	7.0	6.0	5.6	2.6	2.4	2.2	2.4
0.6	9.8	9.7	9.6	9.0	3.7	4.0	4.1	3.6
0.8	13.0	14.0	13.5	12.5	1.6	1.6	1.6	1.5
1.0	2.2	2.3	2.2	2.2	1.7	1.7	1.7	1.7
1.2	2.4	2.4	2.4	2.4	1.9	1.8	1.8	1.9
1.4	2.5	2.5	2.5	2.5	2.0	1.9	1.9	2.0
1.6	2.6	2.6	2.6	2.6	2.0	2.0	2.0	2.0
1.8	2.7	2.7	2.7	2.7	2.1	2.1	2.1	2.1
2.0	2.9	2.8	2.8	2.8	2.2	2.2	2.2	2.2
2.2	3.0	2.9	2.9	2.9	2.3	2.3	2.3	2.3
2.4	3.1	3.1	3.1	3.1	2.4	2.4	2.4	2.4
2.6	3.2	3.2	3.2	3.2	2.5	2.5	2.5	2.5
2.8	3.3	3.3	3.3	3.3	2.6	2.6	2.6	2.6
3.0	3.4	3.4	3.4	3.4	2.7	2.6	2.7	2.7
3.2	3.5	3.5	3.5	3.5	2.7	2.7	2.8	2.7
3.4	3.6	3.6	3.6	3.6	2.8	2.8	2.8	2.8
3.6	3.7	3.7	3.7	3.7	2.9	2.9	2.9	2.9
3.8	3.8	3.8	3.8	3.8	3.0	3.0	3.0	3.0
4.0	3.9	3.9	3.9	3.9	3.1	3.1	3.1	3.1
4.2	4.0	4.0	4.0	4.0	3.2	3.2	3.2	3.2
4.4	4.1	4.1	4.1	4.1	3.3	3.3	3.3	3.3
4.6	4.2	4.2	4.2	4.2	3.3	3.3	3.3	3.3
4.8	4.3	4.3	4.3	4.3	3.4	3.4	3.4	3.4
5.0	4.4	4.4	4.4	4.4	3.5	3.5	3.5	3.5

图 7.10 为不同阻值的退耦元件与同一 TVS 组合下的通流. 在仅有 TVS 作用时, 同一冲击电压下, 通流随退耦阻值的增大而减小, 其原因是退耦阻值变大时, 整个回路的电阻也会增大, 从而减小了回路的电流. 当气体放电管动作之后, 不同退耦阻值的通流大致是相等的. 当 TVS 的直流击穿电压为 12V、24V、51V 时, 同样呈现上述规律. 因此, 增大退耦阻值有助于减少通流.

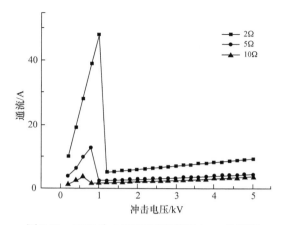

图 7.10　TVS 为 6.8V 下平衡信号 SPD 的通流

7.1.1.7　结论

通过对平衡信号 SPD 设计及试验分析，得出下列结论：

在平衡信号 SPD 测试中，在开始冲击电压作用下，只有 TVS 动作，SPD 存在盲区，TVS 可以把残压限制得很低，但是通流较小；随着电压冲击增大，气体放电管开始动作，此时的 SPD 能够快速释放雷电流，并且把电压限制在设备端口能够承受的电压范围.

在试验中，平衡信号的残压随着充电增大是先增大，随后减小，最后趋于稳定增；同时，信号 SPD 的残压随着 TVS 的直流击穿电压的增大而增大，随着退耦元件阻值增大而减小.

冲击过程中，信号 SPD 的通流随着冲击电压的增大而增大；当仅有 TVS 动作时，通流随退耦元件阻值增大而减小，随着箝位元件值增大而减小，当气体放电管动作时，通流从几十安迅速下降到几安. 此后，通流受退耦元件值及箝位元件阻值的影响很小.

7.1.2　非信号电涌保护器(SPD)电路结构分析

7.1.2.1　非平衡信号电涌保护器理论分析

非平衡信号电涌保护器结构如图 7.11 所示. 第一级保护的结构是由一个三极气体放电管(GDT)组成使雷电波能量对地释放电路；电阻(R)构成退耦电路；其第二级保护的结构由 TVS 组成的线间箝位电路组成. 其工作过程是：输入端为雷电波入侵的端口，当雷

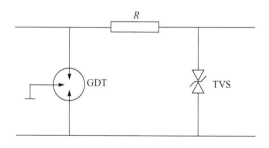

图 7.11　非平衡信号电涌保护器结构原理图

电波从输入端进入电涌保护器时, GDT 首先将雷电波的能量对大地进行释放, 并将雷电过电压的值限制在一定的幅值范围, 残余的能量经退耦电阻 R 加到线间箝位器件 TVS 上, 将线间电压限制在网络设备端口能够承受的电压范围.

在实际应用中, 为减少电路中分布电容, 退耦元件选为由 TVS 构成的桥电路. 实际应用电路原理图如图 7.12 所示.

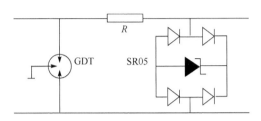

图 7.12　非平衡信号电涌保护器实践应用电路原理图

7.1.2.2　试验模型

根据 IEC61643-21: 2012《低压 SPD 第 21 部分: 电信和信号网络电涌保护器性能要求和试验方法》中的规定, 使用 8/20μs 组合发生器对非平衡信号 SPD 进行冲击试验. 试验原理图如图 7.13 所示, 其中非平衡信号 SPD 中气体放电管的直流击穿电压为 230V, 电阻值为 2Ω, TVS 的动作电压为 6.8V, 并使用 TDS 2022B 型示波器采集存储 SPD 两端的电压及电流波形. 试验中, 冲击电压为 0.2～5.0kV, 以 0.2kV 为步长, 对 SPD 进行冲击试验. 同时为了研究退耦元件及箝位元件选值对 SPD 的影响, 分别选用阻值为 5Ω、10Ω 的电阻及直流电压分别为 12V、24V、51V 的 TVS 制作 SPD, 重复进行上述试验.

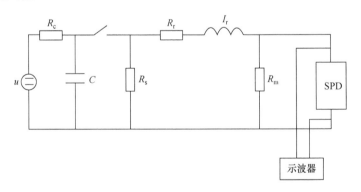

图 7.13　试验原理图

u: 高压电流; R_c: 充电电阻; R_s: 脉冲持续形成电阻; R_m: 阻抗匹配电阻; C: 储能电容; I_r: 上升时间形成电感

7.1.2.3　非平衡信号 SPD 第一级试验数据分析

非平衡信号 SPD 的第一级试验数据变化规律如图 7.14 和图 7.15 所示, 其规律与平衡信号 SPD 相似, 在此不再详细分析.

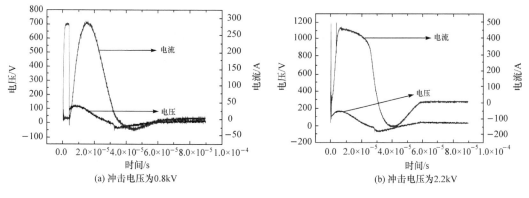

(a) 冲击电压为0.8kV　　　　　　　　　(b) 冲击电压为2.2kV

图 7.14　第一级(气体放电管试验)波形图

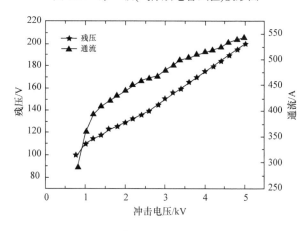

图 7.15　气体放电管残压与通流曲线

7.1.2.4　非平衡信号 SPD 第二级保护试验波形分析

在每一组冲击过程中, 非平衡信号 SPD 的状态变化过程是一致的, 开始时只有 TVS 导通, 随着冲击电压不断增大, 气体放电管也开始动作, 但是其动作的冲击电压可能不同, 同时, 残压与通流波形特征是一样的, 只是幅值不同. 所以, 本章选用由 10Ω 的退耦电阻和 24V 的 TVS 构成的非平衡信号 SPD 残压通流图形进行分析.

在冲击过程中, 开始仅有 TVS 导通, 此时为 SPD 的盲区, 随着冲击电压增大, 气体放电管开始动作, 盲区消失. 信号 SPD 残压通流波形图如图 7.16 所示, 其中(a)、(b) 分别表示冲击电压为 0.6kV、0.8kV 下的残压通流图. 在 0.6kV 冲击下时, 非平衡信号 SPD 残压约为 30V, 通流约为 40A, 此时仅有 TVS 处于导通状态, 箝位元件 TVS 把电压箝位到一个较低值的时间较长, 但通流较低; 在 0.8kV 的冲击下时, 气体放电管开始动作, 非平衡信号 SPD 的残压约为 31V, 通流约为 10A; 此时, 通流迅速增大, 气体放电管的导通对快速释放雷电能量起着重要的作用, 同时, 在 TVS 的作用下, 把电压箝位到一个较低的值, 从而对设备有了一个很好的保护作用.

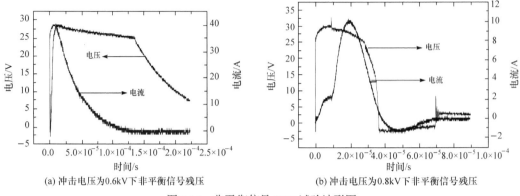

(a) 冲击电压为0.6kV下非平衡信号残压　　　　(b) 冲击电压为0.8kV下非平衡信号残压

图 7.16　非平衡信号 SPD 试验波形图

7.1.2.5　非平衡信号 SPD 第二级保护残压分析

残压波形图如 7.17 所示，在 2Ω 作用下时，气体放电管开始动作时的冲击电压为 1.2kV，在 5Ω 和 10Ω 作用下，其分别为 1kV、0.8kV. 增大退耦电阻可以使气体放电管在相对更小的冲击电压作用下开始动作，从而可以减少 SPD 的盲区范围.

在图 7.17 中，同一冲击电压下，残压随着 TVS 的直流击穿电压的增大而增大；非平衡信号中，残压随着冲击电压的增大而增大，表 7.3 中也呈现类似规律，其中表 7.3 分别为退耦电阻阻值为 5Ω、10Ω 的残压.

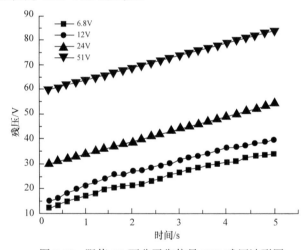

图 7.17　阻值 2Ω 下非平衡信号 SPD 残压波形图

表 7.3　阻值 5Ω、10Ω 下非平衡信号 SPD 残压

冲击电压 /kV	$U_{(TVS)6.8V(5\Omega)}$ /V	$U_{(TVS)12V(5\Omega)}$ /V	$U_{(TVS)24V(5\Omega)}$ /V	$U_{(TVS)51V(5\Omega)}$ /V	$U_{(TVS)6.8V(10\Omega)}$ /V	$U_{(TVS)12V(10\Omega)}$ /V	$U_{(TVS)24V(10\Omega)}$ /V	$U_{(TVS)51V(10\Omega)}$ /V
0.2	10.9	14.5	29.0	59.0	7.8	13.0	27.0	58.0
0.4	11.0	15.5	30.5	59.5	8.4	14.0	29.0	58.8
0.6	11.5	16.5	31.5	60.0	9.0	14.5	30.0	59.6

续表

冲击电压/kV	$U_{(TVS)6.8V(5\Omega)}$/V	$U_{(TVS)12V(5\Omega)}$/V	$U_{(TVS)24V(5\Omega)}$/V	$U_{(TVS)51V(5\Omega)}$/V	$U_{(TVS)6.8V(10\Omega)}$/V	$U_{(TVS)12V(10\Omega)}$/V	$U_{(TVS)24V(10\Omega)}$/V	$U_{(TVS)51V(10\Omega)}$/V
0.8	12.5	17.5	32.0	61.0	11.0	16.0	31.0	60.4
1.0	13.5	19.5	33.5	61.5	11.5	17.0	31.5	61.2
1.2	14.5	21.0	34.0	62.0	12.0	18.5	32.0	61.8
1.4	16.5	23.0	35.5	63.0	12.5	20.5	33.0	62.8
1.6	18.0	24.0	36.0	64.0	14.5	21.5	34.0	63.6
1.8	19.0	25.0	37.0	65.0	15.5	22.5	34.5	64.4
2.0	20.5	26.0	38.0	66.0	16.5	23.0	36.0	65.2
2.2	21.0	27.0	39.0	67.0	17.5	24.0	37.0	66.0
2.4	22.0	28.0	40.5	68.0	18.5	25.5	38.0	66.8
2.6	23.0	29.0	41.5	69.0	19.5	26.5	39.0	67.6
2.8	24.0	30.0	42.0	70.0	20.5	27.5	40.0	68.4
3.0	25.5	31.0	43.0	71.0	21.5	28.0	41.0	69.2
3.2	27.0	32.0	44.0	72.0	22.5	29.0	42.0	70.0
3.4	28.0	32.5	45.0	73.0	23.5	30.5	43.0	70.8
3.6	28.4	33.0	46.0	74.0	24.5	31.5	44.0	71.6
3.8	28.8	34.0	47.0	75.0	25.0	32.0	45.0	72.4
4.0	29.7	35.0	48.0	75.5	26.0	33.0	45.5	73.2
4.2	30.1	35.5	49.0	76.0	26.5	34.0	46.0	74.0
4.4	30.5	36.0	50.0	77.0	27.0	34.5	47.0	74.8
4.6	30.9	36.5	51.0	79.0	28.0	34.5	47.5	75.6
4.8	31.8	37.0	52.0	79.5	28.5	35.5	48.0	76.4
5.0	32.2	37.5	53.0	80.0	29.0	36.5	49.0	77.2

图 7.18 为不同阻值的退耦元件与同一 TVS 组合下的残压. 在图 7.18 中, 同一冲击电压下, 残压随着退耦元件阻值增大而减小, 从而可以得到增大退耦阻值有助于减少箝位元件的残压. 当 TVS 的直流击穿电压为 12V、24V、51V 时同样呈现上述规律.

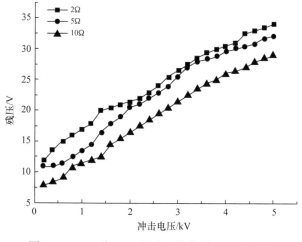

图 7.18 TVS 为 6.8V 下非平衡信号 SPD 的残压

7.1.2.6 非平衡信号 SPD 第二级保护通流分析

通流波形如图 7.19 所示，变化规律与平衡信号 SPD 的通流变化规律一致，在此不再详细阐述. 如表 7.4 所示，阻值分别为 5Ω、10Ω 下非平衡信号 SPD 的通流.

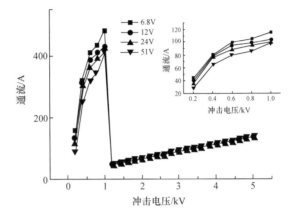

图 7.19　阻值为 2Ω 非平衡信号 SPD 通流

表 7.4　阻值为 5Ω、10Ω 非平衡信号 SPD 通流

冲击电压 /kV	$I_{(TVS)6.8V(5\Omega)}$ /V	$I_{(TVS)12V(5\Omega)}$ /V	$I_{(TVS)24V(5\Omega)}$ /V	$I_{(TVS)51V(5\Omega)}$ /V	$I_{(TVS)6.8V(10\Omega)}$ /V	$I_{(TVS)12V(10\Omega)}$ /V	$I_{(TVS)24V(10\Omega)}$ /V	$I_{(TVS)51V(10\Omega)}$ /V
0.2	3.8	3.0	2.9	2.0	1.2	1.1	1.1	1.0
0.4	6.4	7.0	6.0	5.6	2.6	2.4	2.2	2.4
0.6	9.8	9.7	9.6	9.0	3.7	4.0	4.1	3.6
0.8	13.0	14.0	13.5	12.5	1.6	1.6	1.6	1.5
1.0	2.2	2.3	2.2	2.2	1.7	1.7	1.7	1.7
1.2	2.4	2.4	2.4	2.4	1.9	1.8	1.8	1.9
1.4	2.5	2.5	2.5	2.5	2.0	1.9	1.9	2.0
1.6	2.6	2.6	2.6	2.6	2.0	2.0	2.0	2.0
1.8	2.7	2.7	2.7	2.7	2.1	2.1	2.1	2.1
2.0	2.9	2.8	2.8	2.8	2.2	2.2	2.2	2.2
2.2	3.0	2.9	2.9	2.9	2.3	2.3	2.3	2.3
2.4	3.1	3.1	3.1	3.1	2.4	2.4	2.4	2.4
2.6	3.2	3.2	3.2	3.2	2.5	2.5	2.5	2.5
2.8	3.3	3.3	3.3	3.3	2.6	2.6	2.6	2.6
3.0	3.4	3.4	3.4	3.4	2.7	2.6	2.7	2.7
3.2	3.5	3.5	3.5	3.5	2.7	2.7	2.8	2.7

续表

冲击电压 /kV	$I_{(TVS)6.8V(5\Omega)}$ /V	$I_{(TVS)12V(5\Omega)}$ /V	$I_{(TVS)24V(5\Omega)}$ /V	$I_{(TVS)51V(5\Omega)}$ /V	$I_{(TVS)6.8V(10\Omega)}$ /V	$I_{(TVS)12V(10\Omega)}$ /V	$I_{(TVS)24V(10\Omega)}$ /V	$I_{(TVS)51V(10\Omega)}$ /V
3.4	3.6	3.6	3.6	3.6	2.8	2.8	2.8	2.8
3.6	3.7	3.7	3.7	3.7	2.9	2.9	2.9	2.9
3.8	3.8	3.8	3.8	3.8	3.0	3.0	3.0	3.0
4.0	3.9	3.9	3.9	3.9	3.1	3.1	3.1	3.1
4.2	4.0	4.0	4.0	4.0	3.2	3.2	3.2	3.2
4.4	4.1	4.1	4.1	4.1	3.3	3.3	3.3	3.3
4.6	4.2	4.2	4.2	4.2	3.3	3.3	3.3	3.3
4.8	4.3	4.3	4.3	4.3	3.4	3.4	3.4	3.4
5.0	4.4	4.4	4.4	4.4	3.5	3.5	3.5	3.5

图 7.20 为不同阻值的退耦元件与同一 TVS 组合下的通流. 变化规律与平衡信号 SPD 的通流变化规律一致，在此不再详细阐述.

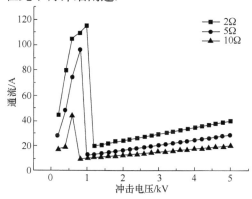

图 7.20　TVS 为 6.8V 下非平衡信号 SPD 的通流曲线

7.1.2.7　结论

通过对号非平衡信号 SPD 设计及试验分析，得出下列结论:

在非平衡信号 SPD 测试中，在开始冲击电压作用下，只有 TVS 动作，SPD 存在盲区，TVS 可以把残压限制很低，但是通流较小；随着电压冲击增大，气体放电管开始动作，此时的 SPD 能够快速释放雷电流，并且把电压限制在设备端口能够承受的电压范围. 同时，非平衡信号 SPD 的残压随着冲击电压的增大而增大.

冲击过程中，非平衡信号 SPD 的通流随冲击电压的增大而增大；当仅有 TVS 动作时，通流随退耦元件阻值增大而减小，随着箝位元件值增大而减小，当气体放电管动作时，通流从几十安迅速下降到几安. 此后，通流受退耦元件值及箝位元件阻值的影响很小.

增大退耦元件的阻值可以减少残压和通流，但是会牺牲截止频率，所以在设计时退耦元件的阻值需要折中考虑. 增大 TVS 的直流击穿电压，可以提高非平衡信号 SPD 在 −3dB 处的截止频率.

7.2　信号电涌保护器对信号传输的影响[2]

根据信号传输的特点及标准接口协议,信号传输方式可分为平衡传输方式和非平衡传输方式,平衡传输方式包括 RJ-45 网络信号接口和 RS-485 接口,非平衡传输方式包括 BNC 接口和 RS-232 接口.

7.2.1　平衡信号电涌保护器(SPD)对信号传输的影响

平衡传输方式包括 RJ-45 网络信号接口和 RS-485 接口. 网络信号接口 RJ-45 分 100Base-TX 网和 1000Mbaud 以太网,100Base-TX 网的传输速率为 125Mbit/s,最高为 155Mbit/s,网络信号的电压只有 2V,采用双绞线电缆,其中一对用于发送数据,另一对用于接收数据. 每对的发送和接收信号是极化的,一条线传输正(+)信号,而另一条线传输负(−)信号.

RS-485 是一种平衡差分驱动、半双工的串行通信接口标准,它具有传输距离远、抗干扰能力强、较高的数据传输速率和便于构成分布式测控网络等优点,主要用于数字设备多点互联时的二进制数据信号交换系统. 该交换系统包括一个或多个信号发生器,通过一条平衡互连电缆连接一个或多个接收器和端接电阻. RS-485 接口的最大传输速率为 10Mbit/s,它是一种平衡传输方式的串行接口标准,RS-485 数据信号采用差分传输方式,也称作平衡传输. 它使用一对双绞线,将其中一线定义为 A,另一线定义为 B. 通常情况下,发送驱动器 A、B 之间的正电平为+2∼+6V,是一个逻辑状态,负电平为–2∼–6V,是另一个逻辑状态. 另一个信号地 C,在 RS-485 中还有一"使能"端."使能"端用于控制发送驱动器欲传输线的切断与连接. 当"使能"端起作用时,发送驱动器处于高阻状态,称作"第三态",即它是有别于逻辑"1"与"0"的第三态.

7.2.1.1　平衡信号传输理论分析

当没有雷电波作用时,可以将平衡信号电涌保护器等效为一个两端口网络,如图 7.21 所示.

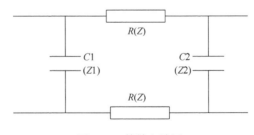

图 7.21　等效电路图

在图 7.22 中,方框表示网络,它与电源连接的一对端子称为网络的输入端,与负载连接的一对端子称为网络的输出端,习惯上用 1-1 端表示输入端,用 2-2 端表示输出端. 输入端的电压值和电流量表明电源向网络输送信号的情况，输出端的电压值和电流量说明负载接收信号的情况. 因此，输入端和输出端的电压及电流的量值比较能反映网络传输信号的效果.

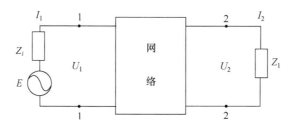

图 7.22　两端口网络

联系两端口网络输入端和输出端的电压、电流的关系式，称为两端口网络的基本方程式. 两端口网络的基本方程式的一般表示形式为

$$\begin{cases} U_1 = AU_2 + BI_2 \\ I_1 = CU_2 + DI_2 \end{cases} \tag{7-1}$$

$$\begin{cases} U_2 = DU_1 - BI_1 \\ I_2 = -CU_1 + AI_1 \end{cases} \tag{7-2}$$

上式中 U_1、I_1 为两端口网络正向传输时输入端的电压和电流；U_2、I_2 为两端口网络正向传输时输出端的电压和电流. 式(7-1)和式(7-2)分别为两端口网络正向传输时输入端和输出端的电压、电流的关系式(它们之间满足 $AD-BC=1$)，系数 A、B、C 和 D 称为两端口网络的 T 参数. 不同结构的两端口网络，具有不同的 T 参数.

两端口网络 T 参数的简单求法，即开路、短路法. 这也是一种常用来实际测量网络 T 参数的方法.

当输出端开路($I_2=0$)时，式(7-1)可写为

$$A = \frac{U_1}{U_2} \big| I_2 = 0 \quad \text{2-2 端开路时的电压比(无量纲)}$$

$$C = \frac{I_1}{U_2} \big| I_2 = 0 \quad \text{2-2 端开路时的转移导纳(S)}$$

当输出端短路($U_2=0$)时，式(7-1)可写为

$$D = \frac{I_1}{I_2} \big| U_2 = 0 \quad \text{2-2 端短路时的电流比(无量纲)}$$

$$B = \frac{U_1}{I_2} \big| U_2 = 0 \quad \text{2-2 端短路时的转移阻抗(Ω)}$$

以下面的平衡网络为例来求网络的 T 参数，如图 7.21 所示

$$\begin{cases} A = 1 + \dfrac{2Z}{Z_2} \\[2mm] B = 2Z \\[2mm] C = \dfrac{Z_1 + Z_2 + 2Z}{Z_1 Z_2} \\[2mm] D = 1 + \dfrac{2Z}{Z_1} \end{cases} \tag{7-3}$$

其中，$Z_1 = \dfrac{1}{2\pi f C_1}$，$Z_2 = \dfrac{1}{2\pi f C_2}$.

并且，四个系数之间满足关系式

$$AD - BC = 1 + \frac{Z_1}{Z_2} - \frac{Z_1}{Z_2} = 1 \tag{7-4}$$

插入损耗指在传输系统的某处由于元件或器件的插入而发生的负载功率的损耗，它表示为该元件或器件插入前负载上所接收到的功率与插入后同一负载上所接收到的功率以分贝为单位的比值. 其定义为

$$IL = 10\lg\left(\frac{P_2}{P_1}\right) \tag{7-5}$$

式中，P_1——输入到输出端口的功率，单位为 mW；

P_2——从输出端口接收到的功率，单位为 mW；

将上式的功率之比转换为电压之比，其定义为

$$IL = 20\lg\left(\frac{U_2}{U_1}\right) \tag{7-6}$$

式中，U_1——输入端口的电压，单位为 V；

U_2——输出端口的电压，单位为 V.

7.2.1.2 试验方案

电阻在接入电路之前先使用 LCR-816 高精密测试仪测试其实际电阻值，试验中所用退耦电阻 R 的阻值依次为 2.2Ω、2.7Ω、3.0Ω、5.1Ω、6.2Ω、7.5Ω、10Ω. 同时，用 LCR-816 高精密测试仪测试气体放电管和 TVS 的分布电容值，选用合适的器件. 由于气体放电管的分布电容值比较小，只有 1～5pF，试验时选用电容值为 3.7pF 的气体放电管. 而 TVS 的分布电容值比较高，试验时选用了一系列的 TVS，其分布电容值分别为 32 pF、121 pF、253 pF、488 pF、720 pF、972 pF、1952 pF、2310 pF、3380 pF.

试验采用 Agilent E4422B 信号源和 Agilent 54832D 混合信号示波器测量被测网络在 −3dB 和−6dB 处的频率. Agilent E4422B 信号源的频率范围为 250kHz～4.0GHz，示波器的参数为 1GHz、4GSa/s. 试验的接线原理图如图 7.23 所示. 被测网络为图 7.23 所示的，信号源的 RF OUTPUT 50Ω 端口接平衡信号 SPD 第一级处的端口，将示波器的 CH1 通

道和 CH2 通道分别接到平衡信号 SPD 的第一级和第二级处的端口. 用信号源产生正弦波, 用示波器显示被测网络两端的电压波形, CH1 通道为信号源提供给被测网络的电压波形, CH2 通道为经过被测网络之后的输出电压波形. 试验时, 采用点频法, 将信号源的 RF ON/OFF 按钮调为 ON 状态, 功率设置为 10dBm, 调节频率, 用 U_1 表示输入电压, U_2 表示输出电压, 从示波器读取 U_1 和 U_2 的值.

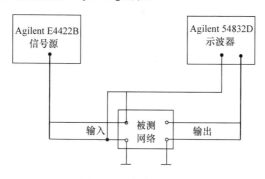

图 7.23　接线原理图

7.2.1.3　平衡传输方式的数据分析

试验所得的典型幅频特性曲线如图 7.24 所示: 纵坐标表示插入损耗, 由公式(7-6)计算得出, 横坐标表示频率. 图 7.24(a)、(c)表示 TVS 的分布电容值为 32pF 时, 退耦电阻值为 2.2Ω 和 10Ω 的幅频特性曲线, 对比(a)、(c)两图, 可以得出−3dB 处的频率都接近 80MHz, −6dB 处的频率都接近 90MHz; 图 7.24(b)、(d)表示 TVS 的分布电容值为 3380pF 时, 退耦电阻值为 2.2Ω 和 10Ω 的幅频特性曲线, 对比(b)、(d)两图, 可以得出退耦电阻为 2.2Ω 时, −3dB 处的频率约为 5MHz, −6dB 处的频率约为 7MHz; 退耦电阻为 10Ω 时, −3dB 处的频率约为 2MHz, −6dB 处的频率约为 4MHz. 由此说明, 分布电容一定时, 不同退耦电阻值所对应的−3dB 和−6dB 处的频率相差很小, 这表明退耦电阻的阻值对本试验的影响较小, 即对信号传输的影响不大. 当退耦电阻值为 10Ω 时, TVS 的分布电容值为 32pF 和 3380pF 的幅频特性曲线如图 7.24(c)、(d)所示, 随 TVS 分布电容值增大, −3dB 和−6dB 带宽减小.

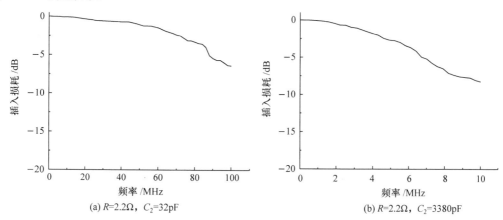

(a) R=2.2Ω, C_2=32pF

(b) R=2.2Ω, C_2=3380pF

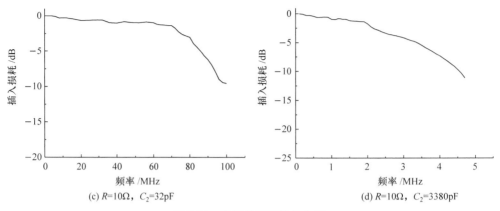

(c) $R=10\Omega$, $C_2=32\text{pF}$　　　　　　　　　(d) $R=10\Omega$, $C_2=3380\text{pF}$

图 7.24　典型的幅频特性曲线

退耦电阻的阻值一定时，频率随 TVS 分布电容值的变化曲线如图 7.25 所示.
图 7.25(a)、(b)为幅频特性曲线–3dB 处的频率随 TVS 分布电容值的变化曲线，图 7.25(c)、
(d)为幅频特性曲线–6dB 处的频率随 TVS 分布电容值的变化曲线，图 7.25(e)、(f)为幅频
特性曲线–3dB 与–6dB 处的频率随 TVS 分布电容值变化的对比曲线. 由图可以看出：当
退耦电阻的阻值一定时，随 TVS 分布电容值的增加，–3dB 与–6dB 处的频率都不断减小；
当分布电容值小于 500pF 时，频率减小的速度更快，之后缓慢减小，最后趋于稳定. 由
图 7.25(a)、(c)可以看出，当三种电阻的阻值间隔较小时，曲线近似重合，表明退耦电阻
的阻值对–3dB 和–6dB 处的频率影响较小.

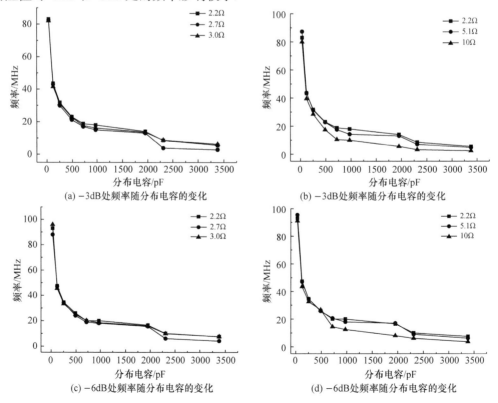

(a) –3dB处频率随分布电容的变化　　　　　　　(b) –3dB处频率随分布电容的变化

(c) –6dB处频率随分布电容的变化　　　　　　　(d) –6dB处频率随分布电容的变化

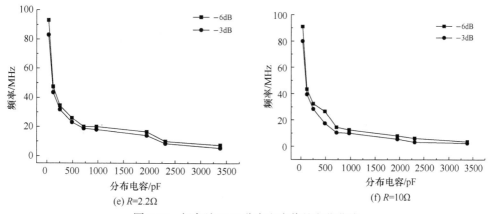

(e) $R=2.2\Omega$ (f) $R=10\Omega$

图 7.25 频率随 TVS 分布电容值的变化曲线

　　TVS 的分布电容值一定时, 幅频特性曲线-3dB 和-6dB 处的频率随退耦电阻的变化曲线如图 7.26 所示. 图 7.26(a)、(b)为-3dB 处的频率随退耦电阻的变化曲线, 图 7.26(c)、(d)为-6dB 处的频率随退耦电阻的变化曲线. 由图 7.26(a)、(b)可以看出: 当 TVS 的分布电容值一定时, 随退耦电阻阻值的增加, -3dB 处的频率呈降低的趋势, 但降低的幅度很小; 当 TVS 的分布电容值为 32pF 时, 频率大约为 80MHz; 当 TVS 的分布电容值为 3380pF 时, 频率大约为 5MHz. TVS 的分布电容值越大, -3dB 处的频率越小. 图 7.26(c)、(d)中-6dB

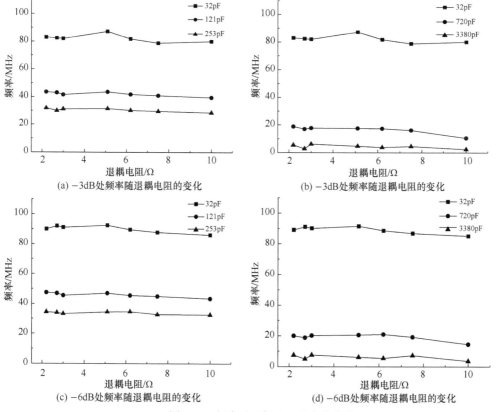

(a) -3dB处频率随退耦电阻的变化 (b) -3dB处频率随退耦电阻的变化

(c) -6dB处频率随退耦电阻的变化 (d) -6dB处频率随退耦电阻的变化

图 7.26 频率随退耦电阻的变化曲线

处的频率随退耦电阻的变化趋势与–3dB 处的频率随退耦电阻的变化趋势相似. 由此表明, –3dB 与–6dB 处的频率与 TVS 的分布电容值有关, 而与退耦电阻的阻值关系较小.

　　–3dB 处的试验数据如表 7.5 所示: 当 TVS 的分布电容值一定时, 随退耦电阻的阻值不断增大, –3dB 处的频率有降低的趋势, 但降低的陡度比较小; 当退耦电阻的阻值一定时, 随 TVS 分布电容值的增加, –3dB 处的频率不断减小. 当 TVS 的分布电容值较小时, 即 32～488pF 时, 频率值相对较大, 且随分布电容值的增大, 频率较低的陡度较大, 之后缓慢降低, 到 2000pF 以上时, 频率只有几兆赫兹. 在本次实验中, 从信号衰减的角度分析, 频率越高, 衰减越大, 所以 TVS 的分布电容值取 500～3500pF 最佳, 而退耦电阻的阻值范围为 2.2～10Ω. –6dB 处的试验数据如表 7.6 所示: 频率随退耦电阻和 TVS 分布电容值变化的规律与–3dB 处的相同.

表 7.5　电路在–3dB 处的频率

TVS 的分布电容/pF	频率/MHz						
	$f_{2.2\Omega}$	$f_{2.7\Omega}$	$f_{3.0\Omega}$	$f_{5.1\Omega}$	$f_{6.2\Omega}$	$f_{7.5\Omega}$	$f_{10\Omega}$
32	83.0	82.4	82.0	87.3	81.8	78.8	80.0
121	43.5	43.0	41.5	43.6	41.8	40.9	39.5
253	31.8	29.9	31.1	31.4	30.1	29.5	28.5
488	23.0	21.2	22.6	22.8	21.7	20.8	17.4
720	18.8	17.0	17.7	17.5	17.3	16.1	10.5
972	18.0	15.0	16.2	14.2	13.1	12.5	10.0
1952	14.0	13.0	13.5	13.0	12.0	8.80	5.50
2310	8.50	3.80	8.70	7.00	6.00	4.70	3.20
3380	5.50	2.80	6.20	4.70	3.80	4.50	2.40

表 7.6　电路在–6dB 处的频率

TVS 的分布电容/pF	频率/MHz						
	$f_{2.2\Omega}$	$f_{2.7\Omega}$	$f_{3.0\Omega}$	$f_{5.1\Omega}$	$f_{6.2\Omega}$	$f_{7.5\Omega}$	$f_{10\Omega}$
32	93.0	88.0	96.0	95.4	92.5	82.7	91.0
121	47.5	47.0	45.5	47.0	45.5	44.9	43.4
253	34.5	34.0	33.3	34.5	34.6	32.7	32.5

TVS 的分布电容/pF	频率/MHz						
	$f_{2.2\Omega}$	$f_{2.7\Omega}$	$f_{3.0\Omega}$	$f_{5.1\Omega}$	$f_{6.2\Omega}$	$f_{7.5\Omega}$	$f_{10\Omega}$
488	26.0	24.0	25.0	25.7	26.0	23.8	26.6
720	20.0	18.8	20.2	20.6	21.0	19.2	14.5
972	20.0	18.0	18.5	17.9	16.0	15.0	12.5
1952	16.5	15.5	16.0	17.0	17.0	12.5	8.00
2310	10.0	6.00	9.80	9.00	8.10	6.80	6.10
3380	7.50	4.10	7.60	6.20	5.50	7.30	3.60

7.2.1.4　结论

分析平衡信号 SPD 对信号传输的影响时，首先要分析平衡信号 SPD 和两端口网络的工作原理和性能参数. 选用合适的 SPD，既能抑制过电压、释放雷电能量，保证设备正常运行，又不影响信号的传输. 本次试验得到的结论有：

(1) TVS 的分布电容值一定时，随退耦电阻阻值的增加，幅频特性曲线–3dB 和–6dB 处的频率变化较小；当退耦电阻的阻值一定时，幅频特性曲线–3dB 和–6dB 处的频率都随 TVS 分布电容值的增大而不断减小.

(2) 当 TVS 的分布电容值为 32～488pF 时，幅频特性曲线–3dB 和–6dB 处的频率相对较高，且随分布电容值的增大，频率降低的陡度较大，之后缓慢降低，最后趋于稳定.

(3) 从信号衰减的角度分析，频率越高，衰减越大，TVS 的分布电容值在 500～3500pF，平衡传输时的幅频特性曲线–3dB 的频率范围为 2～20MHz，–6dB 的频率范围为 5～25MHz，在不影响信号传输的前提下，退耦电阻的取值范围一般为 2.2～10Ω.

7.2.2　非平衡信号电涌保护器(SPD)对信号传输的影响

非平衡传输方式包括 BNC 接口和 RS-232 接口. BNC(视频信号)接口是 10Base2 的接头，即同轴细缆接头. 可以隔绝视频输入信号，使信号相互间干扰减少，且信号带宽要比普通 15 针的 D 型接口大，可达到更佳的信号响应效果. 视频信号的特点决定其传输必须采取宽频带、低损耗的传输信道，其带宽是 0～6MHz. 在视频监控系统中，同轴电缆是传输视频图像最常用的媒介.

RS-232 标准规定的数据传输速率为每秒 150 波特、300 波特、600 波特、1200 波特、2400 波特、4800 波特、9600 波特、19200 波特，传输速率较低，在异步传输时，波特率≤20kbps，其特性阻抗为 3～7kΩ. 其发送数据是通过 TxD 终端将串行数据发送到 MODEM；接收数据是通过 RxD 线终端接收从 MODEM 发来的串行数据. 信号有效(接通，ON 状态，正电压)=+3～+15V；信号无效(断开，OFF 状态，负电压)=−3～−15V，因此，实际工作时，应保证电平在±(3～15)V. RS-232 接口的传输线采用屏蔽双绞线. 在近距离通信时，不采用调制解调器 MODEM，通信双方可以直接连接，在这种情况下，只需要使用少数几根信号线. 最简单的情况是只需使用 3 根线(TxD、RxD、SG)便可实现全双工异步串行通信，故在设计 RS-232 接口 SPD 时只需对这三根信号线进行防浪涌设计.

7.2.2.1 非平衡信号传输理论分析

当没有雷电波作用时，可以将非平衡电涌保护器等效为一个两端口网络，如图 7.27 所示.

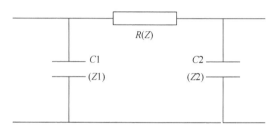

图 7.27　等效电路图

在图 7.28 中，与平衡信号分析相同，用输入端和输出端的电压及电流的量值比较能反映网络传输信号的效果.

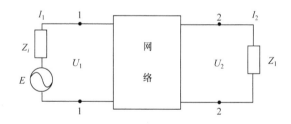

图 7.28　两端口网络

参考平衡网络 T 参数求解方法，可求解出非平衡网络的 T 参数为

$$\begin{cases} A = 1 + \dfrac{Z}{Z_2} \\ B = Z \\ C = \dfrac{Z_1 + Z_2 + Z}{Z_1 Z_2} \\ D = 1 + \dfrac{Z}{Z_1} \end{cases} \tag{7-7}$$

其中，$Z_1 = \dfrac{1}{2\pi f C_1}$，$Z_2 = \dfrac{1}{2\pi f C_2}$.

7.2.2.2 试验方案

电阻在接入电路之前先使用 LCR-816 高精密测试仪测试其实际电阻值，试验中所用退耦电阻 R 的阻值依次为 2Ω、3.0Ω、5.1Ω、7.5Ω、10Ω. 同时，用 LCR-816 高精密测试仪测试气体放电管和 TVS 的分布电容值，选用合适的器件. 由于气体放电管的分布电容值比较小，只有 1～5pF，试验时选用电容值为 3.7pF 的气体放电管. 而 TVS 的分布电容值比较高，试验时选用了一系列的 TVS，其分布电容值分别为 32 pF、121 pF、253 pF、720 pF、972 pF、2310 pF、3380 pF.

试验采用 Agilent E4422B 信号源和 Agilent 54832D 混合信号示波器测量被测网络在 −3dB 和−6dB 处的频率. Agilent E4422B 信号源的频率范围为 250kHz～4.0GHz，示波器的参数为 1GHz、4GSa/s. 试验的接线原理图如图 7.29 所示，被测网络为图 7.29 所示的，信号源的 RF OUTPUT 50Ω 端口接信号 SPD 第一级处的端口，将示波器的 CH1 通道和 CH2 通道分别接到信号 SPD 的第一级和第二级处的端口. 用信号源产生正弦波，用示波器显示被测网络两端的电压波形，CH1 通道为信号源提供给被测网络的电压波形，CH2 通道为经过被测网络之后的输出电压波形. 试验时，采用点频法，将信号源的 RF ON/OFF 按钮调为 ON 状态，功率设置为 10dBm，调节频率，用 U_1 表示输入电压，U_2 表示输出电压，从示波器读取 U_1 和 U_2 的值.

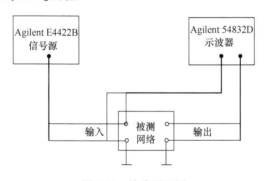

图 7.29 接线原理图

7.2.2.3 非平衡传输方式数据分析

试验所得的典型幅频特性曲线如图 7.30 所示：纵坐标表示插入损耗，由公式(7-12)计算得出，横坐标表示频率. 图 7.30 表示退耦电阻为 10Ω 时，暂态抑制二极管的分布电容分别为 32pF 和 3380pF 时的幅频特性曲线，从图 7.30 中可得出：暂态抑制二极管的分布电容为 32pF 时，−3dB 处的带宽约为 70MHz，−6dB 处的带宽约为 80MHz；暂态抑制二极管(TVS)的分布电容为 3380pF 时，−3dB 和−6dB 处的带宽均为 5MHz 左右. 各参数的变化规律与平衡传输时的相似，两者的区别体现在：平衡传输在−3dB 和−6dB 处的频率比非平衡传输的大.

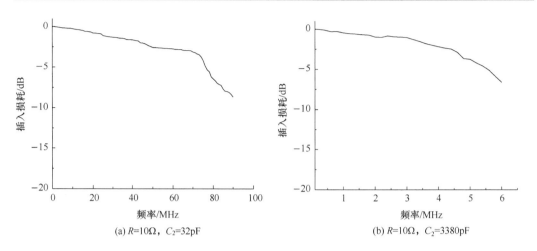

图 7.30　典型的幅频特性曲线

退耦电阻的阻值一定时,频率随暂态抑制二极管分布电容值的变化曲线如图 7.31 所示. 图 7.31(a)为–3dB 处频率随分布电容的变化, 图 7.31(b)为–6dB 处频率随分布电容的变化, 图形的变化趋势与平衡传输的相似. 当暂态抑制二极管的分布电容较小时, 非平衡信号传输的频率比平衡信号传输的频率小 10MHz 左右.

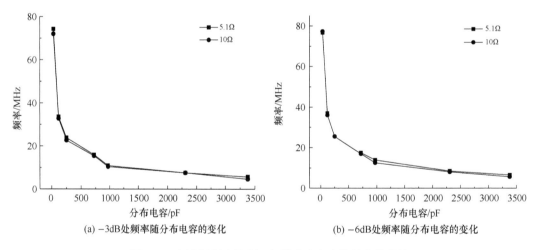

图 7.31　频率随暂态抑制二极管分布电容值的变化曲线

暂态抑制二极管的分布电容值一定时, 幅频特性曲线–3dB 和–6dB 处的频率随退耦电阻的变化曲线如图 7.32 所示. 图 7.32(a)为–3dB 处的频率随退耦电阻的变化曲线, 图 7.32(b)为–6dB 处的频率随退耦电阻的变化曲线. 由图可得出: 当暂态抑制二极管的分布电容一定时, 频率几乎不随退耦电阻的阻值大小变化, 但总的变化趋势仍与平衡传输的比较相似.

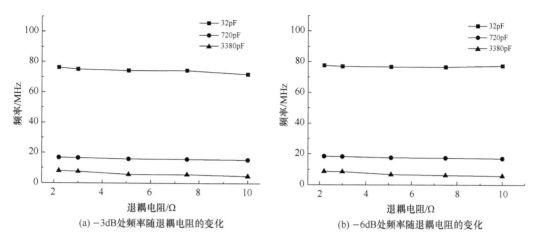

图 7.32　频率随退耦电阻的变化曲线

　　−3dB 处的试验数据如表 7.7 所示，−6dB 处的试验数据如表 7.8 所示：当暂态抑制二极管的分布电容值一定时，随退耦电阻的阻值不断增大，−3dB 和−6dB 处的频率几乎不变；当退耦电阻的阻值一定时，随暂态抑制二极管分布电容值的增加，−3dB 和−6dB 处的频率不断减小，其变化规律与平衡传输的相似.

表 7.7　电路在−3dB 处的频率

暂态抑制二极管的分布电容/pF	频率/MHz				
	$f_{2.2\Omega}$	$f_{3.0\Omega}$	$f_{5.1\Omega}$	$f_{7.5\Omega}$	$f_{10\Omega}$
32	76.2	75.1	74.3	74.4	72.0
121	34.6	35.0	33.5	33	32.7
253	25.4	24.3	23.8	23.2	22.6
720	16.8	16.6	15.9	15.8	15.4
972	13.1	12.6	10.9	10.7	10.4
2310	8.90	8.70	7.60	7.70	7.60
3380	8.10	7.60	5.70	5.70	4.70

表 7.8　电路在−6dB 处的频率

暂态抑制二极管的分布电容/pF	频率/MHz				
	$f_{2.2\Omega}$	$f_{3.0\Omega}$	$f_{5.1\Omega}$	$f_{7.5\Omega}$	$f_{10\Omega}$
32	77.5	76.9	76.6	76.5	77.3
121	38.2	37.5	37.0	36.5	36.0
253	27.5	27.5	26.0	25.5	25.5
720	18.5	18.5	17.5	17.4	17.0
972	14.5	14.5	14.0	13.0	12.6
2310	9.90	9.50	8.50	8.20	8.10
3380	8.70	8.50	6.60	6.10	5.70

7.2.2.4　结 论

分析非平衡信号 SPD 对信号传输的影响时，首先要分析非平衡信号 SPD 和两端口网络的工作原理和性能参数. 选用合适的 SPD，既能抑制过电压、释放雷电能量，保证设备正常运行，又不影响非信号的传输. 本次试验得到的结论有：

(1) TVS 的分布电容值一定时，随退耦电阻阻值的增加，幅频特性曲线–3dB 和–6dB 处的频率变化较小；当退耦电阻的阻值一定时，幅频特性曲线–3dB 和–6dB 处的频率都随 TVS 分布电容值的增大而不断减小.

(2) 从信号衰减的角度分析，频率越高，衰减越大，TVS 的分布电容值在 500～3500pF，非平衡传输时的幅频特性曲线–3dB 的频率范围为 5～17MHz，–6dB 的频率范围为 6～20MHz. 在不影响信号传输的前提下，退耦电阻的取值范围一般为 2.2～10Ω.

7.3　$\frac{1}{4}\lambda$ 短路同轴线在雷电防护中的应用[3]

随着电子技术应用的普及，微波信号的传输在日常生活及工业应用中占据了越发重要的地位. 电子设备中大量微电子元件的使用，使得其耐受雷电过电流、耐受雷电过电压的能力普遍较低. 当作用于其上的过电压超过其耐受电压时，会导致不同程度的破坏. 为了防止由于雷电电磁感应及雷电电磁感应形成的雷电过电压沿线路侵入对设备造成损坏，需要在传输线缆上安装相应的防雷保护装置，保证信号的正常传输及设备的正常运行.

基于此，本章中利用 $\frac{1}{4}\lambda$ 短路线阻抗的特性，使用 $\frac{1}{4}\lambda$ 微波同轴线进行电涌保护装置的设计：对于波长为 λ 的微波信号呈现高阻状态、对于雷电流呈低阻状态，为雷电波能量的释放提供了通道，从而有效地抑制了雷电过电压对设备及微波传输线造成的损坏. 本章对微波通信中的常用频段 1.7～1.9GHz、1.9～2.3GHz 进行了电涌保护装置的设计及测试，并通过试验验证了利用 $\frac{1}{4}\lambda$ 微波同轴线进行雷电防护的可行性，其具有对微波信号传输影响小、残压低的特点，在实际应用中具有较高可行性.

7.3.1　$\frac{1}{4}\lambda$ 同轴短路线阻抗特性的分析

微波同轴线是传输线的一种，传输线用于微波信号的传输，也可以用于微波电路中一些微波器件的设计，如定向耦合、滤波以及功率分配等. $\frac{1}{4}\lambda$ 短路微波同轴线的结构及等效电路如图 7.33 所示，为了分析微波同轴传输线中传输信号的特点以及微波同轴传输线的阻抗特性，将均匀微波同轴传输线划分为许多微分段 Δz，每个微分段作为集中参数电路如图 7.33(a)所示，在时域中，单位长度上电压和电流的关系满足传输线方程：

$$\frac{\partial v(z,t)}{\partial z} = -Ri(\partial,t) - L\frac{\partial i(z,t)}{\partial t} \tag{7-8}$$

$$\frac{\partial i(z,t)}{\partial z} = -Gi(\partial,t) - C\frac{\partial v(z,t)}{\partial t} \tag{7-9}$$

其中，R、L、G、C 分别为微波同轴传输线单位长度 $\mathrm{d}z$ 的分布电阻、分布电感、分布电导以及分布电容.

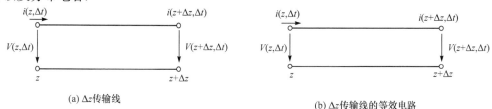

(a) Δz 传输线　　　　　　　　　　　　　(b) Δz 传输线的等效电路

图 7.33　传输线示意图

在时谐场的情况下，微波同轴传输线方程的解可推导为

$$V = V^+ + V^- = A\mathrm{e}^{-\gamma z} + B\mathrm{e}^{\gamma z} \tag{7-10}$$

$$I = I^+ - I^- = \frac{1}{z_0}(A\mathrm{e}^{-\gamma z} - B\mathrm{e}^{\gamma z}) \tag{7-11}$$

其中，$V^+ = A\mathrm{e}^{-\gamma z}$，为入射波电压；$V^- = B\mathrm{e}^{\gamma z}$，为反射波电压；$I^+ = A\mathrm{e}^{-\gamma z}/z_0$，为入射波电流；$I^- = B\mathrm{e}^{\gamma z}/z_0$，为反射波电流.

传输线中的电压也可以表示为时间的关系：$V^+ = A\mathrm{e}^{-\alpha z}\mathrm{e}^{\mathrm{j}(\omega t - \beta z)}$，$V^+$ 表示电压沿着 $+z$ 的方向传播.

传输线的任意一点输入阻抗为

$$Z = \frac{V}{I} = \frac{V^+ + V^-}{I^+ - I^-} = \frac{V^+}{I^+}\frac{1 + \dfrac{V^-}{V^+}}{1 - \dfrac{I^-}{I^+}} \tag{7-12}$$

$$= Z_0\frac{1 + \Gamma}{1 - \Gamma} = Z_0\frac{1 + \Gamma l\mathrm{e}^{2\gamma z}}{1 - \Gamma l\mathrm{e}^{2\gamma z}}$$

反射系数为

$$\Gamma = \frac{Z - Z_0}{Z + Z_0} \tag{7-13}$$

如果传输线是均匀无耗的，则输入阻抗在 $Z = l$ 处的阻抗为

$$Z = Z_0\frac{Z_L + \mathrm{j}Z_0\tan(\beta l)}{Z_0 + \mathrm{j}Z_L\tan(\beta l)} \tag{7-14}$$

其中，$\beta = \dfrac{2\pi}{\lambda}$，$\beta$ 为相移常数，Z_L 为负载阻抗.

根据式(7.14)，假定 $l = \dfrac{1}{4}\lambda$ 端负载 Z_L 短路，即 $Z_L = 0$，得到阻抗 $z \to \infty$，z 等效为 L_c 的并联谐振电路，如图 7.34 所示，谐振频率为 f，波长为 λ.

根据雷电波的频谱分布规律分析，雷电波主要能量集中在低频部分，频谱分布范围很宽. 若微波同轴线路中有感应雷电波电压，在微波同轴线路上接入 $\frac{1}{4}\lambda$ 短路线. 对于微波信号而言，$\frac{1}{4}\lambda$ 短路线呈高阻状态，不影响微波信号的正常传输，对雷电波而言相当于短路，从而有效地抑制了雷电波能量，起到了保护微波同轴线缆及终端设备的作用. 安装结构示意图如图 7.35 所示.

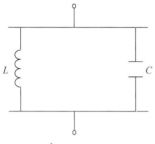

图 7.34 $\frac{1}{4}\lambda$ 短路线的等效电路

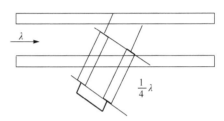

图 7.35 $\frac{1}{4}\lambda$ 短路线示意图

7.3.2 试验方案

微波同轴线通信线路采用标准射频接口，同轴线采用标准的 BNC 接口结构，其内部连接的 $\frac{1}{4}\lambda$ 短路线采用微波同轴线. 结构实物如图 7.36 所示.

7.3.3 $\frac{1}{4}\lambda$ 同轴短路线传输特性的测量

实验选用 2GHz 中的常用频段 1.7～1.9GHz、1.9～2.3GHz 进行测量，中心频点分为 1.8GHz、2.1GHz，代入公式 $\lambda=v/f$ 求解得到相应的波长 16.7cm、14.3cm，取 1/4 为 4.2cm、3.6cm.

将 $\frac{1}{4}\lambda$ 同轴短路线与网络测试仪相连接，测量示意图如图 7.37 所示.

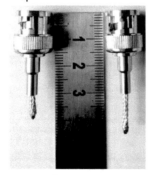

图 7.36 $\frac{1}{4}\lambda$ 短路线实物图

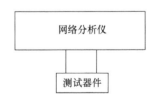

图 7.37 S_{21} 参数测量示意图

测量出 $\frac{1}{4}\lambda$ 同轴短路线的 S_{21} 参数波形，如图 7.38 所示.

图 7.38(a)为 1.8GHz 保护器件的 S_{21} 参数波形，中心频点为 1.8GHz，低于 −10dB 的频率范围为 1.59～1.91GHz，包含了中心频点为 1.8GHz 的理论频段 1.7～1.9GHz，从而能够保证该频段信号的有效传输.

图 7.38(b)为 2.1GHz 保护器件的 S_{21} 参数波形，频点峰值为 2.1GHz，低于 −10dB 的频段为 1.87～2.33GHz，包含了中心频点为 2.1GHz 的理论频段 1.9～2.3GHz，从而能够保证该频段信号的有效传输.

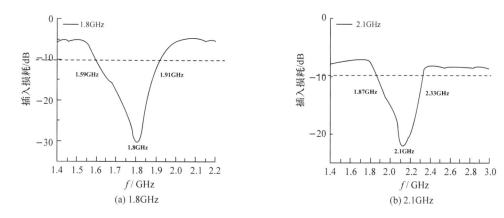

(a) 1.8GHz   (b) 2.1GHz

图 7.38 保护器件 S_{21} 参数波形

组合波冲击电压试验系统原理如图 7.39 所示，试验所使用的冲击平台为组合波发生器(1.2/50μs、8/20μs)，通过模拟雷电波侵入进行相关分析测试. 先用导线将测试器件与冲击平台相连接，测量出相应的残压、通流，再通过研究测试器件两端的残压以及通流随冲击电压的变化趋势，对设计方法进行验证. 试验中所用的冲击电压的起始值为 0.2kA，最大值为 5kA，步长为 0.4kA. 波形利用示波器进行采集存储，图 7.39 中的虚线部分为组合波发生器的试验示意图.

图 7.39 组合波冲击电压试验系统原理图

图 7.40(a)为 1.8GHz 保护器件在 500A 的冲击电流作用下，保护器件两端的残压波形图. 保护器件在 8μs 内将瞬态残压箝位在 5V 以内，随后逐渐递减，直至 30μs 后再次趋于平稳.

图 7.40(b)为 2.1GHz 保护器件在 500A 的冲击电流作用下，保护器件两端的残压波形图. 保护器件在 8μs 内将瞬态残压箝位在 3.8V 以内，随后逐渐递减，直至 30μs 后再次趋于平稳.

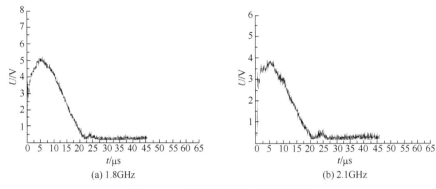

(a) 1.8GHz

(b) 2.1GHz

图 7.40　不同保护器件残压波形图

图 7.41(a)为 1.8GHz 保护器件在组合波发生器提供 500A 的冲击电流作用下的通流波形图. 传感器在 15μs 内将瞬态通流箝位在 295A 以内, 随后逐渐递减, 直至 40μs 后再次趋于平稳.

图 7.41(b)为 2.1GHz 保护器件在组合波发生器提供 500A 的冲击电流作用下通流波形图. 保护器在 15μs 内瞬态通流在 280A 以内, 随后逐渐递减, 直至 40μs 后再次趋于平稳.

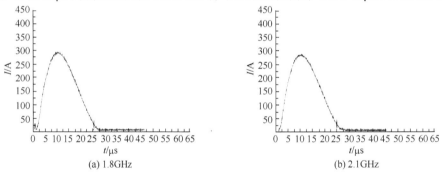

(a) 1.8GHz

(b) 2.1GHz

图 7.41　不同保护器件通流波形图

如图 7.42 所示, 对 1.8GHz 保护器件进行冲击试验, 所得残压随冲击电流呈正相关均匀分布趋势. 残压幅值由 0.2kA 时 1.8V 上升至 5kA 时的 46.2V, 仅上升 44.4V(冲击电流每增加 1kA, 残压平均增加 9.25V).

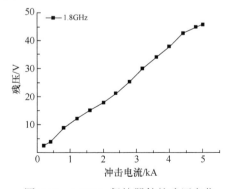

图 7.42　1.8GHz 保护器件的残压变化

如图 7.43 所示，对 1.8GHz 保护器件进行冲击验，通流随冲击电流呈线性增长趋势，在组合波发生器提供 0.2kA 至 5kA 冲击电流时，保护器中的电流从 0.1kA 逐渐增加到 3.6kA.

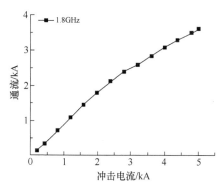

图 7.43　1.8GHz 保护器件的通流变化

如图 7.44 所示，对 2.1GHz 保护器件进行冲击试验，所得残压随冲击电流呈正相关均匀分布趋势. 残压幅值由 0.2kA 时的 4V 上升至 5kA 时的 86V，仅上升 82V(冲击电流每增加 1kA，残压平均增加约 17V).

如图 7.45 所示，对 2.1GHz 保护器件进行冲击试验，组合波发生器提供 5kA 冲击电流时，保护器件中的电流为 3.6kA.

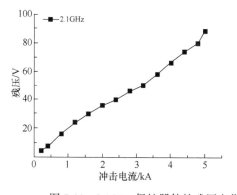

图 7.44　2.1GHz 保护器件的残压变化

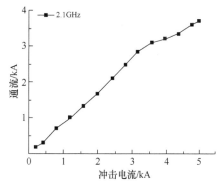

图 7.45　2.1GHz 保护器件的通流变化

7.3.4　结论

通过矢量网络分析仪和组合波冲击平台实验得到了 1.8GHz、2.1GHz 保护器件的 S_{21} 参数以及残压、通流随冲击电压的变化趋势，再对相应的实验数据进行对比分析，得出如下结论：

(1) 根据 S_{21} 参数曲线得出：当 $\frac{1}{4}\lambda$ 短路线并联在微波传输线中时，微波信号的频率衰减极小，即对微波信号的传输没有影响.

(2) 冲击电流范围为 0.2～5kA 时，保护器件两端的残压、通流随冲击电流的增大而呈线性增加，且残压幅值限制在较小的范围内，对传输线路及设备起到了有效的防护作用.

参 考 文 献

[1] 李祥超, 蔡露进, 董昌鑫, 等. 非平衡信号电涌保护器的设计方法[J]. 电器于能效管理技术录用

[2] 李祥超, 陈良英, 张静, 等. 信号电涌保护器对信号传输影响的分析[J]. 电瓷避雷器录用

[3] Li X, Chen R. Quarter-wave short circuit in the application of lightning protection for signal transmission[J]. International Journal of Applied Electromagnetics and Mechanics (Preprint), 2017, 54(2): 239-248.

8.1 限压型电涌保护器 ZnO 压敏电阻的漏电流问题

ZnO 压敏电阻是一种功能强大的电子器件，尤其在各类比较敏感的元器件中，其工作原理是基于所用压敏电阻材料的非线性伏安特性. 漏电流是 ZnO 压敏电阻正常工作时通过的电流，是压敏电阻的重要参数，用来描述预击穿区的伏安特性，它的大小能够反映 ZnO 压敏电阻工作的稳定性和可靠程度. 在 ZnO 压敏电阻的基本电气特性中小电流区内，ZnO 压敏电阻的交流泄漏电流成分不是单一的，而是由压敏电阻内部组成元件所产生的容性电流和阻性电流矢量合成.

8.1.1 ZnO 压敏电阻阻性和容性电流的理论分析

ZnO 压敏电阻的电压-电流特性是最基本的电气特性. 在正常情况下,电压-电流的特性是采用双对数坐标表示的，便于在很宽的电流范围内能够展现出电压 U 与电流 I 之间的非线性关系. 根据不同的特征，可以将电压-电流特性划分为小电流区、中电流区、大电流区三个部分.

ZnO 压敏电阻的电压-电流特性, 在上面三个范围内各具有出不同的特征，由此可以得出 ZnO 压敏电阻在这三个范围内有着不一样的导电机理. 在小、中电流区域里，导电的机理大部分是由压敏电阻的晶界特征来决定的，而在大电流区域则是由 ZnO 的晶粒特征来决定的[1]. 在大电流范围内，电压-电流特性呈现出回升的特点，它主要是由 ZnO 晶粒本身所具有的电阻决定的，因为晶粒电阻是线性的，所以电压与电流成正比. 这一区域的 U-I 特性决定了工作在大电流范围下的浪涌吸收器的保护性能. 在电力避雷器电阻片的制造中，尽量降低晶粒电阻率，以扩展电压-电流特性的平坦区范围，对提高避雷器的保护性能是很重要的[2].

根据 ZnO 在上述各区域电压-电流特性的特点，可以得到 ZnO 压敏电阻的等值电路，如图 8.1(a)所示. 图中 R_1 为并联电阻(晶间相电阻)，也可以称为绝缘电阻；R_n 为非线性电阻(晶界势垒电阻)，也可以称为压敏电阻；C 为电板间电容(晶界势垒电容)，也可以称为极间分布电容；R_s 为串联电阻(晶粒电阻)，也可以称为体电阻；L 为接线电感，也可以称为引线分布电感. 在小电流区，由于该区 ZnO 压敏性能不能体现，故可不考虑非线性电阻 R_n，而且串联电阻 R_s 值很小，亦可忽略不计，其等值电路用大电容 C 和高电阻 R_1 的并联线性电路来表示，如图 8.1(b)所示. C 和 R_1 的值与压敏瓷的配方和工艺、电阻片的尺寸有关，例如 $\phi 60\times 10$mm 的电阻片，其 C 约为 1500pF，R_p 约为 10MΩ. 在中电流区，C 和 R_1 与非线性电阻 R_n 相比，相当于开路，并且相对而言，R_s 仍很小，可看作短路，其等值电路可简化为 R_n 和 L 串联的非线性电路，如图 8.1(c)所示. 在大电流区，非线性电阻 R_V 相当于短路，串联电阻 R_s 起主要作用，它相当于 ZnO 晶粒的电阻(电阻率 ρ 为 $10^{-2}\sim 10^{-1}$Ω·m)，其等值电路为 R_s 和 L 串联的线性电路，如图 8.1(d)所示.

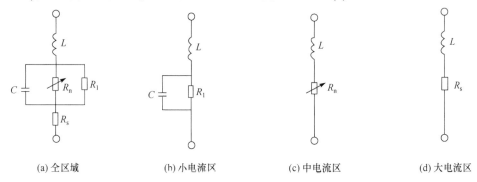

(a) 全区域   (b) 小电流区   (c) 中电流区   (d) 大电流区

图 8.1　ZnO 压敏电阻的等值电路

如图 8.2 所示，流经 ZnO 压敏电阻的交流泄漏电流是容性电流和阻性电流两个分量的矢量合成，容性电流是超前在电路外施电压 $90°$ 的正弦波电流；阻性电流是和电路外施电压相位相同的一种尖顶波电流. 容性电流大体上和电路外施电压呈正比例系数关系，但是电流值要比阻性的大，因为在 ZnO 压敏电阻中还留有比较高的介质耗损.

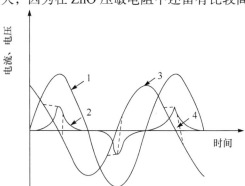

图 8.2　电压、电流波形

1. 电压波形；2. 阻性电流波形；3. 容性电流波形；4. 全电流波形

8.1.2　试验分析

8.1.2.1　试验方案

试验器件是同一商家生产的三种不同类型的 ZnO 压敏电阻，每种型号各三只，分别为 A1～A3、B1～B3、C1～C3. 首先测定每只电阻片的压敏电压 U_{1mA}(V)和电容量 C(nF)，然后将 ZnO 压敏电阻接入图 8.3 所示的基本电路进行试验，用示波器测量

ZnO 压敏电阻两端的电压 U 以及通过压敏电阻的电流 $\dot{i}$ 的相位偏差 $\varphi(\mathrm{ms})$. 三种不同型号的压敏电阻参数如表 8.1 所示.

表 8.1 三种不同型号的压敏电阻参数

编号	压敏电压 U_{1mA}/V	电容 C/nF
A1	609.0	1.83
A2	628.6	1.88
A3	635.1	2.18
B1	723.5	1.59
B2	726.0	1.55
B3	750.4	1.50
C1	633.0	1.27
C2	650.8	1.24
C3	661.2	1.28

试验基本电路图如图 8.3 所示, 基本电路由不同类型的压敏电阻 R_n 和一个取样电阻 R 组成. 为了方便检测通过压敏电阻中的电流 $\dot{i}$, 需在电路中串入一个阻值为 $1\mathrm{k}\Omega$ 的取样电阻.

由于电路处于小电流区, 电流值较小, 不易在示波器上读取. 为方便在示波器上显示数据, 因此对电路进行改进, 可以利用放大电路对通过压敏电阻的电流进行放大, 放大电路如图 8.4 所示.

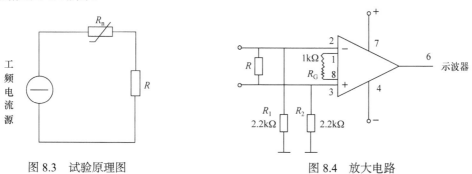

图 8.3 试验原理图 图 8.4 放大电路

整个试验的原理如图 8.5 所示, 由压敏电阻组成的原电路由于流经电流过小, 在电路中加入一个差分放大电路, 然后将放大后的电流以及压敏电阻两端电压的波形通过示波器展示出来, 根据不同条件下图形的变化, 读取并分析研究其变化情况, 得出普遍规律.

在实际电路中, 一个压敏电阻等同于电阻和电容的并联作用, 如图 8.6 所示. 因此, 在利用电流源对压敏电阻进行试验的过程中, 流过压敏电阻 R_n 的泄漏电流 I 可看成是流过电阻 R 的电流 I_R 和流过电容 C 的电流 I_C 的电流矢量和, 即容性电流与阻性电流的矢量和.

图 8.5　试验原理图　　　　　　　　图 8.6　压敏电阻的等效电路

由图 8.6 所得等效结果可知，外加于压敏电阻 R_n 两端的电压等效加于电阻 R 和电容 C 上. 由于两者并联，电压相同，那么所求的泄漏电流的矢量和也可看成在同一电压状态下的电阻的矢量和，即整个压敏电阻的等效阻抗 $|Z|$ 可以看成是压敏电阻等效的容性电阻 R_c 和阻性电阻 R 共同作用的结果，如图 8.7 所示.

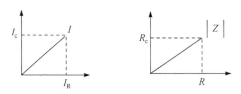

图 8.7　等效电流和等效阻抗

8.1.2.2 试验数据分析

在试验过程中，利用工频电压源不断对电路加大电流，观测示波器上电流、电压波形的变化情况，并记录其随电流的变化情况以及相应的电压变化数值，测得三种不同型号压敏电阻的电压、电流数据，如表 8.2～表 8.4 所示.

表 8.2　A 类所测数据

编号	压敏电压	I_m/mA	U_m/V
A1	$U_{1mA}=609V$	0.02	650
		0.08	750
		0.18	750
		0.28	750
A2	$U_{1mA}=628.6V$	0.02	650
		0.04	800
		0.28	800
		0.32	800
A3	$U_{1mA}=635.1V$	0.02	700
		0.04	750
		0.16	780
		0.28	780

表 8.3　B 类所测数据

编号	压敏电压	I_m/mA	U_m/V
B1	U_{1mA}=723.5V	0.02	750
		0.04	850
		0.12	850
		0.20	900
B2	U_{1mA}=736V	0.02	850
		0.12	900
		0.20	900
		0.40	900
B3	U_{1mA}=750.4V	0.02	800
		0.04	890
		0.08	890
		0.40	890

表 8.4　C 类所测数据

编号	压敏电压	I_m/mA	U_m/V
C1	U_{1mA}=633V	0.10	780
		0.12	800
		0.32	800
		0.40	800
C2	U_{1mA}=650.8V	0.02	780
		0.08	820
		0.12	840
		0.40	840
C3	U_{1mA}=661.2V	0.02	780
		0.08	850
		0.28	850
		0.32	850

从表 8.2～表 8.4 可以看出，任一压敏电压值下的 ZnO 压敏电阻，随着电路中施加电压的增大，其两端的电压先是逐渐变大，到达某一突变点之后，电流继续增大，而电压保持不变. 而 ZnO 压敏电阻的类型以及压敏电压值的大小与其突变点的大小没有直接的联系. 通过这一规律可以得出，在小电流区内，通过压敏电阻的电流并不是单一成分

的电流，而是容性电流和阻性电流的矢量合成. 在电流和电压都逐渐增大时，电路中的电流成分是两者共同占有；而当电压升高到保持不变时，完全由电路中的阻性电流成分所决定，因而此时的压敏电压呈现阻性状态. 为了能够更直观地体现出小电流区的特征，从表8.2～表8.4中选取了电压从逐渐升高到不变的突变点9个对其进行计算分析.

根据所取得的小电流区的突变点，读取电压、电流的示数，可以求出在该种情况下压敏电阻的等效电阻 $|Z|$，利用公式

$$|Z| = \frac{\dot{U}}{\dot{I}} \tag{8-1}$$

对于计算小电流区域压敏电阻里的容性阻抗，可利用公式

$$R_C = \frac{1}{2\pi f c} \tag{8-2}$$

$$f = \frac{1}{T} \tag{8-3}$$

由图8.6可知，压敏电阻的等效阻抗是由容性阻抗和阻性阻抗矢量合成的，可以求出压敏电阻中的阻性阻抗，利用公式

$$R = \sqrt{Z^2 - R_C^2} \tag{8-4}$$

根据式(8-1)～式(8-4)可以求出如表8.6所示的不同型号的压敏电阻在突变点时的等效阻抗、阻性阻抗、容性阻抗值，继而可以求出相位角 $\arctan\varphi$，计算如下：

$$\arctan\varphi = R_C / |Z| \tag{8-5}$$

根据表8.5所求得的各型号压敏电阻突变点上对应的不同类型阻抗进行运算，可求出各组相位角的值，如表8.6所示.

表 8.5　根据公式计算的各类型等效阻抗、容性阻抗和阻性电阻值

型号	等效阻抗 $|Z|$	容性阻抗 $R_C/\text{M}\Omega$	阻性阻抗 $R/\text{M}\Omega$
A1	9.38	1.73	9.21
A2	20.00	1.69	19.92
A3	18.75	1.46	18.69
B1	4.50	2.12	3.97
B2	7.50	2.05	7.21
B3	7.41	2.00	7.13
C1	6.67	2.50	6.18
C2	7.00	2.56	6.51
C3	10.62	2.48	10.33

表 8.6　三种型号的相位角变化情况

A 类	arctan φ	B 类	arctan φ	C 类	arctan φ
$U_{1\text{mA}}$=609V	0.188	$U_{1\text{mA}}$=723.5V	0.530	$U_{1\text{mA}}$=633.0V	0.404
$U_{1\text{mA}}$=628.6V	0.085	$U_{1\text{mA}}$=736V	0.284	$U_{1\text{mA}}$=650.8V	0.393
$U_{1\text{mA}}$=635.1V	0.078	$U_{1\text{mA}}$=750.4V	0.280	$U_{1\text{mA}}$=661.2V	0.240

　　从表 8.6 中可以分析得出每种型号的压敏电阻, 不同的压敏电压对应不同的相位角, 并且随着压敏电压的变大, 相位角也在不断减小. 不同类型的 ZnO 压敏电阻片都存在这种趋势. 在型号相同的 ZnO 压敏电阻中, 随着 ZnO 压敏电阻自身压敏电压的递增, 所求得的相位角反而在不断减小, 这三种类型的压敏电阻均存在此种情况, 但是不同型号的压敏电阻之间还没有明确的规律.

　　可分析出, 每一种型号的压敏电阻在小电流区中随着外加电流的增大, 电路中的交流泄漏电流也在不断增大, 相应的 ZnO 压敏电阻两端的电压也在不断增大, 并且到达某一临界值之后保持示数不变. 这就说明电路中流经 ZnO 压敏电阻的泄漏电流能够分解成容性电流和阻性电流两种不同的分量, 容性电流是超前在电路外施加电压 90° 的正弦波电流; 阻性电流为与外施电压同相的尖顶波电流, 容性电流大体上和电路的外施电压成正比关系, 但要比阻性电流更大. 因为在 ZnO 压敏电阻里还留有比较大的介质损耗, 可以直观地看出阻性电流比直流泄漏电流要大. 电压和电流是存在相位差的, 因此出现了容性阻抗和阻性阻抗的相位角, 而对于不同压敏电压的同类型压敏电阻, 呈现出这样一种趋势, 随着自身压敏电压的升高, 各元件中两种阻抗的相位角在不断减小, 因此可以得出阻性电流和容性电流的相位角也在降低, 即随着压敏电压增大, 两种类型电流之间的相位角在不断减小.

　　图 8.8 是示波器中得到的近似压敏电阻的 U-I 波形图, 点线表示压敏电阻之间的电压的波形(右 Y), 连线表示测试电阻两端的电压波形(左 Y), 除以电阻阻值即为电路的电流波形. 从示波器中可以明显看出电压和电流周期基本相似, 但是存在一定的相位差. 图 8.8(a)~(f)分别是电流不断加大情况下的波形图, 可以看出压敏电阻两端电压不断升高, 电阻两端的电压值在一定程度内是升高的, 但后期已经可以看出, 加大电流到一定程度后已经突破小电流区, 电流开始动作, 波形出现失真的现象.

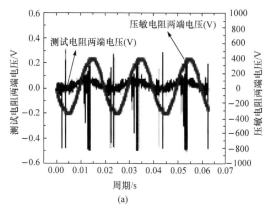

(a)

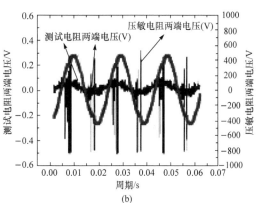

(b)

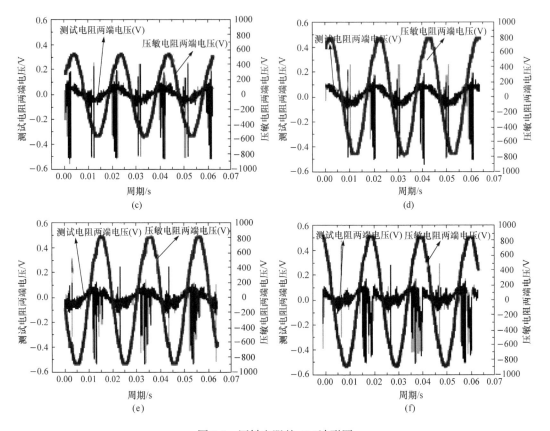

图 8.8　压敏电阻的 *U-I* 波形图
(a)~(f)为电流不断加大情况下波形的变化

8.1.3　结论

通过对三种不同类型的 ZnO 压敏电阻试验，分析对比各组数据可以得出以下三点结论：

(1) ZnO 压敏电阻在小电流区中随着电流不断加大，电压也随之不断升高，到达突变点之后电压保持不变. 这说明在小电流区中，电流成分不仅只有一种，而是由阻性电流与容性电流合成而来. 在到达突变点之后，电压保持不变，此时电路中的电流从阻性电流和容性电流矢量合成变成了完全的阻性电流，ZnO 压敏电阻成完全的电阻状态.

(2) 对于同种类型的 ZnO 压敏电阻，在不同电容、不同压敏电压的条件下，所计算得出的容性电流和阻性电流的相位差是不一样的. A 类压敏电阻的压敏电压从 609V 到 635.1V，相位差 $\arctan\varphi$ 从 0.188 逐渐降至 0.078，降低了约 0.11；B 类压敏电阻的压敏电压从 723.5V 到 750.4V，相位差 $\arctan\varphi$ 从 0.53 降至 0.28，降低了约 0.25；C 类压敏电阻的压敏电压从 633V 到 661.2V，相位差 $\arctan\varphi$ 从 0.404 降至 0.24，降低了约 0.16.

(3) 在同种类型的 ZnO 压敏电阻中，随着 ZnO 压敏电阻自身压敏电压的升高，容性电流和阻性电流的相位角在逐渐减小. A、B、C 三种型号的压敏电阻，每种型号内都存在这种现象，但是不同类型的 ZnO 压敏电阻对比没有明显的规律.

8.2　限压型电涌保护器 ZnO 压敏电阻劣化、老化的问题

由于电子设备对暂态过电压及过电流的耐受能力较弱，在过电压的作用下这些器件很容易被损坏，更严重者可能发生火灾等事故. ZnO 压敏电阻具有良好的非线性特性和大电流吸收能力，现在已被广泛应用于电力系统、低压电源系统和信息系统的电涌保护器中. 因此，其性能的好坏直接影响着安全保护的效果. 在正常状态下，一个性能良好的 ZnO 压敏电阻在经受电涌冲击以后，其电气特性应返回到初始状态. 然而系统在长期运行过程中，由于受到雷电流、操作过电压、高温、高湿等外界环境的影响，ZnO 压敏电阻会出现老化、劣化现象，影响其工作的稳定性和可靠性，并且最终可能导致热损坏. 因此 ZnO 压敏电阻的老化劣化成为电涌保护器应用中非常重要的问题[3].

8.2.1　ZnO 压敏电阻双肖特基势垒的理论分析

ZnO 压敏电阻的晶界层中存在大量的杂质及异相，并且 ZnO 压敏电阻在烧结过程中及在烧结后的冷却过程中，将从空气中吸收氧原子，然后通过晶界扩散到 ZnO 压敏电阻内部的晶界中. 所以晶界层与 ZnO 晶粒具有不同的成分及电子状态，晶界层中将形成新的界面能级. 如果两个 ZnO 晶粒和晶界三者按实际晶界结果结合，那么由于两侧晶粒的费米能级高，ZnO 晶粒表面的自由电子流入界面能级，被界面中的受主表面态俘获，流入新的界面能级的被受主表面态俘获的电子变成界面电荷带负电，该电荷被晶界附近的正离子化的施主电荷平衡. 而 ZnO 晶粒失去表面自由电子后将从电中性变为带正电. 晶粒内的自由电子因热运动而输送到 ZnO 晶粒表明已达到电中性. 然而这些内部注入的自由电子又会因热激活而注入晶界，被晶界的表面态俘获，从而导致 ZnO 晶粒表面进一步带正电. 这个由热激活所致的注入—俘获过程，一直要进行到晶界势垒的费米能级与 ZnO 晶粒的费米能级相等时，才可以达到平衡. 这一过程的结果将使宽度为 L 的晶粒表层的自由电子耗尽，而形成一个从晶粒表面渗入晶粒体内一定深度的电子势垒，把这种带正电荷的区域称为空间电荷层. 由于该层不存在自由电子,也称为耗尽层. 耗尽层将形成 ZnO 压敏电阻的高阻层. 该区域由于受正电荷影响,势垒发生变化,能带发生弯曲. 一般把左右两侧同时形成的晶界势垒称为双肖特基势垒[4].

晶界带负电荷的界面电荷与 ZnO 晶粒耗尽层的正施主电荷达到完全平衡时，假设 ZnO 晶粒的表面积为单位面积，左右侧耗尽层所带的正电荷都为

$$Q_D = eN_dL \tag{8-6}$$

式中，e 为电子电荷；N_d 为施主密度；L 为耗尽层宽度. 因此，平衡时界面电荷 Q_S 为

$$Q_S = 2Q_D = 2eN_dL \tag{8-7}$$

从前面的分析可知，界面电荷是由界面的表面态俘获电子形成的. 界面的表面态电荷 Q_S 也可表示为

$$Q_S = 2eN_s \qquad (8-8)$$

其中，N_s 为表面态密度，由式(8-7)和式(8-8)可以得到 $N_s=NdL$，即耗尽层宽度 $L=N_s/N_d$.

8.2.2 老化试验分析

8.2.2.1 直流老化试验及分析

选择同一厂家生产的同型号同尺寸编号分别为 S1～S5 的 ZnO 压敏电阻，压敏电压 U_{1mA} 为 620V，标称电流为 20kA. 测试的静态参数有：压敏电压 U_{1mA}、漏电流 I_L. 测试仪器为多功能电涌保护器测试仪 K-3162 和自动元件分析仪 TH2818.

直流老化试验采用热稳定仪对 ZnO 压敏电阻 S1～S5 进行加热老化，S1、S2、S3 所加电流分别为 20mA、30mA、40mA 的直流电流，观察其老化过程中温度随时间的变化情况以及老化前后其性能参数的变化情况. 对 S4 和 S5 进行试验之前，先规定其正负极性，在试验过程中，保持通过 S4 的电流方向不变，变换通过 S5 的电流方向，均施加 30mA 的电流，经过几次老化之后测量其性能参数，并记录其极性. ZnO 压敏电阻直流老化前后参数变化规律如图 8.9 所示.

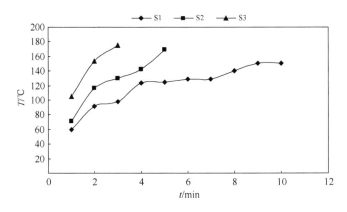

图 8.9　温度随加热时间的变化曲线

随着加热时间的增加，温度升高到一定程度时，增幅变缓，这时 ZnO 压敏电阻达到热平衡. 比较三条曲线可以得到：所加电流越大，温度随时间的变化率越大，并且当温度达到 180℃左右时，ZnO 压敏电阻达到不可恢复的损坏状态. S2 和 S3 加热时间不到 5min 就达到热崩溃，通过 ZnO 压敏电阻的电流瞬间剧增.

ZnO 压敏电阻 S4 在试验过程中电流方向是不变的，由图 8.10 和图 8.11 可以看出，随着老化次数的增加，ZnO 压敏电阻的压敏电压和漏电流呈增长的趋势. 在测量压敏电压和漏电流时改变极性进行测量，发现与所加电流方向为正极—负极时的压敏电压大于所加电流方向为负极—正极时的压敏电压，而漏电流的变化规律正好相反.

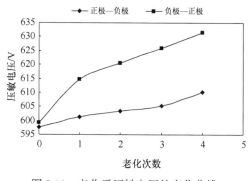

图 8.10 老化后压敏电压的变化曲线

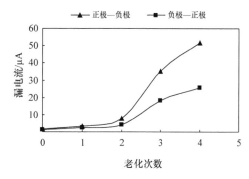

图 8.11 老化后漏电流的变化曲线

由图 8.12～图 8.14 所示，直流电压下老化试验后 ZnO 压敏电阻的正、反向伏安特性曲线发生不对称漂移，施加电流方向是正极—负极，但负极—正极的漂移大于正极—负极的漂移，这说明与老化试验电压极性相反的伏安特性曲线的漂移比极性一致的正方向特性的漂移要大. 由图 8.15 可知，老化前后 ZnO 压敏电阻的内阻变化不明显，但局部有降低的趋势.

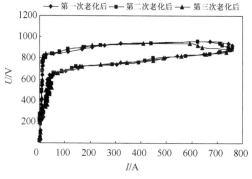

图 8.12 S4 与电流方向一致伏安特性曲线

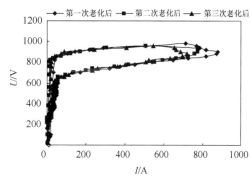

图 8.13 S4 与电流方向反向伏安特性曲线

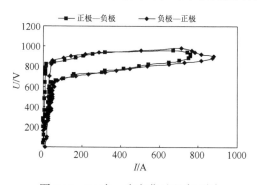

图 8.14 S4 在一次老化过程中不同

极性伏安特性曲线比较

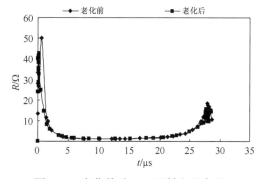

图 8.15 老化前后 ZnO 压敏电阻内阻

变化曲线

试验过程中，S4 和 S5 的电流方向是不同的，S5 第一次老化的电流方向是正极—负极，第二次老化是改变极性，由负极—正极，以此规律进行四次老化试验，老化前后压敏电压及漏电流的变化规律与 S4 不同，具体规律由图 8.16、图 8.17 所示，可以看到老化之后压敏电压和漏电流的变化规律. 当 ZnO 压敏电阻中的电流方向为正极—负极时，测量得到压敏电压的负极—正极的值偏大于正极—负极的值，而漏电流的规律正好相反，即正极—负极的值偏大于负极—正极的值. 当改变电流为负极—正极时，压敏电压的正极—负极的值偏大于负极—正极的值，漏电流的规律正好相反. 还可以看出，在改变极性时，压敏电压和漏电流的幅值有所回升，即存在一定的逆老化过程，但总体趋势是随着老化程度的增加，压敏电压和漏电流都增加. 图 8.18 和图 8.19 是 S5 变化电流极性之后的伏安特性曲线比较. 正负极性变化时，伏安特性曲线变化不大，但存在微小的漂移. 老化前后 ZnO 压敏电阻的内阻 R 变化不大，只有局部有减小的趋势，如图 8.20 所示.

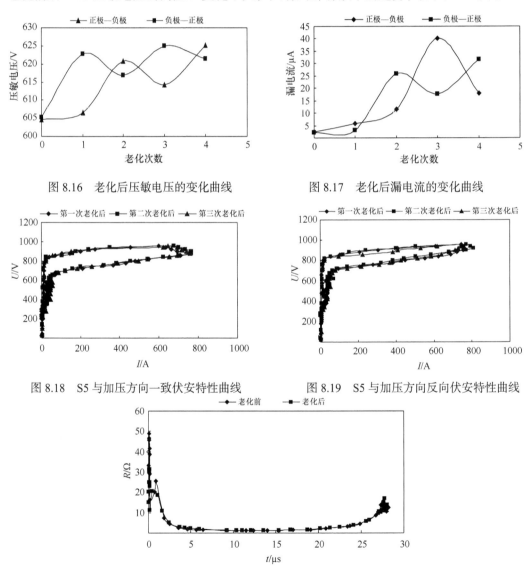

图 8.16　老化后压敏电压的变化曲线　　　　图 8.17　老化后漏电流的变化曲线

图 8.18　S5 与加压方向一致伏安特性曲线　　图 8.19　S5 与加压方向反向伏安特性曲线

图 8.20　S5 老化前后内阻变化曲线

ZnO 压敏电阻的非线性起源是其双肖特基势垒的产生. 压敏电压和漏电流的增加是 ZnO 压敏电阻老化后的外在表现，但其内在本质是双肖特基势垒的畸变和劣化导致其非线性性能的降低. ZnO 压敏电阻在直流老化中的现象可以用晶界肖特基势垒模型进行解释. 势垒的耗尽层中主要的迁移离子是可移动的填隙锌离子 Zn_i^- 和 Zn_i^+，另外也包含空间位置固定的正电荷离子，如 3 价的替位杂质离子，即所谓的施主离子 DZn^+（D=Bi，Sb 等），以及本征氧空穴 V_0^+ 和 V_0^{2+}. 在晶界上是锌空穴 V_{Zn}^+ 和 V_{Zn}^{2-}. 当施加直流电压时，反向肖特基势垒的耗尽层中，填隙锌离子向晶界移动，在界面处发生如下反应：

$$V_{Zn}^- = V_{Zn}^+ + e^- \tag{8-9}$$

$$Zn_i^+ + e^- = Zn_i^+ \tag{8-10}$$

综合式(8-9)和式(8-10)可以得到

$$Zn_i^+ + V_{Zn}^- = Zn_i^+ + V_{Zn}^x \tag{8-11}$$

通过式(8-11)的反应，耗尽层中有一个带正电荷的填隙锌离子 Zn_i^+ 消失，在界面有一个带负电荷的锌空穴 V_{Zn}^- 消失，而产生了中性缺陷 Zn_i^+ 和 V_{Zn}^x. 因此，在连续电压的作用下，反向肖特基势垒高度由于 V_{Zn}^- 的不断消耗而逐渐降低，导致反向及正向肖特基势垒的畸变.

在试验过程中，当电流方向不变时，反向肖特基势垒高度不断降低，导致与试验电流极性相反的压敏电压高于与试验电压极性一致的值，与试验电流极性一致的漏电流大于反向漏电流；当电流极性交替变化时，由于试验时间及电流大小的区别，离子的左右运动距离不相等，因此晶界层的离子发生一定的迁移，但总的趋势是左右交替偏移，所以压敏电压和漏电流呈现出大小交替变化的规律.

8.2.2.2 交流老化试验及分析

S1～S5 采用同厂家同型号的 ZnO 压敏电阻，S6、S7 采用不同厂家型号的 ZnO 压敏电阻，其器件参数与上述相同. 测试的静态参数以及仪器与直流老化试验相同.

试验过程中，对 S1～S5 施加的电流幅值分别为 10mA、20mA、30mA、40mA、50mA，分析老化过程中温度随时间的变化规律. 对 S2 和 S3 进行第二次老化试验时，继续记录温度随时间的变化数据，分析不同老化程度下温度随时间的变化规律. 然后采用不同厂家型号的 ZnO 压敏电阻 S6 和 S7 进行若干次老化试验，所加电流幅值都是 30mA，综合分析交流老化之后 ZnO 压敏电阻的性能参数的变化规律. 温度随着加热时间的加长而呈增长的趋势，并且施加的电流幅值越大，温度在相同时间内的变化率越大. 另外，通过分析图 8.21、图 8.22 可以得到，第二次老化过程中温度比第一次老化过程中要高，说明温度不仅与加热时间有关，还与老化程度有关，老化程度越大，在相同的时间内温度越高.

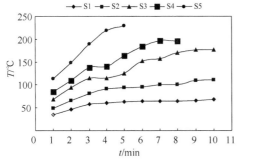

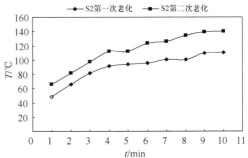

图 8.21　第一次老化过程中温度随时间的变化曲线　图 8.22　第二次老化过程中温度随时间的变化曲线

在交流老化过程中,压敏电压与漏电流的变化规律与直流老化有很大的区别,如图 8.23 和图 8.24 所示. 随着老化程度的加深,压敏电压和漏电流呈增长的趋势,并且与电流的正负极性没有关系.

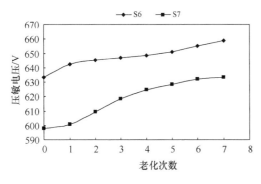

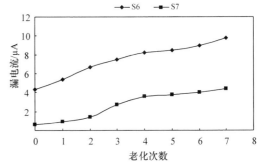

图 8.23　老化后压敏电压变化曲线　　　　图 8.24　老化后漏电流变化曲线

交流老化前后伏安特性曲线如图 8.25 和图 8.26 所示,交流老化之后伏安特性曲线存在漂移现象,但其正负极性间的漂移是对称的. 在老化过程中,内阻 R 的数值有增有减,没有明显的变化规律. 老化前后 ZnO 压敏电阻片的内阻变化不大,只有局部减小的趋势,如图 8.27 所示.

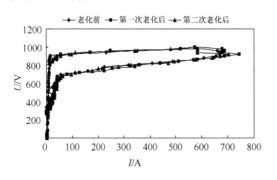

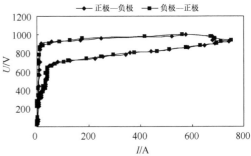

图 8.25　老化前后伏安特性的变化曲线　　　图 8.26　不同极性间伏安特性变化曲线

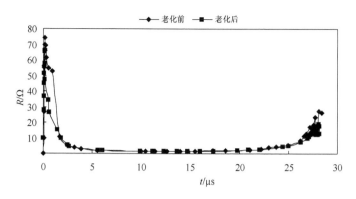

图 8.27　交流老化前后 ZnO 压敏电阻内阻变化曲线

交流老化也是由离子迁移引起的. 交流电压分为正半波和负半波, 在正半波电压的作用下, 如果右侧施加正偏压, 则左侧为正向肖特基势垒, 右侧为反向肖特基势垒. 而在负半波电压作用下, 左侧正偏压下为反向肖特基势垒, 右侧为正向肖特基势垒. 当 ZnO 压敏电阻在交流正半波电压的作用下时, 晶界层和反向肖特基势垒侧的耗尽层都发生离子迁移. 反向偏压侧肖特基势垒耗尽层中的填隙锌离子向晶界层迁移, 即离子往左侧方向迁移, 与右侧界面上的负电荷的锌空穴生成中性离子, 导致右边反向肖特基势垒高度降低. 在交流负半波电压的作用下时, 左侧耗尽层中的填隙锌离子向晶界层迁移, 与在左侧界面上的负电荷的锌空穴生成中性离子, 导致左边反向肖特基势垒降低.

交流老化过程中 ZnO 压敏电阻的伏安特性曲线对称漂移, 原因是在交流电压作用下极性改变, 晶界层的离子左右等距离反复运动, 所以总的来说晶界层的离子迁移的位置不变, 相当于没有发生迁移. 但耗尽层中的离子迁移不可忽略. 当为反向肖特基势垒时, 施加的是一个高电场, 而当为正向肖特基势垒时, 施加的是一个小电场. 当交流电压在正负半波之间反复变化时, 耗尽层中的填隙锌离子在晶界层及其反方向不等距地迁移, 最终正填隙锌离子迁移至肖特基势垒的界面, 与锌空穴发生反应生成中性离子. 这种情况使氧化锌晶粒—晶界层—氧化锌晶粒的界面形成的两个肖特基势垒发生对称畸变, 两侧势垒高度均有所降低. 所以在老化之后漏电流和压敏电压会升高, 并且伏安特性曲线在老化前后是有漂移的, 但正负极性之间的漂移是对称的.

8.2.2.3　冲击老化试验及分析

冲击老化试验采用两片同一厂家不同型号的 ZnO 压敏电阻, 编号为 S1 和 S2, 器件参数以及所用仪器及测量参数与上述相同. 利用 8/20μs 波形对 ZnO 压敏电阻进行冲击, S1 和 S2 的冲击电流幅值分别为 20kA 和 25kA, 时间间隔为 1min, 第一、二次冲击次数为 2 次, 第三次冲击次数为 5 次, 第四、五次冲击次数为 10 次, 老化冷却后测量其性能参数.

随着老化程度的增加, ZnO 压敏电阻的压敏电压和漏电流都呈现增长的趋势, 如图 8.28 和图 8.29 所示. ZnO 压敏电阻老化前后伏安特性曲线及内阻变化曲线图 8.30 和图 8.31 所示. 老化后的压敏电压比老化前大, 从伏安特性曲线可以看出存在一定的漂移现象, 这是因为在冲击电压的作用下肖特基势垒较大的畸变导致的单极性老化. 老化后内阻没有明显的变化，只有局部有降低的趋势. 与交流老化试验一样，内阻 R 在老化过程中数值变化没有明显的规律.

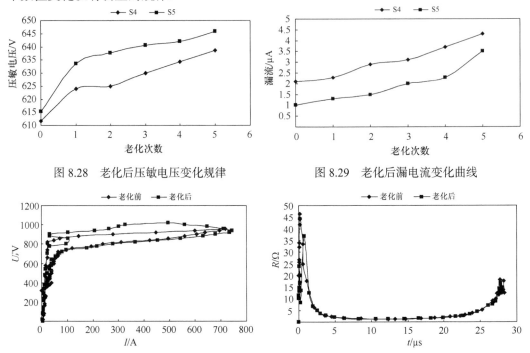

图 8.28　老化后压敏电压变化规律　　　　图 8.29　老化后漏电流变化曲线

图 8.30　ZnO 压敏电阻老化前后伏安特性曲线　　图 8.31　ZnO 压敏电阻老化前后内阻变化曲线

在冲击老化中，ZnO 压敏电阻的伏安特性曲线也发生了漂移，并且压敏电压和漏电流都增加，内阻也局部减小，产生这些现象的根本原因是冲击过程中的热老化. 在冲击电流作用下，大量的能量在短时间内注入 ZnO 压敏电阻. 如果不考虑散热，将氧化锌压敏电阻吸收冲击能量的升温过程近似看成绝热温升，则吸收冲击能量 E_i 后，ZnO 压敏电阻的温升可用下式表示：

$$\Delta T = \frac{E_i}{\rho c_p} \tag{8-12}$$

式中，ρ 为电阻率；c_p 为比定压热容.

当 ZnO 压敏电阻吸收能量后，温度上升之后在内部产生较大的热激活能. 在单极性的冲击电压作用下有两方面的影响：其一，晶界层内的 Bi^{3+} 等正离子向反向偏压侧肖特基势垒的晶界迁移；其二，在反向肖特基势垒耗尽层内的正离子也向晶界方向迁移. 但所有离子的迁移速度明显高于低电场区直流电压作用时的迁移速度. 这两方面的作用将引起肖特基势垒的较大的畸变，最终产生较严重的单极性老化.

8.2.3　实际应用

安装于太阳能电板系统中的电涌保护器，保护太阳能电板免遭受雷击. 考虑到太阳能电池板直接输出的是直流电，因此在这种环境下要考虑保护器件的直流老化. 根据直流老化下, ZnO 压敏电阻的静态参数(如压敏电压、漏电流等)的变化特点可以有效地发现其性能是否已处于热崩溃边缘, 这为决策者决定是否需要更换 ZnO 压敏电阻提供了指导. 例如, ZnO 压敏电阻老化后, 静态参数的极性效应会比较明显.

安装于低压配电系统中的电涌保护器, 由于其会长时间通过 50Hz 交流电, 必然会发生一定的交流老化. 即使其未经受雷电或操作过电压的冲击, 长时间通过的漏电流仍然会使 ZnO 压敏电阻的保护性能下降. 因此, 可以根据交流老化试验中 ZnO 压敏电阻的特点(如伏安特性曲线的对称性变化与漂移现象)来决定是否需要更换 ZnO 压敏电阻.

当过电压通过 ZnO 压敏电阻时, 由于过电压的幅值大很有可能使其性能迅速下降甚至热崩溃, 无法继续承担保护设备的任务. 因此, 根据老化、劣化时 ZnO 压敏电阻的静态参数特点来及时发现 ZnO 压敏电阻的老化、劣化程度也是十分必要的. 此外, 针对 ZnO 压敏电阻的冲击老化原因, 可以选择诸如多片 ZnO 压敏电阻片并联使用的方法来改善电涌保护器的保护性能, 减缓 ZnO 压敏电阻片的老化速度.

8.2.4　结论

在实际应用中, ZnO 压敏电阻的老化一般包括直流老化、交流老化与冲击老化. 由于三种老化各有特点, 因此研究 ZnO 压敏电阻的三种老化特点能够为实际应用中 ZnO 压敏电阻的老化形式提供辨别依据. 这为工程应用中判别 ZnO 压敏电阻是否需要更换提供了参考. 三种老化劣化试验, ZnO 压敏电阻的性能参数变化如下:

(1) 三种老化试验后, ZnO 压敏电压发生变化、漏电流会增加, 但在直流老化中, 压敏电压与漏电流的变化还与施加电流的方向有关, 存在一定的逆老化过程;

(2) 直流老化后, 伏安特性曲线发生不对称改变, 而交流老化后的伏安特性曲线发生对称改变, 冲击老化后伏安特性曲线也发生漂移现象;

(3) 三种老化后, 内阻的变化不大, 只有局部呈现降低的趋势;

(4) 在直流老化和交流老化过程中, 温度的升高与加热时间、施加电流以及老化程度有关.

8.3　暂态抑制二极管的性能问题

8.3.1　暂态抑制二极管在雷电阻尼振荡波冲击下的性能分析

瞬态抑制二极管(TVS)是广泛使用的半导体保护器件, 它拥有极快的响应时间(ps 数量级)和较低的箝位电压. TVS 作为一种高功率脉冲开关器件, 在高功率脉冲与重复频率脉冲功率技术领域有重要应用. 同时它被广泛地应用于设备保护或电路免受静电、电感性负载切换时产生的瞬变电压, 以及雷击感应过电压. 本节采用雷电阻尼振荡波发生器(波长时间为 0.5μs, 振荡主频率为 100kHz)模拟雷电压, 对 1.5KE 系列双向 TVS 进行冲击试验, 研究其主要的技术参数随着冲击电压的变化趋势, 并对 TVS 的吸收能量做出分析, 总结出 TVS 在阻尼振荡波冲击过程中残压及能量吸收变化规律[5].

8.3.1.1 TVS 的瞬态特性理论分析

1) pn 结瞬态特性分析

TVS 利用了 pn 结的反向击穿原理, 图 8.32 表示 pn 结的瞬态特性. 其中图 8.32(a) 表示一个能够改变 pn 结偏置方向的简单电路. 正向时, 有一电流 I_F 流过 pn 结. 在 $t=0$ 时刻, 开关 S 突然掷到右边, 此时通过 pn 结的电流并不是立即变为反向饱和电流 I_s, 如图 8.32(b)所示. 即 pn 结的反向瞬变过程可以分为电流恒定和电流衰减两个阶段, 相应的瞬变时间分别以 t_s 和 t_f 表示. t_s 称为存储时间, t_f 称为下降时间, 定义为从 I_R 开始衰减到 $0.1 I_R$ 所经过的时间. $T_{off}=t_s+t_f$ 即为反向恢复时间, 它比偏压从反向突变为正向的瞬变时间长得多[6].

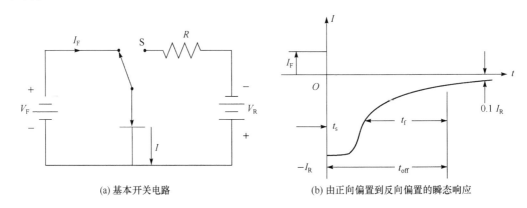

(a) 基本开关电路　　　　　　　　(b) 由正向偏置到反向偏置的瞬态响应

图 8.32　pn 结瞬态特性

利用电荷控制模型, 对长 p+n 结的情形, 近似计算瞬变时间. 反偏刚开始的一段时间($0<t<t_s$)内, p+n 结处于反向低阻状态, 电流基本恒定, 由外电路决定

$$I_R \approx V_R / R \tag{8-13}$$

R 为偏置电阻, 存储电荷通过外电路流走(反向抽取)和自身复合减少, 即

$$-\frac{\mathrm{d}Q}{\mathrm{d}t} = I_R + Q / \tau_p \tag{8-14}$$

上述方程解为

$$Q(t) = \tau_p (I_F + I_R) \exp(-t / \tau_p) - \tau_p I_R \tag{8-15}$$

得到上式时用了 $t=0$ 时 $Q=\tau_p I_R$ 的初始条件. 令 $t=t_s$ 时存储电荷完全消失, 即 $Q(t_s)=0$, 由此得到存储时间为

$$t_s = \tau_p \ln\left[1 + I_F / I_R\right] \tag{8-16}$$

经过时间 t_s 以后, 可认为 pn 结已经进入反向高阻状态.

2) pn 结的击穿特性

加到 pn 结上的反向电压超过某一临界值 V_B 时, pn 结发生击穿, 产生很大的电流. V_B 称为击穿电压. 击穿本身不是破坏性的, 但必须通过外电路对最大电流加以限制, 以避免 pn 结过热烧毁. pn 结击穿有两种重要机制: 隧道效益和雪崩倍增. 碰撞电离引起的雪崩倍增使大多数半导体器件的工作电压受到限制; 另外, 雪崩倍增现象也可以被利用. 在 p 区和 n 区掺杂浓度相当高($>5\times10^{17}\text{cm}^{-3}$)的 pn 结中, 当外加反向电场强度达到 10^6V/cm 或更高时, 由于空间电荷区宽度很小, p 区价带占据态上的电子有很大概率穿过禁带进入 n 区导带的空态. 这种因为电子隧道穿透效应在场强下迅速增大而产生大电流的现象, 称为隧道击穿. 对硅和砷化镓 pn 结, 击穿电压小于 $4E_g/q$(E_g/q 为禁带宽度)时, 通常是隧道击穿; 击穿电压大于 $6E_g/q$ 时, 则是雪崩击穿. 击穿电压在 $4E_g/q$ 和 $6E_g/q$ 之间时, 是这两种击穿的混合. 另外, 隧道击穿电压随温度增加而减小(负温度系数), 因为能参与隧穿的价带电子流随温度增加; 而雪崩击穿电压随温度增加而增加(正温度系数), 这是因为温度高时晶格振动强烈, 载流子同晶格碰撞损失的能量增加, 使得从电场积累能量的速度减慢, 只有在更强的电场下才能具有碰撞电离和雪崩倍增所需的能量.

8.3.1.2 实验模型建立及数据分析

1) 试验模型

实测统计表明, 由雷电在低压交流线路上引起的暂态过电压具有衰减振荡波形, 第一个波的波头时间为 0.5μs, 其振荡主频率为 100kHz, 在半个周期内的幅值约以 0.6 倍的因子衰减.

为了模拟测试 TVS 在雷电阻尼振荡波下的性能, 使用一种波长时间为 0.5μs, 振荡主频率为 100kHz 的雷电阻尼振荡波发生器作为冲击试验平台. 其结构原理如图 8.33 所示. 实验对象选取 1.5KE 系列的无极性双向 TVS, 使用 TektronixTDS3012 型数字存储示波器采集存储 TVS 两端的残压及电流波形. 其中, 1.5KE 系列 TVS 的型号如下: 1.5KE6.8CA、1.5KE7.5CA、1.5KE8.2CA、1.5KE9.1CA、1.5KE10CA、1.5KE12CA、1.5KE16CA、1.5KE18CA、1.5KE20CA、1.5KE22CA、1.5KE27CA、1.5KE30CA、1.5KE36CA、1.5KE39CA、1.5KE43CA、1.5KE47CA、1.5KE51CA; 实验中所用的电压幅值为: $U_{\text{br}}=7\text{kV}$, 步长为 200V.

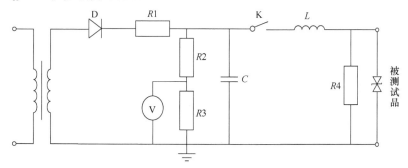

图 8.33 雷电阻尼振荡波发生器原理图

2) 试验数据分析

在不同击穿电压的 TVS 两端施加不同的冲击电压, 其对应的残压、通流都不相同, 且变化趋势也有差异. 下面以 1.5KE6.8CA 和 1.5KE51CA 为例进行实验数据的分析. TVS

的吸收能量用$\Sigma IU\Delta t$进行计算.

(1) 1.5KE6.8CA 实验数据分析.

如图 8.34(a)所示, 在型号为 1.5KE6.8CA 的 TVS 两端施加冲击电压后, TVS 两端的残压与通流值呈正相关. 当阻尼振荡波冲击电压小于 2.5kV 时, 残压自 20V 上升至 22V 上下, 仅上升 2V 且变化趋势平缓. 冲击电压从 2.5kV 上升至 3.5kV 这一阶段, 残压急剧上升, 从 22.3V 上升为 33V, 上升趋势稳定并且呈线性. 冲击电压超过 3.5kV 直到 6.5kV 这一阶段, TVS 的残压基本维持在 33V. 冲击过程中 TVS 的通流值呈线性增加趋势, 这种趋势基本保持稳定, 平均冲击电压每增加 1kV, 通流增加 68～70A.

根据$\sum IU\Delta t$可计算出 TVS 在阻尼振荡波冲击下所吸收的能量幅值. 如图 8.34(b)所示, TVS 吸收能量随冲击电压的增加, 呈线性增大趋势, 和通流值变化相似. 吸收能量从冲击电压为 200V 开始的 0.0014J 至 6.2kV 的 0.04J, 线性增长了 0.0386J. 平均冲击电压每增加 1kV, TVS 吸收能量增加 0.00643J.

图 8.35 为冲击电压为 1.8kV 时 TVS 两端的电压与电流值波形图. 由图可知, TVS 在 2μs 内将瞬态电压箝位在 23V 以内, 随后递减.

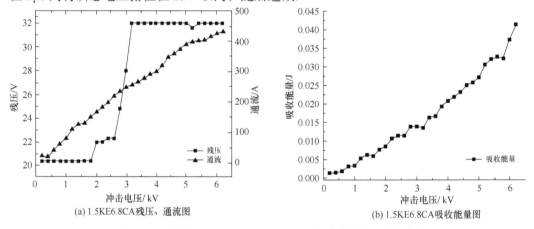

(a) 1.5KE6.8CA残压、通流图　　　　　(b) 1.5KE6.8CA吸收能量图

图 8.34　型号为 1.5KE6.8CA TVS 阻尼振荡冲击实验数据图

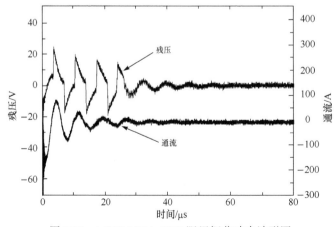

图 8.35　1.5KE6.8CA TVS 阻尼振荡冲击波形图

(2) 1.5KE51CA 实验数据分析.

如图 8.36(a)所示, 随着在型号为 1.5KE51CA 的 TVS 两端施加冲击电压的增加, TVS 两端的通流整体呈线性增加趋势. 残压整体呈现两个阶段, 第一阶段冲击电压自 800V 增加至 3.8kV, 残压从 100V 增长到 104V, 小幅度增长. 在冲击电压增加超过 4kV 后, 残压维持在 120V, 相对稳定. 根据图 8.36(b)可知, 1.5KE51CA 吸收能量同样随着两端冲击电压的增加而呈线性增加, 与 1.5KE6.8CA 能量吸收特性一致.

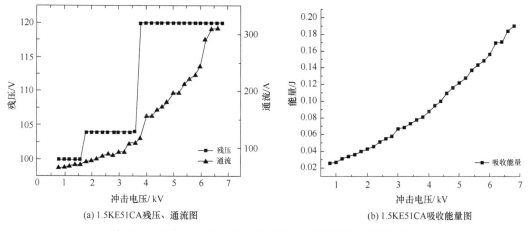

(a) 1.5KE51CA残压、通流图　　　　　　(b) 1.5KE51CA吸收能量图

图 8.36　型号为 1.5KE51CA 的 TVS 阻尼振荡冲击实验数据图

3) TVS 的通流能力分析

为分析 TVS 在雷电阻尼振荡波下的通流特性, 选取下列 7 种不同箝位电压的 TVS, 记录雷电阻尼振荡波冲击电压分别为 5kA、3kA、1kA 时的峰值电流, 并计算出平均通流, 如表 8.7 所示. 根据试验数据得出, TVS 箝位电压越高, 其在雷电阻尼振荡波下的通流能力越小, 分散性也越小. 试验表明, 箝位电压较小的 TVS 通流值往往大于箝位电压大的 TVS, 当箝位电压大于 120V 后, 其通流值在 100A 以内, 大于 300V 后, 通流值仅仅只有几十安培. TVS 适宜作为次级限压型防护元件, 其脉冲峰值功耗越大, 通流能力越小, 在实际工程选择中需注意.

表 8.7　TVS 雷电通流能力实验结果

试品	U_E/V	各次冲击电压下的通流峰值/A			通流平均值/A
1.5KE6.8CA	6.8	392	210	66	223
1.5KE9.1CA	9.1	350	172	47	190
1.5KE12CA	12	288	40	45	158
1.5KE18CA	18	264	136	37	146
1.5KE30CA	30	228	110	36	125
1.5KE43CA	43	196	98	33	109
1.5KE51CA	51	195	92	31	106
1.5KE120CA	300	122	61	16	66

4) TVS 的能量吸收特性分析

如图 8.37 所示，在冲击电压从 0.8kV 上升至 6.2kV 过程中，随着 TVS 标称箝位电压的增大， TVS 的吸收能量呈均匀线性增长趋势.

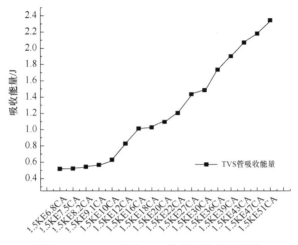

图 8.37　1.5KE 系列 TVS 能量吸收总量曲线

根据图 8.38 可以直观地看到不同型号的 TVS 的能量吸收变化. 1.5KE 系列 TVS 的吸收能量与阻尼振荡波冲击电压幅值呈正比关系，且在相同冲击电压下箝位电压大的 TVS 吸收能量更多，上升趋势更加明显.

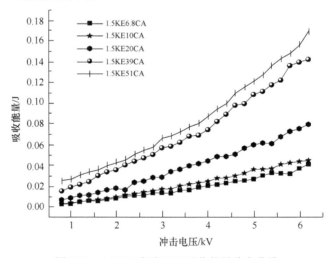

图 8.38　1.5KE 系列 TVS 吸收能量分布曲线

8.3.1.3　结论

(1) 通过阻尼振荡波发生器对 TVS 两端施加逐步增大的冲击电压，TVS 两端的残压随冲击电压的增大呈现非线性跳跃增加趋势，在绝大部分状态中保持固定的箝位电压. TVS 击穿后，通流随着冲击电压的增大而增大，呈现均匀线性增大趋势.

(2) 随箝位电压的增大, TVS 通流值减小, 分散性减小. 当其箝位电压大于 300V 后, 通流值仅为几十安培.

(3) 在阻尼振荡波冲击下, 吸收能量增长特性与通流相似, 呈现均匀线性增长趋势且与冲击电压呈正比关系. 1.5KE 系列不同标称箝位电压的 TVS, 在冲击电压相同的情况下, 其标称箝位电压与吸收能量呈正相关, 表明了 TVS 的老化速度随着标称箝位电压增加而加快, 吸收能量越多寿命越短.

(4) 标称箝位电压为 51V 的 TVS 在遭受 0.2kV 的阻尼振荡波冲击后仍不会动作, 这是由于 TVS 在阻尼振荡波下的吸收能量主要集中在前两个波头, 此时吸收能量较小不足以使 TVS 动作, 表明 TVS 的实际工作状态不仅与冲击电压有关还与吸收能量有关.

8.3.2　10/700μs 雷电波冲击下瞬态抑制二极管的性能分析

为了提高电子信息设备抗干扰的能力, 浪涌保护器是一个很好的选择. 在众多浪涌保护器中, 瞬态抑制二极管是一种专门用于抑制过电压的元器件. 它具有响应时间快、瞬态功率大、漏电流低、击穿电压偏差、箝位电压较易控制、无损坏极限、体积小等优点. 根据 IEC61643-12 : 2000 低压电涌保护器第 21 部分: 电信和信号网络的电涌保护器——性能要求和试验方法的规定, 电涌保护器冲击限制电压的试验中, 选用 B 类试验中采用 10/700μs 开路电压波进行冲击试验确定电涌保护器的通流容量选择电流水平. 采用 10/700μs 雷电波发生器对不同直流击穿电压的 TVS 进行冲击试验, 通过冲击试验得到 TVS 两端残压与通流值, 并计算 TVS 管所吸收的能量. 分析不同直流击穿电压的 TVS 在不同雷电波冲击电压下通流、残压和能量的变化规律.

8.3.2.1 TVS 击穿的理论分析

TVS 是利用 pn 结的反向击穿原理而设计的, 加到 pn 结的反向电压超过某一临界值 V_B 时, pn 结发生击穿, 产生很大的电流. V_B 称为击穿电压. 击穿的本身不是破坏性的, 但必须在 TVS 能够承受的能量范围内, 以避免 pn 结过热烧毁. pn 击穿有两种重要机制: 隧道效应和雪崩倍增. 对于硅和砷化镓 pn 结, 击穿电压小于 $4E_g/q$(E_g 为禁带宽度, q 为电荷量), 击穿电压大于 $6E_g/q$ 时, 则是雪崩击穿. 雪崩击穿电压随温度增加而增加(正温度系数), 这是因为温度高时, 晶格振动强烈, 载流子同晶格碰撞损失的能量增加, 使得从电场积累能量的速度减慢, 只有在更强的电场下才能具有碰撞电离和雪崩倍增所需的能量. 因此, TVS 在不同波形的冲击电压作用下, 器件两端的残压比直流击穿电压要高得多, 甚至有 3 倍以上的关系.

对于掺杂浓度不太高的 pn 结, 当反向偏压很大时, 热产生电子能够在短时间内从强电场中获得足够能量同晶格原子碰撞, 破坏晶格键, 产生电子-空穴对, 这一过程称为碰撞电离. 新产生的电子和空穴再从电场获得能量, 进一步产生电子-空穴对. 这种连锁过程称为雪崩倍增, 由雪崩倍增而产生大电流的现象称为雪崩击穿.

图 8.39 表示 pn 结耗尽区内的雪崩倍增, 初始电子电流 I_{n0} 从耗尽区左边($x=0$)流入, 若耗尽区内电场强度大到引起雪崩倍增, 则电子电流 $I_n(x)$ 随距离增大, 流出耗尽区时增

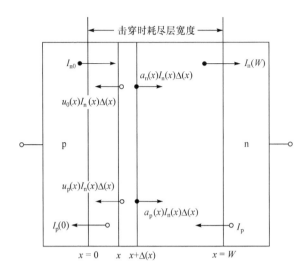

图 8.39　pn 结耗尽区内的雪崩倍增

大到 $I_n(W)=M_n I_{n0}$，M_n 称为电子的倍增因子

$$M_n = \frac{I_n(W)}{I_{n0}} \tag{8-17}$$

初始空穴电流 I_{n0} 则从耗尽区右边（$x=W$）流入，流出耗尽区时增大到 $I_p(0)=M_p I_{p0}$．空穴倍增因子为

$$M_p = \frac{I_p(0)}{I_{p0}} \tag{8-18}$$

稳态是通过 pn 结的总电流 $I=I_n+I_p$ 为常量．雷电波冲击 pn 的通流与 pn 结承受的瞬时功率及击穿电压都有关系，通过试验的方法总结出它们之间的关系．

利用雪崩击穿条件，可以计算出发生雪崩击穿的临界电场 E_c（击穿时最大电场强度）．电离率和电场强度之间有比较复杂的函数关系．

根据临界电场，利用前述关于耗尽区电压，最大电场强度同耗尽区宽度的关系，可以计算击穿电压 V_b 和击穿是耗尽区宽度 X_{mB}．对单边突变结，有

$$V_B = \frac{\varepsilon_\delta E_c^2}{2q} \cdot \frac{1}{N_B} \tag{8-19}$$

$$X_{mB} = \left[\frac{2\varepsilon_\delta V_B}{qN_B} \right]^{\frac{1}{2}} \tag{8-20}$$

对线性突变结，有

$$V_B = \frac{4}{3} E_c^{\frac{3}{2}} \left[\frac{\varepsilon_\delta}{2q} \right]^{\frac{1}{2}} a^{-\frac{1}{2}} \tag{8-21}$$

$$X_{mB} = \left[\frac{12\varepsilon_\delta V_B}{qa} \right]^{\frac{1}{3}} \tag{8-22}$$

其中，$E_c \approx 1.1 \times 10^7 \left(\frac{q}{\varepsilon_\delta} \right)^{\frac{1}{2}} \left(\frac{E_g}{1.1} \right)^{\frac{3}{4}} N_B^{\frac{1}{8}}$（单边突变结）；$E_c \approx 1.5 \times 10^6 \left(\frac{q}{\varepsilon_\delta} \right)^{\frac{1}{3}} \left(\frac{E_g}{1.1} \right)^{\frac{4}{5}} \alpha^{\frac{1}{16}}$（线性突变结）；$N_B$ 为轻掺杂一侧的杂质浓度，α 为杂质浓度梯度，ε_δ 为介电常量.

对于一定的半导体材料，把 E_g、ε_δ 和 q 的数据代入，可以直接表示出 pn 结的击穿电压掺杂度或杂质浓度梯度的函数关系. 对于雷电波冲击时的残压与直流击穿电压之间存在的关系，可通过试验的方法拟合出.

8.3.2.2 冲击试验建立与数据分析

1）冲击试验模型

根据 IEC61643-21：2000 低压电涌保护器第 21 部分：电信和信号网络电涌保护器性能要求和试验方法中的规定，采用 10/700μs 开路电压波作为冲击限制电压波形，对信号电涌保护器进行测试. 本试验使用 10/700μs 发生器对不同的 TVS 进行冲击试验，其原理图如图 8.40 所示，其中 S 为分流器，CRO 为示波器，并使用 TDS3012 型示波器采集存储 TVS 两端的电压及电流波形. 试验中，对 10/700s 发生器施加 0.2～4.6kV、步长为 0.2kV的冲击电压，用其产生的雷电波对 TVS 进行冲击试验. 每次冲击结束后，用静态参数测试仪对 TVS 的直流击穿电压进行测量，若发生骤降，则判断 TVS 冲击损坏，从而停止冲击. 同时为考察 TVS 在 10/700s 雷电波冲击下的动作特性，选用七种不同的 TVS 进行试验，其直流击穿电压分别为 6.8V、8.2V、10V、12V、15V、24V 和 56V.

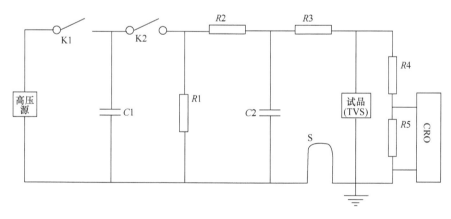

图 8.40　试验装置原理图

2）试验数据分析

在不同的直流击穿电压的 TVS 两端施加冲击电压，其通流幅值、残压及吸收能量有所不同. 以额定击穿电压为 56V 的 TVS 波形为例进行分析，试验的样品中，只有直流击穿电压为 56V 的 TVS 管在冲击过程中被损坏.

(1) TVS 的试验波形分析.

图 8.41 为直流击穿电压为 56V 的 TVS 在 10/700μs 雷电波冲击下的试验响应，其中图 8.41(a)为 TVS 在冲击电压为 1.8kV 的试验响应，图中 A 为电压曲线，B 为电流曲线. 如图 8.41(a)所示，开始冲击时，TVS 的电压急剧上升到 60V 左右，当上升的冲击电压超过 TVS 的直流击穿电压时，TVS 被击穿，其两端的电压被箝位到一个很小的值，约为 27.6V. 在之后约 1ms 内呈现出稳定状态，是因为雷电波半峰值时间较长为 700s，对 TVS 持续较高的冲击电压；其后电压慢慢地降低，降低的速度越来越小，降低过程的时间约为 3ms，其原因是当冲击电压小于额定击穿电压时，冲击电压不能使 TVS 发生击穿，TVS 里面的 pn 结没有被击穿，TVS 无动作，后面的试验波形与冲击波形基本上保持一致. 随着冲击电压的不断增大，TVS 逐渐达到临界状态，最终被损坏，损坏的充电电压为 4.2kV. TVS 损坏的表现状态不同，如图 8.41(b)所示.

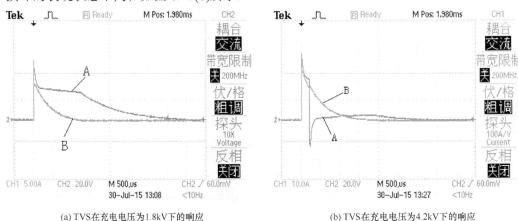

(a) TVS在充电电压为1.8kV下的响应　　　　　　　　(b) TVS在充电电压为4.2kV下的响应

图 8.41　56V 的 TVS 在充电电压下的响应

(2) TVS 的通流分析.

表 8.8 为不同直流击穿电压的 TVS 在不同冲击电压下的雷电流峰值，表中 $I_{0.6kV}$、$I_{1.4kV}$、$I_{2.2kV}$、$I_{3.0kV}$、$I_{3.8kV}$、$I_{4.6kV}$ 分别表示 TVS 在冲击电压为 0.6kV、1.4kV、2.2kV、3.0kV、3.8kV、4.6kV 下的雷电流峰值. 由表 8.8 中雷电流峰值的变化趋势可见，TVS 的雷电流峰值范围为几安培～几十安培，均值都为十几安培. 其原因是雷电波所承载的能量基本上是一定的，由于以 10/700μs 雷电波释放，比 8/20μs 雷电波的释放速度缓慢，所以单位时间内 10/700μs 雷电波所释放的能量较小，且 TVS 里面的 pn 结所承受的能量是一定的，因此雷电流峰值较小；随着冲击电压的不断增大，同一 TVS 的雷电流峰值也在不断增大. 然而击穿电压越大的 TVS 在同一冲击电压下，其雷电流峰值越小. 同时，直流击穿电压越大的 TVS，使其损坏的冲击电压越小.

表 8.8　TVS 雷电流试验结果

试品	U_E/V	$I_{0.6kV}$/A	$I_{1.4kV}$/A	$I_{2.2kV}$/A	$I_{3.0kV}$/A	$I_{3.8kV}$/A	$I_{4.6kV}$/A	雷电流均值
6.8CA	6.8	3.76	8.40	13.62	18.40	23.80	28.00	16.00
8.2CA	8.2	3.60	8.32	13.40	18.12	23.56	27.70	15.78

续表

试品	U_E/V	$I_{0.6kV}$/A	$I_{1.4kV}$/A	$I_{2.2kV}$/A	$I_{3.0kV}$/A	$I_{3.8kV}$/A	$I_{4.6kV}$/A	雷电流均值
10CA	10	3.52	8.26	13.24	17.93	23.35	27.41	15.62
12CA	12	3.44	8.21	13.03	17.76	23.13	27.02	15.43
15CA	15	3.36	8.13	12.89	17.52	23.00	26.95	15.31
24CA	24	2.93	7.93	12.52	17.21	22.80	26.49	14.98
56CA	56	2.24	6.96	11.80	16.60	21.60	—	11.90

注：表中"—"表示 TVS 已经被损坏.

(3) TVS 的残压分析.

TVS 的残压结果如图 8.42 所示, 由图 8.42 中的残压变化趋势可得, 开始施加 0.2kV 冲击电压时, 只有直流击穿电压为 56V 的 TVS 无动作, 同一冲击电压下, 直流击穿电压越高的 TVS, 其残压也越高. 随着冲击电压的不断增大, 同一额定击穿电压的 TVS 其残压有微小的递增趋势, 但是递增幅度很小, 基本上保持在某一值的附近, 其残压均值分别 7.79kV、9.40kV、11.25kV、13.5kV、16.79kV、26.45kV、60.60kV. 由此可得, 在 10/70μs 雷电波的冲击下, TVS 对施加在其两端的高压具有箝制作用.

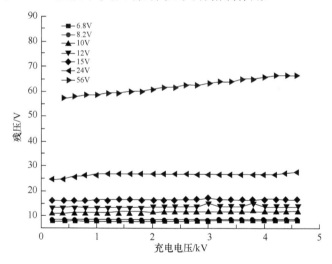

图 8.42　不同 TVS 在不同冲击电压下的残压图

(4) TVS 吸收能量分析.

浪涌保护器的能量吸收量是作为判断其性能好坏的一个重要依据. 如图 8.42 所示, 在 TVS 动作之后, TVS 两端的电压将会被箝位在一个很低的范围, 其持续时间为几个微秒, 在此期间, TVS 会吸收大量的能量. 在上述试验过程中, 分别对 TVS 的电压 U、电流 I、时间 t 进行采集存储处理, 使用公式 $w = \sum_{t_0}^{t} UIT$ 对每一个 TVS 在每一个冲击电压下的能量进行计算并绘制成图, 如图 8.43 所示. 由图可知, TVS 的吸收能量范围为 0～0.4J,

且在相同的冲击电压下，直流击穿电压越高的 TVS，其吸收的能量也越多，随着充电电压的不断增大，此规律尤为突出. 对相同击穿电压的 TVS，当充电电压不断增大时，TVS吸收的能量呈递增的趋势.

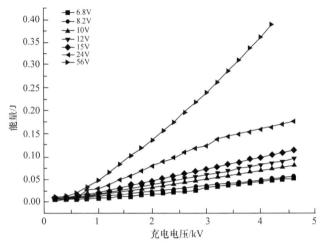

图 8.43　不同 TVS 在不同冲击电压下的能量图

8.3.2.3　结论

通过对 TVS 在 10/700μs 的雷电波冲击下试验结果得以下结论：

(1) TVS 雷电流幅值随着充电电压增大而不断增大；直流击穿电压越小的 TVS，在同一雷电波的冲击下，其通流越小，且雷电流均值为十几安.

(2) TVS 两端的残压随着充电电压增加而略有递增的趋势，但是其递增的趋势不明显.

(3) 同一充电电压下，额定电压越高的 TVS 其吸收的能量越多，在冲击电压越高的时候，此规律越明显；随着充电电压的不断增大，TVS 所吸收的能量越多.

8.4　开关型中续流问题

8.4.1　多级气体放电管的串联

目前开关型电涌保护器的设计中，内部器件常采用空气间隙、石墨间隙等，但是这些结构的主要缺点是冲击放电电压较高，器件在雷电过电压的作用下不容易导通. 本节根据气体放电的理论，对多电极气体放电管的辉光、弧光放电进行了模型等效，将汤森理论应用于正常辉光弧光的阴极区，通过理论分析及试验数据得出多电极气体放电管设计开关型电涌保护器并联 ZnO 压敏电阻的方法及参数的匹配规律[7].

8.4.1.1　辉光、弧光放电的理论分析

1) 辉光放电的理论分析

辉光放电是气体放电现象的一种重要形式，也是一种常用的放电类型. 当电压稳定

到击穿电压时，放电管击穿放电，电流迅速增长，在外电路电阻的限流作用下，放电稳定在正常辉光放电区，这时沿着存在有电场的管轴方向，放电管发光的空间呈现明暗相间的光层分布，分为图 8.44 所示的五个不同区域，即 I 阴极区、II 负辉区、III 法拉第暗区、IV 正柱区和 V 阳极区. 不同区域中，其发光强度、电势大小不同[8].

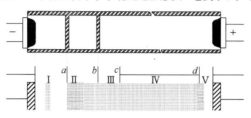

图 8.44　多电极气体放电管的放电模型等效

阴极和 a 之间的区域也称为阴极位降或暗区(如图 8.44 中 I 区)，占有管压降的大部分，是维持放电必不可少的区域. 经典辉光弧光放电管的研究表明，汤森理论可以用于正常辉光的阴极区. 该理论是以阴极区中的电场 E 随着离开阴极的距离呈直线下降这一实验事实为出发点导出的. 把从阴极至负辉光区边界的强电场区域称为阴极鞘层，该鞘层的厚度用 d_c 表示，阴极位降用 V_c 表示. 则沿放电管轴向坐标 z 点的电场近似线性表示为

$$E = C(d_c - z) \tag{8-23}$$

在阴极鞘层里电势的分布为

$$V_Z = \int_0^Z E \mathrm{d}z = C \int_0^z (d_c - z)\mathrm{d}z = C\left(zd_c - \frac{z^2}{2}\right) \tag{8-24}$$

在边界 $z = d_c$ 处，$V(d_c) = V_c$(阴极位降)，因此，积分常数为

$$C = \frac{2V_c}{d_c^2} \tag{8-25}$$

将式(8-25)代入式(8-24)，得到正常辉光放电阴极区内沿放电轴向的电势表达式为

$$V_Z = \frac{V_c z(2d_c - z)}{d_c^2} = V_c\left(\frac{z}{d_c}\right)\left(2 - \frac{z}{d_c}\right) \tag{8-26}$$

对式(8-26)微分得到阴极电压位降区内的电场为

$$E = \frac{\mathrm{d}V}{\mathrm{d}z} = \frac{2V_c(d_c - z)}{d_c^2} \tag{8-27}$$

阴极位降可以从自持放电条件进行估算.

$$\delta = \gamma(\mathrm{e}^{ad} - 1) = 1 \tag{8-28}$$

δ 称为放电电离增长率，α 为汤森第一电离系数，γ 为汤森第三电离系数，d 为极距.

正常辉光放电的阴极位降由 $C_1 V_c = 1$ 关系决定，即

$$V_c = \frac{6}{C_1} = \frac{3B\ln\left(1 + \dfrac{1}{\gamma}\right)}{A} \tag{8-29}$$

由 $C_1 = \dfrac{2A}{B\ln\left(1+\dfrac{1}{g}\right)}$，$C_2 = \dfrac{\ln\left(1+\dfrac{1}{\gamma}\right)}{\varepsilon_0 AB^2 P^2 (P\mu_i)(1+\gamma)}$ 联立得出

$$C_1 = \frac{2}{C_2 B\varepsilon_0 B^2 P^2 (P\mu_i)(1+\gamma)} \tag{8-30}$$

这时，$C_2 j_0 = 0.67$，所以相应的电流密度(单位为 A/m^2)为

$$j_0 = 5.93\times10^{-10}\frac{AB^2(P\mu_i)(1+\gamma)P^2}{\ln\left(1+\dfrac{1}{\gamma}\right)} \tag{8-31}$$

由于 μ_i 与压力 P 成反比，由上式可见 j_0/P^2 也是一个常数.

由式(8-29)和式(8-31)定出 V_c 和 j_0 后，根据 $j_0 = \dfrac{4e_0 mi V_c^2(1+g)}{d_c^3}$ 可得出正常辉光放电的阴极位降区的宽度为

$$d_c = 3.77\frac{\ln\left(1+\dfrac{1}{\gamma}\right)}{AP} \tag{8-32}$$

计算中所用单位：$A(1/(\text{Pa·m}))$、$B(\text{V}/(\text{Pa·m}))$、$\mu_i(\text{m}^2/(\text{V·S}))$、$P(\text{Pa})$、$d_c(\text{m})$.

2) 弧光放电的理论分析

在电弧放电时，放电管可以明显地划分为三个区域：阴极区(阴极、阴极斑点、阴极鞘层)、正柱区、阳极区(阳极、阳极斑点、阳极鞘层)，图 8.45 所示为电弧放电示意图[9].

阴极区是维持放电必不可少的区域，它包括阴极、阴极斑点和阴极鞘层. 阴极是负电极，通常靠热电子发射和场致发射两种模式来产生电子并维持放电电流.

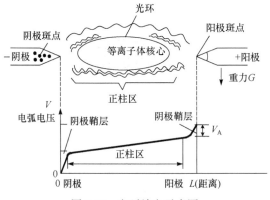

图 8.45　电弧放电示意图

阴极斑点是阴极上一个或多个高电流密度、高温的等离子附着点. 在阴极斑点内电流密度达到 $5\times10^6\sim1\times10^8$A/m^2，阴极的温度依气体的种类、电极材料和电流密度而定. 阴极斑点具有相当清楚的发光边界，这种现象的解释是：温度从斑点中心向外降低虽然缓慢，

但是它却使光的辐射和热电子发射急剧减少，这就使得斑点的光和电流都有清晰的界限.

阴极鞘层也叫阴极位降区，厚度通常小于 1mm，阴极位降一般为 10V 左右.

根据电子流的连续方程和泊松方程，有

$$\frac{\mathrm{d}^2 V}{\mathrm{d}x^2} = -\frac{\rho}{\varepsilon_0} = -\frac{1}{\varepsilon_0}\left(\frac{j_i}{v_i} - \frac{j_e}{v_e}\right) \tag{8-33}$$

式中，$j_i = n_i e v_i$；$j_e = n_e e v_e$；如果把坐标原点取在阴极上，这里的电势 $V = 0$；阴极鞘层的厚度为 d_c，阴极位降为 V_c. 所以

$$E^2 = \frac{4}{\varepsilon_0}\left[j_i\sqrt{\frac{m_i(V_c - V)}{2e}} + j_e\sqrt{\frac{m_e V}{2e}} - j_e\sqrt{\frac{m_e V_c}{2e}}\right] \tag{8-34}$$

8.4.1.2　多电极气体放电管的放电模型等效与 ZnO 压敏电阻匹配试验分析

1) 多电极气体放电管的放电模型等效

如图 8.44 所示，阴极与 a 之间称为阴极位降区或暗区，此区间具有很大的电场，ab 之间为负辉区，这里的电离和激发主要由阴极位降加速下的快速电子碰撞气体原子而引起. bc 之间为法拉第暗区，此区间电子能量很低，不足以激发气体原子，在 ac 之间的电子流主要是扩散电子流. cd 之间为正柱区. 此区间电场强度为常数. 多电极气体放电管的放电模型等效的对应方式为上方 GDT 左边第一级对应区域 I(阴极位降区)，第二级对应区域 II(负辉区)，依次类推. 我们在进行测试的时候规定一个测试方向，红夹箝为正、黑夹箝为负，分别夹在试品两端，靠近正极的即为阳极端，靠近负极的即为阴极端. 具体的试验原理和实物图如图 8.46 所示.

图 8.46(a)为 ZnO 压敏电阻并在多电极 GDT 一级时的配合试验原理图，图 8.46(b)为 ZnO 压敏电阻并在多电极 GDT 一级时的配合试验实物图.

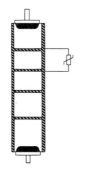 

(a) ZnO压敏电阻与GDT配合试验原理图　　　(b) ZnO压敏电阻与GDT配合试验实物图

图 8.46　ZnO 压敏电阻与 GDT 配合试验图

2) 多电极气体放电管与 ZnO 压敏电阻匹配试验分析

(1) 配合静态参数测试.

首先选择同一厂家同一型号的多级 GDT(气体放电管)与 ZnO 压敏电阻产品若干，其主要参数如表 8.9 和表 8.10 所示.

表 8.9　GDT 静态特性参数

GDT(5 片)	直流放电电压/V	单片直流放电电压/V
A	866.8	173.36
B	1009.7	201.94
C	1059.4	211.88
D	1245.5	249.08

表 8.10　ZnO 压敏电阻静态特性参数

参数 ZnO 压敏电阻规格	U_{1mA}/V	$I_{leak}/\mu A$	I_n/kA
20D391K	378.3	2.7	10
20D431K	465.2	1.2	10
20D471K	501.5	0.4	10
20D511K	525.2	1.1	10
20D621K	617.1	0.7	10

为最大限度求得测试结果的差异性，选取表 8.9 中 GDT 的 A 片和 B 片与表 8.10 中 ZnO 压敏电阻进行匹配实验.

(2) 配合静态参数测试.

分别将各 ZnO 压敏电阻依次并联在多级气体放电管上，每次都是逐级并联即 1 级 GDT 为公共端，往后并 1 级、2 级、3 级、4 级. 利用多功能电涌保护器测试仪 K-3162 测得两者并联后的静态参数测试值.

由图 8.47 可见，多电极气体放电管与 ZnO 压敏电阻配合后的静态测试参数值随着所并 ZnO 压敏电阻的压敏电压增加而增加，且随着所并电极级数的增加静态参数测试值呈显著下降，这是因为压敏电阻的响应时间要快于气体放电管. 当 ZnO 压敏电阻短接在 GDT 两端时，一个测试电流过来，在短时间内 ZnO 压敏电阻先动作而 GDT 被短路，故短时间内压敏先动作，有效地降低了静态测试值.

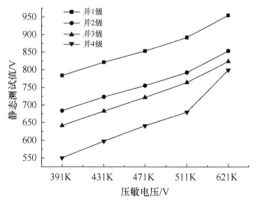

图 8.47　配合静态参数测试值

(3) 开路电压波(1.2 /50μs)启动电压测试.

同样利用 C.中的静态组合方式,采用 1.2/50μs 进行逐级组合冲击.

由图 8.48 得出 ZnO 压敏电阻并在 GDT 上的级数越多,相应的启动电压就越小,且随着压敏片压敏电压的增加 GDT 启动电压也相应减小,说明多级 GDT 并上 ZnO 压敏电阻后能够有效地拉低 GDT 的动作电压,如图 8.49(b)中气体放电管的动作电压较图 8.49(a)降低了 90V. 这是因为压敏电阻与 GDT 并联冲击时,两器件基本同时动作,两端的电压值取决于较低电压的器件上,由 GDT 阴极位降区电压较高,压敏电阻两端的电压较低,并联后动作电压取决于压敏电阻上两端电压.

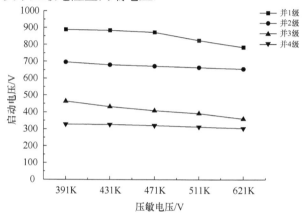

图 8.48　配合启动电压测试值

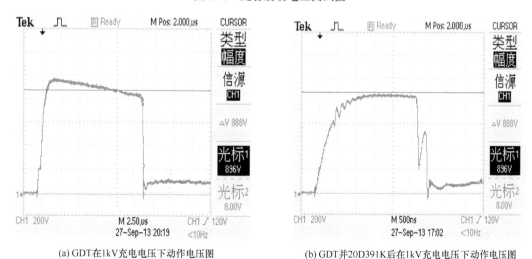

(a) GDT在1kV充电电压下动作电压图　　　　(b) GDT并20D391K后在1kV充电电压下动作电压图

图 8.49　多级 GDT 并 ZnO 压敏电阻前后启动电压对比图

(4) 8/20μs 冲击平台分流分压测试.

依次选择 391K、431 K、471 K、511 K、621K 压敏片与 A 片 GDT 匹配进行 20kA、30kA、40kA、50kA、60kA 的 8/20μs 脉冲电流冲击,依次记录 ZnO 压敏电阻与 GDT 在冲击过程中的残压通流值,为了便于分析,将 GDT 两端的残压与 ZnO 压敏电阻两端的

残压比值定义为 α，将 GDT 两端的通流与 ZnO 压敏电阻两端通流的比值定义为 β，通过两者的残压通流比值，分析配合后各自所占的比重即分压分流效果. 匹配的方式为 ZnO 压敏电阻依次并在多电极 GDT 的一级、两级、三级、四级两侧.

当 ZnO 压敏电阻并在 GDT 的一级时确实有降压的效果，如在 20kA 冲击时，残压由原先的纯 GDT 残压 1.38kV 降为配合后的 1.36kV，如表 8.11 所示，但是降压幅度有限，随着冲击电流幅值的增加，分压效果有逐渐递增的趋势，由原先的 0.05kV 增至 0.37kV，分压比随着冲击幅值的递增，呈现下降趋势，但始终有着 9.6∶1 以上的比例关系. 当 ZnO 压敏电阻并在 GDT 的一级时同样有分流效果，且随着冲击幅值的增加而增加，但始终分流有限，60kA 冲击时压敏片只分流 0.42kA，此时气体放电管与 ZnO 压敏电阻配合后的 β 值为 9.2，气体放电管仍是泄流的主力. 随着并联级数的增加并未出现递增的降压分流效果，反而并联到 3 级时，残压由纯 GDT 时的 1.38kV 变为配合后的 1.42kV. 表 8.12 规律大致同表 8.11. 如表 8.13 所示，并没有出现较好的降压效果，且 α、β 的值都维持在 7 以上的比例关系. 同理，对 20D431 K、471 K、511 K、621 K 进行了同样的实验，得出了相似的结论，可见在 8/20μs 冲击下，GDT 与 ZnO 压敏电阻配合单纯以所并级数多少来进行分流降压效果并不显著，且并不是并联的级数越多，效果越好，可见并的位置也很重要. 表 8.14 规律大致同表 8.13.

表 8.11 20D391K 并 GDT 一级时的 α、β

ZnO 压敏电与 GDT 配合 冲击电流/kA	GDT		配合后 GDT		配合后 ZnO 压敏电阻		α、β
20	U/kV	1.38	U/kV	1.37	U/kV	0.05	27.4
	I/kA	16.72	I/kA	16.19	I/kA	0.46	35.2
30	U/kV	2.02	U/kV	1.89	U/kV	0.12	15.8
	I/kA	25.81	I/kA	23.75	I/kA	1.56	15.2
40	U/kV	2.68	U/kV	2.66	U/kV	0.16	16.2
	I/kA	34.52	I/kA	32.16	I/kA	2.17	14.8
50	U/kV	3.26	U/kV	3.24	U/kV	0.25	13.0
	I/kA	40.30	I/kA	39.35	I/kA	3.51	11.2
60	U/kV	3.88	U/kV	3.56	U/kV	0.37	9.6
	I/kA	49.24	I/kA	43.49	I/kA	4.72	9.2

表 8.12 20D391K 并 GDT 二级时的 α、β

ZnO 压敏电与 GDT 配合 冲击电流/kA	GDT		配合后 GDT		配合后 ZnO 压敏电阻		α、β
20	U/kV	1.38	U/kV	1.26	U/kV	0.11	11.5
	I/kA	16.72	I/kA	16.12	I/kA	0.67	24.1

续表

ZnO 压敏电与 GDT 配合 冲击电流/kA	GDT		配合后 GDT		配合后 ZnO 压敏电阻		α、β
30	U/kV	2.02	U/kV	2.01	U/kV	0.13	15.5
	I/kA	25.81	I/kA	24.19	I/kA	0.99	24.4
40	U/kV	2.68	U/kV	2.62	U/kV	0.16	16.4
	I/kA	34.52	I/kA	32.15	I/kA	1.99	16.2
50	U/kV	3.26	U/kV	3.22	U/kV	0.33	9.8
	I/kA	40.30	I/kA	39.16	I/kA	3.94	10.0
60	U/kV	3.88	U/kV	3.34	U/kV	0.42	8.0
	I/kA	49.24	I/kA	45.10	I/kA	4.78	9.4

表 8.13　20D391K 并 GDT 三级时的 α、β

ZnO 压敏电阻与 GDT 配合 冲击电流/kA	GDT		配合后 GDT		配合后 ZnO 压敏电阻		α、β
20	U/kV	1.38	U/kV	1.42	U/kV	0.21	6.8
	I/kA	16.72	I/kA	16.33	I/kA	1.33	12.3
30	U/kV	2.02	U/kV	2.07	U/kV	0.26	8.1
	I/kA	25.81	I/kA	24.54	I/kA	2.41	10.2
40	U/kV	2.68	U/kV	2.76	U/kV	0.32	8.6
	I/kA	34.52	I/kA	32.75	I/kA	2.32	14.1
50	U/kV	3.26	U/kV	3.43	U/kV	0.43	8.0
	I/kA	40.30	I/kA	41.29	I/kA	3.71	11.3
60	U/kV	3.88	U/kV	3.77	U/kV	0.54	7.0
	I/kA	49.24	I/kA	45.37	I/kA	4.81	9.4

表 8.14　20D391K 并 GDT 四级时的 α、β

ZnO 压敏电阻与 GDT 配合 冲击电流/kA	GDT		配合后 GDT		配合后 ZnO 压敏电阻		α、β
20	U/kV	1.38	U/kV	1.58	U/kV	0.14	11.3
	I/kA	16.72	I/kA	15.62	I/kA	1.40	11.2
30	U/kV	2.02	U/kV	2.08	U/kV	0.27	7.7
	I/kA	25.81	I/kA	24.12	I/kA	2.01	12.0
40	U/kV	2.68	U/kV	2.78	U/kV	0.36	7.7
	I/kA	34.52	I/kA	32.84	I/kA	2.60	12.6

续表

ZnO 压敏电阻与 GDT 配合 冲击电流/kA	GDT		配合后 GDT		配合后 ZnO 压敏电阻		α、β
50	U/kV	3.26	U/kV	3.44	U/kV	0.41	8.4
	I/kA	40.30	I/kA	40.56	I/kA	3.01	13.5
60	U/kV	3.88	U/kV	3.74	U/kV	0.46	8.1
	I/kA	49.24	I/kA	44.97	I/kA	4.13	10.9

(a) ICGS冲击平台

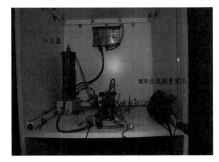

(b) 8/20μs脉冲电流冲击下多电极GDT与ZnO压敏电阻配合连接图

图 8.50　8/20μs 冲击测试实验装置连线

如图 8.50 为冲击测试实验装置连线选择单片点火电压为 122V 的五级 GDT 分别并上 621K、511K、391K、101K 的 MOV. 连接的方式为不同压敏电压的 ZnO 压敏电阻分别并在多级 GDT 的阴极位降区、正柱区、阳极区，分析在不同位置的降压分流效果.

从图 8.51 中清晰地看出，ZnO 压敏电阻并于 GDT 的阴极区为最佳、正柱区次之、阳极区最差，且随着所并压敏电压的不断降低阴极区的降压效果越来越明显，尤其是并 101K 时，ZnO 压敏电阻在 60kA 冲击下，压降达到了 1.07kV，有效地降低了残压. 同理，对不同位置的分流也出现了相似的现象. 通过利用多电极气体放电管的放电等效模型，研究 ZnO 压敏电阻并在 GDT 不同位置的降压分流效果，发现 ZnO 压敏电阻并在 GDT 阴极时的降压分流效果最好，且根据不同压敏电压的配比实验，得出 101K 的 ZnO 压敏电阻与单片 122V 的多级 GDT 配合时降压分流效果最优，即当压敏电压略大于所并 GDT 的点火电压时，效果最佳. 可见对于多级 GDT 而言并 ZnO 压敏电阻可起到降压分流的效果，且当所并 ZnO 压敏电阻的压敏电压略大于 GDT 时并在阴极区效果最佳. 这是因为整个辉光放电阶段阴极区占有管压降的大部分电压，而与此相较的其他区位(如正柱区)的电压降落都比较小，故压敏电阻并在 GDT 的阴极位降区时降压效果相对最佳，同时并联后的两者基本同时动作，但压敏电阻较 GDT 要稍前动作而进行相应的分流.

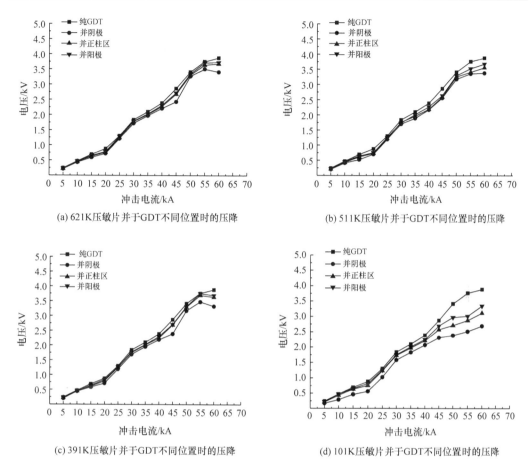

(a) 621K压敏片并于GDT不同位置时的压降

(b) 511K压敏片并于GDT不同位置时的压降

(c) 391K压敏片并于GDT不同位置时的压降

(d) 101K压敏片并于GDT不同位置时的压降

图 8.51　不同压敏电压的 ZnO 压敏电阻并于多电极 GDT 不同位置时的电压

(5) 组合波(1.2/50μs，8/20μs)动作时延测试.

①多电极气体放电管不同位置压降占比实验.

利用 LPL-Ⅱ型组合波冲击设备对多电极 GDT 进行依次冲击实验，冲击顺序为阳极到阴极，依次测 5 片、4 片、3 片、2 片、1 片两端电极的占压比及动作时间.

从图 8.52 可见在 1kV 和 1.5kV 组合波冲击下，阴极所占的压降分别为 400V 和 688V，占整个残压的 0.49 和 0.54. 可见单纯对 GDT 不同电极进行冲击得出一级即阴极区所占压降比是最大的，同时由图 8.53 和图 8.54 得出并一级即阴极区时的动作时延是最短的，由此引申出对 GDT 的阴极区进行研究来进行降压或缩短时延都是有试验结果依据的.

②多电极 GDT 与 ZnO 压敏电阻匹配动作时延测试.

利用 LPL-Ⅱ型组合波冲击设备对组合后的 GDT 与 ZnO 压敏电阻进行冲击测试，冲击顺序为阴极到阳极，充电电压为 1.5kV. 依次测 ZnO 压敏电阻并在 GDT 的阴极位降区、正柱区、阳极区时两端电极的压降与动作时间.

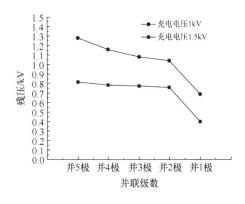

图 8.52　多电极 GDT 压降

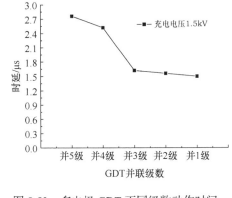

图 8.53　多电极 GDT 不同级数动作时间

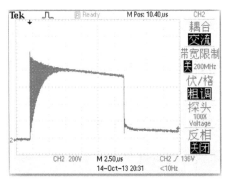

(a) 充电电压1kV时并5级时的残压

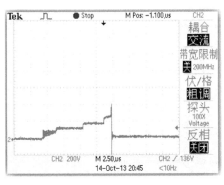

(b) 充电电压1kV时并1级时的残压

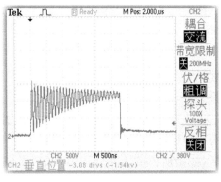

(c) 充电电压1.5kV时并5级时的残压

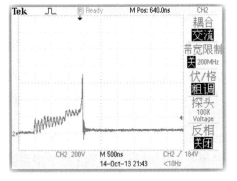

(d) 充电电压1.5kV时并1级时的残压

图 8.54　多电极 GDT 不同级数的压降对比图

由图 8.55 可见, 无论所并 ZnO 压敏电阻压敏电压多大, 多电极 GDT 的阴极区承担着主要的残压降, 以 20D621K 为例, 当 ZnO 压敏电阻并在 GDT 的阴极区、正柱区、阳极区时, 其残压分别为 1kV、1.1kV 和 1.18kV. 将图 8.53 与图 8.56 对比得出: 将 ZnO 压敏电阻并在 GDT 阴极区即一级时其动作时间由原先的 1.5μs 降至 1μs 以下, 其中尤以 20D621K 的效果最佳. 如图 8.57 将 ZnO 压敏电阻分别并在 GDT 的阴极、正柱区、阳极时动作时间分别降至 0.48μs、0.56μs、0.84μs, 由此可见将 ZnO 压敏电阻并在 GDT 上能够缩短动作时延,并且将 ZnO 压敏电阻并在 GDT 的阴极区时动作时间最短,并在阴极区的 ZnO 压敏电阻的压敏电压越高则器件动作时间越短. 这是因为 GDT 与 ZnO 压敏电阻并联组合后, 冲击电流来临时, 瞬时状态下压敏动作时间要稍提前于 GTD, 压敏动作后进行相应降压分流, 降低了 GDT 原有的动作电压, 使得 GDT 在相较原先的小电压下发生动作, 加快了动作速度. 至于阴极位降区分流效果最佳归因于此区位电场特征: 电场强度很大, 放电电流密度较高, 电流活动最为频繁, 所以 ZnO 压敏电阻并于此位置的分流效果为最佳.

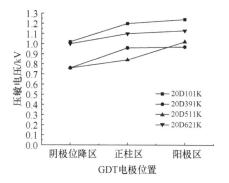

图 8.55 多电极 GDT 与不同压敏电压的
ZnO 压敏电阻匹配压降

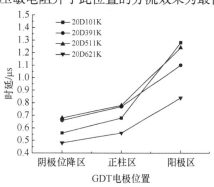

图 8.56 多电极 GDT 与不同压敏电压的
ZnO 压敏电阻匹配响应时延

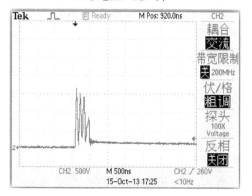

(a) ZnO压敏电阻接GDT阴极动作时间

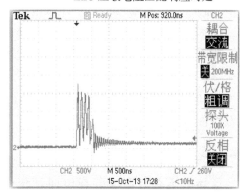

(b) ZnO压敏电阻接GDT正柱区动作时间

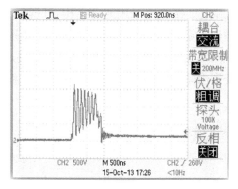

(c) ZnO压敏电阻接GDT阳极动作时间

图 8.57 ZnO 压敏电阻接 GDT 不同位置的压降时间对比图

8.4.1.3 结论

针对实际电涌保护器中多电极气体放电管与 ZnO 压敏电阻的性能匹配问题，本章通过多电极 GDT 与 ZnO 压敏电阻的不同匹配方式进行开路电压波(1.2/50μs)、8/20μs 冲击平台、组合波(1.2/50μs，8/20μs)等不同实验条件下的冲击，找出多电极 GDT 与 ZnO 压敏电阻的最佳匹配规律，得出以下结论：

(1) 采用开路电压波(1.2/50μs)分析多级 GDT 与 ZnO 压敏电阻匹配后的动作电压变化情况，得出：ZnO 压敏电阻并在 GDT 上的级数越多，相应的启动电压就越小，且随着压敏片压敏电压的增加，GDT 启动电压也相应减小. 由此说明多级 GDT 并上 ZnO 压敏电阻后能够有效降低 GDT 的动作电压，且两者基本同时动作.

(2) 采用 8/20μs 冲击平台分析多级 GDT 与 ZnO 压敏电阻匹配后的降压分流效果，得出：GDT 与 ZnO 压敏电阻配合单纯以所并级数的多少来进行降压分流效果并不显著，且不是并的级数越多，效果越好，可见并的位置也很重要，只有当所并 ZnO 压敏电阻的压敏电压略大于 GDT 时并在阴极区其分流降压效果为最佳.

(3) 采用组合波(1.2/50μs，8/20μs)分析多级 GDT 与 ZnO 压敏电阻匹配后的动作时延，得出：ZnO 压敏电阻并在 GDT 上能够缩短动作时延，且并在 GDT 的阴极区时动作时间最短，同时并在阴极区的 ZnO 压敏电阻的压敏电压越高，器件动作时间越短.

(4) 基于汤森理论，对多电极气体放电管的辉光、弧光放电进行等效模型试验，得出：压敏电压略大于 GDT 的 ZnO 压敏电阻并在多电极气体放电管的阴极位降区时保护效果最佳，即多级 GDT 的部分间隙与 ZnO 压敏电阻并联，在冲击电压的波前相对减小了 GDT 的级数，减小 GDT 的响应时间，同时降低了冲击电压作用下的限制电压，提高了对设备的保护效果.

8.4.2 多间隙气体放电管模型

气体放电管并联安装在电网系统中时，会因工频短路电流而产生续流现象，GB50057-2010《建筑物防雷设计规范》中规定，在电源引入的总配电箱处应安装Ⅰ级试验的电涌保护器. Ⅰ级试验电涌保护器采用间隙结构，间隙结构的电涌保护器存在续流问题，故要求开关型电涌保护器要具有切断续流的能力. 如果出现续流时间较长或电流过大，可能会导致输电线路的自动跳闸，甚至造成火灾、爆炸等事故. 对此提出了一种多间隙气体放电模型，模型由阳、阴放电电极、三个触发电极、四个触发室及三个高压电容组成[10].

8.4.2.1 多间隙气体放电模型

1) 物理模型与假定

多间隙气体放电模型的物理模型如图 8.58 所示.

如图 8.58 所示，多间隙气体放电区主要由 4 个部分组成，分别是：阴极位降区，法拉第暗区，负辉区，正柱区. 当气体放电模型中有雷电流通过时，阴极位降区具有很大的电场，电极间的等离子体主要由阴极位降区来提供. 等离子体的流动方向为从阴极流向阳极，离子和电子为电流的载体. 负辉区的电离和激发主要由迅速的阴极位降造成的快速电子碰撞气体原子而引起的，法拉第暗区的电子能量很低，不足以激发气体原子，正柱区的电场强度为常数. 当雷电流从如图 8.58 所示 SPD 的阳极侵入时，多间隙气体放电模型中高压电容短路，将雷电的高电位瞬间传导到与之连接的多间隙气体放电模型的电极上，此时与高压电容 1 相连的第一极气体放电模型的阴阳极之间首先产生电位差将第一极间隙击穿，同时将一部分能量泄放入地，接着第二极、第三极、第四极逐级导通，雷电流泄放完毕后，多间隙气体放电模型恢复高阻抗状态[11].

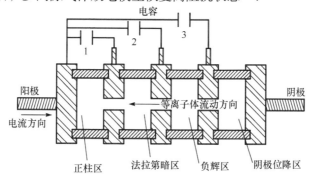

图 8.58 物理模型

模型的建立基于以下假定：①多间隙气体放电模型放电区的载流等离子体完全电离，极间等离子体只包含电子和带电离子，不考虑中性粒子的作用；②因为带电离子的质量远大于电子的质量，故忽略电子的惯性分量；③假设 γ 是常数，实际上 γ 不只是 E/p 的函数也是压力 p 的函数；④假定气体的击穿决定于阴极处电子的次级发射；⑤气体放电模型中空气为纯空气，不含潘宁(penning)效应的存在；⑥等离子体参数满足 $l_{\mathrm{e}} \ll d$(其中 l_{e} 为电子平均自由程，d 为电极间距).

2) 数学模型

基于以上假定，根据过程所产生的电子引起了放电空间电子雪崩，利用击穿判据 $\gamma(e^{ad}-1)=1$ 得

$$d = \frac{1}{\alpha}\ln\left(1+\frac{1}{\gamma}\right) \tag{8-35}$$

其中 d 是击穿距离，即 $\dfrac{\alpha}{p} = f\left(\dfrac{E}{p}\right)$，式(8-35)可以写成

$$d = \frac{1}{pf\left(\dfrac{E}{p}\right)}\ln\left(1+\frac{1}{\phi\left(\dfrac{E}{p}\right)}\right) \tag{8-36}$$

在均匀而无空间电荷的电场，$E = V_b/d$，V_b 是击穿时的电压. 因此，击穿的判据是

$$pd = \frac{1}{f\left(\dfrac{E}{p}\right)} \ln\left(1 + \frac{1}{\phi\left(\dfrac{E}{p}\right)}\right) = \frac{1}{f\left(\dfrac{V_b}{dp}\right)} \ln\left(1 + \frac{1}{\phi\left(\dfrac{V_b}{dp}\right)}\right) \qquad (8\text{-}37)$$

式(8-37)说明均匀电场的击穿电压是 pd 的函数，亦即气压与极间距乘积的单一函数. 公式中应用气体密度 N，因为一定气压下，自由程受温度的影响. 把压强换算到标准状态，$p_0 = pT_0$. 电于碰撞电离系数 α 可以表示为

$$\alpha/p = A e^{-Bpd/V_b} \qquad (8\text{-}38)$$

代入式(8-37)，并且假设 $\phi\left(\dfrac{V_b}{dp}\right) =$ 常数 $= \gamma$，于是

$$d = \frac{e^{Bpd/V_b}}{Ap} \ln\left(1 + \frac{1}{\gamma}\right)$$

经过换算

$$V_b = \frac{Bpd}{\ln\left[Apd/\ln(1 + \dfrac{1}{\gamma})\right]} \qquad (8\text{-}39)$$

当 pd 值比较大时，它的变化在分母中的影响不大，V_b 按 pd 将近似成直线改变. 在小 pd 值范围内，V_b 又将上升，V_b 经过一个最小值. 将式(8-39)微分并使它等于零.

$$\frac{\mathrm{d}V_b}{\mathrm{d}(pd)} = B/\ln\left[Apd/\ln\left(1 + \frac{1}{\gamma}\right)\right] - B/\left\{\ln\left[Apd/\ln\left(1 + \frac{1}{\gamma}\right)\right]\right\}^2 = 0$$

于是

$$\ln\left[Apd/\ln\left(\frac{1}{\gamma} + 1\right)\right] = 1$$

$$(pd)_{\min} = \frac{e}{A} \ln\left(1 + \frac{1}{\gamma}\right)$$

代入式(8-39)得

$$V_b = 2.718 \frac{B}{A} \ln\left(1 + \frac{1}{\gamma}\right) \qquad (8\text{-}40)$$

这一最低电压，大约为几百伏，$(pd)_{\min}$ 大约为 $0.5\,\mathrm{cm \cdot torr}$. 在 pd 值很大的范围内，pd 值虽然维持不变，而 V_b 将随 p 而改变. 由于模型中高压电容的存在，故引入一个系数 $\beta(\beta<1)$，得

$$V_b' = 2.718\beta \frac{B}{A} \ln\left(1 + \frac{1}{\gamma}\right) \qquad (8\text{-}41)$$

在一个大气压下，均匀电场里空气的击穿电势近似为

$$V_b' = (3000d + 1.35) \cdot \beta (10^6 \text{V/m}) \tag{8-42}$$

极间距 d 的单位为米，适用量级为 10^{-3}m. 在相同的极间距 d 的条件下，由于模型中高压电容的存在，可以有效并大幅度地降低极间的击穿电压值，并且通过计算 d 的值，可有效地通过控制击穿电压值来抑制气体放电管续流现象的产生.

8.4.2.2　实验及数据分析

1) 实验材料与测试方法

多间隙气体放电模型的阴极与阳极选用直径为 20mm，厚度为 2mm 的铁镍合金，中间三个触发电极选用直径为 20mm，厚度为 2mm，且中间有直径为 5mm 圆孔的铁镍合金，电极间的间距为 1mm. 通过对与多间隙气体放电模型阴阳极材料与极间距相同的传统气体放电管做实验对比，分析其击穿电压、响应时延及残压上升陡度等参数，得出本章实验模型的优点及实用效果. 定义与多间隙气体放电模型有相同阴阳极材料与极间距的传统气体放电管为 GDT1，并联高压电容的多间隙气体放电模型为 GDT2. 击穿电压的定义为当两个放电电极间的电压增加时，放电电流随之增加；当两个放电电极间电压增加至某一临界值时，放电电流会骤然增长，于是放电就从汤森放电(非自持放电)突然过渡到某一种自持放电，这个瞬间电压称为点火电压或击穿电压.

本实验利用 LPL-1 型 1.2/50μs 开路电压波发生器测量多间隙气体放电模型的击穿电压，采用组合波发生器(8/20μs，1.2/50μs)测量多间隙气体放电模型在击穿电压附近的响应时延，及通过雷电冲击平台 ICGS 测量多间隙气体放电模型在 8/20μs 雷电流冲击后的残压上升陡度. 实验数据由 Tektronix TDS 2022B 型示波器进行采集存储.

2) 实验数据分析

(1) 击穿电压实验数据分析.

使用 1.2/50μs 开路电压波发生器测得 GDT1 的击穿电压为 1600V，GDT2 的击穿电压为 400V，可由公式(8-42)得多间隙放电模型中击穿电压的系数 β 值为 0.25. 这是由于多间隙气体放电模型的触发电极中间的圆孔的作用而造成的，当任意两个电极间放电时，在多间隙气体放电模型内部由气体游离所产生的自由电子会迅速引起其他两电极间碰撞游离，迅速放电，减小了电极间放电的分散性. 另外，当其中两个电极间停止放电时，由于大量带电粒子(电子和带电离子)的复合作用，多间隙气体放电模型内的带电粒子数量大大减小，从而会迅速抑制其他电极间的碰撞游离，使极间放电迅速截至，减小了极间的截断分散性，从而导致 GDT2 的击穿电压远小于 GDT1 的击穿电压.

(2) 响应时延数据分析.

从雷电过电压开始作用于多间隙气体放电模型两端的时刻到间隙实际放电时刻之间有一个延迟时间，该时间即称为响应时延. 利用组合波发生器(8/20μs，1.2/50μs)对 GDT1 和 GDT2 从击穿电压起始值开始做雷电流冲击实验，得 GDT1 和 GDT2 的响应时延随冲击电压增大，如表 8.15 所示.

表 8.15 响应时延

GDT1		GDT2	
冲击电压/V	响应时延/ns	冲击电压/V	响应时延/ns
1600	6000	320	8200
1650	3080	330	7000
1700	2280	340	6000
1750	1880	350	4800
1800	1720	360	3700
1850	1440	370	1800
1900	880	380	1500
1950	600	390	1400
2000	580	400	900
2050	420	410	384
2100	390	420	300
2150	360	430	280
2200	330	440	200
2250	272	450 及以上	稳定
2300	256		
2350 及以上	稳定		

从表 8.15 可得，GDT1、GDT2 的响应时延随着冲击电压的增大而逐渐减小，且到达某一值时趋于稳定；即当冲击电压到达 2300V 及其以上时，GDT1 的响应时延趋于 256ns 后稳定；当冲击电压达到 450V 及其以上时，GDT2 的响应时延趋于 200ns 后稳定. 且 GDT1、GDT2 在相同的冲击电压下，GDT2 的响应时延比 GDT1 短，这是由于 GDT2 中的高压电容能够加快多间隙气体放电模型间隙的动作，减小时延.

图 8.59(a)为 GDT1 在冲击电压为 1600V 时的残压、通流实验波形图，图 8.59(b)为 GDT1 在冲击电压为 2350V 时的残压、通流实验波形图. 图中曲线 A 为残压，曲线 B 为通流. 从图可得，GDT1 的响应时延大幅度减小，这是由于当冲击电压较小时，通过多间隙气体放电模型中的雷电流较小，故阴极位降区的电场较小，产生的电子和带电离子数比雷电流大时产生的少得多，故碰撞次数或比例减小，而电离率也减小，其结果就使得间隙放电初期辉光放电过程较长，此时段放电通道阻抗大，放电电流小，泄放雷电流能量速度慢，故导致响应时间较长. 随着冲击电压的增大，雷电流相应增加，阴极位降区产生的带电粒子数增加，其结果导致间隙放电时辉光放电时间缩短，放电具有火花放电性质，此时通电阻抗小，雷电流能量泄放迅速，从而导致多间隙气体放电模型响应时间短.

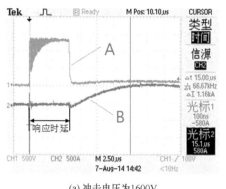

(a) 冲击电压为1600V

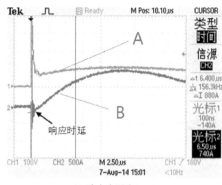

(b) 冲击电压为2350V

图 8.59　响应时延实验图

(3) 残压上升陡度实验数据分析.

多间隙气体放电模型的残压上升陡度定义为残压波形的波头部分最大值除以此最大值对应的时间的商. 残压上升陡度越大,其对后续被保护设备的危害越大. 通过雷电冲击平台 ICGS 产生的 8/20μs 波形模拟雷电流,对 GDT1 和 GDT2 做雷电流从 17～53kA 的雷电冲击实验,然后由多间隙气体放电模型的残压波形计算出其残压上升陡度,计算结果如表 8.16 所示.

表 8.16　残压上升陡度

GDT1		GDT2	
冲击电流/kA	残压上升陡度/(kV·μs^{-1})	冲击电流/kA	残压上升陡度/(kV·μs^{-1})
19.51	1.07	17.98	0.82
22.40	1.27	22.29	0.97
25.50	1.39	25.38	1.06
29.00	1.43	27.98	1.15
31.03	1.52	32.96	1.19
36.08	1.59	36.41	1.24
39.72	1.65	39.97	1.30
42.23	1.72	42.07	1.38
46.45	1.78	45.47	1.45
48.80	1.82	49.89	1.50
52.03	1.89	52.40	1.59

从表 8.16 可得, GDT1 在冲击电流在 19.51～53.02kA 范围变化时,其残压上升陡度在 1.07～1.89kV·μs^{-1} 增加,而 GDT2 在冲击电流在 17.98～52.4kA 范围变化时,其残压上升陡度在 0.82～1.59kV·μs^{-1}. GDT1 与 GDT2 在相同冲击电流作用下,其残压上升陡度最大差值为 0.3 kV·μs^{-1}. 表 8.16 中 GDT1、GDT2 在冲击电流作用下,其残压上升陡

度趋势图如图 8.60 所示,在相同的冲击电流下,GDT1 的残压上升陡度明显大于 GDT2 的残压上升陡度,从图 8.61 可形象地看出,GDT1 在波头位置的残压最大值比 GDT2 的陡度大,这是由于 GDT2 并联高压电容后,更快地泄放雷电流能量及抑制雷电流波头上升陡度.

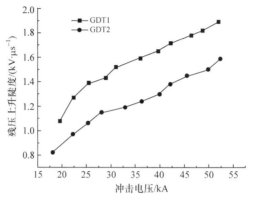

图 8.60 残压上升陡度趋势图

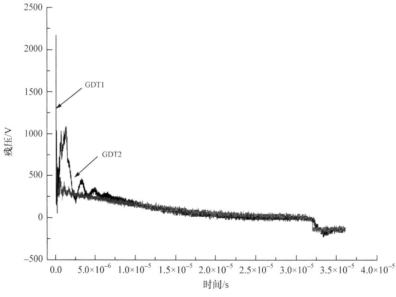

图 8.61 残压实验图

8.4.2.3 多间隙气体放电模型的应用

气体放电管作为一种纵向(并联)保护元件,具有寄生电容小、绝缘电阻大和泄放雷电暂态电流能力强等优点,在电子系统的雷电保护中得到了较为广泛的应用.气体放电管工作原理是利用气体间隙放电原理.当气体放电管两极之间有雷电过电压通过时,便在极间产生不均匀电场,在此电场作用下,管内气体开始游离,当外加电压增大到使极间场强超过气体的绝缘强度时,两极之间的间隙将放电击穿,泄放雷电流,且气体放电管由原来的绝缘状态转化为导电状态, 导通后放电管两极之间的电压维持在放电弧道所决定的残压水平, 这种残压一般很低, 从而使得与放电管并联的电子设备免受过电压的损坏.

但是, 由于放电管自身结构和工作机制等特点, 它在保护应用中也会存在一些问题, 当雷电过电压通过气体放电管后, 在被保护电子系统的电源或信号电压作用下, 原处于导通状态的放电管有可能不会灭弧, 在放电管中将产生续流, 这种续流的存在对放电管颇具危害性. 利用多间隙气体放电模型启动电压低、响应时延短、残压上升陡度小的特点, 将多间隙气体放电模型应用于雷电防护, 可解决传统气体放电管存在的一些问题.

采用 ICGS 雷电波发生器产生冲击电压外加工频电源做冲击试验, 将雷电流从如图 8.58 阳极注入, 阴极接地, 雷电流值在 20~60kA 范围内, 从 0° 同步触发角开始, 以 30° 的间隔逐步增加. 图 8.62 为 GDT1 与 GDT2 在 90° 相位角时典型的续流实验波形图, 此时 GDT1 极间存在明显的续流, 且续流值较大, GDT2 极间的续流值较 GDT1 减小了许多, 几乎接近于 0. 即利用多间隙气体放电模型有效地减少甚至消除传统气体放电管在雷电防护中存在续流现象的危害.

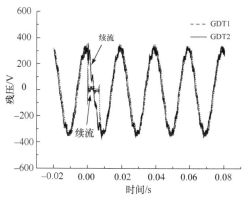

图 8.62 多间隙气体放电续流效果图

8.4.2.4 结论

针对实际中气体放电管在雷电防护中存在的诸多弊端, 本章结合汤森理论与帕邢定律的理论分析, 提出了一种多间隙气体放电模型, 并结合模拟雷电流对多间隙气体放电模型做冲击试验, 得出:

(1) 多间隙气体放电模型较相同材料及极间距的传统气体放电管, 其击穿电压值小 5 倍左右, 即击穿电压的系数 β 为 0.25; 其响应时延比相同冲击电流下的传统气体放电管小, 且响应时延可缩短至 200ns 左右; 其残压上升陡度最大可减小 $0.3kV \cdot \mu s^{-1}$.

(2) 多间隙气体放电模型的响应时延随着冲击电压的增大而逐渐减小, 且到达某一值时趋于稳定; 随着冲击电流的增大, 多间隙气体放电模型的残压上升陡度增加, 且始终小于相同材料及极间距的传统气体放电管的残压上升陡度.

(3) 多间隙气体放电模型可有效地减少甚至消除传统气体放电管在雷电防护中存在续流现象的危害.

8.4.3 可动电极放电间隙模型

与上节类似, 为解决续流问题. 本章根据电弧力效应理论提出将开关型电涌保护器设计成一极可动, 另一极固定的方式.

8.4.3.1 电弧力效应理论分析

两电极气隙击穿时产生电弧, 电弧对电极的作用表现为热和力两个方面: 第一, 热效应力作用而引起电弧电极材料内部产生巨大的温度梯度; 第二, 电弧对电极材料表面弧根区域力的作用, 其中包括电子力、静电力、电磁力、等离子流力等. 当雷电流作用在两电极气隙时, 电弧产生的作用力主要体现为第二个方面的作用力.

1) 电子力 F_1

电子力包括: 离子(或电子)轰击阴极(或阳极)的冲击力; 弧柱区电子受到阴极排斥而产生的反作用力[12].

离子(或电子)轰击阴极(或阳极)的冲击力. 对阴极而言, 设阴极压降为 U_c, 阳离子质量为 m_i, 电荷为 e, 在电弧稳定燃烧时, 阳离子中和后要回跳到压力低的弧柱区, 且回跳的中性离子数等于流入的阳离子数, 这样, 阴极单位面积所受到冲击力为

$$F_{1e} = fj\sqrt{2m_i\frac{U_c}{e}} \qquad (8\text{-}43)$$

式中, f 为阴极表面总电流中离子电流所占的比例; j 为电流密度.

对于阳极, 则有

$$F_{1a} = (1-f)j\sqrt{2m_e\frac{U_a}{e}} \qquad (8\text{-}44)$$

式中, m_e 为电子质量; U_a 为阳极压降.

弧柱电子对阴极的反作用力在与阴极区相连的弧柱中同时存在着电子和阳离子, 其中的电子即使因做不规则运动而飞向阴极, 也将阴极表面的负电弧斥回, 电子受到排斥, 即它向阴极接近的速度方向发生逆转, 也就意味着在力的作用下它的动量发生了变化, 阴极当然也受到该力的反作用力的排斥. 设弧柱中的电子密度为 n_e, 电子温度为 T, 则阴极表面单位面积受到的压力是

$$F_{1c} = \sqrt{n_e kT} \qquad (8\text{-}45)$$

式中, k 为玻尔兹曼常量.

电子力 F_1 合成力为

$$F_1 = F_{1e} + F_{1a} + F_{1c} \qquad (8\text{-}46)$$

2) 静电力 F_2

如果忽略电子的初始能量和离子进入阴极区的初始速度, 则阴极表面电场强度对阴极表面单位面积的引力为

$$F_2 = fj\sqrt{2m_i\frac{U_c}{e}} - fj\sqrt{2m_e\frac{U_a}{e}} \tag{8-47}$$

可见静电力抵消了大部分的电子力. 而对于阳极, 阳极前电场强度是 $E_a = \frac{4}{3}\frac{U_a}{d}$, d 为阳极压降区长度. 则按照电磁学公式, 阳极单位表面积正电荷受到阳极前电场吸引力的大小为 $2\frac{U_a^2}{9\pi kd^2}$. 由于阳极电流密度, $j = \frac{\sqrt{2}}{9\pi}\sqrt{\frac{e}{m_e}}\frac{U_a^{\frac{3}{2}}}{d^2}$, 则对阳极其静电力恰好等于电子力.

3) 电磁力 F_3

电磁力是由传导电流的自身磁场产生的磁收缩压力差和轴向电磁力 f 构成的, 前者的基本观点是当两根平行导体流过同向电流时, 导体之间由于电磁作用将产生一种吸引力, 当导体是融化金属一类液体时, 吸引力起着压力的作用, 使得中心区的压力高于外围内压力, 中心区压力与 I^2 成正比. 但对截面较小的区域, 其平均压力较大区域的平均压力要高, 因而存在轴向压力差. 后者是由于变截面导体存在径向电流分量, 因而产生了轴向压力分量[13].

在此, 简单地设电极中的固液分界面是半球面, 因而体积膨胀而凸起的部分为一球冠, 如图 8.63 所示, R 是电极凸起球冠的半径, $\theta=18°\sim40°$.

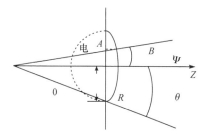

图 8.63 电极表面受热膨胀

如图 8.62 所示, 电流线垂直液态金属表面流出, 向弧柱扩展. 电流密度不是均匀分布的, 而是中心密度大, 边缘密度低. 若全部电流从液态金属表面流出, 取锥顶 0 处为原点, 可设电流密度的分布为

$$j = j_m\left(1 - \frac{1-\cos\Psi}{1-\cos\theta}\right) = \frac{I\cos^2\Psi}{\pi z^2(1-\cos^2\theta)^2}(\cos\Psi - \cos\theta) \tag{8-48}$$

其中 Ψ 是 0 点到考察点的失径和对称轴的夹角. 若近似认为液态金属凸起部分中的电流线形状等同于从 0 点向外直线发散时的情况, 则可推导其中的电磁力计算公式.

将电流密度分解为轴向和径向, 即

$$j_z = j\cos\Psi, \quad j_r = j\sin\Psi$$

由 $\frac{1}{r}\frac{\partial}{\partial_r}(rB) = \mu_0 j_z$ 可得

$$B = \frac{1}{r} \int_0^r \mu_0 j_z r \mathrm{d}r = \frac{\mu_0 I \cos \tan\left(\dfrac{\Psi}{2}\right)}{2\pi z (1 - \cos\theta)^2}(1 + \cos\Psi - 2\cos\theta) \tag{8-49}$$

式中，μ_0 为真空中磁导率 $\left(\dfrac{H}{m}\right)$.

因此，可得轴向磁压力差为

$$\Delta p_m = \frac{\mu_0 I^2 \sin^2\theta}{2\pi^2 R^2 (1 - \cos\theta)^4}\left[F_1(\theta, \Psi_0) - \frac{\cos^2\theta}{\cos^2\Psi}(\theta, \Psi)\right] \tag{8-50}$$

式中，Ψ_0 为 A 点对轴线的夹角.

由上式可得，θ 愈大，Δp 愈大，当液池表面是凹陷时，作用于液态金属上的电磁力密度为

$$f_z = \int_{(A)}^{(B)} j_r B \mathrm{d}z = \frac{\mu_0 I^2 \sin^2\theta}{8\pi^2 (1 - \cos\theta)^4 R \sin^2\Psi}[F_2(\theta, \Psi_0) - F_2(\theta, \Psi)] \tag{8-51}$$

因此，作用于凸起部分液态金属上的总电磁力为

$$F_3 = \Delta p_m + f_z \tag{8-52}$$

4) 物质运动的反作用力电磁力 F_4

当电极物质高速蒸发时，按照动量守恒定律，将对电极产生反作用力，这种反作用力随着电流的增大而增强，并且在弧根区域中心最为强烈.

5) 等离子流力 F_5

当电极电流大于 30A 时，在分断过程中可以探测到从电极附近流出的较强的等离子体喷流. 一方面，电极喷流使产生喷流的电极材料侵蚀增大，另一方面，对另一电极输入热流及施加机械压力.

8.4.3.2 雷电波冲击电压下试验分析

采用 ICGS 雷电波发生器做冲击试验，试验样品如图 8.64 所示，其中的两个螺帽用来调节气体放电间隙的大小. 螺帽 1 固定不动，螺帽 2 置于螺丝的最右端，此时电极间间隙大小可变，可动电极在雷电流的冲击下可向左端移动，雷电流冲击后可动电极将

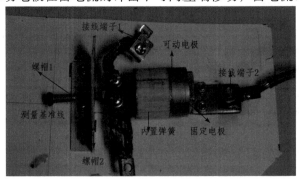

图 8.64　可动电极开关型 SPD 装置

被内置弹簧拉回原位置，在试验时将内置弹簧取下，以便测量雷电流冲击过后可动电极受电弧力而弹开的距离. 当螺帽 2 置于最左端时，电极间间隙大小固定不变. 可动电极与固定电极为两个大小相同的圆形板. 雷电流从接线端子 1 经可动电极流入，间隙击穿后从固定电极经接线端子 2 流出，在接线端子 1 和接线端子 2 处利用示波器采集残压和电流波形.

1) 雷电流冲击下残压、电极受力分析

根据电弧力理论，为了证明电弧力的作用，试验中将可动电极开关型 SPD 的内置弹簧取出，以便测量可动电极在雷电流后的移动距离及移动的方向，以可动电极的弹开距离直观地表示电极受力情况及所受电弧力的大小. 本试验的电极间隙分别为 2.5mm、3mm、3.5mm、4mm，冲击电压从 12kV 到 32kV，相应的冲击电流从 40kA 到 100kA 变化. 在每个冲击电压下分别做活动间隙和固定间隙两次冲击试验，比较其残压的变化趋势. 因为在电极间隙为 4mm 时，冲击电压为 12kV 时电极无法击穿，故不做更大间隙的试验. 现以电极间隙为 3mm 的试验数据为例进行分析，如表 8.17 所示.

表 8.17　可动电极与固定电极冲击试验数据

冲击电压/kV	残压/kV		冲击电流/kA	间隙弹开距离/mm
	固定间隙	可动间隙		
12	0.6	1.62	39.45	2.5
13	0.64	1.68	43.12	2.7
14	0.68	1.76	44	2.8
15	0.74	1.83	47.3	3.4
16	0.81	1.92	50.21	3.8
17	0.86	1.96	53.27	3.9
18	0.92	1.01	56.94	3.9
19	1.05	1.08	60.06	4.2
20	1.14	1.19	63.89	3
21	1.18	1.21	65.78	2.7
22	1.27	1.28	68.93	2.6
23	1.3	1.33	71.5	2.5
24	1.42	1.44	74.16	2.2
25	1.45	1.46	78.31	2
26	1.49	1.5	80.55	1.7
27	1.57	1.54	83.28	1.5
28	1.66	1.61	86.68	1.1
29	1.73	1.69	91.8	0.9
30	1.78	1.74	94.31	0.8
31	1.81	1.79	98.26	0.6

由表 8.17 可得出, 随着冲击电压的增大, 固定间隙时的残压先由小于可动间隙时的残压逐渐向可动间隙时的残压值靠近并最终大于可动间隙时的残压, 且可动间隙的间隙弹开距离随着冲击电压的增大呈逐渐递增趋势, 增大到一定值时又随着冲击电压的增大而逐渐减小. 为了更加清晰地分析电弧力的各分力对电极弹开距离的影响, 将电极在不同间隙时的试验数据绘制成如图 8.65 所示.

电弧力由电子力、静电力、电磁力、物质运动的反作用电磁力、等离子流力组成, 其中电子力、物质运动的反作用电磁力、等离子流力为排斥力, 故始终对可动电极表现为向外的推力. 静电力为引力, 始终对可动电极表现为向内的吸引力. 而电磁力由磁收缩压力差和轴向电磁力组成, 当冲击电流小时, 其液态金属区的液态金属受电磁力被向外推, 故表现为对可动电极的推力; 当冲击电流大时, 其液态金属因电磁力而受向内的推力, 故表现为对可动电极的向内的吸引力. 由此可得当冲击电压小时, 如图 8.65 的间隙弹开距离趋势曲线, 电极间的电弧力主要表现为拉力, 其中对电极的吸引力占小部分, 且电弧力与冲击电压呈正相关. 当冲击电压值达到 17.5～20kV 时, 电极间电弧力的吸引力的比例随冲击电压的增加而迅速增加, 并且此后电极间的拉弧现象变得逐渐不明显, 即此阶段电弧力与冲击电压呈负相关, 故固定电极时的残压和可动电极时的残压变化趋势呈交替形式.

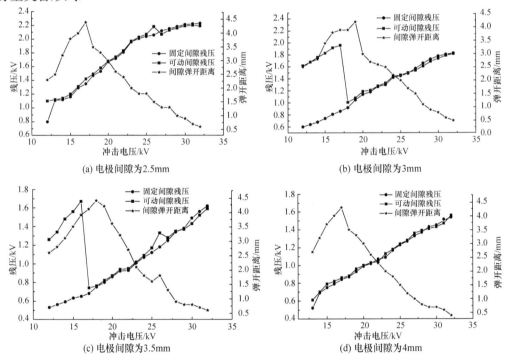

图 8.65　不同电极间隙数据拟合图

在电极间隙为 2.5mm 和电极间隙为 4mm 时, 当冲击电压击穿电极间隙时, 电极间隙的拉弧主要表现为图 8.65(c) 所示的直接拉弧, 即残压在稳定后有一突增的尖峰, 电弧被拉开，残压值变大，且固定间隙残压和可动间隙残压值之差在 0.2kV 的范围内. 在电极间隙为 3mm 和 3.5mm 时，前期可动间隙残压值是固定间隙残压值 2 倍左右，因为当冲击电压击穿电极时，电极在间隙放电的辉光阶段开始拉弧，如图 8.66(b)所示，故可动间隙残压值较大，图 8.66(a)为固定间隙时雷电波波形图.

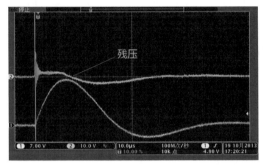

(a) 固定电极   (b) 可动电极在辉光阶段拉弧

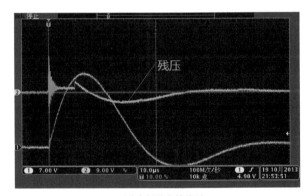

(c) 可动电极的直接拉弧

图 8.66　极间雷电冲击波

2) 雷电波冲击电压下续流分析

采用 ICGS 雷电波发生器产生冲击电压外加工频电源做冲击试验，将自制的可动间隙型 SPD 的内置弹簧装上，从 0°同步触发角开始，以 30°的间隔逐步增加，对固定间隙型和可动间隙型 SPD 做工频续流对比实验. 试验表明，可动间隙型 SPD 可较小甚至消除续流. 8.67(a)、(b)分别表示在正极性 90°触发角下固定间隙与可动间隙的续流波形图，在 8.67(a)中可见固定间隙型 SPD 在正极性 90°到 180°位置波形因续流而被拉成直线，8.67(b)中在同样的触发角下，可动型 SPD 的续流明显减小. 在负极性 330°触发角下，从图 8.67(c)、(d)可更加明显地表现出可动间隙减小续流的效果.

综合以上分析可得出：利用电弧力理论设计的可动间隙型 SPD，在雷电流击穿间隙时，两电极间会由电弧力而将可动电极向后推出，从而起到拉弧的作用，并且在内置弹簧的作用下，可动电极将恢复到原来的位置，继而可以泄放通过雷电流. 本节提出的可动间隙型 SPD 具有一定的减小续流的能力.

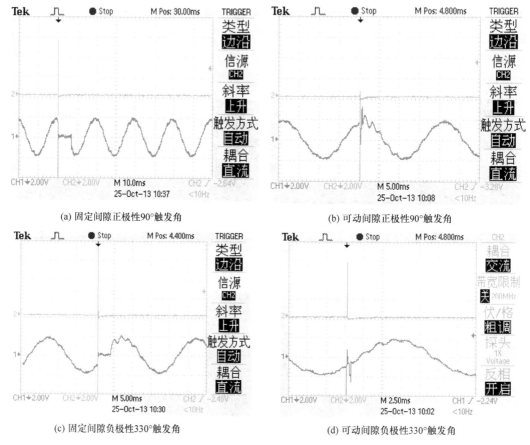

(a) 固定间隙正极性90°触发角　　　　　　(b) 可动间隙正极性90°触发角

(c) 固定间隙负极性330°触发角　　　　　　(d) 可动间隙负极性330°触发角

图 8.67　不同触发角的续流波形图

8.4.3.3　结论

(1) 当冲击电压在 17.5～20kV 时，电弧力对可动间隙型 SPD 的作用主要表现为对电极向外的排斥力，且随着冲击电压的增加，排斥力占电弧力的比例越大，吸引力占电弧力的比例越小，即电弧力与冲击电压成正相关.

(2) 当冲击电压在 17.5～20kV 之后时，电弧力对可动间隙型 SPD 电极的排斥力减小，其中吸引力增加，且随着冲击电压的增加，吸引力占电弧力的比例逐渐接近排斥力占点电弧力的比例，但始终小于排斥力所占的比例，即电弧力与冲击电压呈负相关却始终不小于零.

(3) 当电极间气体间隙被击穿，在间隙辉光放电阶段开始拉弧时，可动间隙型 SPD 的残压是同等条件下固定间隙型 SPD 直接拉弧时残压值的 2 倍左右；在直接拉弧时，可动间隙型 SPD 与固定间隙型 SPD 的残压值的差值在 0.2kV 以内.

(4) 利用电弧力理论设计的可动间隙型 SPD 具有一定的灭弧能力，即其可减小传统型 SPD 产生的续流问题，保证被保护系统与设备的正常运行，具有一定的实际应用价值.

8.5　雷电阻尼振荡波冲击下气体放电管击穿性能的问题

气体放电管作为开关型抑制雷电过电压的防雷器件,具有体积小、寿命长、通流能力大、分布电容小等优点,在通信行业得到广泛使用. 当气体放电管的两极之间的电压达到击穿电压时,两极之间将会击穿导通,导通后的放电管两端电压维持在间隙击穿电弧所决定的残压水平,这一残压一般很低,可使与放电管并联的电子器件得到保护. 本节采用雷电阻尼振荡波对气体放电管进行冲击试验,并对放电管的冲击性能进行对比分析,分析气体放电管在不同雷电阻尼振荡波冲击电压下通流、残压、能量及内阻的变化规律;不同直流放电电压的气体放电管在同一雷电阻尼振荡波冲击电压下通流、残压、能量及内阻的变化规律[14].

8.5.1　气体放电管交流击穿的理论分析

放电管是利用气体间隙放电. 当放电管两极之间施加一定电压时,便在极间产生不均匀电场,在电场作用下,管内的气体开始游离,当外加电压增大到使极间场强超过绝缘度时,两极之间的间隙将放电击穿,由原来的绝缘状态转化为导电状态.

当作用在气体放电管两极间的电压为交流电压 $U(t)$ 时,设角频率为 ω 的电压 $U(t)=U_0\cos\omega t=\mathrm{Re}[U_0\mathrm{e}^{\mathrm{i}\omega t}]$,考虑把这个交流电压加到间隙为 l 的电极上. 电压除以电极间距可得电场强度,若场强的振幅为 $E_0=U_0/l$,则电极间的电场可写成 $E(t)=\mathrm{Re}[E_0\mathrm{e}^{\mathrm{i}\omega t}]$. 在这个电场中质量为 m、电荷为 q 的粒子的速度可写成 $\upsilon(t)=\mathrm{Re}[\upsilon_0\mathrm{e}^{\mathrm{i}\omega t}]$,且其复值振幅 υ_0 为

$$\upsilon_0 = \frac{q}{m(\upsilon+\mathrm{i}\omega)}E_0 \tag{8-53}$$

其中,电极间电压 E_1 就等于点火电压 U_s

$$U_s = \frac{Bpl}{\ln(Apl/\phi)} \tag{8-54}$$

由于在该式中 A、B、ϕ 为常数,p 为电极之间的气压,所以就推出了点火电压仅取决于 p 与 l 之积的巴申定律.

电荷为 q 的粒子在一个周期 $T=(2\pi/\omega)$ 内吸收的功率为

$$P_{abs} = \frac{1}{T}\int_0^T q\upsilon(t)E(t)\mathrm{d}t$$
$$= \frac{1}{2}\frac{q^2}{m}\frac{v}{v^2+\omega^2}E_0^2 \tag{8-55}$$

其中 v 为碰撞频率. 再把 $E_0=U_0/l$ 代入式(8-53)可得

$$\upsilon_0 = \frac{q}{m(vl+\mathrm{i}\omega l)}U_0 \tag{8-56}$$

由式(8-56)可得,不断增大电压 U_0,使得电子和离子的速度 υ_0 超过一定数值时,就好点火放电. 换句话说,电子产生电离倍增是可能的,只要离子轰击电极产生的二次电

子足够多，就可以使气体放电. 由于碰撞频率 ν 正比于压强 P，所以有 $\nu l \propto p l$，若把 pl 和 ωl 看成独立的变量，则由式(8-56)可将点火电压表示成 pl 和 ωl 的函数

$$U_s = F(pl, \omega l) \tag{8-57}$$

将速度 $\upsilon = \mathrm{d}x/\mathrm{d}t$ 对时间积分，可得位置 $\upsilon(t) = \mathrm{Re}[\upsilon_0 \mathrm{e}^{\mathrm{i}\omega t}]$，其中的复值振幅可由式(8-56)得到，即

$$x_0 = \frac{\upsilon_0}{\mathrm{i}\omega} = \frac{q}{\mathrm{i}\omega(\nu + \mathrm{i}\omega)} \frac{U_0}{ml} \tag{8-58}$$

取 x_0 的绝对值，则粒子在高频电场中沿 x 方向做往返运动的振幅为

$$|x_0| = \frac{e}{\omega\sqrt{\nu^2 + \omega^2}} \frac{U_0}{ml} \tag{8-59}$$

由上式可知，粒子运动的振幅与质量成反比，并随着电场频率的增大而减小.

图 8.68 描述了平均自由程 λ 远小于电极间距 λ 时的带电粒子运动轨迹. 当 ω 较低时振幅 $x_0 \gg 1$，如图 8.68 中上部轨迹所示，离子每隔半个周期就会与电极相碰撞而产生二次电子，所以从本质上说这种情况与直流放电是相同的，但当 ω 变大时，对于离子来说，由式(8-59)可得 $2|x_0| < l$.

这时的离子如图 8.68 下部的轨迹所示，仿佛被约束在两面电极之间，结果使电极间出现定常状态的正空间电荷，这些电荷会增强电场从而导致放电点火电压下降. 若继续提高频率，则轻质量的电子也会被电极所约束. 这样，由于电子长时间地滞留在电极之间，所以电离概率变大、U_s 下降.

当电子被滞留在两电极之间时，在式(8-55)中 $q=-e$，可得一个电子所吸收的功率为

$$P_{\mathrm{abs}} = \frac{e^2 E_0^2}{2m} \frac{\nu^2}{\nu^2 + \omega^2} \tag{8-60}$$

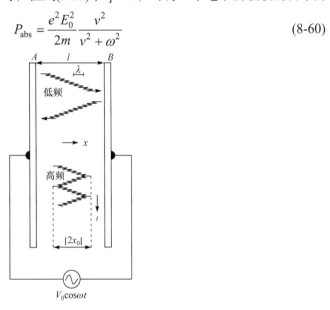

图 8.68　交流电场中带电粒子的轨迹

由上式可知，无碰撞(v=0)时，电子作简谐运动，不吸收功率(P_{abs}=0)，即便是碰撞非常频繁($v \to \infty$)，电子的速度也几乎不增加，吸收的功率很少. 在保持电场 E_0 不变而改变压强的情况下，由于压强正比于 v，当 v=ω 时 P_{abs}/dv=0. 所以，对于相同的电场 E_0，当 v=ω 时，电子吸收的高频率最多，这时高能量的电子较多，所以容易引起放电.

8.5.2　试验模型建立

实际中，传输线缆中的雷电波以阻尼振荡波的形式传播，所以本试验采用阻尼振荡发生器产生阻尼振荡波对不同直流放电电压的气体放电管进行冲击试验，并且使用 TDS3012 型数字存储示波器采集存储气体放电管两端的残压及电流波形，试验原理图如图 8.69 所示. 在试验中，在阻尼振荡发生器施加 0.5～7.0kV，步长为 0.5kV 的冲击电压，用其产生的阻尼振荡波对气体放电管进行冲击. 同时为考察气体放电管在阻尼振荡波下的动作特性，试验中选用不同型号的气体放电管，其点火电压分别为：75V、150V、180V、350V、1.1kV.

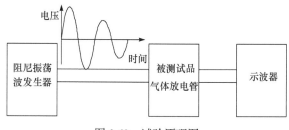

图 8.69　试验原理图

8.5.3　试验模型建立

8.5.3.1　通流

从图 8.70(a)可得，开始一段时间内，对应图中的 AB 段，其变化规律与阻尼振荡波的一致. 同时，在 4.5kV 冲电电压下，不同直流放电电压的气体放电管通流波形的极值如表 8.18 所示，其中 $I_{75v}(A)$、$I_{150v}(A)$、$I_{180v}(A)$、$I_{1.1v}(A)$ 分别表示直流放电电压为 75V、150V、180V、1.1kV 的气体放电管通流极值. 表 8.18 中气体放电管通流极值的变化同样反映了通流变化具有阻尼曲线的特性，并且气体放电管的通流极值不受其动作电压的影响，其原因是当气体放电管导通时可被视为导线.

在图 8.70(a)中，从电压的变化趋势可见，此时的气体放电管处于导通状态，其两端的电压被限制在−31～35V，且呈周期性的变化. 图 8.70(b)为一个周期(T=7.6μs)内气体放电管两端的电压变化，从电压的变化趋势可见，AC 端电压变化趋势与 CE 端的一致，但方向相反. 这是因为离子每隔半个周期就会与电极相碰撞而产生二次电子，方向由阻尼振荡波的方向所决定. 所以这一个周期的变化规律只分析前半周期 AC 端. AB 端，气体放电管两端的电压随时间变化而呈现递减的趋势. 由气体放电管在高频作用下的工作原理可得，A 点气体放电管已经被击穿而产生自由移动的电子，若继续提高频率，则轻质量的电子也会被电极所约束，这样一来，由于电子长时间地滞留在电极之间，所以电离概率变大，气体放电管的电压下降；BC 端，是因为冲击阻尼振荡波所提供的电压小于气体放电管的直流放电电压，气体放电管没有导通，其两端的电压将急剧上升到与冲击电压一致.

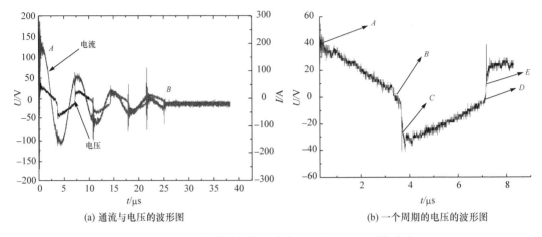

(a) 通流与电压的波形图　　　　　　　　　　　　(b) 一个周期的电压的波形图

图 8.70　350V 气体放电管在冲击电压为 4.5 kV 下的响应

表 8.18　不同气体放电管的通流极值变化

极值位置	I_{75V}/A	I_{150V}/A	I_{180V}/A	$I_{1.1kV}$/A
1	196.06	200.65	200.65	200.00
2	−167.86	−167.86	−167.86	−68.06
3	102.57	100.98	100.98	98.06
4	−86.27	−93.77	−89.83	−83.90
5	46.18	49.18	44.59	44.93
6	−45.55	−46.55	−46.56	−46.32
7	14.42	18.36	20.95	15.73

8.5.3.2 残压与能量

不同直流放电电压的气体放电管(GDT)的残压如表 8.19 所示，表中 U_{75V}、U_{150V}、U_{180V}、U_{350V}、$U_{1.1kV}$ 分别表示直流放电电压为 75V、150V、180V、350V、1.1kV 的气体放电管的残压. 由表中的残压变化趋势可得，开始冲击时，气体放电管两端的充电电压较低，无法使其有动作. 当冲击电压增加到某一值时，气体放电管开始动作，其后的残压将会稳定在某一值附近，此值由气体放电管所决定. 但是表中气体放电管开始动作时的充电电压是不一样的，它们分别为 1.5kV、1.5kV、1.5kV、2.0kV、3.5kV，主要原因是不同气体放电管的间隙击穿电弧是不一样的. 对试验稳定后的残压值进行平均计算，可得到不同气体放电管的最大残压的均值分别约为 27.6V、36.2V、33.6V、49.8V、78.0V. 由此说明，在阻尼振荡波的冲击下，气体放电管对加在其两端的高压具有限制作用.

表 8.19　不同 GDT 在不同冲击电压下的残压值

充电电压/kV	U_{75V}/V	U_{150V}/V	U_{180V}/V	U_{350V}/V	$U_{1.1kV}$/V
0.5	—	—	—	—	—
1.0	—	—	—	—	—
1.5	53	38	22	—	—
2.0	37	30	24	48	—
2.5	33	30	24	50	—
3.0	27	30	26	48	—
3.5	33	36	26	50	—
4.0	37	36	28	52	78
4.5	37	32	30	52	82
5.0	39	34	28	52	76
5.5	39	34	28	48	78
6.0	39.	34	28	48	82.
6.5	39	36	28	52	80
7.0	39	34	28	48	70

注：表中"—"表示气体放电管无动作.

图 8.71 是不同气体放电管在冲击电压为 0.5～7kV 的冲击下所吸收的能量. 在上述试验过程中, 分别对气体放电管的电压 U、电流 I、时间 t 进行采集存储处理, 并用公式 $W = UIt$ 计算吸收能量的大小. 从图中能量变化的趋势可见, 随着冲击电压的不断增大, 气体放电管所吸收的能量不断增多, 在同一冲击电压产生的阻尼振荡波的冲击下, 直流放电电压越高的气体放电管, 其吸收的能量越多.

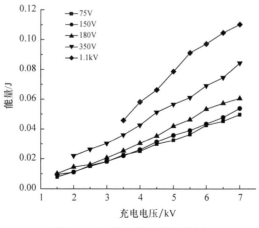

图 8.71　气体放电管的能量图

8.5.3.3　内阻

图 8.72(a)是 1.1kV 的气体放电管在时间段 0～13.6μs 的内阻变化. 利用上述试验所测得数据, 使用公式 $R=U/I$ 计算此段时间内的内阻. 从图中的内阻变化规律可得, 内阻在此段时间里大致呈周期性变化, 其原因是冲击气体放电管的阻尼振荡波是呈周期性变化的, 因而被测试的 AB 段导通与非导通状态也是呈周期变化的, 其周期 T 约为 3.35μs. 图 8.72(b)为一个周期内其内阻的变化, 可以把图分为 AB、BC、CD 三个段. 在 AB 与 CD 段内, 冲击的时间很短, R 的值相对很高, 根据内阻的计算公式 $R=U/I$, 在这段时

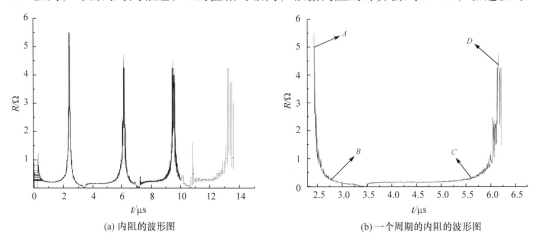

(a) 内阻的波形图　　　　　　　　　　　　　(b) 一个周期的内阻的波形图

图 8.72　1.1 kV GDT 在冲击电压为 4.5 kV 下内阻的变化

间内, 电压 U 一定时, 气体放电管内通过的电流 I 很小, 致使此段时间的内阻较大, 其原因是气体放电管内的气体没有被击穿电离, 其内部电场仍然处于绝缘状态. 在 BC 段内, 冲击的时间很长, R 的值相对很低, 基本上趋近于短路状态, 同理可得, 气体放电管内通过的电流 I 很大. 此段时间内, 气体放电管内的气体被高压击穿电离, 从而使气体放电管两极的间隙由原来的绝缘状态转化为导电状态.

综上分析可得, 气体放电管在阻尼振荡波的冲击下, 其导通的时间远大于非导通的时间. 所以, 当与气体放电管并联的电子器件被雷电冲击时, 电子器件可以得到很好的保护.

8.5.4　结论

根据对气体放电管在阻尼振荡波冲击下试验结果得以下结论:

(1) 通流的变化规律与阻尼振荡波大致一致, 呈阻尼交流曲线形式, 其值与气体放电管的直流放电电压基本没有关系.

(2) 当施加在气体放电管两端的冲击电压大于直流放电电压时, 最大残压不会随着冲击电压的增大而改变, 而是保持在某一较低数值的附近. 直流放电电压范围为 350～1110V 的气体放电管, 其最大限制电压的变化范围为 27.6～78.0V. 所以在阻尼振荡波下, 气体放电管的限压效果很好.

(3) 气体放电管在阻尼振荡发生器的冲击下，能量与两端的冲击电压呈正相关；同时直流放电电压较大的放电管在同一冲击电压下，其吸收的能量较高.

(4) 当气体放电管导通时，其内阻值特别小，近似于短路状态，其导通时间大概为一个周期. 所以，气体放电管在阻尼振荡波的冲击下能很好地体现其防雷性能.

8.6　固体放电管在组合波发生器冲击下的性能问题

固体放电管是一种新颖的瞬态过压开关型保护器件，它具有响应快、寿命长、参数一致性好、通态压降低、对称性好的优点，而其精确导通、无限重复和快速响应的优越性能更是气体放电管等保护器件所远不及的. 因此，对固体放电管的研究应用，能更有效地保护设备安全.

根据实测，点火电压不同的固体放电管对电压的敏感程度也不一样，因此有必要对固体放电管在遭受不同电压冲击下的残压、能量等特征进行研究. 采用组合波发生器对固体放电管进行冲击试验，研究其主要技术参数随着冲击电压的变化趋势，并对固体放电管产生的吸收能量做出分析，总结出固体放电管在冲击过程中残压及能量吸收的变化规律.

8.6.1　固体放电管原理

为了了解固体放电管中开关的物理过程，先采用由两只晶体管组成的等效模型来代替固体放电管的 pn 结构. 通常，只是利用能将 pnpn 结构从概念上分解为两个晶体管的方法. 相邻 pn 结的相互影响，可以通过晶体管的作用，用已知的关系来描述. 等效模型本身能相当完美地解释固体放电管的重要特性并推导典型的规律. 并且，它还有可以比较简单地概括物理过程的优点. 此时，这个模型可以通过实验直接比较而得到验证.

8.6.1.1　固体放电管等效模型

这个模型可用下列方法得到：设想按照图 8.73(a)，沿虚线，把固体放电管的两个基区剪开，随后用导线互相连接起来，如图 8.73(b)所示. 在这个图中，去掉由基区上分开的靠外的 p 和 n 层区域，因为现在它对电流没有效用，这样就可以得到图 8.73(c)所示的等效模型. 它由一个 pnp 晶体管组成，并按上述方式互相连接起来.

在固体放电管的导通方向，正电压加于下面的 p 区即阳极上. 两边的 pn 结 J_1 和 J_3 处于正向，因此此处 p 区相对于 n 区都是正的；与此相反，中间的 pn 结 J_2 则处于反向.

由于处于正向，J_1 和 J_3 结向邻近的基区注入少数载流子，起着发射极的作用，而处于反向偏置的 J_2 结则起着集电极的作用. 所以在等效模型中，一个晶体管的集电极总是和一个晶体管的基区连接在一起的.

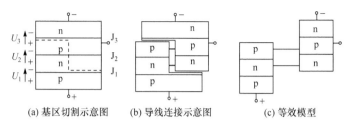

(a) 基区切割示意图　　　(b) 导线连接示意图　　　(c) 等效模型

图 8.73　用分割法把固体放电管结构分解成由两个晶体管组成的等效模型的步骤

8.6.1.2　分析瞬态过程的方法

当固体放电管由一个稳态过渡到另一个稳态时，中性区中剩余载流子浓度就会发生变化. 这一变化一部分通过产生-复合过程来实现，一部分通过载流子输运，而这里主要是通过扩散来实现的. 这个过程要持续一定的时间，因此，原则上将导致载流子分布落后于和当时的电流相应的稳态分布. 假如在新稳态分布的调整过程中只有产生-复合过程起主要作用，那么延迟时间将与载流子寿命的数量级相同，如果运输过程起主要作用，则延迟时间将与载流了通过基区的渡越时间的数量级相同.

对于在过渡时间中电流本身只有很少变化的情况，t_0 时真正的载流子分布 $\Delta p(t_0)$ 和稳态分布 $\Delta p_{稳态}$ 之间的差别实际上是可以忽略的.

$$\Delta p(t_0) \approx \Delta p_{稳态}(t_0) \tag{8-61}$$

这样，t_0 时存在的情况就和电流 $I_{稳态} = I(t_0)$ 下的稳态情况一样了. 因此，通过 pn 结 J_2 的电流可以像稳态情况下一样，通过电流平衡来确定，见图 8.74.

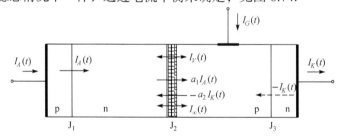

图 8.74　在载流子渡越时间内阳极电流很少变化的情况下固体放电管中的电流

在忽略 J_2 势垒区中的载流子倍增的情况下，得到

$$I_A(t) = \alpha_1 I_A(t) + \alpha_2 I_K(t) + I_{C0}(U_2(t)) + I_V(t) \tag{8-62}$$

在平衡方程(8-62)中，和单纯的稳态情况比较，位移电流项 $I_V(t) = \varepsilon_0 \varepsilon_r \dfrac{\partial E}{\partial t}$ 是新加的. 该电流考虑了 J_2 的结电容的重新充电过程，α_1 和 α_2 是对应于电流和电压瞬时值的直流放大系数，分别为

$$\alpha_1 = \alpha_1(I_A(t), U_2(t)) \tag{8-63}$$
$$\alpha_2 = \alpha_2(I_K(t), U_2(t))$$

从麦克斯韦方程出发，可以得到最一般的结论是，总电流的发散量为零. 因此，在时间 t 时载流子的传导电流和位移电流的总和在固体放电管内每个 x 位置处都是同样大的. 根据图 8.75，用 $I_p(x_3,t)$ 表示时间 t 时由 n 基区通过 x_3 扩散至 J_2 的空间电荷区的空穴电流，相应地用 $I_n(x_4,t)$ 表示由 p 基区通过 x_4 向 J_2 流的电子电流，并且假设载流子在势垒区 J_2 中渡越时间是非常小的，那么 x_{J_2} 处的平衡式为

$$I_A(t) = I_p(x_3,t) + I_n(x_4,t) + I_{C0}(U_2(t)) + I_V(t) \tag{8-64}$$

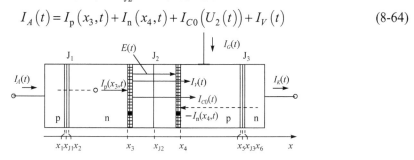

图 8.75 一般情况下，固体放电管中的瞬态电流

在准稳态情况下，$I_p(x_3,t)$ 可以用 J_1 的瞬时发射极电流 $I(x_2,t)$ 来表示，即 $I_p(x_3,t) = \alpha_1 I(x_2,t)$. 但是，在电流快速变化的情况下，由于有限的载流子渡越时间，在时间 t 那个刚刚发生的发射极电流变化还不能完全影响集电结 J_2 边缘 x_3 处的载流子浓度梯度. 因此，空穴电流 $I_p(x_3,t)$ 在很大程度上由原先的发射极电流变化来决定.

8.6.2 试验方案

通过组合波发生器从 0.1kV 起依次增大冲击电压，并施加于固体放电管两端进行冲击试验. 试验选用 P0080E、P03C、P06C、P07B 四种型号的固体放电管，用静态测试仪测得它们的点火电压分别为 13.1V、33.0V、71.2V、81.1V，实验原理如图 8.76 所示. 利用 Tektronix TDS 2022B 型示波器分别采集各型号固体放电管的通流和残压.

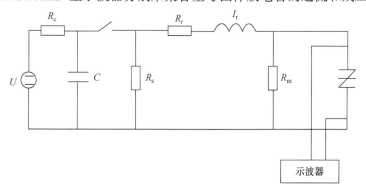

图 8.76 试验原理图

8.6.3 试验数据分析

当冲击电压为 0.8kV 时，P0080E、P03C、P06C 三种型号固体放电管的通流和残压波

形如图 8.77 所示，其中图 8.77(a)～(c)依次是点火电压为 13.1V、33.0V、71.2V 的固体放电管通流和残压波形图. 图 8.77(d)是冲击电压为 0.1kV 时, 放电电压为 81.1V 的 P07B 型固体放电管的通流和残压波形图. 曲线 A 为冲击后的通流曲线, 曲线 B 为冲击后的残压曲线.

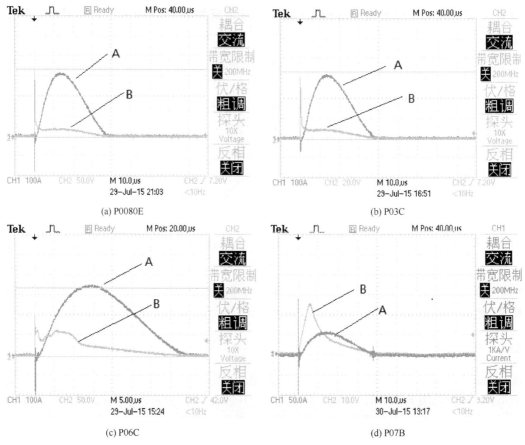

图 8.77　固体放电管两端通流和残压的波形图

　　由图 8.77(a)、(b)、(c)可知, 当冲击电压为 0.8kV 时, P0080E、P03C、P06C 固体放电管的通流峰值分别为 318A、320A、325A, 波形大致相同, 均是经冲击后逐渐上升至峰值, 然后下降到零, 图 8.77(a)与(b)的通流波形变化趋势相差不大, 只是上升沿时间略微不同, 图 8.77(c)比图 8.76 (a)、(b)的上升沿时间长, 冲击后通流的变化趋势比图 8.77(a)、(b)的通流跨度大, 波形持续时间长, 上升至峰值及下降也较平缓. 在电涌条件下通过短路使主要保护器失效是合乎需要的, 这样就防止了电涌的进一步扩展. 当电涌大大超过固体放电管的承受容量时, 固体放电管将突然失效, 据实测 P07B 型固体放电管对电压异常敏感, 稍有过甚便会损坏, 所以图 8.77(d)选取冲击电压较低且不至于造成固体放电管损坏的波形, 冲击电压为 0.1kV 时, P07B 固体放电管的通流峰值为 75A, 通流趋势也是先上升后下降趋于零. 由固体放电管的 pnpn 结构可知, 一旦开通后, 基本固体放电管将保持很小的导通电流. 固体放电管要求用大的电流关断, 通过一个 pn 结电极的阻性分流能获得大关断电流. 据理论可知 p 型材料对阴极有阻性分流, n 型材料对阳极有阻性分流. 当顶部阳极电极相对于底部阴极为正时, 便出现开关特性. 固体放电管的开关特性分为 4 个部分, 断态区从原点延伸至击穿起始点, 断态电流是结反向电流和所有表面漏电流的总和. 击穿区时从电压–电流特性的高动态电阻的低电流部分开始变化, 至显著的低动态电阻区、电流剧增的区域. 最终, 当固体放电管正反馈出现足以激活开通时, 该区域终止. 由于伴随固体放电管激活的结雪崩击穿, 该区域呈低电阻特性. 负电阻区是一个动态状态, 固体放电管正反馈随时间而真加导致电流增加, 这引起固体放电管两端的电压降低, 直至达到通态状态. 通态区完全正反馈的固体放电管通过的电流产生最低电压降, 刚好维持通态的最小电流, 低于该电流会导致固体放电管关断. 根据实测所得波形图可得在进行冲击后, 固体放电管迅速导通, 这时近乎于短路, 可以保护设备达到快速消除浪涌的目的.

由图 8.77 中波形可看出, 在前几微秒内固体放电管的电流有极小的振荡, 变化并不大, 此时处于固体放电管工作状态的断态区, 固体放电管两端的电压并没有达到导通电压, 固体放电管呈高阻状态, 但它本身也具有半导体器件的性质, 会有少量的漏电流流过, 因此形成小幅度的电流变化. 当电压超过点火电压时, 进入击穿区, 在正向载流子的作用下出现雪崩状态, 此时电压增加并引起电流急剧增加, 通流波形开始逐渐上升. 之后是负电阻区, 电压继续增大, 流过固体放电管的通流增大, 但电压开始减小. 最后进入通态区, 此时 3 个 pn 结全部变为正偏, 导通大电流, 而器件处于低阻的状态. 各型号的固体放电管波形趋势相差不大与点火电压的大小无关.

在经电压冲击后, 因冲击电压超过点火电压, 处于图中冲击后较高的残压, 但仅维持极短的时间, 之后据理论固体放电管导通状态下残压为 pn 结电压, 并且多次放电, 可使残压保持不变, 可得出固体放电管的电压响应速度十分快速. 图中电压波形均是在经冲击后快速响应, 并维持电压在一个稳定的值持续一段时间, 待浪涌消失后, 波形平缓趋于零, 固体放电管自动恢复到初始时的截止状态.

图 8.78 为不同点火电压的固体放电管的能量随冲击电压变化的曲线图, 横坐标为冲击电压从 0~0.9kV 依次递增, 纵坐标为总能量. 据图可得出随冲击电压的增大, P0080E 的能量变化范围在 4~67J, P03C 的能量变化范围在 5~32J, P06C 的能量变化范围在 3~18J, P07B 的能量变化范围在 3~5J. 各固体放电管的能量变化趋势除 P07B 较为平缓且有下降的趋势外均随冲击电压的增大而增加, 点火电压越小的固体放电管吸收的能量越多, 能量变化范围也比较大. 点火电压过高的固体放电管吸收的能量越少, 能承受的浪涌的能力也越低, 更容易损坏. 固体放电管导通后处于低阻状态, 体现了它所具有的限压作用. 而能量是根据公式: $W = \int_{t_1}^{t_2} UI dt$ 计算所得, 由图可知固体放电管的点火电压越小, 它吸收的能量越多, 越有利于设备的保护.

图 8.79 为各型号固体放电管的残压随冲击电压变化的曲线图, 横坐标为冲击电压自 0~20kV 依次增加, 纵坐标为残压. 据图可得出随冲击电压的增大, P0080E 的残压变化范围在 6~30V, P03C 的残压变化范围在 6~68V, P06C 的残压变化范围在 15~70V, P07B 的能量变化范围在 26~32V. 各固体放电管的残压变化趋势均随冲击电压的增大而

增大，点火电压越高的固体放电管残压越高，由图中曲线可看出 P03C 和 P06C 的残压数据较另外两个的多且变化范围大并不易损坏，由此可得点火电压在 33.0～71.2V 的固体放电管承受浪涌的能力好，寿命长，更耐用.

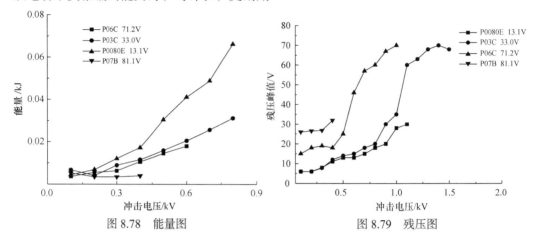

图 8.78　能量图　　　　　　　　　图 8.79　残压图

在表 8.20 中，分析不同点火电压的固体放电管的通流与开通时间的关系，可得出由于固体放电管工作状态导通前的断态区，通流的变化总是稍滞后于残压的变化，虽然固体放电管的点火电压不同，但通流值却相差不大，只有小幅度的变动. 因此我们得出结论：通流值的变化与固体放电管的开通时间长短及点火电压的大小没有太大关系. 这也证明了固体放电管在其中起到大电流泄放的作用.

表 8.20　各型号固体放电管的通流及开通时间的试验结果

冲击电压 /kV	P0080E 通流/kA	开通时间 /μs	P03C 通流 /kA	开通时间 /μs	P06C 通流 /kA	开通时间 /μs	P07B 通流 /kA	开通时间 /μs
0.1	50	1.0	60	0.8	65	1.0		
0.2	75	1.0	80	0.8	80	1.0		
0.3	118	1.0	130	1.2	120	1.0		
0.4	158	1.0	160	1.4	160	1.4		
0.5	195	1.0	200	1.2	210	1.2	75	1.0
0.6	240	1.0	240	1.2	230	1.0	90	1.0
0.7	265	1.0	260	1.0	275	1.0	118	1.0
0.8	318	1.0	320	1.2	325	1.0	120	1.0
0.9	360	1.4	360	1.0	340	1.2		
1.0	400	1.2	400	1.4	400	1.0		
1.1	460	1.0	440	1.0	420	1.0		

8.6.4　结论

本节将固体放电管的原理与试验相结合，对固体放电管的能量、残压等进行了详细的分析，通过冲击试验得出用不同点火电压的固体放电管通流值和残压值的关系，并对以上试验数据进行对比分析，得出如下结论：

固体放电管为 pnpn 型结构, 在试验中有 4 个工作状态, 在过浪涌条件下固体放电管能迅速导通短路, 使设备得到保护. P0080E、P03C、P06C、P07B 的残压变化范围分别是 6～30V、6～68V、15～24V、26～32V, 各固体放电管的残压随冲击电压的增大而增大, 点火电压越高的固体放电管残压越高, 点火电压在 33.0～71.2V 的固体放电管承受浪涌的能力好, 寿命长, 更耐用.

实验表明, 用不同点火电压的固体放电管, 通流值相差不大, 均在 50～460kA, 可得出通流值的变化与固体放电管的点火电压没有太大关系. 这也证明了固体放电管具有泄放大电流的作用.

随冲击电压的增大, P0080E、P03C、P06C、P07B 的能量变化范围分别是 4～67J、5～32J、3～18J、3～5J, 点火电压越小的固体放电管吸收的能量越多, 能量变化范围也比较大. 点火电压过高的固体放电管吸收的能量越少, 能承受的浪涌的能力也越低, 更容易损坏. 固体放电管导通后处于低阻状态, 体现了它所具有的限压作用. 固体放电管的点火电压越小, 它吸收的能量越多, 越有利于设备的保护.

参 考 文 献

[1] 陈志清, 谢恒堃. 氧化锌压敏瓷及其在电力系统中的应用[M]. 北京: 水利电力出版社, 1992: 40-69.

[2] Eda K. Conduction mechanism of non-ohmic zinc oxide ceramics [J]. Journal of Applied Physics, 1978, 49(5): 2964-2972.

[3] 李祥超, 陈则煌, 周中山, 等. 限压型电涌保护器在不同条件下劣化性能的分析[J]. 电器与能效管理技术, 2014, (14): 12-17+61.

[4] Takahashi K, Miyoshi T, Keada K, et al. Degradation of zinc oxide varistors[A]. Proc. of the Materials Research Society Annual Meeting[C]. Boston, USA, 1981 : 16-19.

[5] 李祥超, 朱若虚, 周中山, 等. 暂态抑制二极管在雷电阻尼振荡波冲击下的性能分析[J]. 电瓷避雷器, 2016, (03): 132-136.

[6] 罗广孝, 崔翔, 张卫东, 等. TVS 静电抑制器等效电路参数估算及应用[J]. 中国电机工程学报, 2013, 33(16): 204-211.

[7] Van Der Laan P C T, Van Deursen A P J. Reliable Protection of Electronics Against Lightning: Some Practical Applications [J]. IEEE Transactions on Electromagnetic Compatibility, 1998, 40(4): 513-520.

[8] Apra M, D'Amore M, Gigliotti K, et al. Lightning Indirect Effects Certification of a Transport Aircraft by Numerical Simulation [J].IEEE Transactions on Electromagnetic Compatibility, 2008, 50(3): 513-523.

[9] Scheibe K, schimanski J. Practical experiences with surge protection devices. [C]/Proceedings of 24th International Conference of Lightning Protection (ICLP), Birmingham, School of Engineering and Advanced Technology, 1998: 801-807.

[10] Paul D. Low voltage power system surge over-voltage protection[J]. IEEE Transaction on Industry Applications, 2001, 37(1): 223-229.

[11] Slepian J. The Extinction of a Long A-C Arc[J]. Trans.AIEE, 1930, 49(2): 421.

[12] 克劳斯 JD. 电磁学[M]. 北京: 人民邮电出版社, 1973: 3.

[13] 王先冲. 电磁场理论及应用[M]. 北京: 科学出版社, 1986.

[14] 李祥超, 蔡露进, 杨悠. 雷电阻尼振荡波冲击下气体放电管击穿性能的分析[J]. 电瓷避雷器, 2016, (01): 44-48.